月刊誌

数理科学

毎月20日発売
本体954円

予約購読のおすすめ

本誌の性格上、配本書店が限られます。**郵送料弊社負担**にて確実にお手元へ届くお得な予約購読をご利用下さい。

年間　11000円
　　　　（本誌12冊）

半年　5500円
　　　　（本誌6冊）

予約購読料は**税込み価格**です。

なお、SGCライブラリのご注文については、予約購読者の方には、商品到着後のお支払いにて承ります。

お申し込みはとじ込みの振替用紙をご利用下さい！

サイエンス社

数理科学特集一覧

63 年/7～18 年/12 省略

2019 年/1 発展する物性物理
/2 経路積分を考える
/3 対称性と物理学
/4 固有値問題の探究
/5 幾何学の拡がり
/6 データサイエンスの数理
/7 量子コンピュータの進展
/8 発展する可積分系
/9 ヒルベルト
/10 現代数学の捉え方［解析編］
/11 最適化の数理
/12 素数の探究

2020 年/1 量子異常の拡がり
/2 ネットワークから見る世界
/3 理論と計算の物理学
/4 結び目的思考法のすすめ
/5 微分方程式の《解》とは何か
/6 冷却原子で探る量子物理の
　　最前線
/7 AI 時代の数理
/8 ラマヌジャン
/9 統計的思考法のすすめ
/10 現代数学の捉え方［代数編］
/11 情報幾何学の探究
/12 トポロジー的思考法のすすめ

2021 年/1 時空概念と物理学の発展

/2 保型形式を考える
/3 カイラリティとは何か
/4 非ユークリッド幾何学の数理
/5 力学から現代物理へ
/6 現代数学の眺め
/7 スピンと物理
/8 《計算》とは何か
/9 数理モデリングと生命科学
/10 線形代数の考え方
/11 統計物理が拓く
　　数理科学の世界
/12 離散数学に親しむ

2022 年/1 普遍的概念から拡がる
　　物理の世界
/2 テンソルネットワークの進展
/3 ポテンシャルを探る
/4 マヨラナ粒子をめぐって
/5 微積分と線形代数
/6 集合・位相の考え方
/7 宇宙の謎と魅力
/8 複素解析の探究
/9 数学はいかにして解決するか
/10 電磁気学と現代物理
/11 作用素・演算子と数理科学
/12 量子多体系の物理と数理

2023 年/1 理論物理に立ちはだかる
　　「符号問題」

/2 極値問題を考える
/3 統計物理の視点で捉える
　　確率論
/4 微積分から始まる解析学の
　　厳密性
/5 数理で読み解く物理学の世界
/6 トポロジカルデータ解析の
　　拡がり
/7 代数方程式から入る代数学の
　　世界
/8 微分形式で書く・考える
/9 情報と数理科学
/10 素粒子物理と物性物理
/11 身近な幾何学の世界
/12 身近な現象の量子論

2024 年/1 重力と量子力学
/2 曲線と曲面を考える
/3 《グレブナー基底》のすすめ
/4 データサイエンスと数理モデル
/5 トポロジカル物質の
　　物理と数理
/6 様々な視点で捉えなおす
　　〈時間〉の概念
/7 数理に現れる双対性
/8 不動点の世界
/9 位相的 K 理論をめぐって
/10 生成 AI のしくみと数理

「数理科学」のバックナンバーは下記の書店・生協の自然科学書売場で特別販売しております

紀伊國屋書店本店(新　宿)
くまざわ書店八王子店
書泉グランデ(神　田)
三省堂本店(神　田)
ジュンク堂池袋本店
丸善丸の内本店(東京駅前)
丸善日本橋店
MARUZEN 多摩センター店
丸善ラゾーナ川崎店
ジュンク堂吉祥寺店
ブックファースト新宿店
ジュンク堂立川高島屋店
ブックファースト青葉台店(横　浜)
有隣堂伊勢佐木町本店(横　浜)
有隣堂西口(横　浜)
有隣堂アトレ川崎店
有隣堂厚木店
くまざわ書店橋本店
ジュンク堂盛岡店
丸善津田沼店
ジュンク堂新潟店
ジュンク堂大阪本店
紀伊國屋書店梅田店(大　阪)

MARUZEN & ジュンク堂梅田店
ジュンク堂三宮店
ジュンク堂三宮駅前店
喜久屋書店倉敷店
MARUZEN 広島店
紀伊國屋書店福岡本店
ジュンク堂福岡店
丸善博多店
ジュンク堂鹿児島店
紀伊國屋書店新潟店
紀伊國屋書店札幌店
MARUZEN & ジュンク堂札幌店
ジュンク堂秋田店
ジュンク堂郡山店
鹿島ブックセンター(いわき)

——大学生協・売店——
東京大学 本郷・駒場
東京工業大学 大岡山・長津田
東京理科大学 新宿
早稲田大学 理工学部
慶応義塾大学 矢上台
福井大学
筑波大学 大学会館書籍部
埼玉大学
名古屋工業大学・愛知教育大学
大阪大学・神戸大学 ランス
京都大学・九州工業大学
東北大学 理薬・工学
室蘭工業大学
徳島大学 常三島
愛媛大学 城北
山形大学 小白川
島根大学
北海道大学 クラーク店
熊本大学
名古屋大学
広島大学 (北 1 店)
九州大学 (理系)

SGCライブラリ-193

物性物理のための
場の理論・グリーン関数
［第2版］

量子多体系をどう解くか？

小形 正男　著

サイエンス社

SGCライブラリ

表示価格はすべて
税抜きです

(The Library for Senior & Graduate Courses)

近年，特に大学理工系の大学院の充実はめざましいものがあります．しかしながら学部上級課程並びに大学院課程の学術的テキスト・参考書はきわめて少ないのが現状であります．本ライブラリはこれらの状況を踏まえ，広く研究者をも対象とし，**数理科学諸分野および諸分野の相互に関連する領域**から，現代的テーマやトピックスを順次とりあげ，時代の要請に応える魅力的なライブラリを構築してゆこうとするものです．装丁の色調は，

数学・応用数理・統計系（黄緑），**物理学系**（黄色），**情報科学系**（桃色），

脳科学・生命科学系（橙色），**数理工学系**（紫），**経済学等社会科学系**（水色）と大別し，漸次各分野の今日的主要テーマの網羅・集成をはかってまいります.

※ SGC1〜130 省略（品切含）

131	超対称性の破れ	**165**	弦理論と可積分性
	大河内豊著　　本体 2241 円		佐藤勇二著　　本体 2500 円
132	偏微分方程式の解の幾何学	**166**	ニュートリノの物理学
	坂口茂著　　本体 2037 円		林青司著　　本体 2400 円
133	新講 量子電磁力学	**167**	統計力学から理解する超伝導理論 [第 2 版]
	立花明知著　　本体 2176 円		北孝文著　　本体 2650 円
134	量子力学の探究	**170**	一般相対論を超える重力理論と宇宙論
	仲滋文著　　本体 2176 円		向山信治著　　本体 2200 円
135	数物系に向けたフーリエ解析とヒルベルト空間論	**171**	気体液体相転移の古典論と量子論
	廣川真男著　　本体 2204 円		國府俊一郎著　　本体 2200 円
136	例題形式で探求する代数学のエッセンス	**172**	曲面上のグラフ理論
	小林正典著　　本体 2130 円		中本敦浩・小関健太共著　　本体 2400 円
139	ブラックホールの数理	**174**	調和解析への招待
	石橋明浩著　　本体 2315 円		澤野嘉宏著　　本体 2200 円
140	格子場の理論入門	**175**	演習形式で学ぶ特殊相対性理論
	大川正典・石川健一共著　　本体 2407 円		前田恵一・田辺誠共著　　本体 2200 円
141	複雑系科学への招待	**176**	確率論と関数論
	坂口英継・本庄春雄共著　　本体 2176 円		厚地淳著　　本体 2300 円
143	ゲージヒッグス統合理論	**178**	空間グラフのトポロジー
	細谷裕著　　本体 2315 円		新國亮著　　本体 2300 円
145	重点解説 岩澤理論	**179**	量子多体系の対称性とトポロジー
	福田隆著　　本体 2315 円		渡辺悠樹著　　本体 2300 円
146	相対性理論講義	**180**	リーマン積分からルベーグ積分へ
	米谷民明著　　本体 2315 円		小川卓克著　　本体 2300 円
147	極小曲面論入門	**181**	重点解説 微分方程式とモジュライ空間
	川上裕・藤森祥一共著　　本体 2250 円		廣惠一希著　　本体 2300 円
148	結晶基底と幾何結晶	**183**	行列解析から学ぶ量子情報の数理
	中島俊樹著　　本体 2204 円		日合文雄著　　本体 2600 円
151	物理系のための 複素幾何入門	**184**	物性物理とトポロジー
	秦泉寺雅夫著　　本体 2454 円		窪田陽介著　　本体 2500 円
152	粗幾何学入門	**185**	深層学習と統計神経力学
	深谷友宏著　　本体 2320 円		甘利俊一著　　本体 2200 円
154	新版 情報幾何学の新展開	**186**	電磁気学探求ノート
	甘利俊一著　　本体 2600 円		和田純夫著　　本体 2650 円
155	圏と表現論	**187**	線形代数を基礎とする 応用数理入門
	浅芝秀人著　　本体 2600 円		佐藤一宏著　　本体 2800 円
156	数理流体力学への招待	**188**	重力理論解析への招待
	米田剛著　　本体 2100 円		泉圭介著　　本体 2200 円
158	M 理論と行列模型	**189**	サイバーグ–ウィッテン方程式
	森山翔文著　　本体 2300 円		笹平裕史著　　本体 2100 円
159	例題形式で探求する複素解析と幾何構造の対話	**190**	スペクトルグラフ理論
	志賀啓成著　　本体 2100 円		吉田悠一著　　本体 2200 円
160	時系列解析入門 [第 2 版]	**191**	量子多体物理と人工ニューラルネットワーク
	宮野尚哉・後藤田浩共著　　本体 2200 円		野村悠祐・吉岡信行共著　　本体 2100 円
163	例題形式で探求する集合・位相	**192**	組合せ最適化への招待
	丹下基生著　　本体 2300 円		垣村尚徳著　　本体 2400 円
		193	物性物理のための 場の理論・グリーン関数[第 2 版]
			小形正男著　　本体 2700 円

第2版にあたって

初版が出版されたのが 2018 年なので，それから 6 年が経った．この間，予想外のコロナ禍が挟まったが，いろいろな方々からコメントもいただいた．本書は，最近は電子媒体のみの販売だったが，紙版も欲しいという話もしばしば聞いた．この度，第 2 版を出していただけるということになり，大変ありがたい．新しい部分として第 10 章の超伝導の最初の部分を大幅に拡充した．初版では，前置きの説明が少ないままハートレー・フォック項と同時に超伝導の平均場を導入するという手法を取った．グリーン関数を用いる立場では，この手法が妥当なのだが，初学者にはちょっと高度なことをいっぺんにやってしまっているという心配があった．そのため，第 2 版ではまずクーパー問題から始めて，それをヒントにした BCS 波動関数と平均場近似，およびボゴリウボフ準粒子の話を少し詳しく加えた．さらに，この章で平均場近似を行うので，それに伴って通常の平均場近似の説明も第 2 章に入れることとした．

また，第 11 章の熱電応答の部分と第 12 章の軌道帯磁率については，最近の新しい成果を含めた．本書の後半，とくにグリーン関数を用いた物性理論計算の最前線では，まだまだ新しい発見や進展が可能であることを感じていだだければ幸いである．

初版での数式の間違いは幸いなことにあまり多くはなかったが，気付いたところの訂正も行った．比較的よく知られた間違いである演習問題 3.11 (3.84) 式の $\hbar$ は消去された．また，演習問題 4.6 が cgs 単位系のままだったものは MKS に直した．6.3 節で解説したリンドハード関数の中の ln の分岐線は丁寧に取ったつもりだったが (6.21) 式には大きな間違いがあった．改訂によってより自然な形の表式となったことと思う．演習問題 6.1 の (6.59) も係数がおかしかった．また 6.6 節で解説した RPA 近似計算での正の微小量による収束因子の取扱いについて，根本的な間違いがあったので大きく修正した（ただし結果は変わっていない）．

本書を読んで，比較的古い手法であるグリーン関数とファインマンダイアグラムに興味を持っていただけることを期待している．様々な点において非常に美しい理論体系になっていることを感じていただければ著者冥利に尽きる．物性理論は奥が深く，まだまだ追求すべき問題は種々ある．これからも多くの面白い問題が出てくるだろう．若い人を含めて多くの人々がこの分野に参入し，さらなる発展に寄与してくれることが何よりの筆者の幸せである．

2024 年 7 月

小形 正男

はじめに

相互作用する量子多体系の問題は，1次元系の厳密解などを除いて一般には解くことができない．そのため，適当な小さなパラメータを考えて，それによる摂動計算によって調べるか，または平均場近似などの近似的手法によってハミルトニアンを単純化して調べることになる．本書では，多粒子の問題を取り扱うのに不可欠な第二量子化を基礎とした場の理論をもとに，グリーン関数を用いた解析的な手法を展開する．この手法によって，現在の物理学は量子多体系を系統的に研究する手段を手に入れたのである．物性物理学の取り扱う物質は多岐にわたるが，それぞれの分野においてグリーン関数の手法を用いた理論的発展は続いている．

本書の中心であるグリーン関数の方法は，摂動論を系統的に行うための手法であるが，それにとどまらず，視覚的に明解なファインマンダイアグラムを用いることによって，物理的意味が明らかになるという利点がある．摂動論においては，重要な項，または寄与の大きい項（主要項）を選び出し，それらについての無限級数和を求めることが必要になることが多いが，ファインマンダイアグラムの方法によれば，どのような寄与が取り入れられているか，またはどのような項が残されているか等が明らかになる．グリーン関数によって，帯磁率や電気伝導，遮蔽効果，超伝導等が微視的に明確になっていく様子は爽快である．

本書ではグリーン関数の手法の物性物理学への応用を考えるので，線形応答理論における応答関数を求めるところに1つの力点が置かれている．応答とは系に外場をかけると，それによってある物理量に変化が見られることである．例えば，電場をかければ電流，磁場をかければ磁気モーメントが影響を受ける．外場がかかると系の中の電子が運動を始めるが，グリーン関数は電子の運動（ダイナミクス）の情報をほぼすべて持っているので，グリーン関数を用いて系の応答を理解することができる．また，系の有限温度における相転移現象も物性物理学の重要な分野であるが，その典型的な例として超伝導状態への相転移も取り扱う．超伝導におけるマイスナー効果，フォノンの衣を着て運動する準粒子という描像，スピン揺らぎを用いた超伝導などについても，基礎からわかるようにした．物性物理学の分野は広範囲にわたるので，第2章の早い段階で各種ハミルトニアンを総合的に記述し，いつでも同じ出発点に戻れるように工夫した．

グリーン関数の教科書としては，Abrikosov-Gor'kov-Dzyaloshinskii や Fetter-Walecka による古典的名著がある．また阿部龍蔵「統計力学」（東京大学出版会）や Schrieffer の超伝導の教科書も参考になる．しかし，これらの本では，その後の各分野における大きな発展について書かれていないことに注意が必要である．本書では，基礎的な部分から始めて，最近の進展まで含めて紙面と能力の許す限り加えることとした．論理の記述や説明の仕方に，新機軸を出したところもいくつかある．さらに後半部分では，個人的な趣味で今後の発展が期待できる，異常ホール効果，ゲージ不変性，固体中の電磁気学，熱電応答なども加えてみた．

ホームページ https://sites.google.com/hosi.phys.s.u-tokyo.ac.jp/homepage に，訂正箇所や詳しい計算部分等を載せる予定である．質問などもあればHPへどうぞ.

日ごろからかなり刺激的な議論をしていただいている，福山秀敏・前橋英明・松浦弘泰・伏屋雄紀・苅宿俊風・溝口知成（敬称略）諸氏に大変感謝いたします．歴史パートについても，様々な示唆をいただきました．また，遅遅として進まない原稿を辛抱強く待っていただいた数理科学編集部の皆様，最後の執筆の追い込みをかなりサポートしてくれた妻，2人の子供たち，および両親に大変感謝します.

2018 年 2 月

小形 正男

目　次

第 1 章	**第二量子化**	**1**
1.1	多体問題のシュレーディンガー方程式	1
1.2	完全対称関数と完全反対称関数	2
1.3	第二量子化への準備	4
1.4	第二量子化の定式化	6
1.5	物理量の期待値	10
1.6	固有関数による展開	11
1.7	ハイゼンベルグ描像	14
1.8	電流演算子	15
第 2 章	**モデルと物理量**	**17**
2.1	電子ガスモデル	17
2.2	クーロン相互作用	19
2.3	不純物との相互作用	21
2.4	フォノン	22
2.5	電子格子相互作用	24
2.6	一般のブロッホ電子，多バンドのモデル	26
2.7	ハバードモデル	27
2.8	超伝導の BCS モデル	29
2.9	平均場近似	30
2.10	電流演算子，スピン流演算子（ベリー位相）	32
第 3 章	**グリーン関数**	**37**
3.1	1 粒子グリーン関数	37
3.2	グリーン関数の意味といくつかの性質	38
3.3	相互作用がない場合のグリーン関数	41
3.4	温度グリーン関数	44
3.5	グリーン関数のレーマン表示	47
3.6	遅延グリーン関数と解析接続	48
3.7	並進対称性がある場合	50
第 4 章	**摂動論とファインマンダイアグラム**	**56**
4.1	相互作用描像と虚時間発展演算子	56

4.2	相互作用のある場合の温度グリーン関数	59
4.3	ブロック・ドゥドミニシスの定理	61
4.4	グリーン関数に対する摂動計算	64
4.5	ファインマンダイアグラムとファインマンルール	67
4.6	運動量空間でのファインマンダイアグラムとファインマンルール	69
4.7	ダイソン方程式とハートレー・フォック近似	73
4.8	準粒子の概念とグリーン関数	77
4.9	分極とクーロン遮蔽：リング近似	79

第5章　線形応答理論　　　　　　　　　　　　　　　　　　　　　　85

5.1	応答関数	86
5.2	外場の存在下での時間発展	86
5.3	周波数分解	88
5.4	応答関数の例と空間依存性	89
5.5	グリーン関数との関係	91
5.6	応答関数のレーマン表示と解析接続	92
5.7	並進対称性がある場合の線形応答	93
5.8	応答関数の対称性，クラマース・クローニッヒ関係式，総和則	96
5.9	揺動散逸定理	97

第6章　線形応答理論の応用：電荷応答　　　　　　　　　　　　　100

6.1	電荷応答関数	100
6.2	松原振動数の和の実行	103
6.3	リンドハード関数	105
6.4	クーロン相互作用の遮蔽	107
6.5	プラズマ振動	111
6.6	RPA 近似による電子の自己エネルギー	113

第7章　帯磁率とハバードモデル　　　　　　　　　　　　　　　　120

7.1	スピン応答関数	120
7.2	帯磁率の RPA 近似	121
7.3	相転移	124
7.4	RPA 近似と平均場近似	127
7.5	SU(2) 対称性	128

第8章　電気伝導度　　　　　　　　　　　　　　　　　　　　　　132

8.1	電流–電流相関関数	132
8.2	自由電子ガスの場合	134
8.3	不純物散乱の場合のファインマンルール	136
8.4	不純物平均と電子の寿命	137

8.5 電気伝導度におけるヴァーテックス補正 141

8.6 有限の松原振動数 ω_λ を持つときの松原和 145

8.7 不純物による電気伝導度 146

8.8 アンダーソン局在 148

8.9 ホール伝導度 153

8.10 異常ホール効果 157

第 9 章 電子格子系 165

9.1 電子格子相互作用のファインマンルールとグリーン関数 165

9.2 電子格子相互作用による引力メカニズム 167

9.3 電子格子相互作用による電子の自己エネルギー 168

9.4 格子の衣を着た電子 170

9.5 電子の寿命と電子格子相互作用による電気伝導度 173

9.6 フォノンの自己エネルギー 174

9.7 電子格子相互作用のヴァーテックス補正とミグダル近似 176

第 10 章 超伝導 179

10.1 クーパー問題 179

10.2 BCS 波動関数 185

10.3 南部表示とハートレー・フォック近似としての超伝導 189

10.4 超伝導転移温度 194

10.5 マイスナー効果 195

10.6 コヒーレンス因子による超伝導状態での種々の物理量 197

10.7 引力とクーロン斥力の関係：異方的超伝導 200

第 11 章 熱電応答 206

11.1 熱現象に対する線形応答 206

11.2 ラッティンジャーの対応原理 208

11.3 熱流演算子の定義 212

11.4 ゼーベック係数 215

第 12 章 固体中の電磁気学 219

12.1 ゲージ不変性 219

12.2 誘電率・透磁率と電気伝導度 220

12.3 軌道帯磁率 223

12.4 ワード恒等式 225

索　引 231

第 1 章

第二量子化

多体問題や素粒子論において，第二量子化による定式化はグリーン関数を用いない場合でも必須である．しかし，この手法の導出等について詳しく書かれている教科書はあまり多くない．そこで，この章では第二量子化についてまとめることにする．量子力学での波動関数 $\psi(\boldsymbol{r})$ が，第二量子化では演算子 $\hat{\psi}(\boldsymbol{r})$ となり，粒子の生成消滅を表すことになる．概念的にかなりのジャンプがあるので，よく理解しておくとよい．最初はよくわからなくても，実際に使っているうちに第二量子化の心がわかるようになるだろう．

1.1 多体問題のシュレーディンガー方程式

固体や液体中などの多体問題では，粒子数 N がアボガドロ数のオーダーまでの状態を扱う．この場合のシュレーディンガー方程式は

$$
i\hbar\frac{\partial}{\partial t}\Psi(\boldsymbol{r}_1, \boldsymbol{r}_2, \cdots, \boldsymbol{r}_N; t) = \hat{H}\Psi(\boldsymbol{r}_1, \boldsymbol{r}_2, \cdots, \boldsymbol{r}_N; t),
$$
$$
\hat{H} = \sum_{i=1}^{N}\left(-\frac{\hbar^2}{2m_i}\boldsymbol{\nabla}_i^2 + V_i(\boldsymbol{r}_i)\right) + \frac{1}{2}\sum_{i \neq j}U_{ij}(\boldsymbol{r}_i - \boldsymbol{r}_j) \tag{1.1}
$$

と書ける．$\hat{H}$ は多粒子のときのハミルトニアンである．ここで i, j は粒子の番号を表し，$\boldsymbol{\nabla}_i$ は i 番目の粒子の座標 $\boldsymbol{r}_i = (x_i, y_i, z_i)$ に対する偏微分演算子のベクトル $(\frac{\partial}{\partial x_i}, \frac{\partial}{\partial y_i}, \frac{\partial}{\partial z_i})$ である．また，$V_i(\boldsymbol{r}_i)$ は $\boldsymbol{r}_i$ の位置にいる i 番目の粒子が感じるポテンシャルエネルギー，$U_{ij}(\boldsymbol{r}_i - \boldsymbol{r}_j)$ は i と j の粒子の間の相互作用エネルギーである．例えばクーロン相互作用などを表す．

(1.1) 式は，1 体のシュレーディンガー方程式の多変数への単純な拡張であるが，量子力学の波動関数の特性として，シュレーディンガー方程式を満たすこと以外に $\Psi(\boldsymbol{r}_1, \boldsymbol{r}_2, \cdots, \boldsymbol{r}_N; t)$ に対する条件が付く（以下しばらくの間，時間 t 依存性は書かない）．量子力学では同種粒子の区別ができないので，「i 番目の粒子」，「j 番目の粒子」というような名前を本来は付けることができない．この

ことを数学的に表すためには，任意の i, j に対して

$$\Psi(\boldsymbol{r}_1, \cdots, \boldsymbol{r}_i, \cdots, \boldsymbol{r}_j, \cdots, \boldsymbol{r}_N) \quad と$$
$$\Psi(\boldsymbol{r}_1, \cdots, \boldsymbol{r}_j, \cdots, \boldsymbol{r}_i, \cdots, \boldsymbol{r}_N) \tag{1.2}$$

が同じ状態を表していればよい．単純には

$$\Psi(\boldsymbol{r}_1, \cdots, \boldsymbol{r}_i, \cdots, \boldsymbol{r}_j, \cdots, \boldsymbol{r}_N) = \Psi(\boldsymbol{r}_1, \cdots, \boldsymbol{r}_j, \cdots, \boldsymbol{r}_i, \cdots, \boldsymbol{r}_N) \tag{1.3}$$

でよいが，量子力学では

$$\Psi(\boldsymbol{r}_1, \cdots, \boldsymbol{r}_i, \cdots, \boldsymbol{r}_j, \cdots, \boldsymbol{r}_N) = -\Psi(\boldsymbol{r}_1, \cdots, \boldsymbol{r}_j, \cdots, \boldsymbol{r}_i, \cdots, \boldsymbol{r}_N) \tag{1.4}$$

も許される．前者は，同種粒子がボース粒子の場合で，後者はフェルミ粒子の場合である．波動関数の位相自体は測定されないので，マイナスが付いても同じ状態を表す[*1]．

1.2　完全対称関数と完全反対称関数

このような波動関数の対称性がすべての i, j に対して成り立たなければならない．これを表現するために，置換というものを考える．1 から N の数字を並べ替えたものを

$$\{1, 2, \cdots, N\} \longrightarrow \{P1, P2, \cdots, PN\} \tag{1.5}$$

と書く．ここで $P1$ は，順番を入れ替えた後の第 1 番目の数字で，1 から N までの数字のうちの 1 つである．以下同様に，$P2$ は 2 番目の数字 etc. である．このような順序の入れ替えを作る演算を「置換 P」と呼ぶ．P は順列組合せの計算から $N!$ 通りある．P を用いれば，粒子の入れ替えは $\{\boldsymbol{r}_1, \boldsymbol{r}_2, \cdots, \boldsymbol{r}_N\} \longrightarrow \{\boldsymbol{r}_{P1}, \boldsymbol{r}_{P2}, \cdots, \boldsymbol{r}_{PN}\}$ と書ける．

さて，置換 P を用いて

$$\Psi_{\text{Bose}}(\boldsymbol{r}_1, \boldsymbol{r}_2, \cdots, \boldsymbol{r}_N) = \sum_P \Psi(\boldsymbol{r}_{P1}, \boldsymbol{r}_{P2}, \cdots, \boldsymbol{r}_{PN}) \tag{1.6}$$

を考える．右辺の和は $N!$ 個の置換 P についてのすべての和を表す（波動関数の規格化を考えれば全体に係数が付くが，ここの議論では重要ではないので規格化因子を付けていない）．(1.6) 式の関数は，任意の $\boldsymbol{r}_i$ と $\boldsymbol{r}_j$ を入れ替えても（すでに入れ替えたものが和に含まれているので），元の関数と同じであること

[*1]　一般的には，位相 θ を用いて，$\Psi(\boldsymbol{r}_1, \cdots, \boldsymbol{r}_i, \cdots, \boldsymbol{r}_j, \cdots, \boldsymbol{r}_N) = e^{i\theta}\Psi(\boldsymbol{r}_1, \cdots, \boldsymbol{r}_j, \cdots, \boldsymbol{r}_i, \cdots, \boldsymbol{r}_N)$ でよいのだが，$\boldsymbol{r}_i \leftrightarrow \boldsymbol{r}_j$，の交換を 2 回続けて行うと元の波動関数に戻るので，$e^{2i\theta} = 1$ でないといけない．これを満たすのは $\theta = 0$ と $\theta = \pi$ だが，前者がボース粒子の場合，後者がフェルミ粒子の場合である．ただし，空間次元が 2 次元の系では，2 つの粒子がお互いを何回回ったかの情報 (winding number) が意味を持つので，その場合には位相 θ が任意の値であることが許される．このような統計性を持つ粒子をエニオン (anyon) と呼ぶ．

がわかるだろう．これを完全対称化された関数といい，ボース粒子の対称性を
有する多体の波動関数になっている．

　同じようにフェルミ粒子の場合には

$$\Psi_{\mathrm{Fermi}}(\boldsymbol{r}_1, \boldsymbol{r}_2, \cdots, \boldsymbol{r}_N) = \sum_P (-1)^P \Psi(\boldsymbol{r}_{P1}, \boldsymbol{r}_{P2}, \cdots, \boldsymbol{r}_{PN}) \qquad (1.7)$$

とすればよい．ここで新しい因子 $(-1)^P$ は，P が偶置換（2 個ずつの数字の入
れ替えを偶数回行って到達できる置換）のとき $+1$，奇置換のとき -1 となる
ものと定義している．こうしておけば，任意の $\boldsymbol{r}_i$ と $\boldsymbol{r}_j$ を入れ替えるとマイナ
ス符号が付くことがわかる．これを完全反対称関数という（演習問題 1.1）．以
下，主にフェルミ粒子の場合を考える．ボース粒子の場合は $(-1)^P$ の符号を考
えなければよいだけの違いなので，フェルミ粒子の場合を理解すればボース粒
子の場合は簡単に理解できる．

　実は (1.7) 式のような関数は行列式を用いても作ることができる．例えば，N
個の関数 $\phi_1(\boldsymbol{r}), \phi_2(\boldsymbol{r}), \cdots, \phi_N(\boldsymbol{r})$ を用意しておいて

$$\det \begin{pmatrix} \phi_1(\boldsymbol{r}_1) & \phi_2(\boldsymbol{r}_1) & \phi_3(\boldsymbol{r}_1) & \cdots & \phi_N(\boldsymbol{r}_1) \\ \phi_1(\boldsymbol{r}_2) & \phi_2(\boldsymbol{r}_2) & \phi_3(\boldsymbol{r}_2) & \cdots & \phi_N(\boldsymbol{r}_2) \\ \phi_1(\boldsymbol{r}_3) & \phi_3(\boldsymbol{r}_3) & \phi_3(\boldsymbol{r}_3) & \cdots & \phi_N(\boldsymbol{r}_3) \\ \cdots & & & & \\ \cdots & & & & \\ \cdots & & & & \\ \phi_1(\boldsymbol{r}_N) & \phi_2(\boldsymbol{r}_N) & \phi_3(\boldsymbol{r}_N) & \cdots & \phi_N(\boldsymbol{r}_N) \end{pmatrix} \qquad (1.8)$$

を作れば，この行列式は

$$\sum_P (-1)^P \phi_1(\boldsymbol{r}_{P1}) \phi_2(\boldsymbol{r}_{P2}) \phi_3(\boldsymbol{r}_{P3}) \cdots \phi_N(\boldsymbol{r}_{PN}) \qquad (1.9)$$

となる．したがって，(1.9) 式は完全反対称関数である．これをスレーター
(Slater) 行列式と呼ぶ．例えば，$\phi_j(\boldsymbol{r})$ として平面波 $e^{i\boldsymbol{k}_1 \cdot \boldsymbol{r}}, e^{i\boldsymbol{k}_2 \cdot \boldsymbol{r}}, e^{i\boldsymbol{k}_3 \cdot \boldsymbol{r}}, \cdots,$
$e^{i\boldsymbol{k}_N \cdot \boldsymbol{r}}$ を使えば，波数 $\boldsymbol{k}_1, \boldsymbol{k}_2, \boldsymbol{k}_3, \cdots, \boldsymbol{k}_N$ にフェルミ粒子が詰まっている状態
を表すことができる[*2]．

　また，スレーター行列式で使う関数 $\phi_n(\boldsymbol{r})$ を，1 体のシュレーディンガー方
程式

$$\left\{ -\frac{\hbar^2}{2m} \boldsymbol{\nabla}^2 + V(\boldsymbol{r}) \right\} \phi_n(\boldsymbol{r}) = \varepsilon_n \phi_n(\boldsymbol{r}) \qquad (1.10)$$

を満たすものとすると，(1.9) 式は，相互作用がないときの N 個の同種粒子の

[*2]　ボース粒子に対しては，(1.9) 式で $(-1)^P$ が付いていないものを考えればよい．これ
　　は行列式 (determinant) に対して，permanent と呼ばれている．行列式についてはいろ
　　いろな公式があるが，permanent に関する公式は少ない．

1.2　完全対称関数と完全反対称関数　**3**

固有関数となっていることが以下のようにしてわかる．(1.1) 式のハミルトニアンのうち，相互作用 $U(\boldsymbol{r}_i - \boldsymbol{r}_j)$ 以外の部分

$$\hat{H}_0 = \sum_{i=1}^{N} \left(-\frac{\hbar^2}{2m} \boldsymbol{\nabla}_i^2 + V(\boldsymbol{r}_i) \right) \tag{1.11}$$

を (1.9) 式に演算する（粒子の質量 m_i とポテンシャル $V_i(\boldsymbol{r})$ は i によらず共通とした）．(1.9) 式の各項には，$\boldsymbol{r}_i$ の変数を持つ $\phi_n(\boldsymbol{r}_i)$ が必ず 1 回だけ現れるので，$\hat{H}_0$ の中の $\boldsymbol{r}_i$ に関する演算子は，この $\phi_n(\boldsymbol{r}_i)$ に演算されて，固有エネルギー ε_n を与える．N 個の座標 $\boldsymbol{r}_i$ に対してすべて同じようになっているので，(1.9) 式は $\hat{H}_0$ の固有状態であり，固有エネルギーは $E = \sum_{n=1}^{N} \varepsilon_n$ ということがわかる．

しかし，相互作用があるとスレーター行列式はもはや固有状態ではなくなる．多体問題の醍醐味は，相互作用がある場合にどのような波動関数が固有状態となるか？ ということを調べるところにある．さらに，固有状態を用いて系の基底状態や有限温度での物理量を明らかにするのである．

例えば相互作用を摂動として扱うならば，量子力学の摂動理論を参考に議論を進めることができる．まず 1 つのスレーター行列式を出発点とすると（第 0 次摂動），摂動の 1 次の効果として別な形のスレーター行列式が固有状態に混ざってくる．しかし相互作用が多体であるために相当な数の新しい状態が現れ，それらの線形結合が固有状態となるのである．このような摂動計算を巨大な行列式のままで行うのは，大変な苦労を伴う．この手間を一気に簡単にし，かつ視覚的に見やすくしたものが本書の目的であるグリーン関数の方法，ファインマンダイアグラムの方法である．

1.3　第二量子化への準備

$N \times N$ の巨大な行列式を扱う代わりに，量子力学特有の粒子の生成・消滅という現象からアイデアを得て第二量子化の定式化を行う．フォック空間を考えて，粒子が全くいない真空を $|0\rangle$，1 つ粒子がいる状態を $\hat{\psi}^\dagger(\boldsymbol{r}_1)|0\rangle$，2 つ粒子がいる状態を $\frac{1}{\sqrt{2!}}\hat{\psi}^\dagger(\boldsymbol{r}_1)\hat{\psi}^\dagger(\boldsymbol{r}_2)|0\rangle$ などと仮定する．ここで $\hat{\psi}^\dagger(\boldsymbol{r})$ という演算子は $\boldsymbol{r}$ という位置に粒子を 1 つ生成する演算子であるが，これが満たす方程式を後で定義する．素粒子論などでは数個の粒子だけを扱うことが多いが，物性ではアボガドロ数までの粒子を扱う．一般に N 個の粒子がいる状態を定義して

$$|\boldsymbol{r}_1, \boldsymbol{r}_2, \cdots, \boldsymbol{r}_N\rangle = \frac{1}{\sqrt{N!}} \hat{\psi}^\dagger(\boldsymbol{r}_1)\hat{\psi}^\dagger(\boldsymbol{r}_2)\cdots\hat{\psi}^\dagger(\boldsymbol{r}_N)|0\rangle \tag{1.12}$$

と置く（ここで $1/\sqrt{N!}$ の係数は後で都合よくなるように付けてある）．

逆に $\hat{\psi}(\boldsymbol{r})$ は粒子を消す演算子であるが，真空には粒子がいないので

$$\hat{\psi}(\boldsymbol{r})|0\rangle = 0 \tag{1.13}$$

である．[注意：左辺の $|0\rangle$ は物理的な真空を意味しているが，右辺の 0 は数学的に 0（式から消えてよい）という意味のものである．このあたりのニュアンスが大事である．] フェルミ粒子の場合の行列式に代わるものとして，反交換関係

$$\{\hat{\psi}(\boldsymbol{r}),\ \hat{\psi}(\boldsymbol{r}')\} = 0,$$
$$\{\hat{\psi}^\dagger(\boldsymbol{r}),\hat{\psi}^\dagger(\boldsymbol{r}')\} = 0, \tag{1.14}$$
$$\{\hat{\psi}(\boldsymbol{r}),\ \hat{\psi}^\dagger(\boldsymbol{r}')\} = \delta(\boldsymbol{r} - \boldsymbol{r}') \equiv \delta(x - x')\delta(y - y')\delta(z - z')$$

を仮定する．ここで $\{A, B\} = AB + BA$ である（A, B は演算子：反交換関係と呼ぶ）．[ボース粒子の場合は $\{A, B\}$ の代わりに交換関係 $[A, B] = AB - BA$ とする．] フェルミ粒子の場合なぜこのような反交換関係が行列式の代わりとなるかは，後で明らかになる．また $\delta(\boldsymbol{r} - \boldsymbol{r}')$ はディラックのデルタ関数である．積分の中にこれが出てきたら

$$\int_{\text{積分領域に } \boldsymbol{r} \text{ が含まれていれば}} f(\boldsymbol{r}')\delta(\boldsymbol{r} - \boldsymbol{r}')d\boldsymbol{r}' = f(\boldsymbol{r}) \tag{1.15}$$

となる（以下すべて $\int d\boldsymbol{r}$ は 3 次元の積分 $\iiint dxdydz$ を表す）．

(1.12) 式では $|\cdots\rangle$（ケット）という右カッコに相当するものを定義したが，左カッコに相当するもの（ブラ）も定義しておく．これは (1.12) 式の複素共役の相方のようなもので，

$$\langle \boldsymbol{r}_1, \boldsymbol{r}_2, \cdots, \boldsymbol{r}_N | = \frac{1}{\sqrt{N!}}\langle 0|\hat{\psi}(\boldsymbol{r}_N)\hat{\psi}(\boldsymbol{r}_{N-1})\cdots\hat{\psi}(\boldsymbol{r}_1) \tag{1.16}$$

と定義する（演算子の順番に注意）．演算子 $\hat{\mathcal{O}}$ に対して $\langle\cdots|\hat{\mathcal{O}}|\cdots\rangle$ を計算することが今後しばしば出てくるが，これは (1.12) 式と (1.16) 式の定義を代入して，演算子が右側に順次演算されるものとして計算していけばよい．英語のカッコ (bracket) からのもじりで，ブラとケットと 2 つに分けたのである．

(1.14) 式の交換関係を用いて，

$$\langle \boldsymbol{r}_1, \boldsymbol{r}_2, \cdots, \boldsymbol{r}_N | \boldsymbol{r}'_1, \boldsymbol{r}'_2, \cdots, \boldsymbol{r}'_{N'}\rangle$$
$$= \frac{\delta_{NN'}}{N!}\sum_P (-1)^P \delta(\boldsymbol{r}_1 - \boldsymbol{r}'_{P1})\delta(\boldsymbol{r}_2 - \boldsymbol{r}'_{P2})\cdots\delta(\boldsymbol{r}_N - \boldsymbol{r}'_{PN}) \tag{1.17}$$

が成り立つことを示そう．これは交換関係の使い方の練習として教育的である．

【証明】(1.17) 式左辺のブラの中の一番右側にある $\hat{\psi}(\boldsymbol{r}_1)$ を順次右に移動させていくことを考える．このとき反交換関係 (1.14) から得られる

$$\hat{\psi}(\boldsymbol{r}_1)\hat{\psi}^\dagger(\boldsymbol{r}'_1) = -\hat{\psi}^\dagger(\boldsymbol{r}'_1)\hat{\psi}(\boldsymbol{r}_1) + \delta(\boldsymbol{r}_1 - \boldsymbol{r}'_1) \tag{1.18}$$

を用いると，

$$\langle \boldsymbol{r}_1, \boldsymbol{r}_2, \cdots, \boldsymbol{r}_N | \boldsymbol{r}'_1, \boldsymbol{r}'_2, \cdots, \boldsymbol{r}'_{N'}\rangle$$
$$= \frac{1}{\sqrt{N!N'!}}\Big\{-\langle 0|\hat{\psi}(\boldsymbol{r}_N)\cdots\hat{\psi}(\boldsymbol{r}_2)\hat{\psi}^\dagger(\boldsymbol{r}'_1)\hat{\psi}(\boldsymbol{r}_1)\hat{\psi}^\dagger(\boldsymbol{r}'_2)\cdots\hat{\psi}^\dagger(\boldsymbol{r}'_{N'})|0\rangle$$

$$+ \delta(\boldsymbol{r}_1 - \boldsymbol{r}_1') \langle 0|\hat{\psi}(\boldsymbol{r}_N)\cdots\hat{\psi}(\boldsymbol{r}_2)\hat{\psi}^\dagger(\boldsymbol{r}_2')\cdots\hat{\psi}^\dagger(\boldsymbol{r}_{N'}')|0\rangle \Big\} \qquad (1.19)$$

となる．右辺第 1 項は $\hat{\psi}(\boldsymbol{r}_1)$ が $\hat{\psi}^\dagger(\boldsymbol{r}_1')$ を通り抜けて右側に行ったものだが，第 2 項は $\hat{\psi}(\boldsymbol{r}_1)$ と $\hat{\psi}^\dagger(\boldsymbol{r}_1')$ が「対消滅して」代わりにデルタ関数が残ったものと考えることができる．$\hat{\psi}(\boldsymbol{r}_1)$ が通り抜けてしまった第 1 項については，引き続き $\hat{\psi}(\boldsymbol{r}_1)$ を右側に移動させていく．結局，$\hat{\psi}(\boldsymbol{r}_1)$ は $\hat{\psi}^\dagger(\boldsymbol{r}_n')$（ただし $n = 1, \cdots, N'$）のいずれかと「対消滅」してデルタ関数となるか，または最後まで生き残って右端まで到達するかのどちらかになる．最後まで生き残って右端まで達すると，そこには真空 $|0\rangle$ があるので，その項は (1.13) 式で定義したように，$\hat{\psi}(\boldsymbol{r}_1)|0\rangle = 0$ となって消える．結局，$\boldsymbol{r}_1$ は N' 通りのデルタ関数（$\boldsymbol{r}_1$ の相手は $\boldsymbol{r}_n'$ のうちのどれか）の中だけに残り，

$$\langle \boldsymbol{r}_1, \boldsymbol{r}_2, \cdots, \boldsymbol{r}_N | \boldsymbol{r}_1', \boldsymbol{r}_2', \cdots, \boldsymbol{r}_{N'}' \rangle$$

$$= \frac{1}{\sqrt{N!N'!}} \sum_{j=1}^{N'} (-1)^{j-1} \delta(\boldsymbol{r}_1 - \boldsymbol{r}_j') \langle 0|\hat{\psi}(\boldsymbol{r}_N)\cdots\hat{\psi}(\boldsymbol{r}_2) \underbrace{\hat{\psi}^\dagger(\boldsymbol{r}_1')\cdots\hat{\psi}^\dagger(\boldsymbol{r}_{N'}')}_{\text{（ただし }\hat{\psi}^\dagger(\boldsymbol{r}_j')\text{ が欠けている）}} |0\rangle$$

$$(1.20)$$

の形となる．次に，$\hat{\psi}(\boldsymbol{r}_2)$ についても同じことを行えば，今度は残りの $N' - 1$ 個の $\hat{\psi}^\dagger(\boldsymbol{r}_n')$ のどれかと「対消滅」してデルタ関数となる．これを順次繰り返していく．最後に $\hat{\psi}(\boldsymbol{r}_n)$ や $\hat{\psi}^\dagger(\boldsymbol{r}_n')$ のどちらかが残ってしまうと，真空の条件からすべての項が 0 になってしまうので，$N = N'$ でなければならないこともわかる．こうして (1.17) 式が得られる（ボース粒子の場合は，交換関係なので $(-1)^P$ の因子が現れない）．【証明終わり】

1.4　第二量子化の定式化

さて，ここで天下りであるが，

$$|\Psi_N(t)\rangle = \int d\boldsymbol{r}_1 d\boldsymbol{r}_2 \cdots d\boldsymbol{r}_N \Psi(\boldsymbol{r}_1, \boldsymbol{r}_2, \cdots, \boldsymbol{r}_N; t) |\boldsymbol{r}_1, \boldsymbol{r}_2, \cdots, \boldsymbol{r}_N\rangle \quad (1.21)$$

という状態を考える．右辺の $\Psi(\boldsymbol{r}_1, \boldsymbol{r}_2, \cdots, \boldsymbol{r}_N; t)$ は複素関数であり，状態 $|\Psi_N(t)\rangle$ を座標表示の状態 $|\boldsymbol{r}_1, \boldsymbol{r}_2, \cdots, \boldsymbol{r}_N\rangle$ で展開したときの展開係数と考えてよい．さて，(1.21) 式の積分変数を $\boldsymbol{r}_i$ から $\boldsymbol{r}_i'$ と変更しておいて，$\langle \boldsymbol{r}_1, \boldsymbol{r}_2, \cdots, \boldsymbol{r}_N | \Psi_N(t) \rangle$ を考えると，(1.17) 式の関係を使って

$$\langle \boldsymbol{r}_1, \boldsymbol{r}_2, \cdots, \boldsymbol{r}_N | \Psi_N(t) \rangle = \frac{1}{N!} \sum_P (-1)^P \int d\boldsymbol{r}_1' d\boldsymbol{r}_2' \cdots d\boldsymbol{r}_N' \Psi(\boldsymbol{r}_1', \boldsymbol{r}_2', \cdots, \boldsymbol{r}_N'; t)$$

$$\times \delta(\boldsymbol{r}_1 - \boldsymbol{r}_{P1}')\delta(\boldsymbol{r}_2 - \boldsymbol{r}_{P2}')\cdots\delta(\boldsymbol{r}_N - \boldsymbol{r}_{PN}')$$

$$= \frac{1}{N!} \sum_P (-1)^P \Psi(\boldsymbol{r}_{P1}, \boldsymbol{r}_{P2}, \cdots, \boldsymbol{r}_{PN}; t)$$

$$= \Psi_{\mathrm{AS}}(\boldsymbol{r}_1, \boldsymbol{r}_2, \cdots, \boldsymbol{r}_N; t) \tag{1.22}$$

となることがわかる［ここではフェルミ粒子の場合を示しているが，ボース粒子の場合も全く同様に行うことができる］．ここで $\langle \boldsymbol{r}_1, \boldsymbol{r}_2, \cdots, \boldsymbol{r}_N |$ の中の $\hat{\psi}(\boldsymbol{r}_1)$ などの演算子は，（変数 $\boldsymbol{r}_1$ とは無関係の）積分記号や複素関数 $\Psi(\boldsymbol{r}_1', \boldsymbol{r}_2', \cdots, \boldsymbol{r}_N'; t)$ とは交換するとして計算する．また (1.22) 式の最後の行では，(1.7) 式で一般的に考えた完全反対称化されたフェルミ粒子の波動関数なので，Ψ_{AS} という記号を用いた（AS は antisymmetrized の略）．つまり，$|\Psi_N(t)\rangle$ から (1.22) 式のような内積を作ると，自動的に完全反対称性を持つ関数 $\Psi_{\mathrm{AS}}(\boldsymbol{r}_1, \boldsymbol{r}_2, \cdots, \boldsymbol{r}_N; t)$ が得られるのである！ これは，導出の仕方からわかるように演算子 $\hat{\psi}(\boldsymbol{r})$ の反交換関係（ボース粒子の場合は，交換関係）のおかげである．

次に，$|\Psi_N(t)\rangle$ の満たすべき方程式として，

$$i\hbar \frac{\partial}{\partial t} |\Psi_N(t)\rangle = \hat{\mathscr{H}} |\Psi_N(t)\rangle \tag{1.23}$$

を考える．ただし新しいハミルトニアン $\hat{\mathscr{H}}$ は，$\hat{\mathscr{H}} = \hat{\mathscr{H}}_0 + \hat{\mathscr{H}}_{\mathrm{int}}$ で

$$
\begin{aligned}
\hat{\mathscr{H}}_0 &= \int d\boldsymbol{r} \left\{ \frac{\hbar^2}{2m} \boldsymbol{\nabla} \hat{\psi}^\dagger(\boldsymbol{r}) \cdot \boldsymbol{\nabla} \hat{\psi}(\boldsymbol{r}) + V(\boldsymbol{r}) \hat{\psi}^\dagger(\boldsymbol{r}) \hat{\psi}(\boldsymbol{r}) \right\}, \\
\hat{\mathscr{H}}_{\mathrm{int}} &= \frac{1}{2} \iint d\boldsymbol{r} d\boldsymbol{r}' \hat{\psi}^\dagger(\boldsymbol{r}) \hat{\psi}^\dagger(\boldsymbol{r}') U(\boldsymbol{r} - \boldsymbol{r}') \hat{\psi}(\boldsymbol{r}') \hat{\psi}(\boldsymbol{r})
\end{aligned} \tag{1.24}
$$

とする．まず (1.23) 式の左辺に左から $\langle \boldsymbol{r}_1, \boldsymbol{r}_2, \cdots, \boldsymbol{r}_N |$ をかけると，(1.22) 式の導出と同じように

$$\langle \boldsymbol{r}_1, \boldsymbol{r}_2, \cdots, \boldsymbol{r}_N | i\hbar \frac{\partial}{\partial t} |\Psi_N(t)\rangle = i\hbar \frac{\partial}{\partial t} \Psi_{\mathrm{AS}}(\boldsymbol{r}_1, \boldsymbol{r}_2, \cdots, \boldsymbol{r}_N; t) \tag{1.25}$$

となる．一方 (1.23) 式の右辺からは

$$
\begin{aligned}
\langle \boldsymbol{r}_1, \boldsymbol{r}_2, \cdots, \boldsymbol{r}_N | \hat{\mathscr{H}} |\Psi_N(t)\rangle &= \sum_{i=1}^{N} \left(-\frac{\hbar^2}{2m} \boldsymbol{\nabla}_i^2 + V(\boldsymbol{r}_i) \right) \Psi_{\mathrm{AS}}(\boldsymbol{r}_1, \boldsymbol{r}_2, \cdots, \boldsymbol{r}_N; t) \\
&\quad + \frac{1}{2} \sum_{i \neq j} U(\boldsymbol{r}_i - \boldsymbol{r}_j) \Psi_{\mathrm{AS}}(\boldsymbol{r}_1, \boldsymbol{r}_2, \cdots, \boldsymbol{r}_N; t)
\end{aligned}
$$

$$\tag{1.26}$$

であることを示すことができる（証明はこの節の最後）．これらの式は，$\Psi_{\mathrm{AS}}(\boldsymbol{r}_1, \boldsymbol{r}_2, \cdots, \boldsymbol{r}_N; t)$ が，最初の多体のシュレーディンガー方程式 (1.1)（同種粒子の場合）を正しく満たしていることを示している．つまり，$\hat{\mathscr{H}}$ とそれによる方程式 (1.23) を満たす "波動関数" $|\Psi_N(t)\rangle$ が得られれば，多体のシュレーディンガー方程式を解いたのと同じことになるのである．これが第二量子化の定式化であり，$\hat{\mathscr{H}}$ を第二量子化のハミルトニアンという．

第二量子化では演算子 $\hat{\psi}(\boldsymbol{r})$ が主役である．1 体のシュレーディンガー方程式で得られるような波動関数 $\psi(\boldsymbol{r})$ に，反交換関係 (1.14) 式を課して今一度量子化したという意味で，第二量子化という（逆に，元の多体の波動関数 Ψ_{AS}

1.4 第二量子化の定式化 **7**

は，第一量子化の波動関数と呼ぶことがある）．以下本書で演算子といえば，第二量子化されたものをいう．第二量子化の方法では，ハミルトニアン $\mathscr{H}$ の固有値・固有状態がわかればよく，Ψ_{AS} のような粒子の座標を含んだ多体の波動関数を直接扱うことはない．例外として，1次元のベーテ仮説の方法とラフリンの分数量子ホール効果の場合には，第一量子化の波動関数を直接扱うことがある．

(1.24) 式のハミルトニアン $\mathscr{H}$ には，1つ1つの粒子の座標 r_i に関する微分演算子はもはや出てこない．代わりに，一般的な積分変数 r と演算子 $\hat{\psi}(r)$ で書き表されている．さらに驚くべきことに，$\mathscr{H}$ は粒子数 N にも明示的に依存しない．つまり，どのような粒子数の系に対しても同じ扱いで議論できるのである．$\mathscr{H}$ の固有値・固有状態がわかれば，任意の N 粒子の固有関数 $|\Psi_N(t)\rangle$ は簡単に作ることができる．このようにハミルトニアンが $\hat{\psi}^\dagger(r)$ や $\hat{\psi}(r)$ という演算子で書かれていると，最初は違和感があるかもしれないが，次第に意味（と有難味）がわかってくるはずである．

(1.24) 式第2項の相互作用を表すハミルトニアン $\mathscr{H}_{\mathrm{int}}$ は4つの演算子を持ち，かつ $\hat{\psi}^\dagger(r)\hat{\psi}^\dagger(r')\hat{\psi}(r')\hat{\psi}(r)$ という特徴的な順番を持っていることに注意．とくに外側の2つの演算子が座標 r を持ち，内側の2つの演算子が座標 r' を持つこと，および演算子の順番が「生成-生成-消滅-消滅」となっていることが重要である．微妙な点であるが，この順序が「粒子は自分自身と相互作用しない」ということを保証している．これは以下の証明の過程で理解できる．

【(1.26) 式の証明】(1.17) 式の証明のときと同じように，丁寧に演算子の交換関係とデルタ関数を調べればよい．練習のために自分で確認しておくことをお勧めする．まず，一番簡単な $\int dr V(r)\hat{\psi}^\dagger(r)\hat{\psi}(r)$ の項を考えると，

$$\langle r_1, r_2, \cdots, r_N | \int dr V(r)\hat{\psi}^\dagger(r)\hat{\psi}(r) | \Psi_N(t)\rangle$$
$$= \int dr V(r) \int dr_1' dr_2' \cdots dr_N' \Psi(r_1', r_2', \cdots, r_N'; t)$$
$$\times \langle r_1, r_2, \cdots, r_N | \hat{\psi}^\dagger(r)\hat{\psi}(r) | r_1', r_2', \cdots, r_N'\rangle \quad (1.27)$$

である．ブラとケットに挟まれた演算子 $\hat{\psi}^\dagger(r)\hat{\psi}(r)$ を順次右側に移動させていく．ケットの一番左側にある $\hat{\psi}^\dagger(r_1')$ と，反交換関係を使うと

$$[\hat{\psi}^\dagger(r)\hat{\psi}(r)]\hat{\psi}^\dagger(r_1') = -\hat{\psi}^\dagger(r)\hat{\psi}^\dagger(r_1')\hat{\psi}(r) + \hat{\psi}^\dagger(r)\delta(r - r_1')$$
$$= \hat{\psi}^\dagger(r_1')[\hat{\psi}^\dagger(r)\hat{\psi}(r)] + \hat{\psi}^\dagger(r_1')\delta(r - r_1') \quad (1.28)$$

となる．第1項は $[\hat{\psi}^\dagger(r)\hat{\psi}(r)]$ が $\hat{\psi}^\dagger(r_1')$ を完全に通り抜けたものである．今の場合は符号も付かない．一方，第2項はデルタ関数が残るだけで，$\hat{\psi}^\dagger(r_1')$ は元と同じ形で残っている（詳しく見ると，1回 $\hat{\psi}(r)$ によって $\hat{\psi}^\dagger(r_1')$ が「消滅」してしまうが，直後に $\hat{\psi}^\dagger(r)$ によって復活したといえる）．$[\hat{\psi}^\dagger(r)\hat{\psi}(r)]$ が通り

8　第1章　第二量子化

抜けてしまった第1項については，引き続き $[\hat{\psi}^\dagger(\boldsymbol{r})\hat{\psi}(\boldsymbol{r})]$ を右側に移動させていく．$\hat{\psi}^\dagger(\boldsymbol{r})\hat{\psi}(\boldsymbol{r})$ が最後まで生き残って右端まで達すると，そこには真空 $|0\rangle$ があるので，その項は消えてしまう．結局，$\boldsymbol{r}$ は N 通りのデルタ関数（$\boldsymbol{r}$ の相手は $\boldsymbol{r}'_n$ のうちのどれか）の中だけに残り，(1.27) 式は

$$\int d\boldsymbol{r}\, V(\boldsymbol{r}) \int d\boldsymbol{r}'_1 d\boldsymbol{r}'_2 \cdots d\boldsymbol{r}'_N \Psi(\boldsymbol{r}'_1, \boldsymbol{r}'_2, \cdots, \boldsymbol{r}'_N; t)$$
$$\times \sum_{i=1}^N \delta(\boldsymbol{r} - \boldsymbol{r}'_i)\langle \boldsymbol{r}_1, \boldsymbol{r}_2, \cdots, \boldsymbol{r}_N | \boldsymbol{r}'_1, \boldsymbol{r}'_2, \cdots, \boldsymbol{r}'_N \rangle \quad (1.29)$$

の形となる．次に $\boldsymbol{r}$ に関して積分すると $\sum_i V(\boldsymbol{r}'_i)$ が得られる．最後に (1.29) 式右端のブラとケットの内積は今までと同様に計算することができて Ψ_{AS} が得られる．同時に $V(\boldsymbol{r}'_i)$ の中の $\boldsymbol{r}'_i$ は $\boldsymbol{r}_i$ のいずれかと等しいので，(1.26) 式の $V(\boldsymbol{r}_i)$ の項となることがわかる．

次に $\int d\boldsymbol{r}\, \frac{\hbar^2}{2m} \boldsymbol{\nabla}\hat{\psi}^\dagger(\boldsymbol{r}) \cdot \boldsymbol{\nabla}\hat{\psi}(\boldsymbol{r})$ の方はデルタ関数の微分が入るので少しだけ複雑である．(1.28) 式と同様に行うと

$$[\boldsymbol{\nabla}\hat{\psi}^\dagger(\boldsymbol{r}) \cdot \boldsymbol{\nabla}\hat{\psi}(\boldsymbol{r})]\hat{\psi}^\dagger(\boldsymbol{r}'_1) = \hat{\psi}^\dagger(\boldsymbol{r}'_1)[\boldsymbol{\nabla}\hat{\psi}^\dagger(\boldsymbol{r}) \cdot \boldsymbol{\nabla}\hat{\psi}(\boldsymbol{r})] + \boldsymbol{\nabla}\hat{\psi}^\dagger(\boldsymbol{r}) \cdot \boldsymbol{\nabla}\delta(\boldsymbol{r} - \boldsymbol{r}'_1)$$
$$(1.30)$$

となる（$\boldsymbol{\nabla}$ は $\boldsymbol{r}$ に関する偏微分）．第1項の通り抜ける部分はこれまでと同じだが，第2項のデルタ関数のところは $\boldsymbol{r}$ に関して積分すると，

$$\int d\boldsymbol{r}\, \frac{\hbar^2}{2m} \boldsymbol{\nabla}\hat{\psi}^\dagger(\boldsymbol{r}) \cdot \boldsymbol{\nabla}\delta(\boldsymbol{r} - \boldsymbol{r}'_1) = -\int d\boldsymbol{r}\, \frac{\hbar^2}{2m} \boldsymbol{\nabla}^2\hat{\psi}^\dagger(\boldsymbol{r})\delta(\boldsymbol{r} - \boldsymbol{r}'_1)$$
$$= -\frac{\hbar^2}{2m} \boldsymbol{\nabla}^2_{\boldsymbol{r}'_1}\hat{\psi}^\dagger(\boldsymbol{r}'_1) \quad (1.31)$$

となる．ここで，最初の変形は部分積分である（デルタ関数の微分があるときは，部分積分して相手の関数に微分を押し付ければよい）．最後の偏微分は $\boldsymbol{r}'_1$ に関してのものである．以下，$V(\boldsymbol{r}'_i)$ のときと同じように進めていけば，(1.26) 式の中の $-\frac{\hbar^2}{2m} \boldsymbol{\nabla}^2_i$ の項となることがわかる．

最後に $U(\boldsymbol{r} - \boldsymbol{r}')$ を持つ相互作用の項を考える．この項は

$$\frac{1}{2} \iint d\boldsymbol{r} d\boldsymbol{r}'\, U(\boldsymbol{r} - \boldsymbol{r}') \int d\boldsymbol{r}'_1 d\boldsymbol{r}'_2 \cdots d\boldsymbol{r}'_N \Psi(\boldsymbol{r}'_1, \boldsymbol{r}'_2, \cdots, \boldsymbol{r}'_N; t)$$
$$\times \langle \boldsymbol{r}_1, \boldsymbol{r}_2, \cdots, \boldsymbol{r}_N | \hat{\psi}^\dagger(\boldsymbol{r})\hat{\psi}^\dagger(\boldsymbol{r}')\hat{\psi}(\boldsymbol{r}')\hat{\psi}(\boldsymbol{r}) | \boldsymbol{r}'_1, \boldsymbol{r}'_2, \cdots, \boldsymbol{r}'_N \rangle \quad (1.32)$$

であるが，まず (1.17) 式の証明のときと同じように，消滅演算子 $\hat{\psi}(\boldsymbol{r})$ を右側に移していく．そうすると，ブラとケットで挟まれた部分は

$$\frac{1}{\sqrt{N!}} \sum_{i=1}^N (-1)^{i-1}\delta(\boldsymbol{r} - \boldsymbol{r}'_i)$$
$$\times \langle \boldsymbol{r}_1, \boldsymbol{r}_2, \cdots, \boldsymbol{r}_N | \hat{\psi}^\dagger(\boldsymbol{r})\hat{\psi}^\dagger(\boldsymbol{r}')\hat{\psi}(\boldsymbol{r}') \underbrace{\hat{\psi}^\dagger(\boldsymbol{r}'_1) \cdots \hat{\psi}^\dagger(\boldsymbol{r}'_N)}_{(\hat{\psi}^\dagger(\boldsymbol{r}'_i)\text{ が欠けている})} |0\rangle \quad (1.33)$$

となる．次に $\hat{\psi}^\dagger(\boldsymbol{r}')\hat{\psi}(\boldsymbol{r}')$ を順次右側に移動させていく．これは $V(\boldsymbol{r})$ のとき と全く同じなので，$\boldsymbol{r}'$ は残りの $N-1$ 個の $\boldsymbol{r}'_j$ とのデルタ関数の中だけに残り，

$$
\frac{1}{\sqrt{N!}}\sum_{i=1}^{N}\sum_{j\neq i}^{N}(-1)^{i-1}\delta(\boldsymbol{r}-\boldsymbol{r}'_i)\delta(\boldsymbol{r}'-\boldsymbol{r}'_j)
$$

$$
\times\langle\boldsymbol{r}_1,\boldsymbol{r}_2,\cdots,\boldsymbol{r}_N|\hat{\psi}^\dagger(\boldsymbol{r})\underbrace{\hat{\psi}^\dagger(\boldsymbol{r}'_1)\cdots\hat{\psi}^\dagger(\boldsymbol{r}'_N)}_{(\hat{\psi}^\dagger(\boldsymbol{r}'_i)\text{ が欠けている})}|0\rangle \tag{1.34}
$$

となることがわかる．この式を (1.32) 式に代入して $\boldsymbol{r}$ と $\boldsymbol{r}'$ に関する積分を考 慮すると

$$
\frac{1}{2\sqrt{N!}}\sum_{i=1}^{N}\sum_{j\neq i}^{N}(-1)^{i-1}U(\boldsymbol{r}'_i-\boldsymbol{r}'_j)\int d\boldsymbol{r}'_1 d\boldsymbol{r}'_2\cdots d\boldsymbol{r}'_N\Psi(\boldsymbol{r}'_1,\boldsymbol{r}'_2,\cdots,\boldsymbol{r}'_N;t)
$$

$$
\times\langle\boldsymbol{r}_1,\boldsymbol{r}_2,\cdots,\boldsymbol{r}_N|\hat{\psi}^\dagger(\boldsymbol{r}=\boldsymbol{r}'_i)\underbrace{\hat{\psi}^\dagger(\boldsymbol{r}'_1)\cdots\hat{\psi}^\dagger(\boldsymbol{r}'_N)}_{(\hat{\psi}^\dagger(\boldsymbol{r}'_i)\text{ が欠けている})}|0\rangle \tag{1.35}
$$

となる．欠けている $\hat{\psi}^\dagger(\boldsymbol{r}'_i)$ だが，これはもともと $\hat{\psi}^\dagger(\boldsymbol{r})$ だったものが $\hat{\psi}^\dagger(\boldsymbol{r}'_i)$ となって復活しているので，これを欠けている $\hat{\psi}^\dagger(\boldsymbol{r}'_i)$ のところまで戻す．そう するとちょうど $(-1)^{i-1}$ の因子も打ち消して，結局 $U(\boldsymbol{r}_i-\boldsymbol{r}_j)$ の項となるこ とがわかる．【証明終わり】

以上が第二量子化の定式化である．あとは $\mathscr{H}$ の固有値・固有状態を求めれ ばよい．上の証明の過程を見ると，$\hat{\psi}^\dagger(\boldsymbol{r})\hat{\psi}^\dagger(\boldsymbol{r}')\hat{\psi}(\boldsymbol{r}')\hat{\psi}(\boldsymbol{r})$ の順番が大事である ことが理解できる．消滅演算子 $\hat{\psi}(\boldsymbol{r}')\hat{\psi}(\boldsymbol{r})$ が右側に 2 つ並んでいるおかげで， $\boldsymbol{r}'_i\neq\boldsymbol{r}'_j$ という条件が生じている．その結果，(1.26) 式の中の $\sum_{i\neq j}$ という制 限が付く．これは，粒子が「自分自身とは相互作用しない」ということを表す 重要な制限である．

1.5 物理量の期待値

多体系の場合の物理量の期待値は，1 粒子のシュレーディンガー方程式の場 合と同じように波動関数 $\Psi_{\mathrm{AS}}(\boldsymbol{r}_1,\boldsymbol{r}_2,\cdots,\boldsymbol{r}_N;t)$ で物理量演算子を挟んで，粒 子の座標 $\boldsymbol{r}_1,\boldsymbol{r}_2,\cdots,\boldsymbol{r}_N$ について積分すれば得られる．これが第二量子化でど のように表されるかをみよう．例えば全エネルギーの期待値は

$$
\int d\boldsymbol{r}_1\cdots d\boldsymbol{r}_N\Psi_{\mathrm{AS}}^*(\boldsymbol{r}_1,\boldsymbol{r}_2,\cdots,\boldsymbol{r}_N;t)\Bigg\{\sum_{i=1}^{N}\left(-\frac{\hbar^2}{2m}\boldsymbol{\nabla}_i^2+V(\boldsymbol{r}_i)\right)
$$

$$
+\frac{1}{2}\sum_{i\neq j}U(\boldsymbol{r}_i-\boldsymbol{r}_j)\Bigg\}\Psi_{\mathrm{AS}}(\boldsymbol{r}_1,\boldsymbol{r}_2,\cdots,\boldsymbol{r}_N;t) \tag{1.36}
$$

であり，位置 $\boldsymbol{r}$ での粒子密度の期待値は

$$\int d\boldsymbol{r}_1 \cdots d\boldsymbol{r}_N \Psi_{\mathrm{AS}}^*(\boldsymbol{r}_1, \boldsymbol{r}_2, \cdots, \boldsymbol{r}_N; t) \sum_{i=1}^{N} \delta(\boldsymbol{r} - \boldsymbol{r}_i) \Psi_{\mathrm{AS}}(\boldsymbol{r}_1, \boldsymbol{r}_2, \cdots, \boldsymbol{r}_N; t)$$

$$= N \int d\boldsymbol{r}_2 \cdots d\boldsymbol{r}_N \left| \Psi_{\mathrm{AS}}(\boldsymbol{r}, \boldsymbol{r}_2, \cdots, \boldsymbol{r}_N; t) \right|^2 \tag{1.37}$$

である．(1.37) 式の変形は，波動関数 $\Psi_{\mathrm{AS}}(\boldsymbol{r}_1, \boldsymbol{r}_2, \cdots, \boldsymbol{r}_N; t)$ が完全反対称であることを使ってデルタ関数をすべて $\delta(\boldsymbol{r} - \boldsymbol{r}_1)$ と変更し，その後で $\boldsymbol{r}_1$ に関する積分を実行したものである．

これらの期待値は，第二量子化においては波動関数 $|\Psi_N(t)\rangle$ を用いたものに変更される．例えば，エネルギーの期待値はハミルトニアン演算子を用いて

$$\langle \Psi_N(t) | \mathscr{H} | \Psi_N(t) \rangle \tag{1.38}$$

である．実際，波動関数 $|\Psi_N(t)\rangle$ の定義式 (1.21) とハミルトニアンをかけた場合の結果の式 (1.26) を組み合わせれば，$\langle \Psi_N(t) | \mathscr{H} | \Psi_N(t) \rangle$ が (1.36) 式と同じになることがわかる．第一量子化での $\Psi_{\mathrm{AS}}(\boldsymbol{r}_1, \boldsymbol{r}_2, \cdots, \boldsymbol{r}_N; t)$ を直接用いる (1.36) 式に比べて，第二量子化の場合にはかなり簡潔になる．

同様に粒子密度の期待値は，シュレーディンガー方程式の場合の類推から，$\hat{\psi}^\dagger(\boldsymbol{r}) \hat{\psi}(\boldsymbol{r})$ を $|\Psi_N(t)\rangle$ で挟んだ

$$\langle \Psi_N(t) | \hat{\psi}^\dagger(\boldsymbol{r}) \hat{\psi}(\boldsymbol{r}) | \Psi_N(t) \rangle \tag{1.39}$$

であると期待される．実際 $V(\boldsymbol{r})$ の計算のときと同じように，(1.29) 式を用いれば (1.39) 式が (1.37) 式と同じになることがわかる．したがって，第二量子化での密度演算子 $\hat{\rho}(\boldsymbol{r})$ を

$$\hat{\rho}(\boldsymbol{r}) = \hat{\psi}^\dagger(\boldsymbol{r}) \hat{\psi}(\boldsymbol{r}) \tag{1.40}$$

と定義する．

1.6　固有関数による展開

相互作用がない場合には，第二量子化の方法による解は非常に簡潔に求められる．1.2 節で考えたように，1 体のシュレーディンガー方程式 (1.10) 式を満たす固有関数 $\phi_n(\boldsymbol{r})$ が求まったとする．$\phi_n(\boldsymbol{r})$ の組は正規完全直交系をなすとし，演算子 $\hat{\psi}(\boldsymbol{r})$ を

$$\hat{\psi}(\boldsymbol{r}) = \sum_n \phi_n(\boldsymbol{r}) \hat{c}_n \tag{1.41}$$

と展開しよう．逆変換は

$$\int d\boldsymbol{r} \phi_n^*(\boldsymbol{r}) \hat{\psi}(\boldsymbol{r}) = \int d\boldsymbol{r} \phi_n^*(\boldsymbol{r}) \sum_m \phi_m(\boldsymbol{r}) \hat{c}_m = \sum_m \delta_{nm} \hat{c}_m = \hat{c}_n \tag{1.42}$$

である．新しく定義された演算子 $\hat{c}_n$ の反交換関係は，(1.14) 式の反交換関係を用いて

$$\{\hat{c}_n, \hat{c}_m^\dagger\} = \left\{ \iint d\boldsymbol{r} \phi_n^*(\boldsymbol{r})\hat{\psi}(\boldsymbol{r}), \int d\boldsymbol{r}' \phi_m(\boldsymbol{r}')\hat{\psi}^\dagger(\boldsymbol{r}') \right\}$$

$$= \iint d\boldsymbol{r} d\boldsymbol{r}' \phi_n^*(\boldsymbol{r})\phi_m(\boldsymbol{r}')\delta(\boldsymbol{r} - \boldsymbol{r}')$$

$$= \int d\boldsymbol{r} \phi_n^*(\boldsymbol{r})\phi_m(\boldsymbol{r}) = \delta_{nm} \tag{1.43}$$

と得られる．同様に $\{\hat{c}_n, \hat{c}_m\} = \{\hat{c}_n^\dagger, \hat{c}_m^\dagger\} = 0$ も示すことができる．こうして得られた演算子 $\hat{c}_n$ と $\hat{c}_n^\dagger$ は，状態 n の消滅演算子，生成演算子と呼ばれる（ボース粒子の場合は交換関係を用いるだけの違いで，同様に定義できる）．

(1.24) 式で定義された $\hat{\mathcal{H}}_0$ に (1.41) 式を代入して整理すると

$$\hat{\mathcal{H}}_0 = \sum_{n,m} \int d\boldsymbol{r} \left\{ \frac{\hbar^2}{2m} \boldsymbol{\nabla}\phi_n^*(\boldsymbol{r})\hat{c}_n^\dagger \cdot \boldsymbol{\nabla}\phi_m(\boldsymbol{r})\hat{c}_m + V(\boldsymbol{r})\phi_n^*(\boldsymbol{r})\hat{c}_n^\dagger\phi_m(\boldsymbol{r})\hat{c}_m \right\}$$

$$= \sum_{n,m} \int d\boldsymbol{r} \phi_n^*(\boldsymbol{r}) \left\{ -\frac{\hbar^2}{2m} \boldsymbol{\nabla}^2\phi_m(\boldsymbol{r}) + V(\boldsymbol{r})\phi_m(\boldsymbol{r}) \right\} \hat{c}_n^\dagger\hat{c}_m$$

$$= \sum_{n,m} \int d\boldsymbol{r} \phi_n^*(\boldsymbol{r})\varepsilon_m\phi_m(\boldsymbol{r})\hat{c}_n^\dagger\hat{c}_m = \sum_n \varepsilon_n\hat{c}_n^\dagger\hat{c}_n \tag{1.44}$$

となる（2 行目では部分積分を行った[*3)]）．ハミルトニアンが状態 n の単純な和として書かれているので，この場合 $\hat{\mathcal{H}}_0$ は対角化されているという．全粒子数演算子は，(1.40) 式で定義された密度演算子を用いて

$$\hat{N} = \int d\boldsymbol{r} \hat{\rho}(\boldsymbol{r}) = \int d\boldsymbol{r} \hat{\psi}^\dagger(\boldsymbol{r})\hat{\psi}(\boldsymbol{r}) = \sum_n \hat{c}_n^\dagger\hat{c}_n \tag{1.45}$$

であることが示される．とくにここに出てくる $\hat{c}_n^\dagger\hat{c}_n$ という組合せは，数演算子であり，その固有値はフェルミ演算子の場合 $0, 1$ だけ，ボース粒子の場合 $0, 1, 2, \cdots$ となる．

1.4 節で言及したように，第二量子化のハミルトニアンには粒子数の情報は含まれない．粒子数の情報は状態 $|\Psi_N(t)\rangle$ の方に含まれる．粒子数が 0 の状態が，真空 $|0\rangle$ であり，$\hat{N}|0\rangle = \hat{\mathcal{H}}_0|0\rangle = 0$ が成り立つ．粒子数が 1 の状態は $\hat{c}_n^\dagger|0\rangle$ であり，$\hat{N}$ と $\hat{\mathcal{H}}_0$ の同時固有状態

$$\hat{N}\hat{c}_n^\dagger|0\rangle = \hat{c}_n^\dagger|0\rangle, \qquad \hat{\mathcal{H}}_0\hat{c}_n^\dagger|0\rangle = \varepsilon_n\hat{c}_n^\dagger|0\rangle, \tag{1.46}$$

であることが交換関係から簡単にわかる．同様に 2 粒子の状態は $\hat{c}_n^\dagger\hat{c}_m^\dagger|0\rangle$（フェルミ粒子の場合は $n \neq m$）であり，$\hat{N}$ の固有値は 2，$\hat{\mathcal{H}}_0$ の固有値は $\varepsilon_n + \varepsilon_m$ であることがわかる．交換関係から $(\hat{c}_n^\dagger)^2 = 0$ なので，同じ状態には 2 つのフェルミ粒子は入れない（パウリの排他律）．一般に N 粒子状態は

$$|\Psi_N(t)\rangle = e^{-iEt/\hbar} \prod_{i=1}^N \hat{c}_{n_i}^\dagger|0\rangle, \qquad E = \sum_{i=1}^N \varepsilon_{n_i} \tag{1.47}$$

[*3)] 以下，実空間積分 $\int d\boldsymbol{r} \cdots$ においては，有限の大きさを仮定し周期境界条件を用いるので，部分積分の際の表面積分はすべて 0 とする．

12 第 1 章　第二量子化

と書ける（以下この節では，時間に依存する指数関数を省略する）．フェルミ粒子の場合，この状態は (1.9) 式のスレーター行列式による状態と等価であることが以下のようにしてわかる．実際に，(1.22) 式のやり方で第一量子化の波動関数を (1.47) 式から作ってみよう．定義式 (1.16) を代入して

$$\langle \boldsymbol{r}_1, \boldsymbol{r}_2, \cdots, \boldsymbol{r}_N | \Psi_N(t) \rangle$$
$$= \frac{1}{\sqrt{N!}} \langle 0 | \psi(\boldsymbol{r}_N) \cdots \psi(\boldsymbol{r}_1) \prod_i \hat{c}_{n_i}^\dagger | 0 \rangle$$
$$= \frac{1}{\sqrt{N!}} \langle 0 | \sum_{m_N} \phi_{m_N}(\boldsymbol{r}_N) \hat{c}_{m_N} \cdots \sum_{m_1} \phi_{m_1}(\boldsymbol{r}_1) \hat{c}_{m_1} \prod_i \hat{c}_{n_i}^\dagger | 0 \rangle \quad (1.48)$$

である．まず $\hat{c}_{m_1}$ を右側に動かしていけば，$\hat{c}_{n_i}^\dagger$ のいずれかと対消滅しなければならないので，右辺は

$$\frac{1}{\sqrt{N!}} \langle 0 | \sum_{m_N} \phi_{m_N}(\boldsymbol{r}_N) \hat{c}_{m_N} \cdots \sum_{m_1} \phi_{m_1}(\boldsymbol{r}_1) \sum_j (-1)^{j-1} \delta_{m_1, n_j} \prod_i' \hat{c}_{n_i}^\dagger | 0 \rangle$$
$$= \frac{1}{\sqrt{N!}} \langle 0 | \sum_{m_N} \phi_{m_N}(\boldsymbol{r}_N) \hat{c}_{m_N} \cdots \sum_j \phi_{n_j}(\boldsymbol{r}_1) (-1)^{j-1} \prod_i' \hat{c}_{n_i}^\dagger | 0 \rangle \quad (1.49)$$

となる．ただし積 $\prod'$ は積の中で $c_{n_j}^\dagger$ が欠けていることを意味する．これを繰り返していけば，結局

$$\frac{1}{\sqrt{N!}} \sum_P (-1)^P \phi_{n_{PN}}(\boldsymbol{r}_N) \cdots \phi_{n_{P1}}(\boldsymbol{r}_1) \quad (1.50)$$

が得られる．置換 P は添字の置換でも変数 $\boldsymbol{r}_i$ の置換でも同じなので，これは (1.9) 式のスレーター行列式に比例したものである．

典型的な例は，自由電子ガスの場合であるが，この場合固有関数 $\phi_n(\boldsymbol{r})$ は平面波であり，波数 $\boldsymbol{k}$ で指定される．基底状態で $|\boldsymbol{k}| < k_{\mathrm{F}}$ まで詰まったフェルミ球の状態は，スピンを考慮して

$$|\text{Fermi Surface}\rangle = \prod_{|\boldsymbol{k}| < k_{\mathrm{F}}} \hat{c}_{\boldsymbol{k}, \uparrow}^\dagger \hat{c}_{\boldsymbol{k}, \downarrow}^\dagger | 0 \rangle \quad (1.51)$$

と書かれる．また，相互作用のないボース粒子の場合には，エネルギーの最も低い波数 $\boldsymbol{k} = \boldsymbol{0}$ の状態にすべての粒子が入ることができるので，第二量子化での基底状態は $(\hat{a}_{\boldsymbol{k}=\boldsymbol{0}}^\dagger)^N | 0 \rangle$ である．波数 $\boldsymbol{k} = \boldsymbol{0}$ の状態は座標に依存しないので，第一量子化の波動関数も座標依存性はなく，規格化定数を除いて $\Psi_{\mathrm{S}}(\boldsymbol{r}_1, \boldsymbol{r}_2, \cdots, \boldsymbol{r}_N) = 1$ である．

以上のように，相互作用がない場合には，第二量子化のハミルトニアンは一般に $\hat{\mathscr{H}}_0 = \sum_n \varepsilon_n \hat{c}_n^\dagger \hat{c}_n$ の形で書くことができ，問題は解けたことになる．統計力学もこれに従って行えばよい．一方，相互作用ハミルトニアン $\hat{\mathscr{H}}_{\mathrm{int}}$ は $\hat{c}_n^\dagger \hat{c}_n$ ではなく，4つの演算子の積となる．具体的には，(1.24) 式の $\hat{\mathscr{H}}_{\mathrm{int}}$ を書き換えて

1.6 固有関数による展開 **13**

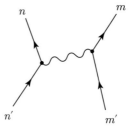

図 1.1

$$\hat{\mathcal{H}}_{\text{int}} = \sum_{n,n',m,m'} U_{n,n',m,m'} \hat{c}_n^\dagger \hat{c}_m^\dagger \hat{c}_{m'} \hat{c}_{n'},$$
$$U_{n,n',m,m'} \equiv \frac{1}{2} \iint d\bm{r} d\bm{r}' \phi_n^*(\bm{r}) \phi_m^*(\bm{r}') U(\bm{r}-\bm{r}') \phi_{m'}(\bm{r}') \phi_{n'}(\bm{r})$$
(1.52)

となる．この形式では，n' と m' の状態にあった粒子が消滅して，新たに n と m の状態の粒子が生成されるという形の相互作用になる（図1.1）．これが後で述べるファインマンダイアグラムの基本的な相互作用となる．

相互作用があると，(1.47) 式や (1.51) 式のような単一の状態が固有状態になることはなくなる．真の固有状態は，1.2 節の最後で述べたように，いろいろな粒子の占有状態の重ね合わせとなる．

1.7 ハイゼンベルグ描像

第二量子化の波動関数を $|\Psi(t)\rangle$ と書く（添字の N は省略した）．$|\Psi(t)\rangle$ の時間発展は，第二量子化のハミルトニアン $\mathcal{H}$ を用いて

$$i\hbar \frac{\partial}{\partial t} |\Psi(t)\rangle = \mathcal{H} |\Psi(t)\rangle \tag{1.53}$$

である．これはシュレーディンガー方程式と同じ形をしており，シュレーディンガー描像による記述であるという．この方程式の解を形式的に $|\Psi(t)\rangle = \hat{U}(t)|\Psi(0)\rangle$ と書くと，$\hat{U}(t)$ は時間発展を与える演算子と解釈できる．$\hat{U}(t)$ の満たす方程式は

$$i\hbar \frac{\partial}{\partial t} \hat{U}(t) = \mathcal{H} \hat{U}(t) \tag{1.54}$$

である．$\mathcal{H}$ が時間に依存しない場合には，

$$\hat{U}(t) = e^{-i\mathcal{H}t/\hbar} \tag{1.55}$$

と得られる．ここで，演算子の指数関数は

$$e^{-i\mathcal{H}t/\hbar} = \sum_{n=0}^{\infty} \frac{1}{n!} \left(-\frac{i\mathcal{H}t}{\hbar} \right)^n \tag{1.56}$$

で定義されている．$\mathcal{H}$ はエルミート演算子なので，$\hat{U}(t)$ はユニタリー演算子

である.

この時間発展演算子を用いると，任意の演算子 $\hat{\mathscr{O}}$ の時刻 t での行列要素は

$$\langle \Psi'(t)|\hat{\mathscr{O}}|\Psi(t)\rangle = \langle \Psi'(0)|e^{i\hat{\mathscr{H}}t/\hbar}\hat{\mathscr{O}}e^{-i\hat{\mathscr{H}}t/\hbar}|\Psi(0)\rangle \tag{1.57}$$

となる．右辺において，

$$\hat{\mathscr{O}}_{\mathrm{H}}(t) = e^{i\hat{\mathscr{H}}t/\hbar}\hat{\mathscr{O}}e^{-i\hat{\mathscr{H}}t/\hbar} \tag{1.58}$$

と定義すると，(1.57) 式の演算子 $\hat{\mathscr{O}}$ の時刻 t での行列要素は

$$\langle \Psi'(0)|\hat{\mathscr{O}}_{\mathrm{H}}(t)|\Psi(0)\rangle \tag{1.59}$$

と書き表すことができる．この場合 $|\Psi(0)\rangle$ をハイゼンベルグ描像の波動関数と見なし，$\hat{\mathscr{O}}_{\mathrm{H}}(t)$ をハイゼンベルグ描像による演算子という．時間発展を波動関数ではなく，演算子の方に押し付けた形になっている．一般に $\mathscr{H}$ と $\hat{\mathscr{O}}$ とは交換しないので，$\hat{\mathscr{O}}_{\mathrm{H}}(t)$ は複雑な演算子となり得る．

ハイゼンベルグ描像では，演算子 $\hat{\mathscr{O}}_{\mathrm{H}}(t)$ の満たす方程式が

$$i\hbar\frac{\partial}{\partial t}\hat{\mathscr{O}}_{\mathrm{H}}(t) = e^{i\hat{\mathscr{H}}t/\hbar}[\hat{\mathscr{O}}, \mathscr{H}]\, e^{-i\hat{\mathscr{H}}t/\hbar} = [\hat{\mathscr{O}}_{\mathrm{H}}(t), \mathscr{H}] \tag{1.60}$$

となることがわかる．ここで $[\hat{A}, \hat{B}] = \hat{A}\hat{B} - \hat{B}\hat{A}$ の交換関係であり，$e^{\pm i\hat{\mathscr{H}}t/\hbar}$ と $\mathscr{H}$ が可換であることを用いた．

第二量子化では演算子を中心に考えるのでハイゼンベルグ描像を用いることが多い．後の章でファインマンダイアグラムを考える場合には，相互作用描像というものを用いる．

1.8　電流演算子

1.5 節では密度演算子 $\hat{\rho}(\boldsymbol{r})$ を定義したが，この章の最後に第二量子化における電流演算子 $\hat{\boldsymbol{j}}(\boldsymbol{r})$ の決め方を示そう．電流演算子は，電荷の保存則から決まるものであり，ハミルトニアンに依存する．

電荷の保存則は，q を粒子の電荷として

$$q\frac{\partial}{\partial t}\rho(\boldsymbol{r}, t) = -\mathrm{div}\boldsymbol{j}(\boldsymbol{r}, t) \tag{1.61}$$

であるが，量子力学ではこの関係式が期待値の間に成り立たなければならない．つまり

$$q\frac{\partial}{\partial t}\langle \Psi(t)|\hat{\rho}(\boldsymbol{r})|\Psi(t)\rangle = -\mathrm{div}\langle \Psi(t)|\hat{\boldsymbol{j}}(\boldsymbol{r})|\Psi(t)\rangle \tag{1.62}$$

である．波動関数の時間発展は前節のように $|\Psi(t)\rangle = e^{-i\hat{\mathscr{H}}t/\hbar}|\Psi(0)\rangle$ と書けるので，(1.62) 式はハイゼンベルグ描像による連続の方程式

$$q\frac{\partial}{\partial t}\left[e^{i\hat{\mathscr{H}}t/\hbar}\hat{\rho}(\boldsymbol{r})e^{-i\hat{\mathscr{H}}t/\hbar}\right] = q\frac{\partial}{\partial t}\hat{\rho}_{\mathrm{H}}(\boldsymbol{r}, t) = -\mathrm{div}\hat{\boldsymbol{j}}_{\mathrm{H}}(\boldsymbol{r}, t) \tag{1.63}$$

と書くのが便利である．さらに，$\hat{\rho}_{\mathrm{H}}(\boldsymbol{r},t)$ の時間微分は (1.60) 式で与えられるので

$$-\frac{iq}{\hbar}[\hat{\rho}_{\mathrm{H}}(\boldsymbol{r},t),\mathscr{H}] = -\mathrm{div}\hat{\boldsymbol{j}}_{\mathrm{H}}(\boldsymbol{r},t) \qquad (1.64)$$

を満たすような演算子 $\hat{\boldsymbol{j}}_{\mathrm{H}}(\boldsymbol{r},t)$ を作れば，それが電流演算子ということになる．実際には，(1.64) 式の両辺を $e^{-i\mathscr{H}t/\hbar}$ と $e^{i\mathscr{H}t/\hbar}$ で挟んで

$$-\frac{iq}{\hbar}[\hat{\rho}(\boldsymbol{r}),\mathscr{H}] = -\mathrm{div}\hat{\boldsymbol{j}}(\boldsymbol{r}) \qquad (1.65)$$

という式によって $\hat{\boldsymbol{j}}(\boldsymbol{r})$ を決めるのが便利である．具体的な例については，次章のモデルごとに見ていくことにする．

演習問題

1.1　2 粒子の場合の完全反対称関数は $\Psi(\boldsymbol{r}_1,\boldsymbol{r}_2) - \Psi(\boldsymbol{r}_2,\boldsymbol{r}_1)$ である．これを参考に 3 粒子の場合の完全反対称関数を具体的に書き下せ．

1.2　自由電子ガスの場合，固有関数 $\phi_n(\boldsymbol{r})$ は平面波である．このことを用い，(1.48) 式を参照しながら 1 次元系での 2 電子状態の波動関数 $\hat{c}_{k_1}^{\dagger}\hat{c}_{-k_1}^{\dagger}|0\rangle$ に対応する第一量子化の波動関数の形を x_1, x_2 の関数として具体的に求めよ（スピンは無視した）．とくに，重心座標 $(x_1 + x_2)/2$ と相対座標 $x_1 - x_2$ を用いて表せ．ただし系の長さを L とし，周期境界条件を考慮して $k_1 = 2\pi/L$ とする．また，自由ボース粒子の場合はどのようになるか示せ．

1.3　交換関係と反交換関係において成り立つ以下の式を証明せよ（よく使われる）．

$$\begin{aligned}[\hat{A}\hat{B},\hat{C}] &= \hat{A}[\hat{B},\hat{C}] + [\hat{A},\hat{C}]\hat{B}, \\ [\hat{A}\hat{B},\hat{C}] &= \hat{A}\{\hat{B},\hat{C}\} - \{\hat{A},\hat{C}\}\hat{B}.\end{aligned} \qquad (1.66)$$

1.4　(1.45) 式の全粒子数演算子 $\hat{\mathscr{N}} = \int d\boldsymbol{r}\,\hat{\psi}^{\dagger}(\boldsymbol{r})\hat{\psi}(\boldsymbol{r})$ が，全ハミルトニアン (1.24) 式や (1.44) 式の $\mathscr{H}_0$，(1.52) 式の $\mathscr{H}_{\mathrm{int}}$ と可換であることを示せ．フェルミ粒子系の場合とボース粒子系の場合，両方について考えよ．

第 2 章

モデルと物理量

この章では，いくつかの典型的なモデルを与える．

2.1 電子ガスモデル

典型的な金属のモデルとして自由電子ガスモデルを考える．実際，いくつかの金属では，プラスのイオンによる結晶構造の効果が小さく，金属中電子があたかもポテンシャルを感じない自由電子として振る舞うように見なされる場合がある．この場合，$V(\boldsymbol{r}) = 0$ と仮定するので，(1.11) 式の 1 体のシュレーディンガー方程式の固有関数は平面波 $\frac{1}{\sqrt{V}} e^{i\boldsymbol{k}\cdot\boldsymbol{r}}$ であり，その固有エネルギーは $\varepsilon_{\boldsymbol{k}} = \frac{\hbar^2 k^2}{2m}$ である．ただし系は有限の大きさ $V = L^3$ を持つとして規格化されている．さらに周期境界条件のために波数は $\boldsymbol{k} = (2\pi n_x/L, 2\pi n_y/L, 2\pi n_z/L)$ $(n_x, n_y, n_z$ は整数) という離散的な値を持つ．固有エネルギー $\varepsilon_{\boldsymbol{k}} = \frac{\hbar^2 k^2}{2m}$ が波数 $\boldsymbol{k}$ の絶対値にしか依存しないので，フェルミ面は完全な球になる（フェルミ球という）．このため系は等方的であり，物理量の計算が解析的に実行できる場合が多く，非常に便利なモデルである．

第二量子化の演算子 $\hat{\psi}_\alpha(\boldsymbol{r})$（以下，添字 α はスピンを意味する）を規格化された平面波で展開すると

$$\hat{\psi}_\alpha(\boldsymbol{r}) = \frac{1}{\sqrt{V}} \sum_{\boldsymbol{k}} e^{i\boldsymbol{k}\cdot\boldsymbol{r}} \hat{c}_{\boldsymbol{k},\alpha} \tag{2.1}$$

と書ける．逆変換は

$$\hat{c}_{\boldsymbol{k},\alpha} = \frac{1}{\sqrt{V}} \int d\boldsymbol{r} e^{-i\boldsymbol{k}\cdot\boldsymbol{r}} \hat{\psi}_\alpha(\boldsymbol{r}) \tag{2.2}$$

である[*1]．このとき $\hat{c}_{\boldsymbol{k},\alpha}$ の反交換関係は $\{\hat{c}_{\boldsymbol{k},\alpha}, \hat{c}^\dagger_{\boldsymbol{k}',\beta}\} = \delta_{\boldsymbol{k},\boldsymbol{k}'} \delta_{\alpha\beta}$ であり，第

[*1]　このように交換関係を満たさなければならない場合のフーリエ変換は，(2.1) や (2.2) 式のように $1/\sqrt{V}$ という因子を付ける必要がある．他の物理量のフーリエ変換については，本書では一貫して $\tilde{F}(\boldsymbol{k}) = \int d\boldsymbol{r} e^{-i\boldsymbol{k}\cdot\boldsymbol{r}} F(\boldsymbol{r})$ と $F(\boldsymbol{r}) = \frac{1}{V} \sum_{\boldsymbol{k}} e^{i\boldsymbol{k}\cdot\boldsymbol{r}} \tilde{F}(\boldsymbol{k})$ とする．

二量子化のハミルトニアンは

$$\hat{\mathscr{H}}_0 = \sum_{\bm{k},\alpha} \varepsilon_{\bm{k}} \hat{c}^\dagger_{\bm{k},\alpha} \hat{c}_{\bm{k},\alpha} \tag{2.3}$$

となる．また，全粒子数演算子は

$$\hat{\mathscr{N}} = \sum_{\bm{k},\alpha} \hat{c}^\dagger_{\bm{k},\alpha} \hat{c}_{\bm{k},\alpha} \tag{2.4}$$

であることもわかる．

$\hat{\mathscr{H}}_0$ だけを考えるモデルが自由電子ガスモデルであるが，相互作用がある場合は (1.24) 式の相互作用ハミルトニアン $\hat{\mathscr{H}}_{\text{int}}$ に演算子の平面波展開 (2.1) 式を代入すればよい．そうするとスピンを考慮して

$$\hat{\mathscr{H}}_{\text{int}} = \frac{1}{2V} \sum_{\alpha\beta} \sum_{\bm{k},\bm{k}',\bm{q}} U_{\alpha,\beta,\bm{q}} \hat{c}^\dagger_{\bm{k}+\bm{q},\alpha} \hat{c}^\dagger_{\bm{k}'-\bm{q},\beta} \hat{c}_{\bm{k}',\beta} \hat{c}_{\bm{k},\alpha} \tag{2.5}$$

が最も一般的な相互作用ハミルトニアンである．ただし $U_{\alpha,\beta,\bm{q}}$ は $U_{\alpha,\beta}(\bm{r}-\bm{r}')$ のフーリエ変換

$$U_{\alpha,\beta,\bm{q}} = \int d\bm{r}\, e^{-i\bm{q}\cdot(\bm{r}-\bm{r}')} U_{\alpha,\beta}(\bm{r}-\bm{r}') \tag{2.6}$$

を表す．この相互作用は波数 $\bm{k}$ スピン α の電子と，波数 $\bm{k}'$ スピン β の電子が消滅し，新たに波数 $\bm{k}+\bm{q}$ スピン α の電子と，波数 $\bm{k}'-\bm{q}$ スピン β の電子が生成したと考えることができる (図 2.1)．この際，波数 $\bm{q}$ を 2 つの電子の間で交換するが，それに伴い相互作用のフーリエ変換 $U_{\alpha,\beta,\bm{q}}$ が係数として表れる．

また，スピンが同じ向きのときの相互作用と反対向きのときの相互作用を区別して

$$U_{\alpha,\beta,\bm{q}} = V_{\parallel}(\bm{q})\delta_{\alpha,\beta} + V_{\uparrow\downarrow}(\bm{q})\delta_{\alpha,-\beta} \tag{2.7}$$

と書くことにすると ($-\alpha, -\beta$ はそれぞれスピン α，スピン β の逆向きスピン)，(2.5) 式は

$$\hat{\mathscr{H}}_{\text{int}} = \frac{1}{2V} \sum_{\alpha} \sum_{\bm{k},\bm{k}',\bm{q}} \left\{ V_{\parallel}(\bm{q}) \hat{c}^\dagger_{\bm{k}+\bm{q},\alpha} \hat{c}^\dagger_{\bm{k}'-\bm{q},\alpha} \hat{c}_{\bm{k}',\alpha} \hat{c}_{\bm{k},\alpha} \right.$$

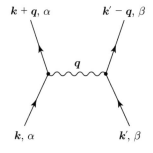

図 2.1

$$+V_{\uparrow\downarrow}(\boldsymbol{q})\hat{c}^{\dagger}_{\boldsymbol{k}+\boldsymbol{q},\alpha}\hat{c}^{\dagger}_{\boldsymbol{k}'-\boldsymbol{q},-\alpha}\hat{c}_{\boldsymbol{k}',-\alpha}\hat{c}_{\boldsymbol{k},\alpha}\Big\} \tag{2.8}$$

となる.

自由電子ガスに電場・磁場がかかった場合のハミルトニアンは

$$\hat{\mathcal{H}}_0 = \sum_{\alpha}\int d\boldsymbol{r}\,\hat{\psi}^{\dagger}_{\alpha}(\boldsymbol{r})\left\{\frac{1}{2m}\left[\boldsymbol{p}-e\boldsymbol{A}(\boldsymbol{r},t)\right]^2 + e\phi(\boldsymbol{r},t)\right\}\hat{\psi}_{\alpha}(\boldsymbol{r})$$

$$-\sum_{\alpha,\beta}\int d\boldsymbol{r}\,\hat{\psi}^{\dagger}_{\alpha}(\boldsymbol{r})\frac{e\hbar}{2m}(\boldsymbol{\sigma})_{\alpha\beta}\cdot\boldsymbol{B}(\boldsymbol{r},t)\hat{\psi}_{\beta}(\boldsymbol{r}) \tag{2.9}$$

となる. ここで電子の電荷は $e<0$ としており, $\boldsymbol{p}$ は運動量演算子の $-i\hbar\boldsymbol{\nabla}$ である[*2]. また, $\boldsymbol{\sigma}=(\sigma_x,\sigma_y,\sigma_z)$ は 2×2 のパウリ行列である. 磁束密度(本書では単に磁場と呼ぶこともある)は $\boldsymbol{B}(\boldsymbol{r},t)=\boldsymbol{\nabla}\times\boldsymbol{A}(\boldsymbol{r},t)$ であり, 電場は $\boldsymbol{E}(\boldsymbol{r},t)=-\boldsymbol{\nabla}\phi(\boldsymbol{r},t)-\partial\boldsymbol{A}(\boldsymbol{r},t)/\partial t$ で与えられる. (2.9) 式の右辺第1項のベクトルポテンシャル $\boldsymbol{A}(\boldsymbol{r},t)$ は, ローレンツ力を引き起こす項であり, 磁場による軌道運動を引き起こす. また $e\phi(\boldsymbol{r},t)$ は静電ポテンシャルの項であり, 最後の項はゼーマンエネルギーを与える.

一般に磁気モーメントを $\hat{\boldsymbol{M}}(\boldsymbol{r})$ と書くと, 磁場との相互作用ハミルトニアンは $-\int d\boldsymbol{r}\,\hat{\boldsymbol{M}}(\boldsymbol{r})\cdot\boldsymbol{B}(\boldsymbol{r})$ と書ける. このことと (2.9) 式の最後の項を比較すると, 電子のスピンが作る磁気モーメント演算子は

$$\hat{\boldsymbol{M}}(\boldsymbol{r}) = \sum_{\alpha,\beta}\hat{\psi}^{\dagger}_{\alpha}(\boldsymbol{r})\frac{e\hbar}{2m}(\boldsymbol{\sigma})_{\alpha\beta}\hat{\psi}_{\beta}(\boldsymbol{r}) \equiv -g\mu_{\mathrm{B}}\hat{\boldsymbol{S}}(\boldsymbol{r})/\hbar \tag{2.10}$$

であることがわかる. ここで g は g 因子で, 相対論的な効果を考えなければ 2, また $\mu_{\mathrm{B}}=|e|\hbar/2m$ はボーア磁子で, 電子の持つスピン演算子を $\hat{\boldsymbol{S}}(\boldsymbol{r})=\hat{\psi}^{\dagger}_{\alpha}(\boldsymbol{r})\frac{\hbar}{2}(\boldsymbol{\sigma})_{\alpha\beta}\hat{\psi}_{\beta}(\boldsymbol{r})$ として定義した. 電子の電荷 e が負なので, 電子の持つスピン磁気モーメントはスピンと逆向きであることに注意.

2.2 クーロン相互作用

自由電子ガスモデルにクーロン相互作用を考慮したモデルを考える. (1.24) 式の相互作用ハミルトニアン $\hat{\mathcal{H}}_{\mathrm{int}}$ の中の相互作用 $U(\boldsymbol{r}-\boldsymbol{r}')$ を電子間クーロン斥力

$$U(\boldsymbol{r}-\boldsymbol{r}') = \frac{1}{4\pi\varepsilon_0}\frac{e^2}{|\boldsymbol{r}-\boldsymbol{r}'|} \tag{2.11}$$

であると仮定する. さらに電気的中性条件を満たすために, 図 2.2 のように, イオンによる正電荷の効果を空間的に一様に分布した正電荷の背景として考慮すると, 相互作用ハミルトニアンは

[*2]　$\boldsymbol{A}(\boldsymbol{r},t)$ がないときの $\hat{\mathcal{H}}_0$ の形が (1.24) 式で定義したものと違ったように見えるが, 部分積分して $\boldsymbol{p}^2$ の演算子が右側の $\hat{\psi}_{\alpha}(\boldsymbol{r})$ にかかるようにしたものを用いている. (1.44) 式の下の脚注(第1章, 脚注3)も参照.

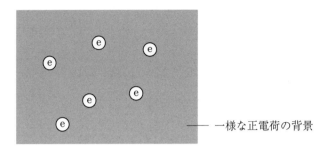

図 2.2 ―― 一様な正電荷の背景

$$\hat{\mathscr{H}}_{\text{int}} = \frac{1}{2}\sum_{\alpha\beta}\iint d\boldsymbol{r}d\boldsymbol{r}'\hat{\psi}_{\alpha}^{\dagger}(\boldsymbol{r})\hat{\psi}_{\beta}^{\dagger}(\boldsymbol{r}')U(\boldsymbol{r}-\boldsymbol{r}')\hat{\psi}_{\beta}(\boldsymbol{r}')\hat{\psi}_{\alpha}(\boldsymbol{r})$$
$$-Z\sum_{\alpha}\iint d\boldsymbol{r}d\boldsymbol{r}'\hat{\psi}_{\alpha}^{\dagger}(\boldsymbol{r})\hat{\psi}_{\alpha}(\boldsymbol{r})U(\boldsymbol{r}-\boldsymbol{r}')\rho_{0} + \frac{Z^{2}}{2}\iint d\boldsymbol{r}d\boldsymbol{r}'U(\boldsymbol{r}-\boldsymbol{r}')\rho_{0}^{2}$$
(2.12)

となる．(2.12) 式の第 2 項は正電荷の背景と電子との間のクーロン引力相互作用，第 3 項は正電荷間の斥力相互作用を表す．ここで Z はイオンの価数 $(+Z)$ とし，ρ_{0} は一様に分布していると仮定した正電荷の密度である．電気的中性を保つ条件は $\rho_{0} = N/ZV$ であり，$Z\rho_{0}$ が電子密度 N/V と等しい．

電子ガスモデルの場合，(2.12) 式に (2.1) 式の平面波展開を代入すると

$$\hat{\mathscr{H}}_{\text{int}} = \frac{1}{2V}\sum_{\alpha\beta}\sum_{\boldsymbol{k},\boldsymbol{k}',\boldsymbol{q}}U_{\boldsymbol{q}}\hat{c}_{\boldsymbol{k}+\boldsymbol{q},\alpha}^{\dagger}\hat{c}_{\boldsymbol{k}'-\boldsymbol{q},\beta}^{\dagger}\hat{c}_{\boldsymbol{k}',\beta}\hat{c}_{\boldsymbol{k},\alpha}$$
$$-\sum_{\alpha}\sum_{\boldsymbol{k}}U_{\boldsymbol{q}=\boldsymbol{0}}\hat{c}_{\boldsymbol{k},\alpha}^{\dagger}\hat{c}_{\boldsymbol{k},\alpha}Z\rho_{0} + \frac{V}{2}U_{\boldsymbol{q}=\boldsymbol{0}}\left(Z\rho_{0}\right)^{2} \quad (2.13)$$

となる．ただし $U_{\boldsymbol{q}}$ はクーロン斥力のフーリエ変換

$$U_{\boldsymbol{q}} = \int d\boldsymbol{r}e^{-i\boldsymbol{q}\cdot(\boldsymbol{r}-\boldsymbol{r}')}\frac{1}{4\pi\varepsilon_{0}}\frac{e^{2}}{|\boldsymbol{r}-\boldsymbol{r}'|} = \frac{e^{2}}{\varepsilon_{0}|\boldsymbol{q}|^{2}} \quad (2.14)$$

を表す．クーロン相互作用が長距離まで及ぶために $U_{\boldsymbol{q}=\boldsymbol{0}}$ は発散してしまうが，(2.13) 式では形式的に $U_{\boldsymbol{q}=\boldsymbol{0}}$ のまま残している．(2.13) 式の第 1 項の $\boldsymbol{q}=\boldsymbol{0}$ の成分と，第 2 項，第 3 項を合わせると

$$\frac{1}{2V}\sum_{\alpha\beta}\sum_{\boldsymbol{k},\boldsymbol{k}'}U_{\boldsymbol{q}=\boldsymbol{0}}\hat{c}_{\boldsymbol{k},\alpha}^{\dagger}\hat{c}_{\boldsymbol{k}',\beta}^{\dagger}\hat{c}_{\boldsymbol{k}',\beta}\hat{c}_{\boldsymbol{k},\alpha} - \sum_{\alpha}\sum_{\boldsymbol{k}}U_{\boldsymbol{q}=\boldsymbol{0}}\hat{c}_{\boldsymbol{k},\alpha}^{\dagger}\hat{c}_{\boldsymbol{k},\alpha}Z\rho_{0}$$
$$+ \frac{V}{2}U_{\boldsymbol{q}=\boldsymbol{0}}\left(Z\rho_{0}\right)^{2}$$
$$= \frac{1}{2V}\sum_{\alpha\beta}\sum_{\boldsymbol{k},\boldsymbol{k}'}U_{\boldsymbol{q}=\boldsymbol{0}}\left(\hat{c}_{\boldsymbol{k},\alpha}^{\dagger}\hat{c}_{\boldsymbol{k},\alpha}\hat{c}_{\boldsymbol{k}',\beta}^{\dagger}\hat{c}_{\boldsymbol{k}',\beta} - \delta_{\boldsymbol{k},\boldsymbol{k}'}\delta_{\alpha\beta}\hat{c}_{\boldsymbol{k},\alpha}^{\dagger}\hat{c}_{\boldsymbol{k},\alpha}\right)$$
$$- U_{\boldsymbol{q}=\boldsymbol{0}}\hat{\mathcal{N}}Z\rho_{0} + \frac{V}{2}U_{\boldsymbol{q}=\boldsymbol{0}}\left(Z\rho_{0}\right)^{2}$$
$$= \frac{1}{2V}U_{\boldsymbol{q}=\boldsymbol{0}}\left(\hat{\mathcal{N}}^{2} - \hat{\mathcal{N}}\right) - U_{\boldsymbol{q}=\boldsymbol{0}}\hat{\mathcal{N}}Z\rho_{0} + \frac{V}{2}U_{\boldsymbol{q}=\boldsymbol{0}}\left(Z\rho_{0}\right)^{2} \quad (2.15)$$

と書き換えることができる．ここで (2.4) 式の電子ガスの全粒子演算子 $\hat{N}$ を用いた．さらに，電子数が N に固定されたモデルを考えるので，$\hat{N}$ は一定値（保存量）N に置き換えてよい．最後に $\rho_0 = N/ZV$ を用いれば，上の式の主要項は打ち消してしまい，$-U_{\boldsymbol{q}=\boldsymbol{0}} \times N/2V$ だけが残る．全エネルギーは示量性なので，この量は熱力学極限では効いてこないといえる．結局 $\boldsymbol{q} = \boldsymbol{0}$ の成分は $\hat{\mathscr{H}}_{\mathrm{int}}$ の中では考える必要がなくなり，

$$\hat{\mathscr{H}}_{\mathrm{int}} = \frac{1}{2V} \sum_{\alpha\beta} \sum_{\boldsymbol{k},\boldsymbol{k}',\boldsymbol{q}\neq\boldsymbol{0}} U_{\boldsymbol{q}} \hat{c}^{\dagger}_{\boldsymbol{k}+\boldsymbol{q},\alpha} \hat{c}^{\dagger}_{\boldsymbol{k}'-\boldsymbol{q},\beta} \hat{c}_{\boldsymbol{k}',\beta} \hat{c}_{\boldsymbol{k},\alpha} \tag{2.16}$$

として扱えばよい．

2.3 不純物との相互作用

結晶中の不純物や格子欠陥は電気抵抗の原因となる．これをモデル化するには，不純物の作るポテンシャル

$$V_{\mathrm{imp}}(\boldsymbol{r} - \boldsymbol{R}_i) \tag{2.17}$$

を考えればよい．ここで $\boldsymbol{R}_i$ はランダムに分布する不純物の位置ベクトルである．電子はこの不純物ポテンシャルを感じるので相互作用ハミルトニアンとして

$$\hat{\mathscr{H}}_{\mathrm{imp}} = \sum_i \sum_{\alpha} \int d\boldsymbol{r} V_{\mathrm{imp}}(\boldsymbol{r} - \boldsymbol{R}_i) \hat{\psi}^{\dagger}_{\alpha}(\boldsymbol{r}) \hat{\psi}_{\alpha}(\boldsymbol{r}) \tag{2.18}$$

を考える．

電子ガスモデルの場合，再び (2.1) 式の平面波展開を代入する．少し式変形を詳しく書くと

$$\begin{aligned}
\hat{\mathscr{H}}_{\mathrm{imp}} &= \frac{1}{V} \sum_{\boldsymbol{k},\boldsymbol{k}',\alpha} \sum_i \int d\boldsymbol{r} V_{\mathrm{imp}}(\boldsymbol{r} - \boldsymbol{R}_i) \hat{c}^{\dagger}_{\boldsymbol{k}',\alpha} \hat{c}_{\boldsymbol{k},\alpha} e^{i(\boldsymbol{k}-\boldsymbol{k}')\cdot\boldsymbol{r}} \\
&= \frac{1}{V} \sum_{\boldsymbol{k},\boldsymbol{q},\alpha} \sum_i \int d\boldsymbol{r} V_{\mathrm{imp}}(\boldsymbol{r} - \boldsymbol{R}_i) \hat{c}^{\dagger}_{\boldsymbol{k}+\boldsymbol{q},\alpha} \hat{c}_{\boldsymbol{k},\alpha} e^{-i\boldsymbol{q}\cdot(\boldsymbol{r}-\boldsymbol{R}_i)} e^{-i\boldsymbol{q}\cdot\boldsymbol{R}_i} \\
&= \frac{1}{V} \sum_{\boldsymbol{k},\boldsymbol{q},\alpha} \rho_{\mathrm{imp}}(\boldsymbol{q}) v_{\mathrm{imp}}(\boldsymbol{q}) \hat{c}^{\dagger}_{\boldsymbol{k}+\boldsymbol{q},\alpha} \hat{c}_{\boldsymbol{k},\alpha} \tag{2.19}
\end{aligned}$$

となる．ここで $\rho_{\mathrm{imp}}(\boldsymbol{q})$ は不純物のランダムなサイトの和

$$\rho_{\mathrm{imp}}(\boldsymbol{q}) = \sum_i e^{-i\boldsymbol{q}\cdot\boldsymbol{R}_i} \tag{2.20}$$

であり，$v_{\mathrm{imp}}(\boldsymbol{q})$ は $V_{\mathrm{imp}}(\boldsymbol{r})$ のフーリエ変換で

$$v_{\mathrm{imp}}(\boldsymbol{q}) = \int d\boldsymbol{r} e^{-i\boldsymbol{q}\cdot\boldsymbol{r}} V_{\mathrm{imp}}(\boldsymbol{r}) \tag{2.21}$$

で定義されている [(2.2) 式下の脚注（脚注 1）も参照]．(2.19) 式の生成消滅

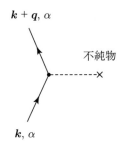

図 2.3

演算子は，波数 k の電子が消えて，波数 $k+q$ の電子が生成することを意味している（図 2.3）．運動量を保存しないので，電気抵抗の原因となり得る．さらに近似として $V_{\rm imp}(r-R_i)$ がデルタ関数 $v_0\delta(r-R_i)$ であると仮定すると $v_{\rm imp}(q)$ の q 依存性はなくなり，単に $v_{\rm imp}(q)=v_0$ となる．

(2.19) 式では，スピンに依存しない単純な不純物散乱効果を考えたが，磁性不純物の場合にはスピンを反転させる散乱も考えられる．R_i の位置にある磁性不純物のスピンを $\hat{S}_i=(\hat{S}_i^x,\hat{S}_i^y,\hat{S}_i^z)$ と書くと，例えば

$$\hat{\mathscr{H}}_{\rm imp}=\sum_i\sum_{\alpha\beta}\int dr V_{\rm imp}(r-R_i)\hat{S}_i\cdot\hat{\psi}_\alpha^\dagger(r)(\sigma)_{\alpha\beta}\hat{\psi}_\beta(r) \quad (2.22)$$

を考えればよい．ここでは，不純物スピン $\hat{S}_i$ と電子のスピンを表す $\sigma=(\sigma_x,\sigma_y,\sigma_z)$（$2\times 2$ のパウリ行列）の間の内積を用いている．電子ガスの場合，(2.19) 式と同じようにして

$$\hat{\mathscr{H}}_{\rm imp}=\frac{1}{V}\sum_{k,q,\alpha\beta}\rho_{\rm imp}(q)v_{\rm imp}(q)\hat{S}_i\cdot\hat{c}_{k+q,\alpha}^\dagger(\sigma)_{\alpha\beta}\hat{c}_{k,\beta} \quad (2.23)$$

が得られる．

2.4　フォノン

結晶格子，または金属中のイオン原子は格子点に固定されていて，その周りで微小な振動をしていると考える．これは今までの電子の取扱いと非常に異なる．この理由は，物質が固体になるときに相転移を起こしており，並進対称性を自発的に破った状態を考えているからである．このためイオン原子は R_j^0 という格子点の周りに束縛された粒子として扱う．

イオン原子の変位を $u_j=R_j-R_j^0$ と定義する．この変位を量子力学的に扱って $\hat{u}_j=(\hat{u}_{jx},\hat{u}_{jy},\hat{u}_{jz})$ とし，それと共役な運動量を $\hat{P}_j=(\hat{P}_{jx},\hat{P}_{jy},\hat{P}_{jz})$ とする．交換関係は $[\hat{u}_{i\mu},\hat{P}_{j\nu}]=i\hbar\delta_{ij}\delta_{\mu\nu}(\mu,\nu=x,y,z)$ である．

まず最初に式の煩雑さを避けるために 1 次元の単純な場合を考える（図 2.4）．イオン原子間の相互作用を古典的なバネと同じように扱えば，ハミルトニアンは

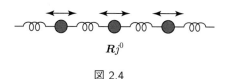

図 2.4

$$\hat{\mathscr{H}}_{\rm ph} = \sum_j \frac{\hat{P}_j^2}{2M} + \sum_j \frac{K}{2}(\hat{u}_{j+1} - \hat{u}_j)^2 \tag{2.24}$$

となる（$\hat{u}_j$ もベクトルではなく 1 成分のみとした）．ここで M はイオン原子の質量，K はバネ定数に相当するものである．常套手段としてフーリエ変換

$$\hat{u}_j = \frac{1}{\sqrt{N}}\sum_q e^{iqR_j^0}\hat{u}_q, \qquad \hat{P}_j = \frac{1}{\sqrt{N}}\sum_q e^{-iqR_j^0}\hat{P}_q \tag{2.25}$$

（ただし q は周期境界条件によって $q = \frac{2\pi}{L}$ $(n = -\frac{N}{2}+1, \cdots, \frac{N}{2})$ の N 個の値を持つ波数ベクトルで，ブリルアンゾーン $-\frac{\pi}{a} < q \leq \frac{\pi}{a}$ の中に等間隔に存在する）を用いれば

$$\hat{\mathscr{H}}_{\rm ph} = \sum_q \left(\frac{\hat{P}_q\hat{P}_{-q}}{2M} + \frac{M\omega_q^2}{2}\hat{u}_{-q}\hat{u}_q \right) \tag{2.26}$$

となる．ここで ω_q は系の固有振動数で

$$\omega_q = \sqrt{\frac{4K}{M}}\left|\sin\frac{qa}{2}\right| \tag{2.27}$$

である（a は格子間隔）．また，交換関係は $[\hat{u}_q, \hat{P}_{q'}] = i\hbar\delta_{q,q'}$ となっている．ただし $\hat{u}_j, \hat{P}_j$ はエルミート演算子なので $\hat{u}_{-q}^\dagger = \hat{u}_q, \hat{P}_{-q}^\dagger = \hat{P}_q$ が成り立つ．

(2.26) 式は振動数 ω_q を持つ調和振動子の集まりと見なせるので，生成消滅演算子を用いて書き換えることができる．

$$\hat{u}_q = \sqrt{\frac{\hbar}{2M\omega_q}}(\hat{a}_q + \hat{a}_{-q}^\dagger), \qquad \hat{P}_q = i\sqrt{\frac{\hbar M\omega_q}{2}}(-\hat{a}_{-q} + \hat{a}_q^\dagger) \tag{2.28}$$

と置き，交換関係を $[\hat{a}_q, \hat{a}_{q'}^\dagger] = \delta_{q,q'}$ としてハミルトニアンは

$$\hat{\mathscr{H}}_{\rm ph} = \sum_q \hbar\omega_q \left(\hat{a}_q^\dagger\hat{a}_q + \frac{1}{2} \right) \tag{2.29}$$

となる．$\hat{a}_q^\dagger, \hat{a}_q$ を波数 q のフォノンの生成消滅演算子といい，ボース統計に従う．フォノンの数には制限がないので，化学ポテンシャルを考える必要はない（$\mu = 0$）．またフォノンの数が非常に多くなると，古典極限に近づき，フォノンの数が古典的調和振動子の振幅の 2 乗に比例する（演習問題 2.3 参照）．

3 次元のフォノンの場合には，波数ベクトル $\boldsymbol{q}$ の向きと，変位ベクトル $\boldsymbol{u}_j$ の向きの自由度が増える．$\boldsymbol{q}$ と $\boldsymbol{u_q}$ が平行なものが縦振動であり，縦振動フォノン (longitudinal phonon) と呼ぶ（図 2.4 は縦振動）．一方，$\boldsymbol{q}$ と $\boldsymbol{u_q}$ が垂直な

2.4 フォノン　23

横振動は 2 方向あって，これらを横振動フォノン (transverse phonon) と呼ぶ.

3 次元フォノンの固有振動数 $\omega_{\boldsymbol{q}}$ は一般的には複雑な $\boldsymbol{q}$ 依存性を持ち得るが，(2.27) 式から予想されるように，$\boldsymbol{q} \to \boldsymbol{0}$ の長波長領域では $|\boldsymbol{q}|$ に比例して 0 になる. これは，相転移によって並進対称性が自発的に破れているために，$\boldsymbol{q} \to \boldsymbol{0}$ で $\omega_{\boldsymbol{q}} \to 0$ となるゴールドストーン・モードが存在するためである. 簡単な近似として，$\omega_{\boldsymbol{q}} = c|\boldsymbol{q}|$ とするモデルをデバイモデルという. ここで c はフォノンの速度（音速）である（縦振動フォノンに対して c_L，横振動フォノンに対して c_T と書く）. さらに，格子振動の自由度として取り得る波数 $\boldsymbol{q}$ の数は，格子点の数 N と等しくなければならないので，波数 $|\boldsymbol{q}|$ の最大値 q_{D} を

$$\sum_{|\boldsymbol{q}|<q_{\mathrm{D}}} 1 = \frac{V}{(2\pi)^3} \int_{|\boldsymbol{q}|<q_{\mathrm{D}}} d\boldsymbol{q} = \frac{V}{2\pi^2} \frac{q_{\mathrm{D}}^3}{3} = N \tag{2.30}$$

の関係式から決めることにする. 得られる $q_{\mathrm{D}} = (6\pi^2 N/V)^{1/3}$ をデバイ波数という.（1 次元の場合は，q はブリルアンゾーン全体に存在したが，ここでは近似なので (q_x, q_y, q_z) の 3 次元空間の中で $|\boldsymbol{q}| < q_D$ を満たす球の内部のみの波数 $\boldsymbol{q}$ が存在するとした. 格子間隔 a の 3 次元正方格子なら $V = a^3 N$ なので q_{D} は π/a のオーダーである.）またデバイ波数に対応する振動数 $\omega_{\mathrm{D}} = cq_{\mathrm{D}}$ をデバイ振動数と呼ぶ（演習問題 2.4 参照）.

2.5 電子格子相互作用

格子が変位することによって正電荷の密度が変化し，その結果として電子格子相互作用が生じる. 一般には全電子のエネルギーの変化分から計算しなければならず複雑であるが，ここでは 1 つのモデルとして単純な場合の電子格子相互作用を導出する. イオン原子が作るポテンシャルを $V(\boldsymbol{r}) = \sum_j V(\boldsymbol{r} - \boldsymbol{R}_j)$ として，イオン原子の変位 $\boldsymbol{u}_j = \boldsymbol{R}_j - \boldsymbol{R}_j^0$ を用いると

$$\begin{aligned}
\sum_j V(\boldsymbol{r} - \boldsymbol{R}_j) &= \sum_j V(\boldsymbol{r} - \boldsymbol{R}_j^0 - \boldsymbol{u}_j) \\
&= \sum_j V(\boldsymbol{r} - \boldsymbol{R}_j^0) - \sum_j \boldsymbol{u}_j \cdot \boldsymbol{\nabla} V(\boldsymbol{r} - \boldsymbol{R}_j^0) + O(u_j^2)
\end{aligned} \tag{2.31}$$

と近似する. 右辺の第 1 項は周期ポテンシャルを与え，第 2 項が電子格子相互作用となる. 第二量子化では $\int d\boldsymbol{r} \hat{\psi}^\dagger(\boldsymbol{r}) V(\boldsymbol{r}) \hat{\psi}(\boldsymbol{r})$ がハミルトニアンなので，電子格子相互作用のハミルトニアンは

$$\mathscr{H}_{\mathrm{el-ph}} = -\sum_j \sum_\alpha \int d\boldsymbol{r} \hat{\psi}_\alpha^\dagger(\boldsymbol{r}) \hat{\psi}_\alpha(\boldsymbol{r}) \hat{\boldsymbol{u}}_j \cdot \boldsymbol{\nabla} V(\boldsymbol{r} - \boldsymbol{R}_j^0) \tag{2.32}$$

である.

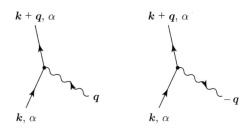

図 2.5

この式の $\hat{u}_j$ をフーリエ変換し，(2.28) 式のフォノンの生成消滅演算子で書きかえ，さらに電子については (2.1) 式の平面波展開，ポテンシャルについてはフーリエ変換 $V(\bm{r}) = \frac{1}{V}\sum_{\bm{p}} e^{i\bm{p}\cdot\bm{r}} V_{\bm{p}}$ を代入して整理すると

$$\hat{\mathscr{H}}_{\text{el-ph}} = -\frac{i}{V^2\sqrt{N}} \sum_{j,\bm{k},\bm{q},\bm{p},\alpha} \int d\bm{r}\, e^{i(\bm{k}-\bm{k}')\cdot\bm{r}} \hat{c}^\dagger_{\bm{k}',\alpha} \hat{c}_{\bm{k},\alpha} e^{i\bm{q}\cdot\bm{R}^0_j}$$
$$\times \sqrt{\frac{\hbar}{2M\omega_{\bm{q}}}}(\hat{a}_{\bm{q}} + \hat{a}^\dagger_{-\bm{q}})\bm{\xi}_{\bm{q}}\cdot\bm{p}\, e^{i\bm{p}\cdot(\bm{r}-\bm{R}^0_j)} V_{\bm{p}}$$
$$= -\frac{i\sqrt{N}}{V} \sum_{\bm{k},\bm{q},\alpha} \sqrt{\frac{\hbar}{2M\omega_{\bm{q}}}} \bm{\xi}_{\bm{q}}\cdot\bm{q}\, V_{\bm{q}}\, \hat{c}^\dagger_{\bm{k}+\bm{q},\alpha}\hat{c}_{\bm{k},\alpha}(\hat{a}_{\bm{q}}+\hat{a}^\dagger_{-\bm{q}}) \quad (2.33)$$

を得る．ここで $\sum_j e^{i(\bm{q}-\bm{p})\cdot\bm{R}^0_j} = N\delta_{\bm{q},\bm{p}}$ を用いた[*3]．また $\bm{\xi}_{\bm{q}}$ は格子変位ベクトル $\hat{\bm{u}}_{\bm{q}}$ の方向を表す単位ベクトルであるが，$\bm{\xi}_{\bm{q}}\cdot\bm{q}$ の因子があることから，電子と相互作用するのは縦振動フォノンのみであることがわかる（横振動フォノンの場合，変位 $\hat{\bm{u}}$ の向きが，波の進行方向 $\bm{q}$ と直交する）．これは，縦振動フォノンがイオンの正電荷の密度変調を伴い，その結果電子の電荷と相互作用するからである．縦振動フォノンに対して，$\bm{\xi}_{\bm{q}} = i\bm{q}/|\bm{q}|$ と置くと（虚数を付けているのは $\hat{\bm{u}}^\dagger_{-\bm{q}} = \hat{\bm{u}}_{\bm{q}}$ が成立するためである），最終的に

$$\hat{\mathscr{H}}_{\text{el-ph}} = \frac{1}{\sqrt{V}} \sum_{\bm{k},\bm{q},\alpha} g_{\bm{q}} \hat{c}^\dagger_{\bm{k}+\bm{q},\alpha}\hat{c}_{\bm{k},\alpha}(\hat{a}_{\bm{q}}+\hat{a}^\dagger_{-\bm{q}}), \quad (2.34)$$

$$g_{\bm{q}} = \frac{1}{c_L}\sqrt{\frac{\hbar\omega_{\bm{q}}N}{2MV}}V_{\bm{q}} \propto \sqrt{\omega_{\bm{q}}} \quad (2.35)$$

を得る．ここで c_L は縦振動フォノンの速度であり，$\omega_{\bm{q}} = c_L|\bm{q}|$ を用いた．また $V_{\bm{q}}$ の波数依存性は小さいとした．

この電子格子相互作用は，電子の運動量が $\bm{q}$ 変化すると同時に，$\hat{a}_{\bm{q}}$ の項が示すように波数 $\bm{q}$ のフォノンを 1 つ消滅させる（または吸収する）過程と，$\hat{a}^\dagger_{-\bm{q}}$ の項が示すように波数 $-\bm{q}$ のフォノンを 1 つ生成させる（または放出する）過程との 2 つを持つことを意味している（図 2.5）．電子格子相互作用によって電

[*3] 本来なら $\bm{q}$ と $\bm{p}$ は逆格子ベクトル分の差があってもよく，その結果ウムクラップ過程というものが生じるが，それは固体物理の教科書に譲り，ここでは簡単のためにウムクラップ過程を書いておかないことにする．

気伝導度が決まるし，また超伝導を引き起こす電子間引力相互作用を引き起こす．これについては後の章で議論する．

2.6 一般のブロッホ電子，多バンドのモデル

これまでは自由電子ガスをもとにハミルトニアンを考えてきたが，結晶中で電子はイオンによる周期ポテンシャル $V(\mathbf{r}) = \sum_j V(\mathbf{r} - \mathbf{R}_j^0)$ を感じる．この場合の $\hat{\mathscr{H}}_0$ は

$$\hat{\mathscr{H}}_0 = \sum_\alpha \int d\mathbf{r} \hat{\psi}_\alpha^\dagger(\mathbf{r}) \left\{ \frac{\mathbf{p}^2}{2m} + V(\mathbf{r}) \right\} \hat{\psi}_\alpha(\mathbf{r}) \tag{2.36}$$

である．これは (1.24) 式のハミルトニアンと同じである（(2.9) 式下の脚注（脚注2）も参照）．周期ポテンシャル $V(\mathbf{r})$ がある場合，ブロッホ (Bloch) の定理を用いて固有関数は

$$\psi_{\ell\mathbf{k}}(\mathbf{r}) = e^{i\mathbf{k}\cdot\mathbf{r}} u_{\ell\mathbf{k}}(\mathbf{r}) \tag{2.37}$$

と書ける．ここで ℓ はバンドの番号，$\mathbf{k}$ は第一ブリルアンゾーン中の波数である．関数 $u_{\ell\mathbf{k}}(\mathbf{r})$ は，ポテンシャル $V(\mathbf{r})$ と同じ周期を持つ周期関数で，

$$\hat{H}_{\mathbf{k}} u_{\ell\mathbf{k}}(\mathbf{r}) = \varepsilon_\ell(\mathbf{k}) u_{\ell\mathbf{k}}(\mathbf{r}),$$
$$\hat{H}_{\mathbf{k}} = \frac{\hbar^2 k^2}{2m} - \frac{i\hbar^2}{m}\mathbf{k}\cdot\boldsymbol{\nabla} - \frac{\hbar^2}{2m}\boldsymbol{\nabla}^2 + V(\mathbf{r}) \tag{2.38}$$

という方程式を満たす．ここで $\hat{H}_{\mathbf{k}}$ は $e^{-i\mathbf{k}\cdot\mathbf{r}}\left\{ \frac{\mathbf{p}^2}{2m} + V(\mathbf{r}) \right\} e^{i\mathbf{k}\cdot\mathbf{r}}$ から求められ，$\mathbf{k}\cdot\boldsymbol{\nabla}$ は $\mathbf{k}$ と $\boldsymbol{\nabla}$ の内積を意味する．

このように用意したブロッホの波動関数を用いて，場の演算子 $\hat{\psi}_\alpha(\mathbf{r})$ は

$$\hat{\psi}_\alpha(\mathbf{r}) = \sum_{\mathbf{k},\ell} e^{i\mathbf{k}\cdot\mathbf{r}} u_{\ell\mathbf{k}}(\mathbf{r}) \hat{c}_{\ell\mathbf{k}\alpha} \tag{2.39}$$

と展開でき，ハミルトニアンは $\hat{\mathscr{H}} = \sum_{\mathbf{k},\ell,\alpha} \varepsilon_\ell(\mathbf{k}) \hat{c}_{\ell\mathbf{k}\alpha}^\dagger \hat{c}_{\ell\mathbf{k}\alpha}$ となる．この一般的なブロッホ波動関数を用いた理論も，2.1 節などの自由電子ガスモデルと並んで非常に重要な理論であり，様々な一般論が展開される．

さらに，相対論的な効果であるスピン軌道相互作用や電場・磁場の効果を含めた一般的なハミルトニアンは

$$\hat{\mathscr{H}} = \sum_\alpha \int d\mathbf{r} \hat{\psi}_\alpha^\dagger(\mathbf{r}) \left\{ \frac{1}{2m}\left[\mathbf{p} - e\mathbf{A}(\mathbf{r},t) \right]^2 + V(\mathbf{r}) + e\phi(\mathbf{r},t) \right.$$
$$\left. + \frac{\hbar^2}{8m^2c^2}\boldsymbol{\nabla}^2 V(\mathbf{r}) \right\} \hat{\psi}_\alpha(\mathbf{r})$$
$$- \sum_{\alpha,\beta} \int d\mathbf{r} \hat{\psi}_\alpha^\dagger(\mathbf{r}) \frac{e\hbar}{2m} (\boldsymbol{\sigma})_{\alpha\beta} \cdot \mathbf{B}(\mathbf{r},t) \hat{\psi}_\beta(\mathbf{r})$$

$$+\sum_{\alpha,\beta}\int d\boldsymbol{r}\,\hat{\psi}_\alpha^\dagger(\boldsymbol{r})\frac{\hbar}{4m^2c^2}(\boldsymbol{\sigma})_{\alpha\beta}\cdot\boldsymbol{\nabla}V\times(\boldsymbol{p}-e\boldsymbol{A}(\boldsymbol{r},t))\hat{\psi}_\beta(\boldsymbol{r})\quad(2.40)$$

と書ける．ベクトルポテンシャル $\boldsymbol{A}(\boldsymbol{r},t)$ と静電ポテンシャル $\phi(\boldsymbol{r},t)$ の入り方は (2.9) 式と同じであるが（電子の電荷は $e<0$），周期ポテンシャル $V(\boldsymbol{r})$ と，それに伴う相対論的補正項（分母に光速度 c がある項）も含めている．とくに最後の項は一般的な形でのスピン軌道相互作用を表す．

(2.40) 式で電場・磁場がない場合，ハミルトニアンは周期ポテンシャル $V(\boldsymbol{r})$ とその微分を含むので，(2.36) 式の場合と同じように，ブロッホの定理を用いて固有関数を作ることができる．ただし，スピン軌道相互作用を通して上向きスピンと下向きスピンの状態が混成するので，(2.37) 式の $u_{\ell\boldsymbol{k}}(\boldsymbol{r})$ に対応する関数は 2 行 1 列の関数

$$\begin{pmatrix}\psi_{\ell\boldsymbol{k}\uparrow}(\boldsymbol{r})\\ \psi_{\ell\boldsymbol{k}\downarrow}(\boldsymbol{r})\end{pmatrix}=e^{i\boldsymbol{k}\cdot\boldsymbol{r}}\begin{pmatrix}u_{\ell\boldsymbol{k}\uparrow}(\boldsymbol{r})\\ u_{\ell\boldsymbol{k}\downarrow}(\boldsymbol{r})\end{pmatrix}\equiv e^{i\boldsymbol{k}\cdot\boldsymbol{r}}u_{\ell\boldsymbol{k}}(\boldsymbol{r})\qquad(2.41)$$

となる．この固有関数を用いて，場の演算子 $\hat{\psi}_\alpha(\boldsymbol{r})$ を展開するのは (2.39) 式と同様である．

2.7　ハバードモデル

固体物理でよく用いられるモデルとしてハバードモデルと呼ばれるものがある．ハミルトニアンは

$$\hat{\mathscr{H}}=-t\sum_{(i,j),\alpha}\left(\hat{c}_{i,\alpha}^\dagger\hat{c}_{j,\alpha}+\text{h.c.}\right)+U\sum_i\hat{n}_{i\uparrow}\hat{n}_{i\downarrow}\qquad(2.42)$$

と書ける．ここで (i,j) は隣り合うサイトの対，h.c. はエルミート共役の項を意味する．第 1 項は tight-binding モデルと呼ばれるもので，各サイトのイオンに強く束縛された電子の運動エネルギーを表す．$\hat{c}_{i,\alpha}^\dagger,\hat{c}_{i,\alpha}$ は，i サイトのイオン上のある軌道に束縛された電子の生成消滅演算子を表す．第 1 項は j サイトにいたスピン α の電子が消えて，隣の i サイトに跳び移ると見なすことができる（図 2.6）．t のことを hopping integral とか transfer integral と呼ぶ．一般的には，t は i,j の軌道の種類や，ホッピングの方向に依存することがあるが，ここでは 1 つのサイトに 1 つの軌道しか考えない（single band モデルという）ので，t はすべて同じ値を持つとしている．

第 2 項は相互作用を表す．$\hat{n}_{i\alpha}=\hat{c}_{i,\alpha}^\dagger\hat{c}_{i,\alpha}$ はサイト i におけるスピン α の電子の数演算子であるから，サイト i に上向きスピンと下向きスピンが同時に存在するときにエネルギー $U>0$ を持つという項である．これはサイト i 上でしかクーロン斥力を感じないというモデルになっており，U のことをオンサイトクーロン斥力と呼ぶ．それ以外のサイトに電子がいる場合の電子間相互作用を

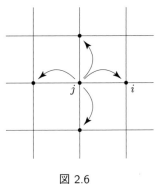

図 2.6

無視しているというモデルである.

ハバードモデル (2.42) 式の第 1 項は運動エネルギーを表す項であるが,

$$\hat{c}_{i,\alpha} = \frac{1}{\sqrt{N}} \sum_{\bm{k}} e^{i\bm{k}\cdot\bm{r}_i} \hat{c}_{\bm{k},\alpha} \tag{2.43}$$

というフーリエ変換を代入して整理すると

$$\hat{\mathcal{H}}_{\text{kinetic}} = \sum_{\bm{k},\alpha} \varepsilon_{\bm{k}} \hat{c}^{\dagger}_{\bm{k},\alpha} \hat{c}_{\bm{k},\alpha} \tag{2.44}$$

となる. ここで $\varepsilon_{\bm{k}}$ は電子の分散関係を表し

$$\varepsilon_{\bm{k}} = -t \sum_{i\text{サイトの隣の}j\text{サイトの和}} e^{-i\bm{k}\cdot(\bm{r}_j-\bm{r}_i)} \tag{2.45}$$

で与えられる. 1 次元格子だと $\varepsilon_{\bm{k}} = -2t\cos ka$ (a は格子間隔), 2 次元正方格子だと $\varepsilon_{\bm{k}} = -2t(\cos k_x a + \cos k_y a)$ となる.

一方相互作用項に (2.43) 式のフーリエ変換を代入して整理すると

$$\hat{\mathcal{H}}_{\text{Hub}} = \frac{U}{N} \sum_{\bm{k},\bm{k}',\bm{q}} \hat{c}^{\dagger}_{\bm{k}+\bm{q},\uparrow} \hat{c}_{\bm{k},\uparrow} \hat{c}^{\dagger}_{\bm{k}'-\bm{q},\downarrow} \hat{c}_{\bm{k}',\downarrow} \tag{2.46}$$

となる. これは (2.5) 式の相互作用の特殊な場合で, 演算子の順番を入れ替えて調べるとわかるが, $\alpha = \uparrow, \beta = \downarrow$ で, かつ $U_{\alpha,\beta,\bm{q}}$ の $\bm{q}$ 依存性がない場合に相当する. または, (2.8) 式の表式では, $V_{\parallel}(\bm{q}) = 0, V_{\uparrow\downarrow}(\bm{q}) = a^3 U$ の場合である.

ハバードモデルに加えて, 隣り合うサイトに電子がきた場合の相互作用を考慮する場合には,

$$\hat{\mathcal{H}}_V = V \sum_{(i,j),\alpha,\beta} \hat{n}_{i\alpha} \hat{n}_{j\beta} \tag{2.47}$$

とすればよい. これを拡張ハバードモデルと呼ぶ[*4].

また, 上のモデルでは各サイト 1 種類の軌道しか考えていないが, 各サイトで複数の軌道を考慮することもできる. この場合は, 各軌道に対する生成消滅

[*4] J. Hubbard, Proc. Roy. Soc. (London) **A243**, 336 (1957).

演算子, 例えば $\hat{c}_{i,\ell,\alpha}^{\dagger}, \hat{c}_{i,\ell,\alpha}$ (ℓ は軌道の番号) とすればよい. これを多軌道ハバードモデルという. この場合, 隣り合うサイトに電子が跳び移ったときに, 元と違う軌道に跳び移る可能性もあるので hopping integral t は, i, j サイトの軌道 ℓ, ℓ' に依存する. 軌道の持つ空間反転対称性や鏡映対称性などの結果, 跳び移れない軌道間というものも存在する. 軌道 ℓ の組合せによって, 2.6 節のブロッホバンドが構成される.

電場・磁場の効果を取り入れた tight-binding モデルもしばしば用いられる. 静電ポテンシャルは (2.9) 式や (2.40) 式を参考に $\sum_{i,\alpha} e\phi(\boldsymbol{r}_i)\hat{c}_{i,\alpha}^{\dagger}\hat{c}_{i,\alpha}$ とすればよいが ($\boldsymbol{r}_i$ は i サイトの位置ベクトル), ベクトルポテンシャル $\boldsymbol{A}(\boldsymbol{r})$ については慎重な取扱いが必要である. パイエルス[*5)] は tight-binding モデルの帯磁率の計算の過程で, hopping integral にいわゆるパイエルス位相

$$t\hat{c}_{i,\alpha}^{\dagger}\hat{c}_{j,\alpha} \to te^{\frac{ie}{\hbar}\int_{r_j}^{r_i}\boldsymbol{A}(\boldsymbol{r})\cdot d\boldsymbol{\ell}}\hat{c}_{i,\alpha}^{\dagger}\hat{c}_{j,\alpha} \tag{2.48}$$

を導入した. パイエルス以降の tight-binding モデルの計算では, このパイエルス位相のみが磁場の効果であると考えて計算を行っているが, パイエルス位相だけでは, 厳密には正しくない. 具体的にパイエルス位相以外にどのような寄与があるのかについて, 系統的に調べられている[*6)].

2.8 超伝導の BCS モデル

超伝導は 1957 年の BCS 理論によって微視的に理解されるようになった[*7)]. BCS 理論で議論されたことは, 一つは電子間の引力がどのようにして得られるかであり, もう一つは引力があったとして, それを元にどのように超伝導状態が実現するかということである.

後で示すが, 電子格子相互作用を通して電子間に引力が生じることがわかる. これは通常の s 波超伝導を引き起こす. これに対して, 銅酸化物の高温超伝導体では, 局在に近い電子間の反強磁性的なスピン相互作用によって超伝導が引き起こされると考えられている. この場合は, オンサイトには強い斥力が働くが, 最近接のサイト間で引力が働く. 前節の拡張ハバードモデルで考えると, $U > 0$ (斥力), $V < 0$ (引力) であると考えてもよい.

引力の起源以外のもう一つの問題は, 微視的な超伝導発現のメカニズムである. BCS はモデルとして

$$\hat{\mathscr{H}}_{\mathrm{BCS}} = -\frac{g}{V}\sum_{\boldsymbol{k},\boldsymbol{q}}{}'\hat{c}_{\boldsymbol{k}+\boldsymbol{q},\uparrow}^{\dagger}\hat{c}_{-\boldsymbol{k}-\boldsymbol{q},\downarrow}^{\dagger}\hat{c}_{-\boldsymbol{k},\downarrow}\hat{c}_{\boldsymbol{k},\uparrow} \tag{2.49}$$

[*5)] R. Peierls, Z. Phys. **80**, 763 (1933). 超伝導理論で有名なロンドンも同時期に独立に同様の位相を議論している. F. London, J. Phys. Radium **8**, 397 (1937).

[*6)] J. A. Pople, J. Chem. Phys. **37**, 53 (1962). 2016 年に我々は, このポープルの議論を精密化した. H. Matsuura and M. Ogata, J. Phys. Soc. Jpn. **85**, 074709 (2016).

[*7)] J. Bardeen, L. Cooper, and J. R. Schrieffer, Phys. Rev. **108**, 1175 (1957).

という引力相互作用を仮定した。これは (2.5) 式の相互作用の特殊な場合で，$\alpha = \uparrow, \beta = \downarrow, \mathbf{k}' = -\mathbf{k}$ と制限したものになっている。係数 g は引力の大きさを表すパラメータで，$\sum'$ という和は，引力が生じる範囲をフェルミ面近傍の $|\varepsilon_{\mathbf{k}} - \mu| < \hbar\omega_{\mathrm{D}}, |\varepsilon_{\mathbf{k}+\mathbf{q}} - \mu| < \hbar\omega_{\mathrm{D}}$ に制限するという意味である（ω_{D} は 2.4 節の最後で導入したデバイ振動数）。この相互作用はちょうどクーパー対 $\hat{c}_{-\mathbf{k},\downarrow}\hat{c}_{\mathbf{k},\uparrow}$ が引力によって安定化できるように選んだものであるが，超伝導の種々の性質を説明することに成功した（第 10 章参照）。

前節のハバードモデルで用いたオンサイト斥力 U を，仮に負とするモデル

$$\hat{\mathscr{H}} = -t \sum_{(i,j),\alpha} \left(\hat{c}_{i,\alpha}^{\dagger}\hat{c}_{j,\alpha} + \mathrm{h.c.} \right) - U \sum_i \hat{n}_{i\uparrow}\hat{n}_{i\downarrow} \tag{2.50}$$

も考えられる。これを引力ハバードモデル（negative-U ハバードモデル）と呼ぶ。相互作用項をフーリエ成分で表したものは (2.46) 式であるが，やはり $\mathbf{k}' = -\mathbf{k}$ という特殊な場合を選ぶと BCS の引力相互作用に類似の相互作用となる。

2.9 平均場近似

ここでよく使われる平均場近似について説明しておこう。スピン系のハミルトニアンに対する平均場近似では，スピン演算子 $\hat{S}_z$ などを期待値 $\langle \hat{S}_z \rangle$ に置き換えるということを行う。これはスピン系の統計力学でおなじみの手法であるが，それの電子版を考える。

まず，ハバードモデルの平均場近似を示しておこう。ハバードモデルの相互作用を電子の演算子で書くと，

$$\hat{\mathscr{H}}_{\mathrm{Hub}} = U \sum_i \hat{c}_{i,\uparrow}^{\dagger}\hat{c}_{i,\uparrow}\hat{c}_{i,\downarrow}^{\dagger}\hat{c}_{i,\downarrow} \tag{2.51}$$

というように 4 つの演算子の積となる。このうちの 2 つを期待値にするやり方は 6 通りある。まず最初の 2 つの演算子を期待値 $\langle \hat{c}_{i,\uparrow}^{\dagger}\hat{c}_{i,\uparrow} \rangle = \langle \hat{n}_{i,\uparrow} \rangle$ に置き換えることを考える。対称的に最後の 2 つの演算子の期待値 $\langle \hat{c}_{i,\downarrow}^{\dagger}\hat{c}_{i,\downarrow} \rangle = \langle \hat{n}_{i,\downarrow} \rangle$ も同時に考えた方がよい。このような期待値を残す平均場近似として，(2.51) 式を

$$
\begin{aligned}
\hat{\mathscr{H}}_{\mathrm{Hub-MF}} &= U \sum_i \left[\langle \hat{c}_{i,\uparrow}^{\dagger}\hat{c}_{i,\uparrow} \rangle \hat{c}_{i,\downarrow}^{\dagger}\hat{c}_{i,\downarrow} + \hat{c}_{i,\uparrow}^{\dagger}\hat{c}_{i,\uparrow} \langle \hat{c}_{i,\downarrow}^{\dagger}\hat{c}_{i,\downarrow} \rangle - \langle \hat{c}_{i,\uparrow}^{\dagger}\hat{c}_{i,\uparrow} \rangle \langle \hat{c}_{i,\downarrow}^{\dagger}\hat{c}_{i,\downarrow} \rangle \right] \\
&= U \sum_i \left[\langle \hat{n}_{i\uparrow} \rangle \hat{c}_{i,\downarrow}^{\dagger}\hat{c}_{i,\downarrow} + \hat{c}_{i,\uparrow}^{\dagger}\hat{c}_{i,\uparrow} \langle \hat{n}_{i\downarrow} \rangle - \langle \hat{n}_{i\uparrow} \rangle \langle \hat{n}_{i\downarrow} \rangle \right]
\end{aligned} \tag{2.52}
$$

と近似する。これはハバードモデルの相互作用に対するハートレー近似と呼ばれるものである。ここで右辺最後の項は，期待値 $\langle \hat{\mathscr{H}}_{\mathrm{Hub-MF}} \rangle$ を取ったときにシンプルに $U \sum_i \langle \hat{n}_{i\uparrow} \rangle \langle \hat{n}_{i\downarrow} \rangle$ となるようにするために加えてある。例えば，右辺第 2 項は上向きスピンの電子が i 番目のサイトでエネルギー $U\langle \hat{n}_{i\downarrow} \rangle$ のポテン

30　第 2 章　モデルと物理量

シャルを感じるという形をしている．これは密度 $\langle \hat{n}_{i\downarrow}\rangle$ の下向きスピンから生じるクーロン斥力の平均場的なポテンシャルエネルギーとみなすことができる．

　上記以外に4通りの組合せがある．例えば，1番目と4番目の演算子の組合せ $\langle \hat{c}^{\dagger}_{i,\uparrow}\hat{c}_{i,\downarrow}\rangle$ は i サイトでのスピンの上昇演算子 S_{+} の期待値といえる．また1番目と3番目の演算子の組合せ $\langle \hat{c}^{\dagger}_{i,\uparrow}\hat{c}^{\dagger}_{i,\downarrow}\rangle$ は同じサイト i 上での超伝導のクーパー対に対応するものである．ここではこれらの平均場について深入りしない（第10章参照）．

　次に，拡張ハバードモデルの相互作用

$$\hat{\mathscr{H}}_V = V\sum_{(i,j),\alpha,\beta}\hat{n}_{i\alpha}\hat{n}_{j\beta} = V\sum_{(i,j),\alpha,\beta}\hat{c}^{\dagger}_{i,\alpha}\hat{c}_{i,\alpha}\hat{c}^{\dagger}_{j,\beta}\hat{c}_{j,\beta} \tag{2.53}$$

についての平均場を考えよう．まず同じスピンどうしの相互作用の場合を考えよう（$\alpha = \beta$ の場合）．ハバードモデルのときの (2.52) 式と同様な平均場近似は

$$\hat{\mathscr{H}}_{V\text{-H}} = V\sum_{(i,j),\alpha}\left[\langle\hat{n}_{i\alpha}\rangle\hat{c}^{\dagger}_{j,\alpha}\hat{c}_{j,\alpha} + \hat{c}^{\dagger}_{i,\alpha}\hat{c}_{i,\alpha}\langle\hat{n}_{j\alpha}\rangle - \langle\hat{n}_{i\alpha}\rangle\langle\hat{n}_{j\alpha}\rangle\right] \tag{2.54}$$

となる．例えば右辺第2項は隣のサイト j に電子密度があるときに i サイトの電子が感じる平均場的なポテンシャルエネルギーである．これらはハバードモデルのときと同様ハートレー近似による項と呼ばれる．一方，$\alpha = \beta$ の場合の (2.53) 式の内，1番目と4番目の電子の演算子の期待値を取ると $\langle\hat{c}^{\dagger}_{i,\alpha}\hat{c}_{j,\alpha}\rangle$ となる．期待値以外の残りの2番目と3番目の演算子は $\hat{c}_{i,\alpha}\hat{c}^{\dagger}_{j,\alpha}$ であるが，フェルミ演算子の反交換関係を用いて $\hat{c}_{i,\alpha}\hat{c}^{\dagger}_{j,\alpha} = -\hat{c}^{\dagger}_{j,\alpha}\hat{c}_{i,\alpha}$ という形に変形しておこう．こうしておくと，この演算子は tight-binding モデルで i サイトの電子が消えて，j サイトに飛び移ることを意味している．つまり i,j 間のホッピングハミルトニアンと同じ形をしており，運動エネルギーの補正項という形をしていることがわかる．このような平均場近似はフォック項と呼ばれる．

　異なるスピンどうしの相互作用（$\alpha \neq \beta$）についてもハバードモデルと同じようなハートレー近似を行うことができる．それに加えて，$\alpha \neq \beta$ の場合の (2.53) 式のうち，1番目と3番目の期待値 $\langle\hat{c}^{\dagger}_{i,\alpha}\hat{c}^{\dagger}_{j,\beta}\rangle$ というものも考えることができる．これは，i サイトと j サイトで対を組んだクーパー対の期待値であるといえ，超伝導を議論する場合の平均場近似となるものである．以上のハートレー項，フォック項，超伝導に関する平均場近似は，本書後半のグリーン関数による手法によって定式化することができる．

　最後に，2.8 節で導入した BCS の引力相互作用 (2.49) 式

$$\hat{\mathscr{H}}_{\text{BCS}} = -\frac{g}{V}\sum_{\boldsymbol{k},\boldsymbol{q}}{}'\hat{c}^{\dagger}_{\boldsymbol{k}+\boldsymbol{q},\uparrow}\hat{c}^{\dagger}_{-\boldsymbol{k}-\boldsymbol{q},\downarrow}\hat{c}_{-\boldsymbol{k},\downarrow}\hat{c}_{\boldsymbol{k},\uparrow} \tag{2.55}$$

のように波数空間で書かれた場合の平均場近似を示しておこう．この式右辺の3番目と4番目の演算子の期待値を取ると $\langle\hat{c}_{-\boldsymbol{k},\downarrow}\hat{c}_{\boldsymbol{k},\uparrow}\rangle$ となるが，これも超伝導

2.9　平均場近似　**31**

のクーパー対の期待値となっている．これを用いた平均場近似によって，波数 $\boldsymbol{k}$ を持った上向きスピンと，波数 $-\boldsymbol{k}$ を持った下向きスピンが束縛状態を作り，コヒーレントに運動する様子を記述することができる．詳しくは第 10 章で論じる．

このように平均場近似は，物理的な予想に基づいて，考えている問題ごとに最適な平均場を選ぶというアイデアが必要である．

2.10　電流演算子，スピン流演算子（ベリー位相）

この章の最後に，一般的な (1.24) 式のハミルトニアンにスピンを考慮して，電流演算子とスピン流演算子を作ろう．1.8 節で示したように電流演算子は (1.65) 式の連続の方程式から決めればよい．そのためには電子の電荷を $e < 0$ として $\frac{ie}{\hbar}[\hat{\rho}(\boldsymbol{r}), \hat{\mathscr{H}}]$ を計算し，これが $\mathrm{div}\hat{\boldsymbol{j}}(\boldsymbol{r})$ と等しくなるような $\hat{\boldsymbol{j}}(\boldsymbol{r})$ を作ればよい．

(1.24) 式の第 1 項の運動エネルギーの部分 $\hat{\mathscr{H}}_{\mathrm{kinetic}}$ との交換関係を計算するために，公式

$$
\begin{aligned}
[\hat{A}\hat{B}, \hat{C}\hat{D}] &= [\hat{A}\hat{B}, \hat{C}]\hat{D} + \hat{C}[\hat{A}\hat{B}, \hat{D}] \\
&= \hat{A}\{\hat{B}, \hat{C}\}\hat{D} - \{\hat{A}, \hat{C}\}\hat{B}\hat{D} + \hat{C}\hat{A}\{\hat{B}, \hat{D}\} - \hat{C}\{\hat{A}, \hat{D}\}\hat{B} \quad (2.56)
\end{aligned}
$$

を用いる（演習問題 1.3 参照）．途中式を詳しく書けば $\hat{\rho}(\boldsymbol{r}) = \sum_\alpha \hat{\psi}_\alpha^\dagger(\boldsymbol{r})\hat{\psi}_\alpha(\boldsymbol{r})$ を用いて

$$
\begin{aligned}
\frac{ie}{\hbar}[\hat{\rho}(\boldsymbol{r}), \hat{\mathscr{H}}_{\mathrm{kinetic}}] &= \frac{ie}{\hbar}\left[\sum_\alpha \hat{\psi}_\alpha^\dagger(\boldsymbol{r})\hat{\psi}_\alpha(\boldsymbol{r}), \sum_\beta \int d\boldsymbol{r}'\frac{\hbar^2}{2m}\boldsymbol{\nabla}'\hat{\psi}_\beta^\dagger(\boldsymbol{r}')\cdot\boldsymbol{\nabla}'\hat{\psi}_\beta(\boldsymbol{r}')\right] \\
&= \frac{ie\hbar}{2m}\sum_{\alpha\beta}\int d\boldsymbol{r}'\hat{\psi}_\alpha^\dagger(\boldsymbol{r})\{\hat{\psi}_\alpha(\boldsymbol{r}), \boldsymbol{\nabla}'\hat{\psi}_\beta^\dagger(\boldsymbol{r}')\}\cdot\boldsymbol{\nabla}'\hat{\psi}_\beta(\boldsymbol{r}') \\
&\quad - \boldsymbol{\nabla}'\hat{\psi}_\beta^\dagger(\boldsymbol{r}')\cdot\{\hat{\psi}_\alpha^\dagger(\boldsymbol{r}), \boldsymbol{\nabla}'\hat{\psi}_\beta(\boldsymbol{r}')\}\hat{\psi}_\alpha(\boldsymbol{r}) \\
&= -\frac{ie\hbar}{2m}\sum_\alpha\left\{\hat{\psi}_\alpha^\dagger(\boldsymbol{r})\boldsymbol{\nabla}^2\hat{\psi}_\alpha(\boldsymbol{r}) - \boldsymbol{\nabla}^2\hat{\psi}_\alpha^\dagger(\boldsymbol{r})\hat{\psi}_\alpha(\boldsymbol{r})\right\} \\
&= -\frac{ie\hbar}{2m}\boldsymbol{\nabla}\cdot\sum_\alpha\left\{\hat{\psi}_\alpha^\dagger(\boldsymbol{r})\boldsymbol{\nabla}\hat{\psi}_\alpha(\boldsymbol{r}) - \boldsymbol{\nabla}\hat{\psi}_\alpha^\dagger(\boldsymbol{r})\hat{\psi}_\alpha(\boldsymbol{r})\right\}
\end{aligned}
$$

$$(2.57)$$

と得られる．最後の式はちょうど div の形をしているので，$\mathrm{div}\hat{\boldsymbol{j}}(\boldsymbol{r})$ と等しくするためには

$$
\hat{\boldsymbol{j}}(\boldsymbol{r}) = -\frac{ie\hbar}{2m}\sum_\alpha\left\{\hat{\psi}_\alpha^\dagger(\boldsymbol{r})\boldsymbol{\nabla}\hat{\psi}_\alpha(\boldsymbol{r}) - \boldsymbol{\nabla}\hat{\psi}_\alpha^\dagger(\boldsymbol{r})\hat{\psi}_\alpha(\boldsymbol{r})\right\} \quad (2.58)
$$

とすればよいことがわかる．この式はちょうど 1 粒子の量子力学のときの確率流れの密度と同じ形をしている．

次に，(1.24) 式のハミルトニアンには，$\hat{\mathscr{H}}_{\mathrm{kinetic}}$ 以外に 1 体のポテンシャル

$V(\boldsymbol{r})$ を持つ項があるが，これは電子の演算子として密度演算子と全く同じものを含むだけなので $\hat{\rho}(\boldsymbol{r})$ と可換である．そのため電流演算子に新たな項が付け加えられるわけではない．また，相互作用項 $\mathscr{H}_{\mathrm{int}}$ もほとんど密度演算子と同じような形を持っており，交換関係を計算するとやはり 0 となることがわかる．結局，(1.24) 式のハミルトニアンの場合の電流演算子は (2.58) 式でよいことになる．

また，2.3 節の不純物によるハミルトニアン (2.18) 式も，2.5 節の電子格子相互作用 (2.32) 式も両方とも電子の演算子の部分は密度演算子と同じ形をしているので，$\hat{\rho}(\boldsymbol{r})$ と可換である．したがって，これらのハミルトニアンの項があっても電流演算子は変更を受けない．

電子ガスモデルの場合，電子の演算子 $\hat{\psi}_{\alpha}(\boldsymbol{r})$ は (2.1) 式のように平面波展開できる．これを電流演算子の定義式 (2.58) に代入すると

$$\hat{\boldsymbol{j}}(\boldsymbol{r}) = \frac{e\hbar}{2mV} \sum_{\boldsymbol{k},\boldsymbol{k}',\alpha} (\boldsymbol{k} + \boldsymbol{k}') e^{i(\boldsymbol{k}-\boldsymbol{k}')\cdot\boldsymbol{r}} \hat{c}^{\dagger}_{\boldsymbol{k}',\alpha} \hat{c}_{\boldsymbol{k},\alpha} \tag{2.59}$$

となる．後で使うが $\hat{\boldsymbol{j}}(\boldsymbol{r})$ のフーリエ変換 $\hat{\boldsymbol{j}}_{\boldsymbol{q}} \equiv \int d\boldsymbol{r} e^{-i\boldsymbol{q}\cdot\boldsymbol{r}} \hat{\boldsymbol{j}}(\boldsymbol{r})$ もよく利用される．(2.59) 式から

$$\hat{\boldsymbol{j}}_{\boldsymbol{q}} = \sum_{\boldsymbol{k},\alpha} \frac{e\hbar}{m} \left(\boldsymbol{k} - \frac{\boldsymbol{q}}{2}\right) \hat{c}^{\dagger}_{\boldsymbol{k}-\boldsymbol{q},\alpha} \hat{c}_{\boldsymbol{k},\alpha} = \sum_{\boldsymbol{k},\alpha} \frac{e\hbar\boldsymbol{k}}{m} \hat{c}^{\dagger}_{\boldsymbol{k}-\frac{\boldsymbol{q}}{2},\alpha} \hat{c}_{\boldsymbol{k}+\frac{\boldsymbol{q}}{2},\alpha} \tag{2.60}$$

と書けることがわかる．最後の変形は，$\boldsymbol{k} \to \boldsymbol{k} + \frac{\boldsymbol{q}}{2}$ と変数変換したものである．とくに $\boldsymbol{q} = \boldsymbol{0}$ の成分は全空間で積分した $\hat{\boldsymbol{j}}_{\boldsymbol{q}=\boldsymbol{0}} = \int d\boldsymbol{r} \hat{\boldsymbol{j}}(\boldsymbol{r})$ という量で，全電流の演算子となる．

同じように，密度演算子のフーリエ変換は

$$\hat{\rho}_{\boldsymbol{q}} \equiv \int d\boldsymbol{r} e^{-i\boldsymbol{q}\cdot\boldsymbol{r}} \hat{\rho}(\boldsymbol{r}) = \sum_{\boldsymbol{k},\alpha} \hat{c}^{\dagger}_{\boldsymbol{k}-\boldsymbol{q},\alpha} \hat{c}_{\boldsymbol{k},\alpha} = \sum_{\boldsymbol{k},\alpha} \hat{c}^{\dagger}_{\boldsymbol{k}-\frac{\boldsymbol{q}}{2},\alpha} \hat{c}_{\boldsymbol{k}+\frac{\boldsymbol{q}}{2},\alpha} \tag{2.61}$$

であるが，これもよく使われる．

スピン密度演算子を $\hat{\rho}_s(\boldsymbol{r}) = \hat{\psi}^{\dagger}_{\uparrow}(\boldsymbol{r})\hat{\psi}_{\uparrow}(\boldsymbol{r}) - \hat{\psi}^{\dagger}_{\downarrow}(\boldsymbol{r})\hat{\psi}_{\downarrow}(\boldsymbol{r})$ と定義すれば，連続の方程式からスピン流演算子を定義することができる．電流の計算と同様に計算すれば，電子ガスの場合

$$\hat{\boldsymbol{j}}_{s\boldsymbol{q}} = \sum_{\boldsymbol{k}} \frac{e\hbar\boldsymbol{k}}{m} \left(\hat{c}^{\dagger}_{\boldsymbol{k}-\frac{\boldsymbol{q}}{2},\uparrow} \hat{c}_{\boldsymbol{k}+\frac{\boldsymbol{q}}{2},\uparrow} - \hat{c}^{\dagger}_{\boldsymbol{k}-\frac{\boldsymbol{q}}{2},\downarrow} \hat{c}_{\boldsymbol{k}+\frac{\boldsymbol{q}}{2},\downarrow}\right) \tag{2.62}$$

が得られる．

電場・磁場が入った場合のハミルトニアンは (2.9) 式で与えられる．静電ポテンシャルとゼーマンエネルギーの項は密度演算子と可換なので電流演算子に変更を与えないが，ベクトルポテンシャル $\boldsymbol{A}(\boldsymbol{r})$ の項は電流に変更を与える．具体的に交換関係を求めると，(2.57) 式と同様な変形を行って

$$
\frac{ie}{\hbar}[\hat{\rho}(\boldsymbol{r}), \mathscr{H}_0] = -\frac{ie\hbar}{2m}\sum_\alpha \Big[\hat{\psi}_\alpha^\dagger(\boldsymbol{r})\Big\{\boldsymbol{\nabla}^2 - \frac{2ie}{\hbar}\boldsymbol{A}(\boldsymbol{r})\boldsymbol{\nabla} - \frac{ie}{\hbar}\boldsymbol{\nabla}\boldsymbol{A}(\boldsymbol{r})\Big\}\hat{\psi}_\alpha(\boldsymbol{r})
$$
$$
-\Big\{\boldsymbol{\nabla}^2 + \frac{2ie}{\hbar}\boldsymbol{A}(\boldsymbol{r})\boldsymbol{\nabla} + \frac{ie}{\hbar}\boldsymbol{\nabla}\boldsymbol{A}(\boldsymbol{r})\Big\}\hat{\psi}_\alpha^\dagger(\boldsymbol{r})\hat{\psi}_\alpha(\boldsymbol{r})\Big]
$$
$$
= -\frac{ie\hbar}{2m}\boldsymbol{\nabla}\sum_\alpha \Big\{\hat{\psi}_\alpha^\dagger(\boldsymbol{r})\boldsymbol{\nabla}\hat{\psi}_\alpha(\boldsymbol{r}) - \boldsymbol{\nabla}\hat{\psi}_\alpha^\dagger(\boldsymbol{r})\hat{\psi}_\alpha(\boldsymbol{r})
$$
$$
-\frac{2ie}{\hbar}\boldsymbol{A}(\boldsymbol{r})\hat{\psi}_\alpha^\dagger(\boldsymbol{r})\hat{\psi}_\alpha(\boldsymbol{r})\Big\} \tag{2.63}
$$

が得られる．したがって電流演算子は

$$
\hat{\boldsymbol{j}}(\boldsymbol{r}) = -\frac{ie\hbar}{2m}\sum_\alpha \Big\{\hat{\psi}_\alpha^\dagger(\boldsymbol{r})\boldsymbol{\nabla}\hat{\psi}_\alpha(\boldsymbol{r}) - \boldsymbol{\nabla}\hat{\psi}_\alpha^\dagger(\boldsymbol{r})\hat{\psi}_\alpha(\boldsymbol{r})\Big\} - \frac{e^2}{m}\boldsymbol{A}(\boldsymbol{r})\sum_\alpha \hat{\psi}_\alpha^\dagger(\boldsymbol{r})\hat{\psi}_\alpha(\boldsymbol{r}) \tag{2.64}
$$

とすればよいことがわかる．前半の部分は (2.58) 式と同じであるが，後半と区別するために $\hat{\boldsymbol{j}}^{\mathrm{para}}(\boldsymbol{r})$ と書き常磁性電流と呼ぶ．一方，後半の項はベクトルポテンシャルがあるために生じたもので，$\hat{\boldsymbol{j}}^{\mathrm{dia}}(\boldsymbol{r})$ と書き，反磁性電流と呼ばれる．$\hat{\boldsymbol{j}}^{\mathrm{dia}}(\boldsymbol{r})$ は密度演算子を用いて $-\frac{e^2}{m}\boldsymbol{A}(\boldsymbol{r})\hat{\rho}(\boldsymbol{r})$ とも書ける．フーリエ変換は

$$
\hat{\boldsymbol{j}}_{\boldsymbol{q}} = \hat{\boldsymbol{j}}_{\boldsymbol{q}}^{\mathrm{para}} + \hat{\boldsymbol{j}}_{\boldsymbol{q}}^{\mathrm{dia}} = \sum_{\boldsymbol{k},\alpha}\frac{e\hbar\boldsymbol{k}}{m}\hat{c}_{\boldsymbol{k}-\frac{\boldsymbol{q}}{2},\alpha}^\dagger \hat{c}_{\boldsymbol{k}+\frac{\boldsymbol{q}}{2},\alpha} - \frac{1}{V}\sum_{\boldsymbol{k}}\frac{e^2}{m}\boldsymbol{A}_{\boldsymbol{q}-\boldsymbol{k}}\hat{\rho}_{\boldsymbol{k}} \tag{2.65}
$$

で与えられる（前半の $\hat{\boldsymbol{j}}^{\mathrm{para}}(\boldsymbol{r})$ のフーリエ変換は (2.60) 式と同じ）．

また，ハミルトニアン (2.9) 式をベクトルポテンシャル $\boldsymbol{A}(\boldsymbol{r})$ について摂動展開すると，$\boldsymbol{A}(\boldsymbol{r})$ の 1 次の項は

$$
-\int d\boldsymbol{r}\,\hat{\boldsymbol{j}}^{\mathrm{para}}(\boldsymbol{r})\cdot\boldsymbol{A}(\boldsymbol{r}) \tag{2.66}
$$

と書けることがわかる．この式は後で線形応答を考えるときの外場の 1 次項として用いる．

この章の最後に，2.6 節で説明した一般のブロッホ電子の場合の電流演算子を求めよう．周期ポテンシャル $V(\boldsymbol{r})$ のハミルトニアンは密度演算子と可換なので，電流演算子は (2.58) 式で与えられる．ブロッホ電子の場合 $\hat{\psi}_\alpha(\boldsymbol{r})$ は (2.39) 式のようにブロッホ波動関数で展開できるので，これを (2.58) 式に代入すると

$$
\hat{\boldsymbol{j}}(\boldsymbol{r}) = \frac{e\hbar}{2m}\sum_{\ell\ell'\boldsymbol{k},\boldsymbol{k}'\alpha}e^{i(\boldsymbol{k}-\boldsymbol{k}')\cdot\boldsymbol{r}}\big\{u_{\ell'\boldsymbol{k}'}^*(\boldsymbol{r})(\boldsymbol{k}-i\boldsymbol{\nabla})u_{\ell\boldsymbol{k}}(\boldsymbol{r})
$$
$$
-(-\boldsymbol{k}'-i\boldsymbol{\nabla})u_{\ell'\boldsymbol{k}'}^*(\boldsymbol{r})\,u_{\ell\boldsymbol{k}}(\boldsymbol{r})\big\}\hat{c}_{\ell'\boldsymbol{k}'\alpha}^\dagger \hat{c}_{\ell\boldsymbol{k}\alpha} \tag{2.67}
$$

となる．これをフーリエ変換すると，とくに $\boldsymbol{q}=\boldsymbol{0}$ の全電流演算子は

$$
\hat{\boldsymbol{j}}_{\boldsymbol{q}=\boldsymbol{0}} = \frac{e}{\hbar}\sum_{\ell\boldsymbol{k}\alpha}\frac{\partial\varepsilon_\ell}{\partial\boldsymbol{k}}\hat{c}_{\ell\boldsymbol{k}\alpha}^\dagger \hat{c}_{\ell\boldsymbol{k}\alpha}
$$
$$
+ \frac{e}{\hbar}\sum_{\ell\neq\ell'\boldsymbol{k}\alpha}(\varepsilon_\ell(\boldsymbol{k}) - \varepsilon_{\ell'}(\boldsymbol{k}))\int d\boldsymbol{r}u_{\ell'\boldsymbol{k}}^*(\boldsymbol{r})\frac{\partial u_{\ell\boldsymbol{k}}(\boldsymbol{r})}{\partial\boldsymbol{k}}\hat{c}_{\ell'\boldsymbol{k}\alpha}^\dagger \hat{c}_{\ell\boldsymbol{k}\alpha} \tag{2.68}
$$

34 第 2 章 モデルと物理量

となることが示される（演習問題 2.8）．右辺第 1 項は $\ell' = \ell$ の同じバンド内の場合であり，第 2 項は異なるバンド間（$\ell \neq \ell'$）の電流演算子である[8]．後者は，最近では（バンド間）ベリー接続と呼ばれて注目されているものである．

演習問題

2.1 (2.11) 式のクーロン相互作用の代わりに，$U(\boldsymbol{r})$ が湯川型ポテンシャル $U(\boldsymbol{r}) = \frac{e^2}{4\pi\varepsilon_0}\frac{1}{r}e^{-\kappa r}$ の場合にそのフーリエ変換を求めよ．

2.2 (2.28) 式で現れる $\ell \equiv \sqrt{\hbar/M\omega_q}$ が長さの次元を持つことを確かめよ．ℓ が調和振動子の特徴的な長さのスケールとなるので，(2.28) 式は $\hat{u}_q = \ell/\sqrt{2}(\hat{a}_q + \hat{a}^\dagger_{-q})$ と書くことができる．同様に $\hat{P}_q = i\hbar/\sqrt{2}\ell(-\hat{a}_{-q} + \hat{a}^\dagger_q)$ と書けるが，$\hat{P}_q$ の次元として適当であることを説明せよ．

2.3 フォノンの振幅の 2 乗平均 $\langle \hat{u}_j^2 \rangle$ を求め，これが $n_q + 1/2$ を用いて表されることを示せ．ここで n_q は，波数 q を持つフォノンの数の期待値 $n_q \equiv \langle \hat{a}^\dagger_q \hat{a}_q \rangle$ である．

2.4 典型的な物質を選び，デバイ波数 q_D とデバイ振動数 ω_D を求めよ．とくに ω_D とフェルミエネルギー $\varepsilon_\mathrm{F} \sim 1\mathrm{eV}$ との大きさの比を求めよ．また電子格子相互作用の係数 g_q がどの程度の大きさとなるか評価せよ．

2.5 (2.42) 式のハバードモデルのハミルトニアンは全電子数演算子 $\hat{\mathcal{N}} = \sum_{i,\alpha} \hat{c}^\dagger_{i\alpha} \hat{c}_{i\alpha}$ と可換であることを示せ．

2.6 ハバードモデルで，すべての格子点を A と B の 2 つのグループに分けることができ，かつ電子のホッピングが格子点 A と B の間だけにしか起こらないような場合を考える．これを bipartite のモデルという．このとき下向きスピンの電子の演算子を $\hat{c}^\dagger_{i\downarrow} \to \pm\hat{a}_{i\downarrow}, \hat{c}_{i\downarrow} \to \pm\hat{a}^\dagger_{i\downarrow}$ とする変換を考える．$\pm$ の符号は，i サイトが A に含まれるときをプラス，B に含まれるときをマイナスに取る．まず，新しく定義された $\hat{a}^\dagger_{i\downarrow}$ と $\hat{a}_{i\downarrow}$ が通常の反交換関係を満たすことを確かめよ．次に，この変換によってハバードモデルが $\hat{a}$ による粒子数に依存する定数項を除いて，引力ハバードモデルに変換されることを示せ．また，元の $\hat{c}$ による全電子数演算子と全スピン演算子がどのように変換されるか調べよ．

2.7 スピン軌道相互作用も含めた一般的なハミルトニアン (2.40) 式の場合，電場・磁場がないときに (2.41) 式の 2 行 1 列の関数 $u_{\ell\boldsymbol{k}}(\boldsymbol{r})$ は $\hat{H}_{\boldsymbol{k}}u_{\ell\boldsymbol{k}}(\boldsymbol{r}) = \varepsilon_\ell(\boldsymbol{k})u_{\ell\boldsymbol{k}}(\boldsymbol{r})$ という方程式を満たすことを示せ[9]．ただし $\hat{H}_{\boldsymbol{k}}$ は

$$\hat{H}_{\boldsymbol{k}} = \frac{\hbar^2 k^2}{2m} - \frac{i\hbar^2}{m}\boldsymbol{k}\cdot\boldsymbol{\nabla} - \frac{\hbar^2}{2m}\boldsymbol{\nabla}^2 + V(\boldsymbol{r})$$
$$+ \frac{\hbar^2}{8m^2c^2}\boldsymbol{\nabla}^2 V + \frac{\hbar^2}{4m^2c^2}\boldsymbol{\sigma}\cdot\boldsymbol{\nabla}V\times(\boldsymbol{k}-i\boldsymbol{\nabla}). \tag{2.69}$$

2.8 (2.67) 式を全空間で積分して $\hat{\boldsymbol{j}}_{\boldsymbol{q}=0}$ を求めると

$$\hat{\boldsymbol{j}}_{\boldsymbol{q}=0} = \frac{e\hbar}{m}\sum_{\ell\ell'\boldsymbol{k}\alpha}\int d\boldsymbol{r} u^*_{\ell'\boldsymbol{k}}(\boldsymbol{r})(\boldsymbol{k}-i\boldsymbol{\nabla})u_{\ell\boldsymbol{k}}(\boldsymbol{r})\hat{c}^\dagger_{\ell'\boldsymbol{k}\alpha}\hat{c}_{\ell\boldsymbol{k}\alpha} \tag{2.70}$$

となることを示せ．また (2.38) 式の $u_{\ell\boldsymbol{k}}(\boldsymbol{r})$ が満たす式の両辺を $\boldsymbol{k}$ で偏微分すると

$$\left(\frac{\hbar^2\boldsymbol{k}}{m} - \frac{i\hbar^2}{m}\boldsymbol{\nabla}\right)u_{\ell\boldsymbol{k}}(\boldsymbol{r}) + \hat{H}_{\boldsymbol{k}}\frac{\partial u_{\ell\boldsymbol{k}}(\boldsymbol{r})}{\partial\boldsymbol{k}} = \frac{\partial\varepsilon_\ell(\boldsymbol{k})}{\partial\boldsymbol{k}}u_{\ell\boldsymbol{k}}(\boldsymbol{r}) + \varepsilon_\ell(\boldsymbol{k})\frac{\partial u_{\ell\boldsymbol{k}}(\boldsymbol{r})}{\partial\boldsymbol{k}} \tag{2.71}$$

---

[8] 例えば，H. Fukuyama, Prog. Theor. Phys. **45**, 704 (1971).

[9] 例えば，M. Ogata, J. Phys. Soc. Jpn. **86**, 044713 (2017).

となることがわかる．この両辺に $\int dr u_{\ell k}^*(\boldsymbol{r})$ をかけて積分を実行すると

$$\frac{\hbar^2}{m} \int dr u_{\ell k}^*(\boldsymbol{r})(\boldsymbol{k} - i\boldsymbol{\nabla})u_{\ell k}(\boldsymbol{r}) = \frac{\partial \varepsilon_\ell(\boldsymbol{k})}{\partial \boldsymbol{k}} \tag{2.72}$$

となることを示せ．またこの両辺を $\int dr u_{\ell' k}^*(\boldsymbol{r})$ とすると

$$\frac{\hbar^2}{m} \int dr u_{\ell' k}^*(\boldsymbol{r})(\boldsymbol{k} - i\boldsymbol{\nabla})u_{\ell k}(\boldsymbol{r}) = (\varepsilon_\ell(\boldsymbol{k}) - \varepsilon_{\ell'}(\boldsymbol{k})) \int dr u_{\ell' k}^*(\boldsymbol{r})\frac{\partial u_{\ell k}(\boldsymbol{r})}{\partial \boldsymbol{k}} \tag{2.73}$$

が得られる．これらの結果を用いると，(2.68) 式が得られることを確かめよ．

2.9 ハミルトニアン (2.9) 式をベクトルポテンシャル $\boldsymbol{A}(\boldsymbol{r}, t)$ について汎関数微分すると，(2.64) 式の $\hat{\boldsymbol{j}}(\boldsymbol{r})$ が得られることを示せ．

2.10 (2.40) 式のスピン軌道相互作用まで含んだハミルトニアンの場合の電流演算子を求めよ．その結果，(2.64) 式に加えて

$$\hat{\boldsymbol{j}}^{\mathrm{so}}(\boldsymbol{r}) = \sum_{\alpha\beta} \frac{e\hbar}{4m^2c^2} \hat{\psi}_\alpha^\dagger(\boldsymbol{r})(\boldsymbol{\sigma})_{\alpha\beta} \times \boldsymbol{\nabla}V \hat{\psi}_\beta(\boldsymbol{r}) \tag{2.74}$$

という項が現れることを示せ．

2.11 (2.42) 式の 2 次元正方格子上のハバードモデルのハミルトニアンと，電荷密度演算子 $\hat{\rho}_i = \sum_\alpha \hat{c}_{i,\alpha}^\dagger \hat{c}_{i,\alpha}$ の交換関係から

$$\begin{aligned}
\frac{d}{dt}\hat{\rho}_i = \frac{it}{\hbar} \sum_\alpha \big(& \hat{c}_{i,\alpha}^\dagger \hat{c}_{i+x,\alpha} - \hat{c}_{i-x,\alpha}^\dagger \hat{c}_{i,\alpha} + \hat{c}_{i,\alpha}^\dagger \hat{c}_{i-x,\alpha} - \hat{c}_{i+x,\alpha}^\dagger \hat{c}_{i,\alpha} \\
& + \hat{c}_{i,\alpha}^\dagger \hat{c}_{i+y,\alpha} - \hat{c}_{i-y,\alpha}^\dagger \hat{c}_{i,\alpha} + \hat{c}_{i,\alpha}^\dagger \hat{c}_{i-y,\alpha} - \hat{c}_{i+y,\alpha}^\dagger \hat{c}_{i,\alpha} \big)
\end{aligned} \tag{2.75}$$

となることを示せ．ここで，例えば $i+x$ とは i サイトから見て x 軸の正の方向にある隣のサイトのことである．また $\mathrm{div}\hat{\boldsymbol{j}}$ を差分と見なすことにより，ハバードモデルにおける電流演算子を求めよ．とくに電流演算子の x 方向成分は，$i + \frac{x}{2}$ の位置で定義された

$$\hat{j}_{i+x/2}^x = -\frac{ieta}{\hbar} \sum_\alpha \big(\hat{c}_{i,\alpha}^\dagger \hat{c}_{i+x,\alpha} - \hat{c}_{i+x,\alpha}^\dagger \hat{c}_{i,\alpha} \big) \tag{2.76}$$

となることを示せ．ここで a は格子定数である．

第 3 章
グリーン関数

この章では，後で必要となるいくつかのグリーン (Green) 関数を導入する．グリーン関数には電子の運動の情報が詰まっているので，後々いろいろな物理量を求める基礎となる．まず，一般的なグリーン関数と，その必要性などについて概観する．さらにそれを摂動論（ファインマンダイアグラム）で扱うためには，絶対零度の定式化または有限温度の定式化が必要になる．素粒子論や場の理論では絶対零度でのグリーン関数から定式化するが，本書では，物性物理学への応用を考えるので，有限温度 T での定式化に的を絞って説明する．$T \to 0$ の極限で絶対零度のグリーン関数を用いた結果と同じものが得られる．

3.1　1粒子グリーン関数

有限温度での1粒子グリーン関数を

$$G_{\alpha\beta}(\boldsymbol{r}, t; \boldsymbol{r}', t') \equiv -i \left\langle T_t \left[\hat{\psi}_{\mathrm{H}\alpha}(\boldsymbol{r}, t) \hat{\psi}_{\mathrm{H}\beta}^{\dagger}(\boldsymbol{r}', t') \right] \right\rangle \tag{3.1}$$

と定義する．ここで，添字の α, β はスピンなどの自由度を表す．スピン 0 のボース粒子であれば添字は不要である．また先頭の $-i$ という多少変則的な係数は，後でフーリエ変換したときに形がよくなるように付けてある．時間に依存した演算子 $\hat{\psi}_{\mathrm{H}\alpha}(\boldsymbol{r}, t)$ は

$$\hat{\psi}_{\mathrm{H}\alpha}(\boldsymbol{r}, t) \equiv e^{i(\hat{\mathscr{H}} - \mu\hat{\mathscr{N}})t/\hbar} \hat{\psi}_{\alpha}(\boldsymbol{r}) e^{-i(\hat{\mathscr{H}} - \mu\hat{\mathscr{N}})t/\hbar} \tag{3.2}$$

として定義する．ここでは，有限温度におけるグランドカノニカル分布を考えるので，第1章で導入したハイゼンベルグ描像から少し変更して $\hat{\mathscr{H}}$ の代わりに $\hat{\mathscr{H}} - \mu\hat{\mathscr{N}}$ を用いている．$\hat{\mathscr{H}}$ は全ハミルトニアン，$\hat{\mathscr{N}}$ は全粒子数を表す演算子，μ は化学ポテンシャルである．以下 (3.2) 式もハイゼンベルグ描像による演算子と呼ぶ．また (3.1) 式の $\langle \cdots \rangle$ は，グランドカノニカル分布による平均

$$\langle \cdots \rangle \equiv \frac{1}{\Xi} \mathrm{Tr} \left[e^{-\beta(\hat{\mathscr{H}} - \mu\hat{\mathscr{N}})} \cdots \right] \tag{3.3}$$

を表す（$\beta \equiv 1/k_{\mathrm{B}}T$ で k_{B} はボルツマン定数）．ここで分母の Ξ は大分配関数

$$\Xi \equiv \mathrm{Tr}\left[e^{-\beta(\mathscr{H}-\mu\mathscr{N})}\right] \tag{3.4}$$

であり，Tr は状態に関するトレースを表す[*1]．

　(3.1) 式の T_t という新しい演算子が重要で，T 積，または時間順序積と呼ばれる．これは T_t の後に続く時間 t, t' について，値の大きい方が左側になるように「並び替える」という演算子である．さらにフェルミ粒子の場合には，ある決まったルールにしたがってマイナス符号を付ける．具体的に式 (3.1) では

$$T_t\left[\hat{\psi}_{\mathrm{H}\alpha}(\boldsymbol{r},t)\hat{\psi}^{\dagger}_{\mathrm{H}\beta}(\boldsymbol{r}',t')\right] = \theta(t-t')\hat{\psi}_{\mathrm{H}\alpha}(\boldsymbol{r},t)\hat{\psi}^{\dagger}_{\mathrm{H}\beta}(\boldsymbol{r}',t')$$
$$\mp \theta(t'-t)\hat{\psi}^{\dagger}_{\mathrm{H}\beta}(\boldsymbol{r}',t')\hat{\psi}_{\mathrm{H}\alpha}(\boldsymbol{r},t) \qquad (\text{符号は F/B}) \tag{3.5}$$

と定義する．右辺第 2 項のプラスマイナス符号は，フェルミ粒子ならマイナス，ボース粒子ならプラスという意味である．また $\theta(x)$ は階段関数で，$x > 0$ のとき $\theta(x) = 1$，$x < 0$ のとき $\theta(x) = 0$ と定義されている．

　一般に，T 積は多数の演算子についても定義される．その場合は，T_t の後に続く時間 $t, t', t'', \cdots$，を持つ演算子について，時間の大きい方から順に左から並ぶように入れ替え，同時にフェルミ粒子の場合には因子 $(-1)^P$ をかける．ここで $(-1)^P$ は 1.2 節の (1.7) 式で用いたもので，偶置換なら $+1$，奇置換なら -1 を与えるものである．(3.5) 式では，1 回置換しているので奇置換の例になっている．この因子 $(-1)^P$ を付けておくのは，フェルミ粒子の演算子が反交換関係を満たすからである．T 積は，$T = 0$ のファインマンダイアグラムにおいて相互作用を摂動として計算する際に，時間に関するややこしい積分をシンプルにするために役立つ．

3.2　グリーン関数の意味といくつかの性質

　上の (3.1) 式の意味を考えてみよう．$t > t'$ の場合，まず時刻 t' において $\boldsymbol{r}'$ の位置に粒子を生成する（$\hat{\psi}^{\dagger}_{\mathrm{H}\beta}(\boldsymbol{r}',t')$）．それが時間発展し，時刻 t において $\boldsymbol{r}$ の位置で粒子を消滅させる（$\hat{\psi}_{\mathrm{H}\alpha}(\boldsymbol{r},t)$）．このようなプロセスの期待値がグリーン関数である．逆に $t < t'$ の場合，まず粒子を消滅させ，後の時刻 t' で粒子を生成する．後者の意味は多少不明だが，反粒子を生成してそれを時刻 t' で消滅させたと考えてもよい．反粒子を逆向きの矢印で書くとすれば，いずれも図 3.1 のように同じダイアグラムとなる．場の理論では，これら 2 つのプロセスが式の上で対になって出てくるので，(3.1) 式の中で一緒に扱うと便利なのである．

　グリーン関数が考えられた当初は，このような期待値が物理量として測定されるかどうか疑問であったと思われるが，現在は角度分解型光電子分光 (ARPES)

[*1]　任意の演算子 $\hat{\mathscr{O}}$ のトレース (Tr) は，ハミルトニアン $\mathscr{H}$ のすべての固有状態 $|n\rangle$ を用いて $\mathrm{Tr}\,\hat{\mathscr{O}} \equiv \sum_n \langle n|\hat{\mathscr{O}}|n\rangle$ で与えられる．第 1 章で述べたように $|n\rangle$ はいろいろな粒子数の状態を含んでいる．

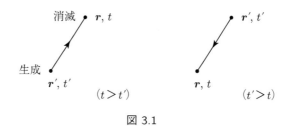

図 3.1

という手法により，(ある近似のもとで) 実験的に直接グリーン関数が測定できる．ARPES の実験では，物質に光を当て，それによって物質から出てくる電子 (光電子) の運動量とエネルギーを測定することにより，グリーン関数の情報が得られる．この方法によって，物質中の電子状態の情報が得られる．

次に，なぜグリーン関数と呼ばれるのかについて考えよう．グリーン関数は物理数学などでは，微分方程式の解を求めるときに，特性解として求めておくと便利なものである．その場合，微分方程式の右辺がデルタ関数であるときの解をグリーン関数という．これに近いことが前節で定義したグリーン関数にも成立する．同時に時間順序積 T_t が面白い働きをすることを見よう．

(3.1) 式のグリーン関数を時間 t で微分する．シュレーディンガー方程式に現れる時間微分は $i\hbar \partial/\partial t$ の形なので，グリーン関数にこの時間微分を演算すると

$$i\hbar \frac{\partial}{\partial t} G_{\alpha\beta}(\bm{r},t;\bm{r}',t') = \hbar \left\langle T_t \left[\frac{\partial}{\partial t} \hat{\psi}_{\mathrm{H}\alpha}(\bm{r},t) \hat{\psi}^\dagger_{\mathrm{H}\beta}(\bm{r}',t') \right] \right\rangle$$
$$+ \hbar \delta(t-t') \langle \hat{\psi}_{\mathrm{H}\alpha}(\bm{r},t) \hat{\psi}^\dagger_{\mathrm{H}\beta}(\bm{r}',t') \rangle$$
$$\pm \hbar \delta(t'-t) \langle \hat{\psi}^\dagger_{\mathrm{H}\beta}(\bm{r}',t') \hat{\psi}_{\mathrm{H}\alpha}(\bm{r},t) \rangle \quad (3.6)$$

となる．第 2 項，第 3 項のデルタ関数は，(3.5) 式の時間順序積の定義のうち階段関数の微分から現れる．さらにこれら第 2 項，第 3 項は同時刻の演算子となるので，ちょうど同時刻の交換関係 (フェルミ粒子の場合は反交換関係)

$$\{\hat{\psi}_{\mathrm{H}\alpha}(\bm{r},t), \hat{\psi}^\dagger_{\mathrm{H}\beta}(\bm{r}',t)\} = \delta_{\alpha\beta}\delta(\bm{r}-\bm{r}') \cdots (\text{フェルミ粒子の場合}),$$
$$[\hat{\psi}_{\mathrm{H}\alpha}(\bm{r},t), \hat{\psi}^\dagger_{\mathrm{H}\beta}(\bm{r}',t)] = \delta_{\alpha\beta}\delta(\bm{r}-\bm{r}') \cdots (\text{ボース粒子の場合}) \quad (3.7)$$

が使えることになり，(3.6) 式は

$$i\hbar \frac{\partial}{\partial t} G_{\alpha\beta}(\bm{r},t;\bm{r}',t') - \hbar \left\langle T_t \left[\frac{\partial}{\partial t} \hat{\psi}_{\mathrm{H}\alpha}(\bm{r},t) \hat{\psi}^\dagger_{\mathrm{H}\beta}(\bm{r}',t') \right] \right\rangle$$
$$= \hbar \delta_{\alpha\beta} \delta(t-t') \delta(\bm{r}-\bm{r}') \quad (3.8)$$

となる．左辺第 2 項はちょっと複雑だが，相互作用を考えない場合の (1.24) 式の $\mathcal{H}_0$ を用い，(3.2) 式から得られる時間微分

$$\hbar \frac{\partial}{\partial t} \hat{\psi}_{\mathrm{H}\alpha}(\bm{r},t) = -i[\hat{\psi}_{\mathrm{H}\alpha}(\bm{r},t), \mathcal{H}_0 - \mu \hat{N}]$$
$$= -i e^{i(\mathcal{H}_0 - \mu \hat{N})t/\hbar} \left[\hat{\psi}_\alpha(\bm{r}), \sum_\beta \int d\bm{r} \left\{ \frac{\hbar^2}{2m} \bm{\nabla} \hat{\psi}^\dagger_\beta(\bm{r}) \cdot \bm{\nabla} \hat{\psi}_\beta(\bm{r}) \right. \right.$$

$$
\left.+ (V(\boldsymbol{r}) - \mu)\hat{\psi}_\beta^\dagger(\boldsymbol{r})\hat{\psi}_\beta(\boldsymbol{r})\right\} \Big] e^{-i(\mathscr{H}-\mu\hat{N})t/\hbar}
$$

$$
= -i e^{i(\mathscr{H}_0-\mu\hat{N})t/\hbar}\left\{-\frac{\hbar^2}{2m}\boldsymbol{\nabla}^2\hat{\psi}_\alpha(\boldsymbol{r}) + (V(\boldsymbol{r})-\mu)\hat{\psi}_\alpha(\boldsymbol{r})\right\} e^{-i(\mathscr{H}-\mu\hat{N})t/\hbar}
$$

$$
= -i\left\{-\frac{\hbar^2}{2m}\boldsymbol{\nabla}^2 + (V(\boldsymbol{r})-\mu)\right\}\hat{\psi}_{\mathrm{H}\alpha}(\boldsymbol{r},t) \tag{3.9}
$$

を用いると，元のグリーン関数で書き表されることがわかる．（演習問題 1.3 の交換関係と部分積分を用いた．(1.44) 式の下の脚注（第 1 章，脚注 3）も参照．）結局 (3.8) 式は

$$
\left[i\hbar\frac{\partial}{\partial t} - \left\{-\frac{\hbar^2}{2m}\boldsymbol{\nabla}^2 + (V(\boldsymbol{r})-\mu)\right\}\right]G_{\alpha\beta}(\boldsymbol{r},t;\boldsymbol{r}',t') = \hbar\delta_{\alpha\beta}\delta(t-t')\delta(\boldsymbol{r}-\boldsymbol{r}')
$$
$$\tag{3.10}$$

となる．(3.10) 式は偏微分方程式であり，右辺は δ 関数なので，グリーン関数の満たすべき方程式になっているといえる．相互作用がある場合は演習問題 3.11 を参照．

次に物理量との関係を述べておこう．$\alpha = \beta, \boldsymbol{r}' = \boldsymbol{r}$ とし，時刻 t' を t より少し大きく $t' = t + \delta$ とすると（δ は正の微小量），時間順序積の定義から

$$
\lim_{\delta\to 0}G_{\alpha\alpha}(\boldsymbol{r},t;\boldsymbol{r},t+\delta) = \pm i\lim_{\delta\to 0}\langle\hat{\psi}_{\mathrm{H}\alpha}^\dagger(\boldsymbol{r},t+\delta)\hat{\psi}_{\mathrm{H}\alpha}(\boldsymbol{r},t)\rangle
$$
$$
= \pm i\langle\hat{\psi}_\alpha^\dagger(\boldsymbol{r})\hat{\psi}_\alpha(\boldsymbol{r})\rangle \tag{3.11}
$$

となる．最後の変形は，Tr の巡回性（$\mathrm{Tr}\hat{A}\hat{B} = \mathrm{Tr}\hat{B}\hat{A}$）と，同じ演算子 $\mathscr{H}-\mu\hat{N}$ 同志は可換であることを使って，

$$
\mathrm{Tr}\left[e^{-\beta(\mathscr{H}-\mu\hat{N})}e^{i(\mathscr{H}-\mu\hat{N})t/\hbar}\hat{\psi}_\alpha^\dagger(\boldsymbol{r})\hat{\psi}_\alpha(\boldsymbol{r})e^{-i(\mathscr{H}-\mu\hat{N})t/\hbar}\right]
$$
$$
= \mathrm{Tr}\left[e^{-i(\mathscr{H}-\mu\hat{N})t/\hbar}e^{-\beta(\mathscr{H}-\mu\hat{N})}e^{i(\mathscr{H}-\mu\hat{N})t/\hbar}\hat{\psi}_\alpha^\dagger(\boldsymbol{r})\hat{\psi}_\alpha(\boldsymbol{r})\right]
$$
$$
= \mathrm{Tr}\left[e^{-\beta(\mathscr{H}-\mu\hat{N})}\hat{\psi}_\alpha^\dagger(\boldsymbol{r})\hat{\psi}_\alpha(\boldsymbol{r})\right] \tag{3.12}
$$

を用いた．(3.11) 式右辺は位置 $\boldsymbol{r}$ における粒子の密度に $\pm i$ をかけたものであるから，グリーン関数が得られれば，それから粒子密度の期待値を求めることができるということがわかる．

上と同様の手法を用いて $G_{\alpha\beta}(\boldsymbol{r},t;\boldsymbol{r}',t')$ が $t-t'$ の関数であることを一般的に示すことができる．例えば $t > t'$ の場合に，(3.12) 式と同じように変形すれば

$$
G_{\alpha\beta}(\boldsymbol{r},t;\boldsymbol{r}',t') = -\frac{i}{\Xi}\mathrm{Tr}\left[e^{-\beta(\mathscr{H}-\mu\hat{N})}\hat{\psi}_{\mathrm{H}\alpha}(\boldsymbol{r},t)\hat{\psi}_{\mathrm{H}\beta}^\dagger(\boldsymbol{r}',t')\right]
$$
$$
= -\frac{i}{\Xi}\mathrm{Tr}\left[e^{-\beta(\mathscr{H}-\mu\hat{N})}e^{i(\mathscr{H}-\mu\hat{N})(t-t')/\hbar}\hat{\psi}_\alpha(\boldsymbol{r})e^{-i(\mathscr{H}-\mu\hat{N})(t-t')/\hbar}\hat{\psi}_\beta^\dagger(\boldsymbol{r}')\right]
$$
$$\tag{3.13}$$

となることがわかる．$t < t'$ の場合も同様に示すことができる．これはハミルトニアン $\mathscr{H}$ が t に依存せず，時間並進に対して対称だからである．

40　第 3 章　グリーン関数

3.3 相互作用がない場合のグリーン関数

グリーン関数の具体的なイメージをつかむために，2.1 節の相互作用のない自由電子ガスの場合について具体的に計算してみよう．これは，のちに相互作用を考えるときの出発点となるグリーン関数である．

第二量子化の演算子 $\hat{\psi}_\alpha(\boldsymbol{r})$ は，(2.1) 式のように平面波で展開されるので，

$$\hat{\psi}_{\mathrm{H}\alpha}(\boldsymbol{r},t) = e^{i(\mathscr{H}_0-\mu\hat{N})t/\hbar}\frac{1}{\sqrt{V}}\sum_{\boldsymbol{k}} e^{i\boldsymbol{k}\cdot\boldsymbol{r}}\hat{c}_{\boldsymbol{k},\alpha}e^{-i(\mathscr{H}_0-\mu\hat{N})t/\hbar} \qquad (3.14)$$

である．ここで自由電子ガスのハミルトニアンと粒子数演算子は

$$\mathscr{H}_0 - \mu\hat{N} = \sum_{\boldsymbol{k},\alpha}(\varepsilon_{\boldsymbol{k}}-\mu)\hat{c}_{\boldsymbol{k},\alpha}^\dagger\hat{c}_{\boldsymbol{k},\alpha}, \qquad \varepsilon_{\boldsymbol{k}} = \frac{\hbar^2 k^2}{2m}. \qquad (3.15)$$

また，(3.14) 式の中の演算子はハイゼンベルグ描像 $\hat{c}_{\mathrm{H},\boldsymbol{k},\alpha}(t)$ であるが，これが

$$\hat{c}_{\mathrm{H},\boldsymbol{k},\alpha}(t) = e^{i(\mathscr{H}_0-\mu\hat{N})t/\hbar}\hat{c}_{\boldsymbol{k},\alpha}e^{-i(\mathscr{H}_0-\mu\hat{N})t/\hbar} = e^{-i(\varepsilon_{\boldsymbol{k}}-\mu)t/\hbar}\hat{c}_{\boldsymbol{k},\alpha} \quad (3.16)$$

となることを示すことができる．実際，左辺の $\hat{c}_{\mathrm{H},\boldsymbol{k},\alpha}(t)$ を時間 t で微分して交換関係が $[\hat{c}_{\boldsymbol{k},\alpha},\mathscr{H}_0-\mu\hat{N}] = (\varepsilon_{\boldsymbol{k}}-\mu)\hat{c}_{\boldsymbol{k},\alpha}$ となることを用いると

$$\begin{aligned}
\frac{d}{dt}\hat{c}_{\mathrm{H},\boldsymbol{k},\alpha}(t) &= -\frac{i}{\hbar}e^{i(\mathscr{H}_0-\mu\hat{N})t/\hbar}[\hat{c}_{\boldsymbol{k},\alpha},\mathscr{H}_0-\mu\hat{N}]e^{-i(\mathscr{H}_0-\mu\hat{N})t/\hbar} \\
&= -\frac{i}{\hbar}(\varepsilon_{\boldsymbol{k}}-\mu)\hat{c}_{\mathrm{H},\boldsymbol{k},\alpha}(t)
\end{aligned} \qquad (3.17)$$

となるが，これを初期値 $\hat{c}_{\mathrm{H},\boldsymbol{k},\alpha}(0) = \hat{c}_{\boldsymbol{k},\alpha}$ の微分方程式として解けば，(3.16) 式が得られる（演習問題 3.1 も参照）．

(3.16) 式は相互作用のないハミルトニアンの場合に一般的に成り立つ式であり，非常によく使われる．覚え方としては，演算子 $\hat{c}_{\boldsymbol{k},\alpha}$ が波数 $\boldsymbol{k}$ の電子を 1 つ消すので，左側の指数関数の肩の中のハミルトニアン中で粒子が 1 つ少なくなる．そのため指数関数の肩で $-i(\varepsilon_{\boldsymbol{k}}-\mu)t/\hbar$ 分の変化があると考えればよい．

同様に生成演算子の方も計算でき，結局 (3.14) 式の演算子は

$$\begin{aligned}
\hat{\psi}_{\mathrm{H}\alpha}(\boldsymbol{r},t) &= \frac{1}{\sqrt{V}}\sum_{\boldsymbol{k}} e^{i\boldsymbol{k}\cdot\boldsymbol{r}-i(\varepsilon_{\boldsymbol{k}}-\mu)t/\hbar}\hat{c}_{\boldsymbol{k},\alpha}, \\
\hat{\psi}_{\mathrm{H}\alpha}^\dagger(\boldsymbol{r},t) &= \frac{1}{\sqrt{V}}\sum_{\boldsymbol{k}} e^{-i\boldsymbol{k}\cdot\boldsymbol{r}+i(\varepsilon_{\boldsymbol{k}}-\mu)t/\hbar}\hat{c}_{\boldsymbol{k},\alpha}^\dagger
\end{aligned} \qquad (3.18)$$

が得られる．一般に違う時刻の $\hat{\psi}_{\mathrm{H}\alpha}(\boldsymbol{r},t)$ と $\hat{\psi}_{\mathrm{H}\alpha}^\dagger(\boldsymbol{r}',t')$ は，反交換関係を満たさないことに注意．

最後に (3.18) 式を，グリーン関数の定義式 (3.1) に代入して計算すると，

$$G_{\alpha\beta}^{(0)}(\boldsymbol{r},t;\boldsymbol{r}',t') = -i\theta(t-t')\delta_{\alpha\beta}\frac{1}{V}\sum_{\boldsymbol{k}} e^{i\boldsymbol{k}\cdot(\boldsymbol{r}-\boldsymbol{r}')-i(\varepsilon_{\boldsymbol{k}}-\mu)(t-t')/\hbar}\{1-f(\varepsilon_{\boldsymbol{k}})\}$$

$$+i\theta(t'-t)\delta_{\alpha\beta}\frac{1}{V}\sum_{\boldsymbol{k}}e^{i\boldsymbol{k}\cdot(\boldsymbol{r}-\boldsymbol{r}')-i(\varepsilon_{\boldsymbol{k}}-\mu)(t-t')/\hbar}f(\varepsilon_{\boldsymbol{k}})$$

$$(3.19)$$

を得る．相互作用がない場合という意味で上添字の (0) を付けた．また $f(\varepsilon)$ はフェルミ分布関数

$$f(\varepsilon)=\frac{1}{e^{\beta(\varepsilon-\mu)}+1},\qquad \beta=1/k_{\mathrm{B}}T \qquad (3.20)$$

であり（k_{B} はボルツマン係数），$\hat{\mathscr{H}}_0-\mu\hat{N}$ によるグランドカノニカル分布での期待値 $\langle\hat{c}_{\boldsymbol{k},\alpha}\hat{c}^{\dagger}_{\boldsymbol{k}',\beta}\rangle_0$ が $\delta_{\alpha,\beta}\delta_{\boldsymbol{k},\boldsymbol{k}'}\{1-f(\varepsilon_{\boldsymbol{k}})\}$, $\langle\hat{c}^{\dagger}_{\boldsymbol{k}',\beta}\hat{c}_{\boldsymbol{k},\alpha}\rangle_0$ が $\delta_{\alpha,\beta}\delta_{\boldsymbol{k},\boldsymbol{k}'}f(\varepsilon_{\boldsymbol{k}})$ と書けることを用いた．(3.19) 式の右辺を見ると，$G^{(0)}_{\alpha\beta}(\boldsymbol{r},t;\boldsymbol{r}',t')$ は相対座標 $\boldsymbol{r}-\boldsymbol{r}'$ と，時間差 $t-t'$ にしか依存しないことがわかる．自由電子ガスのハミルトニアンが時間並進に対して対称であるとともに空間並進に対しても対称であるためである．

(3.19) 式はまだ少し複雑だが，時間と空間に関してフーリエ変換すると簡単になる．階段関数を

$$\theta(t-t')=-\int_{-\infty}^{\infty}\frac{d\omega}{2\pi i}\frac{e^{-i\omega(t-t')}}{\omega+i\eta}\qquad (\eta\text{ は正の微小量}) \qquad (3.21)$$

と表す（演習問題 3.2）[*2]．この階段関数の表式を用いると，式 (3.19) は

$$G^{(0)}_{\alpha\beta}(\boldsymbol{r},t;\boldsymbol{r}',t')=\frac{\delta_{\alpha\beta}}{V}\sum_{\boldsymbol{k}}\int_{-\infty}^{\infty}\frac{d\omega}{2\pi}e^{i\boldsymbol{k}\cdot(\boldsymbol{r}-\boldsymbol{r}')-i\omega(t-t')}$$

$$\times\left\{\frac{1-f(\varepsilon_{\boldsymbol{k}})}{\omega-(\varepsilon_{\boldsymbol{k}}-\mu)/\hbar+i\eta}+\frac{f(\varepsilon_{\boldsymbol{k}})}{\omega-(\varepsilon_{\boldsymbol{k}}-\mu)/\hbar-i\eta}\right\}$$

$$(3.22)$$

と書ける．ここで第 1 項では $\omega\to\omega-(\varepsilon_{\boldsymbol{k}}-\mu)/\hbar$, 第 2 項では $\omega\to-\omega+(\varepsilon_{\boldsymbol{k}}-\mu)/\hbar$ という変数変換を行った．$G^{(0)}_{\alpha\beta}(\boldsymbol{r},t;\boldsymbol{r}',t')$ が $\boldsymbol{r}-\boldsymbol{r}'$ と $t-t'$ にしか依存しないことを用いて，フーリエ変換とその逆変換を

$$G^{(0)}_{\alpha\beta}(\boldsymbol{k},\omega)=\frac{1}{\hbar}\iint G^{(0)}_{\alpha\beta}(\boldsymbol{r},t;\boldsymbol{r}',t')e^{-i\boldsymbol{k}\cdot(\boldsymbol{r}-\boldsymbol{r}')}e^{i\omega(t-t')}d\boldsymbol{r}dt,$$

$$G^{(0)}_{\alpha\beta}(\boldsymbol{r},t;\boldsymbol{r}',t')=\frac{\hbar}{V}\sum_{\boldsymbol{k}}\int_{-\infty}^{\infty}\frac{d\omega}{2\pi}G^{(0)}_{\alpha\beta}(\boldsymbol{k},\omega)e^{i\boldsymbol{k}\cdot(\boldsymbol{r}-\boldsymbol{r}')}e^{-i\omega(t-t')}$$

$$(3.23)$$

として定義する．以下本書では $(\boldsymbol{k},\omega)$ 空間でのグリーン関数 $G(\boldsymbol{k},\omega)$ が [1/energy] の次元となるように $\hbar$ を付けてフーリエ変換を定義することにする（また波数 $\boldsymbol{k}$ に関しては，2.1 節の脚注（第 2 章，脚注 1）も参照）．こうして

$$G^{(0)}_{\alpha\beta}(\boldsymbol{k},\omega)=\delta_{\alpha\beta}\left(\frac{1-f(\varepsilon_{\boldsymbol{k}})}{\hbar\omega-\varepsilon_{\boldsymbol{k}}+\mu+i\delta}+\frac{f(\varepsilon_{\boldsymbol{k}})}{\hbar\omega-\varepsilon_{\boldsymbol{k}}+\mu-i\delta}\right) \qquad (3.24)$$

[*2] このやり方は，P. C. Martin and J. Schwinger, Phys. Rev. **115**, 1342 (1959) による．

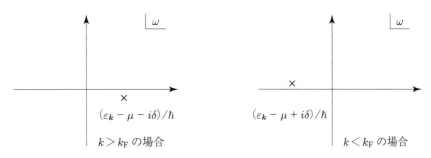

図 3.2 $G^{(0)}_{\alpha\beta}(\boldsymbol{k},\omega)$ の複素平面上の極.

を得る．$\delta = \eta\hbar$ であるが，やはり微小量である．絶対零度ではフェルミ分布関数が階段関数となるので

$$G^{(0)}_{\alpha\beta}(\boldsymbol{k},\omega) = \delta_{\alpha\beta}\frac{1}{\hbar\omega - \varepsilon_{\boldsymbol{k}} + \mu + i\delta\,\mathrm{sign}(k-k_\mathrm{F})}, \qquad (T\to 0) \qquad (3.25)$$

を得る．

このように，$G^{(0)}_{\alpha\beta}(\boldsymbol{k},\omega)$ は角振動数 ω を用いて，$\hbar\omega - \varepsilon_{\boldsymbol{k}} + \mu \pm i\delta$ を分母に持つ関数である．これは，グリーン関数の満たす運動方程式 (3.10) 式から予想される（ただし，分母の $\pm i\delta$ は偏微分方程式の境界条件によって決まる）．また，式 (3.24) や (3.25) を複素数 ω を変数とする複素関数として見ると，ω の複素平面内での 1 位の極が $\omega = (\varepsilon_{\boldsymbol{k}} - \mu \mp i\delta)/\hbar$ にあることがわかる（図 3.2）．つまり，$G^{(0)}_{\alpha\beta}(\boldsymbol{k},\omega)$ の極の位置は，粒子の持つエネルギーを示しているといえる．微小量 δ が付いているので，極は ω の複素平面内の実軸から微小量離れたところにある．δ の前の符号は状況によって変わるが，(3.25) 式の場合のグリーン関数は因果的 (causal) と呼ばれている．

この節の最後に，$T=0$ でのファインマンダイアグラムによる手法のあらましを述べておこう．(3.25) 式は相互作用のないときのグリーン関数であるが，これに相互作用の効果を摂動として加えていくことができる．これをファインマンダイアグラムによる摂動計算という．この計算は図形的に簡単に書くことができるのだが，そのためにはウィック (Wick) の定理[*3] の証明が必要である．ただしウィックの定理は絶対零度でしか成立せず，有限温度のときにはそのままの形では成立しない．これは $\hat{\psi}_{\mathrm{H}\alpha}(\boldsymbol{r},t)$ の時間発展と，グランドカノニカル分布の $e^{-\beta(\mathscr{H}-\mu\mathscr{N})}$ の 2 か所に相互作用を含むハミルトニアン $\mathscr{H}$ が含まれるからである．そのため有限温度の場合の (3.1) 式のグリーン関数に対してはダイアグラムの方法を採ることができない．しかし，次節で説明する「温度グリーン関数」に対してであれば，ウィックの定理に対応する定理が証明でき，絶対零度と同等のダイアグラム計算が可能となる．通常の教科書では，絶対零度のダイアグラム計算を紹介した後で有限温度のダイアグラム計算に進むが，本書では最初から有限温度の定式化を行う．

[*3] G. C. Wick, Phys. Rev. **80**, 268 (1950).

3.4 温度グリーン関数

本書の主役である温度グリーン関数は，G の花文字である $\mathscr{G}$ を用いて

$$\mathscr{G}_{\alpha\beta}(\boldsymbol{r},\tau;\boldsymbol{r}',\tau') \equiv -\langle T_\tau \left[\hat{\psi}_{\mathrm{H}\alpha}(\boldsymbol{r},\tau)\hat{\psi}_{\mathrm{H}\beta}^+(\boldsymbol{r}',\tau') \right] \rangle \tag{3.26}$$

と定義する $(0 \le \tau, \tau' \le \beta)$[*4]．新たに定義された $\hat{\psi}_{\mathrm{H}\alpha}(\boldsymbol{r},\tau)$ という演算子は

$$\hat{\psi}_{\mathrm{H}\alpha}(\boldsymbol{r},\tau) \equiv e^{\tau(\hat{\mathscr{H}}-\mu\hat{\mathscr{N}})}\hat{\psi}_\alpha(\boldsymbol{r})e^{-\tau(\hat{\mathscr{H}}-\mu\hat{\mathscr{N}})} \tag{3.27}$$

として定義されたものである．以前のハイゼンベルグ描像での演算子 [式 (3.2)] と比べてみると，時間 t の部分が $\tau = it/\hbar$ という関係で置き換えられたものであることがわかる．したがって τ のことを虚時間という．また $\hat{\psi}_{\mathrm{H}\beta}^+(\boldsymbol{r}',\tau')$ は

$$\hat{\psi}_{\mathrm{H}\beta}^+(\boldsymbol{r}',\tau') \equiv e^{\tau'(\hat{\mathscr{H}}-\mu\hat{\mathscr{N}})}\psi_\beta^\dagger(\boldsymbol{r}')e^{-\tau'(\hat{\mathscr{H}}-\mu\hat{\mathscr{N}})} \tag{3.28}$$

と定義する．$\hat{\psi}_{\mathrm{H}\beta}(\boldsymbol{r}',\tau')$ のエルミート共役ではないことに注意．

また，T_τ は τ（タウ）積と呼ばれているもので，T 積と同様に階段関数を使って

$$
\begin{aligned}
T_\tau \left[\hat{\psi}_{\mathrm{H}\alpha}(\boldsymbol{r},\tau)\hat{\psi}_{\mathrm{H}\beta}^+(\boldsymbol{r}',\tau') \right] = {}& \theta(\tau-\tau')\hat{\psi}_{\mathrm{H}\alpha}(\boldsymbol{r},\tau)\hat{\psi}_{\mathrm{H}\beta}^+(\boldsymbol{r}',\tau') \\
& \mp \theta(\tau'-\tau)\hat{\psi}_{\mathrm{H}\beta}^+(\boldsymbol{r}',\tau')\hat{\psi}_{\mathrm{H}\alpha}(\boldsymbol{r},\tau) \quad \text{（符号は F/B）}
\end{aligned}
\tag{3.29}
$$

と定義されたものである．虚時間 τ を大きい方から順に左側から並び替えると同時に，フェルミ粒子の場合には並べ替えによる $(-1)^P$ の因子を付ける．

前節と同じように自由電子ガスについて温度グリーン関数を計算しよう．まず $\hat{\psi}_{\mathrm{H}\alpha}(\boldsymbol{r},\tau), \hat{\psi}_{\mathrm{H}\beta}^+(\boldsymbol{r}',\tau')$ は，(3.18) 式と同様に

$$
\begin{aligned}
\hat{\psi}_{\mathrm{H}\alpha}(\boldsymbol{r},\tau) &= \frac{1}{\sqrt{V}}\sum_{\boldsymbol{k}} e^{i\boldsymbol{k}\cdot\boldsymbol{r}-(\varepsilon_{\boldsymbol{k}}-\mu)\tau}\hat{c}_{\boldsymbol{k},\alpha}, \\
\hat{\psi}_{\mathrm{H}\beta}^+(\boldsymbol{r}',\tau') &= \frac{1}{\sqrt{V}}\sum_{\boldsymbol{k}} e^{-i\boldsymbol{k}\cdot\boldsymbol{r}'+(\varepsilon_{\boldsymbol{k}}-\mu)\tau'}\hat{c}_{\boldsymbol{k},\beta}^\dagger,
\end{aligned}
\tag{3.30}
$$

となることがわかる．これを温度グリーン関数の定義式に代入して計算すると，

$$
\begin{aligned}
\mathscr{G}_{\alpha\beta}^{(0)}(\boldsymbol{r},\tau;\boldsymbol{r}',\tau') = {}& -\theta(\tau-\tau')\delta_{\alpha\beta}\frac{1}{V}\sum_{\boldsymbol{k}} e^{i\boldsymbol{k}\cdot(\boldsymbol{r}-\boldsymbol{r}')-(\varepsilon_{\boldsymbol{k}}-\mu)(\tau-\tau')}\{1-f(\varepsilon_{\boldsymbol{k}})\} \\
& + \theta(\tau'-\tau)\delta_{\alpha\beta}\frac{1}{V}\sum_{\boldsymbol{k}} e^{i\boldsymbol{k}\cdot(\boldsymbol{r}-\boldsymbol{r}')-(\varepsilon_{\boldsymbol{k}}-\mu)(\tau-\tau')}f(\varepsilon_{\boldsymbol{k}})
\end{aligned}
\tag{3.31}
$$

を得る．右辺は，$\mathscr{G}_{\alpha\beta}^{(0)}(\boldsymbol{r},\tau;\boldsymbol{r}',\tau')$ が $\boldsymbol{r}-\boldsymbol{r}', \tau-\tau'$ にしか依存しないことを示

[*4] T. Matsubara, Prog. Theor. Phys. **14**, 351 (1955). 松原は温度グリーン関数を導入し，第 4 章で示すようなウィックの定理に相当する手法が使えることを示した．

している．そこで新たに $\mathscr{G}^{(0)}_{\alpha\beta}(\boldsymbol{r},\tau;\boldsymbol{r}',\tau') = \delta_{\alpha\beta}\mathscr{G}^{(0)}(\boldsymbol{r}-\boldsymbol{r}',\tau-\tau')$ と書くことにすれば，上式は

$$\mathscr{G}^{(0)}(\boldsymbol{r},\tau) = -\frac{1}{V}\sum_{\boldsymbol{k}} e^{i\boldsymbol{k}\cdot\boldsymbol{r}-(\varepsilon_{\boldsymbol{k}}-\mu)\tau}\left[\theta(\tau)\left\{1-f(\varepsilon_{\boldsymbol{k}})\right\}-\theta(-\tau)f(\varepsilon_{\boldsymbol{k}})\right]$$
(3.32)

となる．スピンには依存しない．

　フーリエ変換に移る前に，一般的な温度グリーン関数の性質を調べておこう．(3.26) 式では，$\mathscr{G}_{\alpha\beta}(\boldsymbol{r},\tau;\boldsymbol{r}',\tau')$ は $0 \leq \tau, \tau' \leq \beta$ の領域で定義されている．実は温度グリーン関数は，虚時間 τ 方向に特徴的な周期性を持っている．まず，3.2 節の終わりで $G_{\alpha\beta}(\boldsymbol{r},t;\boldsymbol{r}',t')$ を変形した方法と同様に変形すると，温度グリーン関数は

$$\begin{aligned}\mathscr{G}_{\alpha\beta}(\boldsymbol{r},\tau;\boldsymbol{r}',\tau') = &-\theta(\tau-\tau')\langle e^{(\tau-\tau')(\mathscr{H}-\mu\hat{N})}\hat{\psi}_{\alpha}(\boldsymbol{r})e^{-(\tau-\tau')(\mathscr{H}-\mu\hat{N})}\hat{\psi}^{\dagger}_{\beta}(\boldsymbol{r}')\rangle \\ &\pm \theta(\tau'-\tau)\langle\hat{\psi}^{\dagger}_{\beta}(\boldsymbol{r}')e^{(\tau-\tau')(\mathscr{H}-\mu\hat{N})}\hat{\psi}_{\alpha}(\boldsymbol{r})e^{-(\tau-\tau')(\mathscr{H}-\mu\hat{N})}\rangle\end{aligned}$$
(3.33)

と変形でき，$\tau-\tau'$ にしか依存しないことがわかる．そこで，新たに温度グリーン関数を $\mathscr{G}_{\alpha\beta}(\boldsymbol{r},\boldsymbol{r}',\tau-\tau')$ と書けば，変数は $-\beta \leq \tau-\tau' \leq \beta$ の領域である．

　さらに，$\tau-\tau'$ が負の温度グリーン関数と $\tau-\tau'$ が正の温度グリーン関数との間には簡単な関係がある．$-\beta \leq \tau \leq 0$ の場合の $\mathscr{G}_{\alpha\beta}(\boldsymbol{r},\boldsymbol{r}',\tau)$ を，$\mathrm{Tr}\hat{A}\hat{B} = \mathrm{Tr}\hat{B}\hat{A}$ を使って順次変形すると，

$$\begin{aligned}\mathscr{G}_{\alpha\beta}(\boldsymbol{r},\boldsymbol{r}',\tau) &= \pm\frac{1}{\Xi}\mathrm{Tr}\left[e^{-(\beta+\tau)(\mathscr{H}-\mu\hat{N})}\hat{\psi}^{\dagger}_{\beta}(\boldsymbol{r}')e^{\tau(\mathscr{H}-\mu\hat{N})}\hat{\psi}_{\alpha}(\boldsymbol{r})\right] \\ &= \pm\frac{1}{\Xi}\mathrm{Tr}\left[\hat{\psi}_{\alpha}(\boldsymbol{r})e^{-(\beta+\tau)(\mathscr{H}-\mu\hat{N})}\hat{\psi}^{\dagger}_{\beta}(\boldsymbol{r}')e^{\tau(\mathscr{H}-\mu\hat{N})}\right] \\ &= \pm\frac{1}{\Xi}\mathrm{Tr}\left[e^{\tau(\mathscr{H}-\mu\hat{N})}\hat{\psi}_{\alpha}(\boldsymbol{r})e^{-(\beta+\tau)(\mathscr{H}-\mu\hat{N})}\hat{\psi}^{+}_{\mathrm{H}\beta}(\boldsymbol{r}',0)\right] \\ &= \pm\frac{1}{\Xi}\mathrm{Tr}\left[e^{-\beta(\mathscr{H}-\mu\hat{N})}\hat{\psi}_{\mathrm{H}\alpha}(\boldsymbol{r},\beta+\tau)\hat{\psi}^{+}_{\mathrm{H}\beta}(\boldsymbol{r}',0)\right] \\ &= \mp\mathscr{G}_{\alpha\beta}(\boldsymbol{r},\boldsymbol{r}',\beta+\tau)\end{aligned}$$
(3.34)

となる．ただし右辺最後では $\psi_{\mathrm{H}\alpha}(\boldsymbol{r},\beta+\tau)$ の定義式と $\beta+\tau > 0$ であることを用いた．(3.34) 式は，フェルミ粒子の場合は τ が β だけ増えると逆符号に，ボース粒子の場合は同じ値に戻ることを示している．

　とくに $-\beta \leq \tau \leq \beta$ の領域の両端である $\tau = -\beta$ と $\tau = \beta$ とを比べると，$\mathscr{G}_{\alpha\beta}(\boldsymbol{r},\boldsymbol{r}',-\beta) = \mp\mathscr{G}_{\alpha\beta}(\boldsymbol{r},\boldsymbol{r}',0) = \mathscr{G}_{\alpha\beta}(\boldsymbol{r},\boldsymbol{r}',\beta)$ となるので，フェルミ粒子でもボース粒子でも，必ず両端は同じ値になる．このような場合，関数 $\mathscr{G}_{\alpha\beta}(\boldsymbol{r},\boldsymbol{r}',\tau)$ を $-\beta \leq \tau \leq \beta$ の領域外まで拡張して，τ に関する周期 2β の周期関数と考えてフーリエ変換を定義することができる．周期関数のフーリエ変換の一般論から，$\omega_n = 2\pi n/2\beta = n\pi k_{\mathrm{B}}T$（$n$ は整数）として

$$\mathscr{G}_{\alpha\beta}(\boldsymbol{r},\boldsymbol{r}',i\omega_n) = \frac{1}{2}\int_{-\beta}^{\beta} e^{i\omega_n\tau}\mathscr{G}_{\alpha\beta}(\boldsymbol{r},\boldsymbol{r}',\tau)d\tau,$$
(3.35)

3.4 温度グリーン関数　**45**

$$\mathscr{G}_{\alpha\beta}(\boldsymbol{r}, \boldsymbol{r}', \tau) = k_{\mathrm{B}}T \sum_n e^{-i\omega_n \tau} \mathscr{G}_{\alpha\beta}(\boldsymbol{r}, \boldsymbol{r}', i\omega_n) \tag{3.36}$$

が温度グリーン関数のフーリエ変換となる（ここで，前節の (3.21) 式のような微小量を用いる取扱いは不要であることに注意）．さらに (3.34) 式の β に関する特殊な周期性があるので，(3.35) 式の積分を分割して計算すると

$$
\begin{aligned}
\mathscr{G}_{\alpha\beta}(\boldsymbol{r}, \boldsymbol{r}', i\omega_n) &= \frac{1}{2}\int_{-\beta}^{0} e^{i\omega_n \tau}\mathscr{G}_{\alpha\beta}(\boldsymbol{r}, \boldsymbol{r}', \tau)d\tau + \frac{1}{2}\int_{0}^{\beta} e^{i\omega_n \tau}\mathscr{G}_{\alpha\beta}(\boldsymbol{r}, \boldsymbol{r}', \tau)d\tau \\
&= \mp\frac{1}{2}\int_{-\beta}^{0} e^{i\omega_n \tau}\mathscr{G}_{\alpha\beta}(\boldsymbol{r}, \boldsymbol{r}', \beta+\tau)d\tau \\
&\quad + \frac{1}{2}\int_{0}^{\beta} e^{i\omega_n \tau}\mathscr{G}_{\alpha\beta}(\boldsymbol{r}, \boldsymbol{r}', \tau)d\tau \\
&= \frac{1}{2}\left(1 \mp e^{-i\omega_n\beta}\right)\int_{0}^{\beta} e^{i\omega_n \tau}\mathscr{G}_{\alpha\beta}(\boldsymbol{r}, \boldsymbol{r}', \tau)d\tau
\end{aligned}
\tag{3.37}
$$

となる．最後の式は $\omega_n = n\pi k_{\mathrm{B}}T$ つまり $e^{-i\omega_n\beta} = (-1)^n$ であることを考えると，フェルミ粒子の場合は n が奇数の場合のみ残り，逆にボース粒子の場合は n が偶数の場合のみ残ることがわかる．これを考慮すると，結局フーリエ変換は

$$\mathscr{G}_{\alpha\beta}(\boldsymbol{r}, \boldsymbol{r}', i\omega_n) = \int_{0}^{\beta} e^{i\omega_n \tau}\mathscr{G}_{\alpha\beta}(\boldsymbol{r}, \boldsymbol{r}', \tau)d\tau \tag{3.38}$$

であり，フェルミ粒子のときは $\omega_n = (2n+1)\pi k_{\mathrm{B}}T$，ボース粒子のときは $\omega_n = 2n\pi k_{\mathrm{B}}T$ とすればよいことがわかる．この ω_n を松原振動数と呼ぶ[*5]．(3.38) 式は，温度グリーン関数 $\mathscr{G}_{\alpha\beta}(\boldsymbol{r}, \boldsymbol{r}', \tau)$ の $\tau > 0$ だけが必要であることを意味する．

さて，τ に関するフーリエ変換がわかったので，元に戻って自由電子ガスの場合の温度グリーン関数 $\mathscr{G}^{(0)}(\boldsymbol{r}, \tau)$ [(3.32) 式] のフーリエ変換は

$$
\begin{aligned}
\mathscr{G}^{(0)}(\boldsymbol{k}, i\omega_n) &= \int d\boldsymbol{r} \int_{0}^{\beta} d\tau e^{-i\boldsymbol{k}\cdot\boldsymbol{r}} e^{i\omega_n \tau}\mathscr{G}^{(0)}(\boldsymbol{r}, \tau) \\
&= -\int_{0}^{\beta} d\tau e^{i\omega_n \tau - (\varepsilon_{\boldsymbol{k}}-\mu)\tau}\{1 - f(\varepsilon_{\boldsymbol{k}})\} \\
&= -\frac{e^{\beta(i\omega_n - \varepsilon_{\boldsymbol{k}} + \mu)} - 1}{i\omega_n - \varepsilon_{\boldsymbol{k}} + \mu}\{1 - f(\varepsilon_{\boldsymbol{k}})\} = \frac{1}{i\omega_n - \varepsilon_{\boldsymbol{k}} + \mu}
\end{aligned}
\tag{3.39}
$$

となることがわかる．ここで最後の変形では，フェルミ粒子の場合の $e^{i\beta\omega_n} = -1$ と $1 - f(\varepsilon_{\boldsymbol{k}}) = e^{\beta(\varepsilon_{\boldsymbol{k}}-\mu)}/(e^{\beta(\varepsilon_{\boldsymbol{k}}-\mu)}+1)$ を用いた．$\mathscr{G}^{(0)}(\boldsymbol{k}, i\omega_n)$ は摂動論の出

[*5] 松原論文の段階では，このフーリエ変換を用いていなかったが，松原振動数は 3 つのグループによって独立に導入された．A. A. Abrikosov, L. P. Gor'kov, and I. E. Dzyaloshinskii, J. Explt. Theoret. Phys. (U.S.S.R.) **36**, 900 (1959) [Sov. Phys. JETP **9**, 636 (1959)]．E. S. Fradkin, J. Explt. Theoret. Phys. (U.S.S.R.) **36**, 1286 (1959) [Sov. Phys. JETP **9**, 912 (1959)]．P. C. Martin and J. Schwinger, Phys. Rev. **115**, 1342 (1959)．このおかげで，後で述べるファインマンルールと $T=0$ の場の理論でのファインマンルールとの対応がよくなった．また後で解析接続を行う際にも，松原振動数は重要な役割を果たす．

発点になる温度グリーン関数であり今後しばしば用いられる．フーリエ逆変換は (3.36) 式を使って

$$\mathscr{G}^{(0)}(\boldsymbol{r}, \tau) = \frac{k_{\mathrm{B}}T}{V} \sum_{\boldsymbol{k}} \sum_n e^{i\boldsymbol{k}\cdot\boldsymbol{r}} e^{-i\omega_n \tau} \mathscr{G}^{(0)}(\boldsymbol{k}, i\omega_n) \tag{3.40}$$

である．

3.5 グリーン関数のレーマン表示

以下の節では，グリーン関数 (3.1) 式と温度グリーン関数の関係を明らかにする．一般にハミルトニアン $\mathscr{H}$ の固有値・固有関数を用いて物理量を書き表すことは重要である．$\mathscr{H}$ の固有状態 $|n\rangle$ と，対応する固有値 E_n が求まったとしよう．（$|n\rangle$ の粒子数を N_n とする．また 3.1 節の脚注（第 3 章，脚注 1）も参照.）この完全系を用いれば，(3.1) 式の有限温度のグリーン関数は

$$G_{\alpha\beta}(\boldsymbol{r}, t; \boldsymbol{r}', t') = -\frac{i}{\Xi} \sum_{n,m} e^{-\beta(E_n - \mu N_n)}$$
$$\times \left[\theta(t-t')\langle n|\hat{\psi}_{\mathrm{H}\alpha}(\boldsymbol{r}, t)|m\rangle\langle m|\hat{\psi}_{\mathrm{H}\beta}^\dagger(\boldsymbol{r}', t')|n\rangle \right.$$
$$\left. \mp \theta(t'-t)\langle n|\hat{\psi}_{\mathrm{H}\beta}^\dagger(\boldsymbol{r}', t')|m\rangle\langle m|\hat{\psi}_{\mathrm{H}\alpha}(\boldsymbol{r}, t)|n\rangle \right] \tag{3.41}$$

と書ける（符号は F/B．ここで演算子の間に完全系 $\sum_m |m\rangle\langle m| = 1$ を挟んだ．さらにハイゼンベルグ描像による演算子の定義 [(3.2) 式] を代入すると，

$$G_{\alpha\beta}(\boldsymbol{r}, t; \boldsymbol{r}', t') = -\frac{i}{\Xi} \sum_{n,m} e^{-\beta(E_n - \mu N_n)}$$
$$\times \left[\theta(t-t')e^{i(E_n - E_m + \mu)(t-t')/\hbar}\langle n|\hat{\psi}_\alpha(\boldsymbol{r})|m\rangle\langle m|\hat{\psi}_\beta^\dagger(\boldsymbol{r}')|n\rangle \right.$$
$$\left. \mp \theta(t'-t)e^{-i(E_n - E_m - \mu)(t-t')/\hbar}\langle n|\hat{\psi}_\beta^\dagger(\boldsymbol{r}')|m\rangle\langle m|\hat{\psi}_\alpha(\boldsymbol{r})|n\rangle \right]$$
$$\tag{3.42}$$

となる（確かに，グリーン関数は $t-t'$ の関数となっている）．ここで $|m\rangle$ の状態の粒子数は $|n\rangle$ の状態と ± 1 だけ違うことを用いた．

これを時間に関してフーリエ変換する．3.3 節の相互作用がないときのグリーン関数の場合 [(3.23) 式] と同じように，次元を [1/energy] とするため $1/\hbar$ をかけ，さらに $\theta(t-t')$ 等に対して (3.21) 式を用いると

$$G_{\alpha\beta}(\boldsymbol{r}, \boldsymbol{r}', \omega) = \frac{1}{\hbar} \int_{-\infty}^{\infty} G_{\alpha\beta}(\boldsymbol{r}, t; \boldsymbol{r}', t') e^{i\omega(t-t')} dt$$
$$= \frac{1}{\Xi} \sum_{n,m} e^{-\beta(E_n - \mu N_n)} \left[\frac{\langle n|\hat{\psi}_\alpha(\boldsymbol{r})|m\rangle\langle m|\hat{\psi}_\beta^\dagger(\boldsymbol{r}')|n\rangle}{\hbar\omega + E_n - E_m + \mu + i\delta} \right.$$
$$\left. \pm \frac{\langle n|\hat{\psi}_\beta^\dagger(\boldsymbol{r}')|m\rangle\langle m|\hat{\psi}_\alpha(\boldsymbol{r})|n\rangle}{\hbar\omega - E_n + E_m + \mu - i\delta} \right] \tag{3.43}$$

3.5 グリーン関数のレーマン表示　**47**

を得る．このような表式をレーマン表示という[*6]．

同様に温度グリーン関数を固有状態 $|n\rangle$ 等を用いて書き表すと

$$
\mathscr{G}_{\alpha\beta}(\boldsymbol{r},\tau;\boldsymbol{r}',\tau') = -\frac{1}{\Xi}\sum_{n,m}e^{-\beta(E_n-\mu N_n)}
$$

$$
\times\left[\theta(\tau-\tau')e^{(E_n-E_m+\mu)(\tau-\tau')}\langle n|\hat{\psi}_\alpha(\boldsymbol{r})|m\rangle\langle m|\hat{\psi}_\beta^\dagger(\boldsymbol{r}')|n\rangle\right.
$$

$$
\left.\mp\theta(\tau'-\tau)e^{-(E_n-E_m-\mu)(\tau-\tau')}\langle n|\hat{\psi}_\beta^\dagger(\boldsymbol{r}')|m\rangle\langle m|\hat{\psi}_\alpha(\boldsymbol{r})|n\rangle\right]
$$

$$(3.44)$$

となる．前節で述べたように $\tau-\tau'$ のみの関数となっている．(3.38) 式に従って，フーリエ変換は $\tau-\tau'>0$ の方を用いればよく，

$$
\mathscr{G}_{\alpha\beta}(\boldsymbol{r},\boldsymbol{r}',i\omega_n) = \int_0^\beta \mathscr{G}_{\alpha\beta}(\boldsymbol{r},\boldsymbol{r}',\tau)e^{i\omega_n\tau}d\tau
$$

$$
= \frac{1}{\Xi}\sum_{n,m}\left(e^{-\beta(E_n-\mu N_n)}\pm e^{-\beta(E_m-\mu N_m)}\right)\frac{\langle n|\hat{\psi}_\alpha(\boldsymbol{r})|m\rangle\langle m|\hat{\psi}_\beta^\dagger(\boldsymbol{r}')|n\rangle}{i\omega_n+E_n-E_m+\mu}
$$

$$(3.45)$$

を得る．ここで $e^{i\omega_n\beta}=\mp1$ と $N_m=N_n+1$ を用いた．前者はフェルミ粒子なら $\omega_n=(2n+1)\pi k_{\mathrm{B}}T$，ボース粒子なら $\omega_n=2n\pi k_{\mathrm{B}}T$ ということからくる．これが温度グリーン関数のレーマン表示である．

3.6 遅延グリーン関数と解析接続

(3.43) 式と (3.45) 式を比べると両者はかなり近いことがわかる．分母を近くするには，

$$
G_{\alpha\beta}^R(\boldsymbol{r},t;\boldsymbol{r}',t') = -i\theta(t-t')\left\langle\left\{\hat{\psi}_{\mathrm{H}\alpha}(\boldsymbol{r},t),\hat{\psi}_{\mathrm{H}\beta}^\dagger(\boldsymbol{r}',t')\right\}_\pm\right\rangle,
$$

$$
G_{\alpha\beta}^A(\boldsymbol{r},t;\boldsymbol{r}',t') = i\theta(t'-t)\left\langle\left\{\hat{\psi}_{\mathrm{H}\alpha}(\boldsymbol{r},t),\hat{\psi}_{\mathrm{H}\beta}^\dagger(\boldsymbol{r}',t')\right\}_\pm\right\rangle
$$

$$(3.46)$$

を考えればよい．$\left\{\hat{A},\hat{B}\right\}_\pm$ は，フェルミ粒子なら $+$ を取って反交換関係 $(\hat{A}\hat{B}+\hat{B}\hat{A})$，ボース粒子なら $-$ を取って交換関係 $(\hat{A}\hat{B}-\hat{B}\hat{A})$ を意味する．$G_{\alpha\beta}^R$ は $t>t'$ でしか値を持たないので，遅延グリーン関数，$G_{\alpha\beta}^A$ は逆に $t'>t$ でしか値を持たないので，先進グリーン関数と呼ぶ．上と同じようにレーマン表示をすると

$$
G_{\alpha\beta}^R(\boldsymbol{r},\boldsymbol{r}',\omega) = \frac{1}{\Xi}\sum_{n,m}e^{-\beta(E_n-\mu N_n)}\left[\frac{\langle n|\hat{\psi}_\alpha(\boldsymbol{r})|m\rangle\langle m|\hat{\psi}_\beta^\dagger(\boldsymbol{r}')|n\rangle}{\hbar\omega+E_n-E_m+\mu+i\delta}\right.
$$

$$
\left.\pm\frac{\langle n|\hat{\psi}_\beta^\dagger(\boldsymbol{r}')|m\rangle\langle m|\hat{\psi}_\alpha(\boldsymbol{r})|n\rangle}{\hbar\omega-E_n+E_m+\mu+i\delta}\right]
$$

[*6] H. Lehmann, Nuovo Cimento **11**, 342 (1954).

$$= \frac{1}{\Xi} \sum_{n,m} \left(e^{-\beta(E_n - \mu N_n)} \pm e^{-\beta(E_m - \mu N_m)} \right) \frac{\langle n|\hat{\psi}_\alpha(\boldsymbol{r})|m\rangle \langle m|\hat{\psi}_\beta^\dagger(\boldsymbol{r}')|n\rangle}{\hbar\omega + E_n - E_m + \mu + i\delta}$$

$$(3.47)$$

を得る．第 2 項は $n \leftrightarrow m$ の変数の変更を行って，第 1 項と形を合わせている．同様に $G_{\alpha\beta}^A(\boldsymbol{r}, \boldsymbol{r}', \omega)$ も求められるが，こちらは分母の $+i\delta$ が $-i\delta$ と変更されるだけである．さらに ω を複素数に拡張して考えると，$G_{\alpha\beta}^R(\boldsymbol{r}, \boldsymbol{r}', \omega)$ は複素平面の上半面（$\text{Im}\,\omega > 0$）で解析的（つまり極を持たない），一方 $G_{\alpha\beta}^A(\boldsymbol{r}, \boldsymbol{r}', \omega)$ は下半面（$\text{Im}\,\omega < 0$）で解析的であることがわかる．

(3.47) 式の形と (3.45) 式の温度グリーン関数はほとんど一致しており，両者は解析接続によって繋がっていることがわかる．以下，これを説明しよう．スペクトル関数として

$$\rho_{\alpha\beta}(\boldsymbol{r}, \boldsymbol{r}', \omega) = \frac{1}{\Xi} \sum_{n,m} e^{-\beta(E_n - \mu N_n)} \left(1 \pm e^{-\beta\hbar\omega} \right)$$

$$\times \langle n|\hat{\psi}_\alpha(\boldsymbol{r})|m\rangle \langle m|\hat{\psi}_\beta^\dagger(\boldsymbol{r}')|n\rangle \delta\left(\omega - \frac{E_m - E_n - \mu}{\hbar} \right)$$

$$(3.48)$$

を定義すると

$$\mathscr{G}_{\alpha\beta}(\boldsymbol{r}, \boldsymbol{r}', i\omega_n) = \int_{-\infty}^{\infty} d\omega' \frac{\rho_{\alpha\beta}(\boldsymbol{r}, \boldsymbol{r}', \omega')}{i\omega_n - \hbar\omega'},$$

$$G_{\alpha\beta}^R(\boldsymbol{r}, \boldsymbol{r}', \omega) = \int_{-\infty}^{\infty} d\omega' \frac{\rho_{\alpha\beta}(\boldsymbol{r}, \boldsymbol{r}', \omega')}{\hbar\omega - \hbar\omega' + i\delta}$$

$$(3.49)$$

と書ける．ここで $N_m = N_n + 1$ であることを使った．さらに，複素変数 z を持つ複素関数

$$Z_{\alpha\beta}(\boldsymbol{r}, \boldsymbol{r}', z) = \int_{-\infty}^{\infty} d\omega' \frac{\rho_{\alpha\beta}(\boldsymbol{r}, \boldsymbol{r}', \omega')}{z - \hbar\omega'}$$

$$(3.50)$$

を考えると，温度グリーン関数は

$$\mathscr{G}_{\alpha\beta}(\boldsymbol{r}, \boldsymbol{r}', i\omega_n) = Z_{\alpha\beta}(\boldsymbol{r}, \boldsymbol{r}', i\omega_n) \qquad (n = -\infty \sim \infty)$$

$$(3.51)$$

である．一方，$G_{\alpha\beta}^R(\boldsymbol{r}, \boldsymbol{r}', \omega)$ は，z が複素平面上で上半面から実軸に近づいたときの境界値，つまり

$$G_{\alpha\beta}^R(\boldsymbol{r}, \boldsymbol{r}', \omega) = Z_{\alpha\beta}(\boldsymbol{r}, \boldsymbol{r}', \hbar\omega + i\delta)$$

$$(3.52)$$

であることがわかる．このように $\mathscr{G}_{\alpha\beta}$ と $G_{\alpha\beta}^R$ は $Z_{\alpha\beta}$ を通して繋がっている．

具体的な計算は以下のように行う．まず，次章で述べる有限温度のファインマンダイアグラムの方法によって $\mathscr{G}_{\alpha\beta}(\boldsymbol{r}, \boldsymbol{r}', i\omega_n)$ を求める[7]．そうすると，複素関数 $Z_{\alpha\beta}(\boldsymbol{r}, \boldsymbol{r}', z)$ の値が $i\omega_n$ という離散的な点においてわかったことになる．次に，この離散的な点における情報から，全空間 z における $Z_{\alpha\beta}(\boldsymbol{r}, \boldsymbol{r}', z)$ を解析

---

[7] さらに実際は，次節で述べるように系に並進対称性がある場合を考え，$\boldsymbol{r} - \boldsymbol{r}'$ についてもフーリエ変換した $\mathscr{G}_{\alpha\beta}(\boldsymbol{k}, i\omega_n)$ を計算することも多い．

接続によって構築し，そこから $G_{\alpha\beta}^R(\boldsymbol{r}, \boldsymbol{r}', \omega)$ を求める必要がある．しかし，一般的には，この解析接続は一意的ではない．例えば，もしある関数 $Z_{\alpha\beta}(\boldsymbol{r}, \boldsymbol{r}', z)$ が解析接続によって得られたとしても，任意の整数 ℓ を用いて

$$Z'_{\alpha\beta}(\boldsymbol{r}, \boldsymbol{r}', z) = Z_{\alpha\beta}(\boldsymbol{r}, \boldsymbol{r}', z) \times e^{2\ell z/k_{\mathrm{B}} T} \tag{3.53}$$

という関数を考えれば，$z = i\omega_n$ において $Z'_{\alpha\beta}(\boldsymbol{r}, \boldsymbol{r}', z)$ と $Z_{\alpha\beta}(\boldsymbol{r}, \boldsymbol{r}', z)$ は全く同じ値を持つので，(3.51) 式を満たす別の解析接続ということになってしまう．したがって，解析接続は一意的ではない．ところが，以下に示すように，$\omega \to \infty$ の極限での $G_{\alpha\beta}^R(\boldsymbol{r}, \boldsymbol{r}', \omega)$ の振舞いが $\delta_{\alpha\beta}\delta(\boldsymbol{r}-\boldsymbol{r}')/\hbar\omega$ であることがわかるので，このことからユニークに解析接続の解 $Z_{\alpha\beta}(\boldsymbol{r}, \boldsymbol{r}', z)$ を見出すことができる．

この節の最後に $G_{\alpha\beta}^R(\boldsymbol{r}, \boldsymbol{r}', \omega)$ の $\omega \to \infty$ での振舞いを調べよう．(3.49) 式で $|\omega| \to \infty$ の極限を考えると，分母はすべて $\hbar\omega$ と近似できて，

$$G_{\alpha\beta}^R(\boldsymbol{r}, \boldsymbol{r}', \omega) \sim \frac{1}{\hbar\omega} \int_{-\infty}^{\infty} d\omega' \rho_{\alpha\beta}(\boldsymbol{r}, \boldsymbol{r}', \omega') \tag{3.54}$$

という関係がわかる．右辺はスペクトル関数の定義 (3.48) 式を用いると

$$\frac{1}{\hbar\omega} \frac{1}{\Xi} \sum_{n,m} \left(e^{-\beta(E_n - \mu N_n)} \pm e^{-\beta(E_m - \mu N_m)} \right) \langle n|\hat{\psi}_\alpha(\boldsymbol{r})|m\rangle \langle m|\hat{\psi}_\beta^\dagger(\boldsymbol{r}')|n\rangle$$

$$= \frac{1}{\hbar\omega} \frac{1}{\Xi} \left[\sum_n e^{-\beta(E_n - \mu N_n)} \langle n|\hat{\psi}_\alpha(\boldsymbol{r})\hat{\psi}_\beta^\dagger(\boldsymbol{r}')|n\rangle \right.$$

$$\left. \pm \sum_m e^{-\beta(E_m - \mu N_m)} \langle m|\hat{\psi}_\beta^\dagger(\boldsymbol{r}')\hat{\psi}_\alpha(\boldsymbol{r})|m\rangle \right]$$

$$= \frac{1}{\hbar\omega} \left[\langle \hat{\psi}_\alpha(\boldsymbol{r})\hat{\psi}_\beta^\dagger(\boldsymbol{r}') \rangle \pm \langle \hat{\psi}_\beta^\dagger(\boldsymbol{r}')\hat{\psi}_\alpha(\boldsymbol{r}) \rangle \right] = \frac{1}{\hbar\omega} \delta_{\alpha\beta}\delta(\boldsymbol{r}-\boldsymbol{r}') \tag{3.55}$$

となる．ここで完全系であること $\sum_m |m\rangle\langle m| = 1$ 等と，最後の部分では，フェルミ粒子とボース粒子の同時刻の交換関係

$$\langle \left\{ \hat{\psi}_\alpha(\boldsymbol{r}), \hat{\psi}_\beta^\dagger(\boldsymbol{r}') \right\}_\pm \rangle = \delta_{\alpha\beta}\delta(\boldsymbol{r}-\boldsymbol{r}') \tag{3.56}$$

を用いた．こうして一般的に $|\omega| \to \infty$ の極限で

$$G_{\alpha\beta}^R(\boldsymbol{r}, \boldsymbol{r}', \omega) \sim \frac{1}{\hbar\omega} \delta_{\alpha\beta}\delta(\boldsymbol{r}-\boldsymbol{r}') \tag{3.57}$$

となることが示された．

3.7　並進対称性がある場合

次章以降では，ハミルトニアンが並進対称性を持つ場合を多く調べる．この場合についてまとめておこう．全運動量演算子 $\hat{\boldsymbol{P}}$ を

$$\hat{\boldsymbol{P}} = -i\hbar \sum_{\alpha} \int d\boldsymbol{r}\hat{\psi}_{\alpha}^{\dagger}(\boldsymbol{r})\boldsymbol{\nabla}\hat{\psi}_{\alpha}(\boldsymbol{r}) \tag{3.58}$$

と定義すると，この場合ハミルトニアン $\hat{\mathscr{H}}$ と $\hat{\boldsymbol{P}}$ は可換である（演習問題 3.8 参照）．このため $\hat{\mathscr{H}}$ の固有状態 $|n\rangle$ は，$\hat{\boldsymbol{P}}$ の同時固有状態に選ぶことができる．$\hat{\boldsymbol{P}}$ の固有値を $\hbar\boldsymbol{K}_n$ と書く．また $e^{i\hat{\boldsymbol{P}}\cdot\boldsymbol{r}/\hbar}$ が並進操作演算子なので $\hat{\psi}_{\alpha}(\boldsymbol{r})$ は

$$\hat{\psi}_{\alpha}(\boldsymbol{r}) = e^{-i\hat{\boldsymbol{P}}\cdot\boldsymbol{r}/\hbar}\hat{\psi}_{\alpha}(\boldsymbol{0})e^{i\hat{\boldsymbol{P}}\cdot\boldsymbol{r}/\hbar} \tag{3.59}$$

と書ける（演習問題 3.9）．これを用いれば (3.42) 式の有限温度のグリーン関数は

$$G_{\alpha\beta}(\boldsymbol{r},t;\boldsymbol{r}',t') = -\frac{i}{\Xi}\sum_{n,m}e^{-\beta(E_n-\mu N_n)}$$

$$\times \left[\theta(t-t')e^{i(E_n-E_m+\mu)(t-t')/\hbar}e^{-i(\boldsymbol{K}_n-\boldsymbol{K}_m)\cdot(\boldsymbol{r}-\boldsymbol{r}')}\langle n|\hat{\psi}_{\alpha}(\boldsymbol{0})|m\rangle\langle m|\hat{\psi}_{\beta}^{\dagger}(\boldsymbol{0})|n\rangle \right.$$

$$\left. \mp \theta(t'-t)e^{-i(E_n-E_m-\mu)(t-t')/\hbar}e^{i(\boldsymbol{K}_n-\boldsymbol{K}_m)\cdot(\boldsymbol{r}-\boldsymbol{r}')}\langle n|\hat{\psi}_{\beta}^{\dagger}(\boldsymbol{0})|m\rangle\langle m|\hat{\psi}_{\alpha}(\boldsymbol{0})|n\rangle \right] \tag{3.60}$$

となり，$\boldsymbol{r}-\boldsymbol{r}'$ と $t-t'$ にしか依存しないことがわかる．さらに，多くのハミルトニアンでは粒子のスピンは保存されるので，その場合にはグリーン関数は $G_{\alpha\beta}(\boldsymbol{r},t;\boldsymbol{r}',t') = \delta_{\alpha\beta}G(\boldsymbol{r}-\boldsymbol{r}',t-t')$ と書ける．以下この節では，そのような場合を考える．(3.60) 式を使って $G(\boldsymbol{r}-\boldsymbol{r}',t-t')$ をフーリエ変換すれば

$$G(\boldsymbol{k},\omega) = \frac{1}{\hbar}\int_{-\infty}^{\infty}dt e^{i\omega(t-t')}\int d\boldsymbol{r}e^{-i\boldsymbol{k}\cdot(\boldsymbol{r}-\boldsymbol{r}')}G(\boldsymbol{r}-\boldsymbol{r}',t-t')$$

$$= \frac{V}{\Xi}\sum_{n,m}e^{-\beta(E_n-\mu N_n)}\left[\delta_{\boldsymbol{k}+\boldsymbol{K}_n-\boldsymbol{K}_m,0}\frac{|\langle n|\hat{\psi}_{\alpha}(\boldsymbol{0})|m\rangle|^2}{\hbar\omega+E_n-E_m+\mu+i\delta} \right.$$

$$\left. \pm \delta_{\boldsymbol{k}-\boldsymbol{K}_n+\boldsymbol{K}_m,0}\frac{|\langle m|\hat{\psi}_{\alpha}(\boldsymbol{0})|n\rangle|^2}{\hbar\omega-E_n+E_m+\mu-i\delta} \right] \tag{3.61}$$

となる．温度グリーン関数や遅延グリーン関数のフーリエ変換も同様に求められるが，前節と同じようにスペクトル関数のフーリエ変換

$$\rho(\boldsymbol{k},\omega) = \frac{V}{\Xi}\sum_{n,m}e^{-\beta(E_n-\mu N_n)}\left(1\pm e^{-\beta\hbar\omega}\right)\delta_{\boldsymbol{k}+\boldsymbol{K}_n-\boldsymbol{K}_m,0}$$

$$\times |\langle n|\hat{\psi}_{\alpha}(\boldsymbol{0})|m\rangle|^2\delta(\omega-(E_m-E_n-\mu)/\hbar) \tag{3.62}$$

を用いて

$$\begin{aligned} \mathscr{G}(\boldsymbol{k},i\omega_n) &= \int_{-\infty}^{\infty}d\omega'\frac{\rho(\boldsymbol{k},\omega')}{i\omega_n-\hbar\omega'} \\ G^R(\boldsymbol{k},\omega) &= \int_{-\infty}^{\infty}d\omega'\frac{\rho(\boldsymbol{k},\omega')}{\hbar\omega-\hbar\omega'+i\delta} \end{aligned} \tag{3.63}$$

と書くことができる．また，G^A の方は G^R の分母の $+i\delta$ が $-i\delta$ となったもの

3.7 並進対称性がある場合 **51**

であり，前節で示したように G^R は ω の複素平面の上半面で解析的，G^A は下半面で解析的である．また，実数の ω に対しては

$$G^A(\boldsymbol{k}, \omega) = \left[G^R(\boldsymbol{k}, \omega) \right]^* \tag{3.64}$$

という関係がある．ここで $\rho(\boldsymbol{k}, \omega)$ は実数の値を持つことに注意．さらにフェルミ粒子の場合は $\rho(\boldsymbol{k}, \omega) > 0$，ボース粒子の場合は $1 - e^{-\beta\hbar\omega}$ の因子のために $\omega > 0$ なら $\rho(\boldsymbol{k}, \omega) > 0$，$\omega < 0$ なら $\rho(\boldsymbol{k}, \omega) < 0$ ということがわかる．

以上の式からいくつかの一般的な関係式が得られる．まず δ が微小量のとき

$$\frac{1}{x + i\delta} = \mathscr{P}\frac{1}{x} - i\pi\delta(x) \qquad (\mathscr{P} \text{ は主値を表す}) \tag{3.65}$$

という関係式を使えば，スペクトル関数 $\rho(\boldsymbol{k}, \omega)$ は

$$\rho(\boldsymbol{k}, \omega) = -\frac{\hbar}{\pi}\mathrm{Im}\, G^R(\boldsymbol{k}, \omega) \tag{3.66}$$

となる（$\delta(ax) = \delta(x)/|a|$ を用いた）．または (3.64) 式の関係を使えば

$$\begin{aligned}
\rho(\boldsymbol{k}, \omega) &= -\frac{\hbar}{2\pi i}\left[G^R(\boldsymbol{k}, \omega) - G^A(\boldsymbol{k}, \omega) \right] \\
&= -\frac{\hbar}{2\pi i}\left[\mathscr{G}(\boldsymbol{k}, i\omega_n)\big|_{i\omega_n = \hbar\omega + i\delta} - \mathscr{G}(\boldsymbol{k}, i\omega_n)\big|_{i\omega_n = \hbar\omega - i\delta} \right]
\end{aligned} \tag{3.67}$$

と書くこともできる．また，前節の (3.55) 式の証明で用いた式をフーリエ変換すれば

$$\int_{-\infty}^{\infty} d\omega\, \rho(\boldsymbol{k}, \omega) = 1 \tag{3.68}$$

が得られる．さらに，$\omega \to \infty$ の振舞いは前節の (3.57) 式から得られて，他のグリーン関数と合わせて

$$G(\boldsymbol{k}, \omega),\ G^R(\boldsymbol{k}, \omega),\ G^A(\boldsymbol{k}, \omega) \text{ はそれぞれ} \sim \frac{1}{\hbar\omega} \quad (\omega \to \infty) \tag{3.69}$$

となる．

また (3.63) 式と (3.66) 式から

$$\mathrm{Re}\, G^R(\boldsymbol{k}, \omega) = -\frac{\mathscr{P}}{\pi}\int_{-\infty}^{\infty} d\omega' \frac{\mathrm{Im}\, G^R(\boldsymbol{k}, \omega')}{\omega - \omega'} \tag{3.70}$$

という関係があることがわかる．これは G^R が上半面で解析的であることによるクラマース・クローニッヒの関係式である．

最後に時間順序積を持つ $G(\boldsymbol{k}, \omega)$ に対する関係式を求めておこう．実数の ω に対して，(3.61) 式の虚部を調べて (3.62) 式の $\rho(\boldsymbol{k}, \omega)$ の定義と比べると

$$\mathrm{Im}\, G(\boldsymbol{k}, \omega) = -\frac{\pi}{\hbar}\frac{1 \mp e^{-\beta\hbar\omega}}{1 \pm e^{-\beta\hbar\omega}}\rho(\boldsymbol{k}, \omega) = -\frac{\pi}{\hbar}\left(\tanh\frac{\beta\hbar\omega}{2} \right)^{\pm 1}\rho(\boldsymbol{k}, \omega) \tag{3.71}$$

であることがわかる．これを用いると

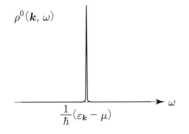
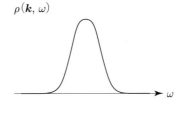

(a) 相互作用がない場合　　　(b) 相互作用がある場合

図 3.3

$$G(\boldsymbol{k},\omega) = \int_{-\infty}^{\infty} d\omega' \left\{ \frac{\mathscr{P}}{\hbar\omega - \hbar\omega'} - i\pi \left(\tanh\frac{\beta\hbar\omega}{2}\right)^{\pm 1} \delta(\hbar\omega - \hbar\omega') \right\} \rho(\boldsymbol{k},\omega')$$

$$= \frac{1}{2}\left\{1 + \left(\tanh\frac{\beta\hbar\omega}{2}\right)^{\pm 1}\right\} G^R(\boldsymbol{k},\omega)$$

$$+ \frac{1}{2}\left\{1 - \left(\tanh\frac{\beta\hbar\omega}{2}\right)^{\pm 1}\right\} G^A(\boldsymbol{k},\omega)$$

$$= \frac{1}{1 \pm e^{-\beta\hbar\omega}} G^R(\boldsymbol{k},\omega) + \frac{1}{1 \pm e^{\beta\hbar\omega}} G^A(\boldsymbol{k},\omega) \tag{3.72}$$

という関係式が得られる．これは次章で使う．演習問題 3.13 も参照．

例として自由電子ガスの場合の遅延グリーン関数とスペクトル関数を求めてみよう．(3.24) 式を参考にすると，この場合の遅延グリーン関数が

$$G^{R(0)}(\boldsymbol{k},\omega) = \frac{1}{\hbar\omega - \varepsilon_{\boldsymbol{k}} + \mu + i\delta} \tag{3.73}$$

であることがわかる ((3.39) 式の温度グリーン関数と比較せよ)．また，このときのスペクトル関数は (3.66) 式から

$$\rho^{(0)}(\boldsymbol{k},\omega) = \hbar\delta(\hbar\omega - \varepsilon_{\boldsymbol{k}} + \mu) = \delta(\omega - (\varepsilon_{\boldsymbol{k}} - \mu)/\hbar) \tag{3.74}$$

と得られる．このように自由電子ガスの場合のスペクトル関数は，単純に $\omega = (\varepsilon_{\boldsymbol{k}} - \mu)/\hbar$ のところにデルタ関数を持つ．

これに対して相互作用がある場合には，一般的にスペクトル関数 $\rho(\boldsymbol{k},\omega)$ は，(3.62) 式のように，デルタ関数の無限和である．エネルギー固有値の差 $E_m - E_n - \mu$ は自由電子ガスのときのような $\varepsilon_{\boldsymbol{k}} - \mu$ だけではなく，いろいろな値を取り得る．熱力学極限では，エネルギーレベル間隔 $(E_m - E_n - \mu)/\hbar$ は密集するので，$\rho(\boldsymbol{k},\omega)$ は状態密度を用いて表され，結局 ω に関するなめらかな関数になると期待される（図 3.3）．この場合，(3.63) 式を見ると，G^R や $\mathscr{G}$ は，ω や $i\omega_n$ の複素関数として実軸上すべてに極があることになる．これは実軸に沿って分岐線 (branch cut) があることを意味する．

演習問題

3.1 $f(\lambda) = e^{\lambda\hat{A}}\hat{B}e^{-\lambda\hat{A}}$ を λ で微分すると $f'(\lambda) = [\hat{A}, f(\lambda)]$ となることを用いて，

公式

$$e^{\hat{A}}\hat{B}e^{-\hat{A}} = \hat{B} + [\hat{A}, \hat{B}] + \frac{1}{2!}[\hat{A}, [\hat{A}, \hat{B}]] + \frac{1}{3!}[\hat{A}, [\hat{A}, [\hat{A}, \hat{B}]]] + \cdots \quad (3.75)$$

が成り立つことを示せ．本文では (3.16) 式を微分方程式を解くことによって求めたが，代わりに上の公式を用いて (3.16) を示せ．

3.2 (3.21) 式を複素積分の公式を用いて証明せよ．$t > t'$ の場合には積分路を複素 ω 平面の下半面で閉じ，$t < t'$ の場合には積分路を上半面で閉じて，極の留数を評価することによって示せ[*8]．

3.3 (3.32) 式の自由電子ガスの温度グリーン関数について，τ に関する周期性を確かめよ．つまり $-\beta \le \tau \le 0$ の τ に対して $\mathscr{G}^{(0)}_\alpha(\boldsymbol{r}, \beta + \tau) = -\mathscr{G}^{(0)}_\alpha(\boldsymbol{r}, \tau)$ が成り立つことを示せ．とくに $1 - f(\varepsilon_{\boldsymbol{k}}) = e^{\beta(\varepsilon_{\boldsymbol{k}} - \mu)}f(\varepsilon_{\boldsymbol{k}})$ の関係を使うと便利．

3.4 (3.32) 式の自由電子ガスの温度グリーン関数を (3.35) 式の積分に代入し，$\tau < 0$ の場合を含めて積分を実行せよ．

3.5 2.7 節の tight-binding モデルでは，温度グリーン関数を

$$\mathscr{G}_{\alpha\beta}(i, j, \tau) = -\langle T_\tau \hat{c}_{\mathrm{H}i,\alpha}(\tau)\hat{c}^\dagger_{\mathrm{H}j,\beta}\rangle \quad (3.76)$$

と定義すればよい．(2.43) 式のフーリエ変換等を用いて相互作用がない場合の $\mathscr{G}^{(0)}_{\alpha\beta}(i, j, \tau)$ は相対座標 $\boldsymbol{r}_i - \boldsymbol{r}_j$ に依存することを示せ．また，フーリエ変換 $\mathscr{G}^{(0)}_{\alpha\beta}(\boldsymbol{k}, i\omega_n)$ を求めよ（自由電子ガスの場合の $\varepsilon_{\boldsymbol{k}} = \hbar^2 k^2/2m$ が tight-binding モデルの $\varepsilon_{\boldsymbol{k}}$ に置き換えられるだけであることを示せ）．

3.6 2.6 節で導入した一般のブロッホ電子の場合の温度グリーン関数を求めよう．(2.39) 式の展開式から，温度グリーン関数を $\mathscr{G}_{\ell\ell'\alpha\beta}(\boldsymbol{k}, \tau) = -\langle T_\tau \hat{c}_{\mathrm{H}\ell\boldsymbol{k}\alpha}(\tau)\hat{c}^\dagger_{\mathrm{H}\ell'\boldsymbol{k}\beta}\rangle$ と定義する．相互作用がない場合に $\mathscr{G}^{(0)}_{\ell\ell'\alpha\beta}(\boldsymbol{k}, i\omega_n) = \delta_{\ell\ell'}\delta_{\alpha\beta}\mathscr{G}^{(0)}_\ell(\boldsymbol{k}, i\omega_n)$ となることを示せ．ここで

$$\mathscr{G}^{(0)}_\ell(\boldsymbol{k}, i\omega_n) = \frac{1}{i\omega_n - \varepsilon_\ell(\boldsymbol{k}) + \mu}. \quad (3.77)$$

3.7 グラフェンとは炭素原子が 2 次元蜂の巣格子を形成している物質である．グラフェン上のパイ電子系は，フェルミエネルギー近傍で，質量のないディラック方程式（ワイル方程式）で記述される．ハミルトニアンは $\mathscr{H} = \sum_\alpha \int d^2\boldsymbol{r}\,\hat{\psi}^\dagger_\alpha(\boldsymbol{r})\gamma(\hat{p}_x\sigma_x + \hat{p}_y\sigma_y)\hat{\psi}_\alpha(\boldsymbol{r})$ という 2×2 の行列で書ける．波数空間では

$$\mathscr{H} = \sum_{\boldsymbol{k}, \alpha} \begin{pmatrix} c^\dagger_{\mathrm{A}\boldsymbol{k}\alpha} & c^\dagger_{\mathrm{B}\boldsymbol{k}\alpha} \end{pmatrix} \begin{pmatrix} 0 & \gamma\hbar(k_x - ik_y) \\ \gamma\hbar(k_x + ik_y) & 0 \end{pmatrix} \begin{pmatrix} c_{\mathrm{A}\boldsymbol{k}\alpha} \\ c_{\mathrm{B}\boldsymbol{k}\alpha} \end{pmatrix} \quad (3.78)$$

となる．ここで A, B は蜂の巣格子の副格子を表す．この場合の温度グリーン関数が

$$\begin{pmatrix} \mathscr{G}^{(0)}_{\mathrm{AA}}(\boldsymbol{k}, i\omega_n) & \mathscr{G}^{(0)}_{\mathrm{AB}}(\boldsymbol{k}, i\omega_n) \\ \mathscr{G}^{(0)}_{\mathrm{BA}}(\boldsymbol{k}, i\omega_n) & \mathscr{G}^{(0)}_{\mathrm{BB}}(\boldsymbol{k}, i\omega_n) \end{pmatrix}$$

$$= \frac{1}{(i\omega_n + \mu)^2 - \gamma^2\hbar^2 k^2} \begin{pmatrix} i\omega_n + \mu & \gamma\hbar(k_x - ik_y) \\ \gamma\hbar(k_x + ik_y) & i\omega_n + \mu \end{pmatrix} \quad (3.79)$$

となることを示せ．

3.8 (1.24) 式のハミルトニアンで $V(\boldsymbol{r}) = 0$ の場合，(3.58) 式の全運動量演算子 $\hat{\boldsymbol{P}}$

[*8] 正確には，(3.21) 式の左辺の係数は 1 ではなく，$e^{-\eta(t-t')}$ である．このことは，(3.19) 式の $G^{(0)}_{\alpha\beta}(\boldsymbol{r}, t; \boldsymbol{r}', t')$ を (3.23) の第 1 式に直接代入して時間積分をするときに直面する問題と関連している．実際代入して，t 積分をする場合，$\theta(t - t')$ を持つ項については，$t \to \infty$ での収束因子 $e^{-\eta(t-t')}$ を付けておかないと積分が収束しないのである．

54 第 3 章 グリーン関数

と $\hat{\mathscr{H}}_0 + \hat{\mathscr{H}}_{\text{int}}$ は可換であることを示せ（部分積分の取扱いについては (1.44) 式の下の脚注（第 1 章，脚注 3）を参照）．また，不純物との相互作用 (2.18) とは可換でないことを確かめよ．

3.9 全運動量演算子 $\hat{\boldsymbol{P}}$ と $\hat{\psi}_\alpha(\boldsymbol{0})$ が交換関係

$$-\frac{i}{\hbar}[\boldsymbol{P}, \hat{\psi}_\alpha(\boldsymbol{0})] = \boldsymbol{\nabla}\hat{\psi}_\alpha(\boldsymbol{0}) \tag{3.80}$$

を満たすことを示せ．このことと，演習問題 3.1 の公式を組み合わせることにより (3.59) を証明せよ．

3.10 (3.11) 式ではグリーン関数から粒子密度の期待値が計算できることを示したが，同じことが温度グリーン関数についてもいえる．

$$\langle\hat{\psi}_\alpha^\dagger(\boldsymbol{r})\hat{\psi}_\alpha(\boldsymbol{r})\rangle = \pm\mathscr{G}_{\alpha\alpha}(\boldsymbol{r}, \tau; \boldsymbol{r}, \tau_+),$$

$$\langle\hat{\mathscr{H}}_{\text{kin}}\rangle = \pm\sum_\alpha \int d\boldsymbol{r} \lim_{\boldsymbol{r}'\to\boldsymbol{r}}\left(-\frac{\hbar^2\boldsymbol{\nabla}_r^2}{2m}\mathscr{G}_{\alpha\alpha}(\boldsymbol{r}, \tau; \boldsymbol{r}', \tau_+)\right) \tag{3.81}$$

を示せ．ここで τ_+ は $\tau + \delta$（δ は正の微小量）を意味する．また 2 粒子温度グリーン関数を

$$\mathscr{G}_{\alpha\beta;\gamma\delta}(\boldsymbol{r}_1, \tau_1, \boldsymbol{r}_2, \tau_2; \boldsymbol{r}_1', \tau_1', \boldsymbol{r}_2', \tau_2')$$

$$= \langle T_\tau\left[\hat{\psi}_{\text{H}\alpha}(\boldsymbol{r}_1, \tau_1)\hat{\psi}_{\text{H}\beta}(\boldsymbol{r}_2, \tau_2)\hat{\psi}_{\text{H}\delta}^+(\boldsymbol{r}_2', \tau_2')\hat{\psi}_{\text{H}\gamma}^+(\boldsymbol{r}_1', \tau_1')\right]\rangle \tag{3.82}$$

と定義すれば，スピンを含めた (1.24) 式の相互作用エネルギーの期待値は

$$\langle\hat{\mathscr{H}}_{\text{int}}\rangle = \frac{1}{2}\sum_{\alpha\beta}\iint d\boldsymbol{r}d\boldsymbol{r}'V_{\alpha\beta}(\boldsymbol{r}-\boldsymbol{r}')\mathscr{G}_{\alpha\beta;\alpha\beta}(\boldsymbol{r}, \tau, \boldsymbol{r}', \tau; \boldsymbol{r}, \tau_+, \boldsymbol{r}', \tau_+) \tag{3.83}$$

と書けることを確かめよ．

3.11 (3.10) 式を参考に，温度グリーン関数が満たす運動方程式が

$$\left[-\frac{\partial}{\partial\tau} - \left\{-\frac{\hbar^2}{2m}\boldsymbol{\nabla}^2 + (V(\boldsymbol{r}) - \mu)\right\}\right]\mathscr{G}_{\alpha\beta}(\boldsymbol{r}, \tau; \boldsymbol{r}', \tau') \mp \sum_{\beta'}\int d\boldsymbol{r}_2$$

$$\times V_{\alpha\beta'}(\boldsymbol{r}-\boldsymbol{r}_2)\mathscr{G}_{\alpha\beta';\beta\beta'}(\boldsymbol{r}, \tau, \boldsymbol{r}_2, \tau; \boldsymbol{r}', \tau', \boldsymbol{r}_2, \tau_+) = \delta_{\alpha\beta}\delta(\tau-\tau')\delta(\boldsymbol{r}-\boldsymbol{r}')$$

$$\tag{3.84}$$

となることをを示せ．

3.12 運動量分布関数は $n_{\boldsymbol{k},\alpha} \equiv \langle\hat{c}_{\boldsymbol{k},\alpha}^\dagger\hat{c}_{\boldsymbol{k},\alpha}\rangle$ で定義される．これが，(3.62) 式のスペクトル関数または遅延グリーン関数を用いて

$$n_{\boldsymbol{k},\alpha} = \int_{-\infty}^\infty d\omega\frac{\rho(\boldsymbol{k}, \omega)}{e^{\beta\hbar\omega} \pm 1} = -\frac{\hbar}{\pi}\text{Im}\int_{-\infty}^\infty d\omega\frac{G^R(\boldsymbol{k}, \omega)}{e^{\beta\hbar\omega} \pm 1} \tag{3.85}$$

と表されることを示せ．$\pm$ はそれぞれフェルミ粒子の場合，ボース粒子の場合である．また，$T \to 0$ の極限では

$$n_{\boldsymbol{k},\alpha} = \pm\int_{-\infty}^0 d\omega\rho(\boldsymbol{k}, \omega) = \mp\frac{\hbar}{\pi}\text{Im}\int_{-\infty}^0 d\omega G^R(\boldsymbol{k}, \omega) \tag{3.86}$$

となる．

3.13 時間順序積を持つグリーン関数は $\text{Re}\, G(\boldsymbol{k}, \omega) = \text{Re}\, G^R(\boldsymbol{k}, \omega) = \text{Re}\, G^A(\boldsymbol{k}, \omega)$ の関係を満たすことを示せ．また (3.71) 式を用いて，

$$\text{Re}\, G(\boldsymbol{k}, \omega) = -\frac{\mathscr{P}}{\pi}\int_{-\infty}^\infty d\omega'\frac{\text{Im}\, G(\boldsymbol{k}, \omega')}{\omega - \omega'}\left(\tanh\frac{\beta\hbar\omega'}{2}\right)^{\mp 1} \tag{3.87}$$

を証明せよ[*9)]．

[*9)] L. D. Landau, J. Explt. Theoret. Phys. (U.S.S.R.) **34**, 262 (1958) [Sov. Phys. JETP **7**, 182 (1958)].

第 4 章

摂動論とファインマンダイアグラム

第3章では，相互作用のない場合のグリーン関数と温度グリーン関数を調べた．ここでは相互作用に関する摂動の一般論を展開する．その結果，ダイアグラムを用いた方法により摂動計算が系統的に実行できるようになる．こうすれば複雑な摂動計算が非常に見通しよくなり，物理的描像も描けるようになる．

4.1 相互作用描像と虚時間発展演算子

以下この章では具体的に電子の場合を考える．ボース粒子の場合は符号が違うだけで他は同じである．一般にハミルトニアンが

$$\hat{\mathscr{H}} = \hat{\mathscr{H}}_0 + \hat{\mathscr{H}}_{\text{int}} \tag{4.1}$$

と書ける場合を考える．$\hat{\mathscr{H}}_0$ は相互作用を含まない部分で，対角化できるとする．$\hat{\mathscr{H}}_0$ として最も単純なものは (2.3) 式の自由電子のハミルトニアンである．さらに周期ポテンシャルがあって，ブロッホ電子として解けている場合でもよい．

さて，第3章で定義したグリーン関数は，ハイゼンベルグ描像による演算子のグランドカノニカル平均によって定義されている．一般の演算子 $\hat{\mathscr{O}}$ に対して，虚時間のハイゼンベルグ描像での演算子は

$$\hat{\mathscr{O}}_{\text{H}}(\tau) \equiv e^{\tau(\hat{\mathscr{H}} - \mu \hat{N})} \hat{\mathscr{O}} e^{-\tau(\hat{\mathscr{H}} - \mu \hat{N})} \tag{4.2}$$

と定義されるが，$\hat{\mathscr{H}}_{\text{int}}$ を摂動として考える場合，相互作用のない $\hat{\mathscr{H}}_0$ の部分を先に演算子の時間発展に取り込んでしまうと便利だと予想される．そのため

$$\hat{\mathscr{O}}_{\text{I}}(\tau) \equiv e^{\tau(\hat{\mathscr{H}}_0 - \mu \hat{N})} \hat{\mathscr{O}} e^{-\tau(\hat{\mathscr{H}}_0 - \mu \hat{N})} \tag{4.3}$$

と定義したものを用意する．これを相互作用描像での演算子 $\hat{\mathscr{O}}_{\text{I}}(\tau)$ という．$\hat{\mathscr{H}}_0$ は対角化されているので，$\hat{\mathscr{O}}_{\text{I}}(\tau)$ は単純な形となって扱いやすいのである．

グリーン関数を用いる場の理論では，$\hat{\mathscr{O}}_{\text{H}}(\tau)$ と $\hat{\mathscr{O}}_{\text{I}}(\tau)$ の間の関係を明らかに

して，物理量をすべて相互作用描像の $\hat{\mathscr{O}}_{\mathrm{I}}(\tau)$ を用いて表す．両者の関係は以下のようにわかる．まず (4.3) 式から $\hat{\mathscr{O}} = e^{-\tau(\hat{\mathscr{H}}_0-\mu\hat{\mathscr{N}})}\hat{\mathscr{O}}_{\mathrm{I}}e^{\tau(\hat{\mathscr{H}}_0-\mu\hat{\mathscr{N}})}$ となるが，この関係式を (4.2) 式に代入すると

$$\hat{\mathscr{O}}_{\mathrm{H}}(\tau) = \hat{\mathscr{U}}(0,\tau)\hat{\mathscr{O}}_{\mathrm{I}}(\tau)\hat{\mathscr{U}}(\tau,0) \tag{4.4}$$

と書けることがわかる．ここで $\hat{\mathscr{U}}(\tau,\tau')$ は

$$\hat{\mathscr{U}}(\tau,\tau') \equiv e^{\tau(\hat{\mathscr{H}}_0-\mu\hat{\mathscr{N}})}e^{-(\tau-\tau')(\hat{\mathscr{H}}-\mu\hat{\mathscr{N}})}e^{-\tau'(\hat{\mathscr{H}}_0-\mu\hat{\mathscr{N}})} \tag{4.5}$$

と定義されたものである．この $\hat{\mathscr{U}}(\tau,\tau')$ は無意味に複雑な形に書いたように思えるが，実は状態 $|\Psi_{\mathrm{I}}(t)\rangle$ の虚時間発展を考えれば理解できる．そのため（相互作用描像での）虚時間発展演算子と呼ばれている（演習問題 4.1 参照）．

$\hat{\mathscr{U}}(\tau,\tau')$ を τ で微分すると

$$\begin{aligned}
\frac{\partial}{\partial\tau}\hat{\mathscr{U}}(\tau,\tau') &= e^{\tau(\hat{\mathscr{H}}_0-\mu\hat{\mathscr{N}})}(\hat{\mathscr{H}}_0-\hat{\mathscr{H}})e^{-(\tau-\tau')(\hat{\mathscr{H}}-\mu\hat{\mathscr{N}})}e^{-\tau'(\hat{\mathscr{H}}_0-\mu\hat{\mathscr{N}})} \\
&= -\hat{\mathscr{H}}_{\mathrm{int}}(\tau)\hat{\mathscr{U}}(\tau,\tau')
\end{aligned} \tag{4.6}$$

と書ける．ここで新たに導入された $\hat{\mathscr{H}}_{\mathrm{int}}(\tau)$ は

$$\hat{\mathscr{H}}_{\mathrm{int}}(\tau) \equiv e^{\tau(\hat{\mathscr{H}}_0-\mu\hat{\mathscr{N}})}\hat{\mathscr{H}}_{\mathrm{int}}e^{-\tau(\hat{\mathscr{H}}_0-\mu\hat{\mathscr{N}})} \tag{4.7}$$

であり，相互作用 $\hat{\mathscr{H}}_{\mathrm{int}}$ の相互作用描像である（本来なら添字 I を付けるべきだが，今後この相互作用描像が主役となって常に出てくるので I は省略した）．

$\hat{\mathscr{H}}_{\mathrm{int}}$ は，もともと複数（偶数個）の $\hat{\psi}_\alpha(\boldsymbol{r})$ や $\hat{\psi}_\alpha^\dagger(\boldsymbol{r})$ で書き表される（ボース粒子の場合は奇数個もあり得る）．これに対応して相互作用描像の $\hat{\mathscr{H}}_{\mathrm{int}}(\tau)$ の中では，演算子をそれぞれ $\hat{\psi}_\alpha(\boldsymbol{r}) \rightarrow e^{\tau(\hat{\mathscr{H}}_0-\mu\hat{\mathscr{N}})}\hat{\psi}_\alpha(\boldsymbol{r})e^{-\tau(\hat{\mathscr{H}}_0-\mu\hat{\mathscr{N}})} \equiv \hat{\psi}_{\mathrm{I}\alpha}(\boldsymbol{r},\tau)$ などと置き換えればよい．これはすべての演算子の間に恒等式 $1 = e^{-\tau(\hat{\mathscr{H}}_0-\mu\hat{\mathscr{N}})}e^{\tau(\hat{\mathscr{H}}_0-\mu\hat{\mathscr{N}})}$ を挿入することによって確かめられる．さらに都合よいことに，相互作用描像の演算子 $\hat{\psi}_{\mathrm{I}\alpha}(\boldsymbol{r})$ は単純な形を持つ．具体的には，$\hat{\mathscr{H}}_0$ が自由電子ガスの場合には

$$\hat{\psi}_{\mathrm{I}\alpha}(\boldsymbol{r}) = \frac{1}{\sqrt{V}}\sum_{\boldsymbol{k}}e^{i\boldsymbol{k}\cdot\boldsymbol{r}-(\varepsilon_{\boldsymbol{k}}-\mu)\tau}\hat{c}_{\boldsymbol{k},\alpha} \tag{4.8}$$

となる．これは 3.4 節の (3.30) 式と同じ計算である．

(4.6) 式の微分方程式は，ちょうど指数関数の満たす方程式と同じ形をしている．また，初期値は定義から $\hat{\mathscr{U}}(\tau,\tau) = 1$ といえるので，

$$\exp\left[-\int_{\tau'}^{\tau}d\tau''\,\hat{\mathscr{H}}_{\mathrm{int}}(\tau'')\right] = \sum_{n=0}^{\infty}\frac{(-1)^n}{n!}\left[\int_{\tau'}^{\tau}d\tau''\,\hat{\mathscr{H}}_{\mathrm{int}}(\tau'')\right]^n \tag{4.9}$$

が $\hat{\mathscr{U}}(\tau,\tau')$ の解であるように思われる．しかし異なる τ 同志の $\hat{\mathscr{H}}_{\mathrm{int}}(\tau)$ が非可換であるため，これは正しい解ではない（演習問題 4.2）．正確な解の形は，

4.1 相互作用描像と虚時間発展演算子 **57**

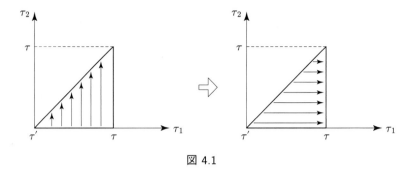

図 4.1

温度グリーン関数の定義で用いたのと同じ τ 積を用いて

$$\hat{\mathscr{U}}(\tau,\tau') = \sum_{n=0}^{\infty} \frac{(-1)^n}{n!} \int_{\tau'}^{\tau} d\tau_1 \int_{\tau'}^{\tau} d\tau_2 \cdots$$
$$\int_{\tau'}^{\tau} d\tau_n T_\tau \left[\hat{\mathscr{H}}_{\text{int}}(\tau_1) \hat{\mathscr{H}}_{\text{int}}(\tau_2) \cdots \hat{\mathscr{H}}_{\text{int}}(\tau_n) \right] \quad (4.10)$$

であることが示される（証明は下記）．これが τ 積のご利益の一つである．また，(4.10) 式はちょうど指数関数のテイラー展開と同じなので，形式的に

$$\hat{\mathscr{U}}(\tau,\tau') = T_\tau \exp\left[-\int_{\tau'}^{\tau} d\tau'' \hat{\mathscr{H}}_{\text{int}}(\tau'') \right] \quad (4.11)$$

と書くことにする．結局，(4.9) 式は正しくないが，τ 積を使えば正しい解 (4.11) 式が得られるのである．以下，(4.11) 式を証明する．

【証明】微分方程式 (4.6) は，逐次代入法によって解くことができる．これは $\hat{\mathscr{H}}_{\text{int}}$ に関する摂動論に対応する．まず $\hat{\mathscr{H}}_{\text{int}}(\tau)$ がなければ，$\hat{\mathscr{U}}(\tau,\tau')$ は τ によらず，初期値から $\hat{\mathscr{U}}^{(0)}(\tau,\tau') = 1$ である．この結果を (4.6) 式の右辺に代入すると右辺は $-\hat{\mathscr{H}}_{\text{int}}(\tau)$ となるので，$\hat{\mathscr{U}}(\tau,\tau')$ の 1 次摂動の解は

$$\hat{\mathscr{U}}^{(1)}(\tau,\tau') = -\int_{\tau'}^{\tau} d\tau_1 \hat{\mathscr{H}}_{\text{int}}(\tau_1) \quad (4.12)$$

である．次に，得られた $\hat{\mathscr{U}}^{(1)}(\tau,\tau')$ を再び (4.6) 式の右辺に代入して積分すると

$$\hat{\mathscr{U}}^{(2)}(\tau,\tau') = (-1)^2 \int_{\tau'}^{\tau} d\tau_1 \hat{\mathscr{H}}_{\text{int}}(\tau_1) \int_{\tau'}^{\tau_1} d\tau_2 \hat{\mathscr{H}}_{\text{int}}(\tau_2) \quad (4.13)$$

となる．以下同様に繰り返すと，

$$\hat{\mathscr{U}}(\tau,\tau') = \sum_{n=0}^{\infty} (-1)^n \int_{\tau'}^{\tau} d\tau_1 \int_{\tau'}^{\tau_1} d\tau_2 \cdots$$
$$\int_{\tau'}^{\tau_{n-1}} d\tau_n \left[\hat{\mathscr{H}}_{\text{int}}(\tau_1) \hat{\mathscr{H}}_{\text{int}}(\tau_2) \cdots \hat{\mathscr{H}}_{\text{int}}(\tau_n) \right] \quad (4.14)$$

が解であることがわかる．ここで例えば (4.13) の右辺の積分領域の見方を図 4.1 のように変更し，引き続き $\tau_1 \leftrightarrow \tau_2$ の変数変換をすると

$$\hat{\mathscr{U}}^{(2)}(\tau, \tau') = \int_{\tau'}^{\tau} d\tau_2 \int_{\tau_2}^{\tau} d\tau_1 \hat{\mathscr{H}}_{\text{int}}(\tau_1) \hat{\mathscr{H}}_{\text{int}}(\tau_2)$$

$$= \int_{\tau'}^{\tau} d\tau_1 \int_{\tau_1}^{\tau} d\tau_2 \hat{\mathscr{H}}_{\text{int}}(\tau_2) \hat{\mathscr{H}}_{\text{int}}(\tau_1) \tag{4.15}$$

となることがわかる．この最後の積分の中では $\tau_2 > \tau_1$ が成り立つので，被積分関数は $T_\tau \left[\hat{\mathscr{H}}_{\text{int}}(\tau_1) \hat{\mathscr{H}}_{\text{int}}(\tau_2) \right]$ と書くことができる［一般に $\hat{\mathscr{H}}_{\text{int}}(\tau_n)$ は偶数個のフェルミ粒子の演算子からなるので，τ 積においてフェルミ粒子の交換による符号 $(-1)^P$ は常に 1 であることに注意］．最後に元の (4.13) と足して 2 で割ると

$$\hat{\mathscr{U}}^{(2)}(\tau, \tau') = \frac{1}{2} \int_{\tau'}^{\tau} d\tau_1 \int_{\tau'}^{\tau} d\tau_2 T_\tau \left[\hat{\mathscr{H}}_{\text{int}}(\tau_1) \hat{\mathscr{H}}_{\text{int}}(\tau_2) \right] \tag{4.16}$$

となることがわかる．同様に高次の項も変更することができて，最終的に式 (4.10) が得られる（演習問題 4.3 も参照）．【証明終わり】

(4.5) 式の定義から，chain rule

$$\hat{\mathscr{U}}(\tau, \tau') = \hat{\mathscr{U}}(\tau, \tau'') \hat{\mathscr{U}}(\tau'', \tau') \tag{4.17}$$

を示すこともできる．

4.2 相互作用のある場合の温度グリーン関数

前節の虚時間発展演算子 $\hat{\mathscr{U}}(\tau, \tau')$ を用いて温度グリーン関数を作ろう．温度グリーン関数はハイゼンベルグ描像の演算子 $\hat{\psi}_{\text{H}\alpha}(\boldsymbol{r}, \tau)$ と $\hat{\psi}_{\text{H}\beta}^{+}(\boldsymbol{r}', \tau')$ を用いて定義されているが，(4.4) 式を用いて相互作用描像の演算子 $\hat{\psi}_{\text{I}\alpha}(\boldsymbol{r}, \tau)$ と $\hat{\psi}_{\text{I}\beta}^{+}(\boldsymbol{r}', \tau')$ に書き換えることができる．例えば $\tau > \tau'$ のとき

$$\mathscr{G}_{\alpha\beta}(\boldsymbol{r}, \tau; \boldsymbol{r}', \tau') = -\langle \hat{\mathscr{U}}(0, \tau) \hat{\psi}_{\text{I}\alpha}(\boldsymbol{r}, \tau) \hat{\mathscr{U}}(\tau, 0) \hat{\mathscr{U}}(0, \tau') \hat{\psi}_{\text{I}\beta}^{+}(\boldsymbol{r}', \tau') \hat{\mathscr{U}}(\tau', 0) \rangle$$

$$= -\frac{1}{\Xi} \text{Tr} \, e^{-\beta(\hat{\mathscr{H}} - \mu \hat{\mathscr{N}})} \hat{\mathscr{U}}(0, \tau) \hat{\psi}_{\text{I}\alpha}(\boldsymbol{r}, \tau) \hat{\mathscr{U}}(\tau, \tau') \hat{\psi}_{\text{I}\beta}^{+}(\boldsymbol{r}', \tau') \hat{\mathscr{U}}(\tau', 0)$$

$$\tag{4.18}$$

が得られる．ここで (4.17) 式の chain rule を使った．さらに

$$e^{-\beta(\hat{\mathscr{H}} - \mu \hat{\mathscr{N}})} = e^{-\beta(\hat{\mathscr{H}}_0 - \mu \hat{\mathscr{N}})} \hat{\mathscr{U}}(\beta, 0) \tag{4.19}$$

といううまい関係があるので，結局

$$\mathscr{G}_{\alpha\beta}(\boldsymbol{r}, \tau; \boldsymbol{r}', \tau')$$

$$= -\frac{1}{\Xi} \text{Tr} \, e^{-\beta(\hat{\mathscr{H}}_0 - \mu \hat{\mathscr{N}})} \hat{\mathscr{U}}(\beta, \tau) \hat{\psi}_{\text{I}\alpha}(\boldsymbol{r}, \tau) \hat{\mathscr{U}}(\tau, \tau') \hat{\psi}_{\text{I}\beta}^{+}(\boldsymbol{r}', \tau') \hat{\mathscr{U}}(\tau', 0)$$

$$\tag{4.20}$$

となる．同様に $\tau < \tau'$ のときには

$$\mathscr{G}_{\alpha\beta}(\boldsymbol{r},\tau;\boldsymbol{r}',\tau')$$
$$= \pm\frac{1}{\Xi}\mathrm{Tr}\ e^{-\beta(\mathscr{H}_0-\mu\hat{\mathscr{N}})}\hat{\mathscr{U}}(\beta,\tau')\hat{\psi}^{+}_{\mathrm{I}\beta}(\boldsymbol{r}',\tau')\hat{\mathscr{U}}(\tau',\tau)\hat{\psi}_{\mathrm{I}\alpha}(\boldsymbol{r},\tau)\hat{\mathscr{U}}(\tau,0)$$
$$\tag{4.21}$$

となる（符号はフェルミ粒子のとき +，ボース粒子のとき −）．さらに $\hat{\mathscr{U}}(\tau,\tau')$ などの具体的な形を代入して調べると，すべての $\hat{\mathscr{U}}(\tau,\tau')$ は τ 積で書かれているので，$\hat{\psi}_{\mathrm{I}\alpha}(\boldsymbol{r},\tau)\hat{\psi}^{+}_{\mathrm{I}\beta}(\boldsymbol{r}',\tau')$ を含めて全体の τ 積で書けるということが示される（演習問題 4.4）．結局，温度グリーン関数は

$$\mathscr{G}_{\alpha\beta}(\boldsymbol{r},\tau;\boldsymbol{r}',\tau') = -\frac{1}{\Xi}\mathrm{Tr}\ e^{-\beta(\mathscr{H}_0-\mu\hat{\mathscr{N}})}\sum_{n=0}^{\infty}\frac{(-1)^n}{n!}\int_0^{\beta}d\tau_1\cdots\int_0^{\beta}d\tau_n$$
$$\times T_{\tau}\left[\hat{\psi}_{\mathrm{I}\alpha}(\boldsymbol{r},\tau)\hat{\psi}^{+}_{\mathrm{I}\beta}(\boldsymbol{r}',\tau')\hat{\mathscr{H}}_{\mathrm{int}}(\tau_1)\cdots\hat{\mathscr{H}}_{\mathrm{int}}(\tau_n)\right]$$
$$\tag{4.22}$$

と書ける．一方，分母の大分配関数は同様に

$$\Xi = \mathrm{Tr}\ e^{-\beta(\mathscr{H}_0-\mu\hat{\mathscr{N}})}\sum_{n=0}^{\infty}\frac{(-1)^n}{n!}\int_0^{\beta}d\tau_1\cdots\int_0^{\beta}d\tau_n T_{\tau}\left[\hat{\mathscr{H}}_{\mathrm{int}}(\tau_1)\cdots\hat{\mathscr{H}}_{\mathrm{int}}(\tau_n)\right]$$
$$\tag{4.23}$$

である．

ここで $\hat{\mathscr{H}}_{\mathrm{int}}(\tau)$ は相互作用描像の演算子によって書かれているので，結局グリーン関数は分母分子ともにすべて相互作用描像の演算子によって書かれることになった．さらに熱平均についても $e^{-\beta(\mathscr{H}_0-\mu\hat{\mathscr{N}})}$ を用いた平均となっているが，これは相互作用がないハミルトニアン $\mathscr{H}_0$ によるグランドカノニカル分布である．演算子 $\hat{\mathscr{O}}$ の $\mathscr{H}_0$ によるグランドカノニカル分布の平均を

$$\langle\hat{\mathscr{O}}\rangle_0 \equiv \frac{1}{\Xi_0}\mathrm{Tr}\ e^{-\beta(\mathscr{H}_0-\mu\hat{\mathscr{N}})}\hat{\mathscr{O}}\tag{4.24}$$

と定義すると，(4.22) 式の温度グリーン関数は

$$\mathscr{G}_{\alpha\beta}(\boldsymbol{r},\tau;\boldsymbol{r}',\tau')$$
$$= -\frac{\sum_{n=0}^{\infty}\frac{(-1)^n}{n!}\int_0^{\beta}d\tau_1\cdots\int_0^{\beta}d\tau_n\langle T_{\tau}\left[\hat{\psi}_{\mathrm{I}\alpha}(\boldsymbol{r},\tau)\hat{\psi}^{+}_{\mathrm{I}\beta}(\boldsymbol{r}',\tau')\hat{\mathscr{H}}_{\mathrm{int}}(\tau_1)\cdots\hat{\mathscr{H}}_{\mathrm{int}}(\tau_n)\right]\rangle_0}{\sum_{n=0}^{\infty}\frac{(-1)^n}{n!}\int_0^{\beta}d\tau_1\cdots\int_0^{\beta}d\tau_n\langle T_{\tau}\left[\hat{\mathscr{H}}_{\mathrm{int}}(\tau_1)\cdots\hat{\mathscr{H}}_{\mathrm{int}}(\tau_n)\right]\rangle_0}$$
$$\tag{4.25}$$

と書ける．この式によって相互作用の効果は $\hat{\mathscr{H}}_{\mathrm{int}}(\tau)$ の摂動として取り入れられる．自由電子ガスの場合，摂動の 0 次は (3.32) 式で得られた温度グリーン関数である．

この節の最後に絶対零度の基底状態の場合との比較をしておこう．絶対零度では，相互作用を無限の過去から断熱的に導入するという微妙な手続きが必要である[1]．これに対して有限温度の場合には，このような手続きは必要ない．こ

---

[1] M. Gell-Mann and F. Low, Phys. Rev. **84**, 350 (1951).

れは (4.19) 式において，相互作用のあるグランドカノニカル分布 $e^{-\beta(\hat{\mathcal{H}}-\mu\hat{N})}$ が，相互作用のない場合の $e^{-\beta(\hat{\mathcal{H}}_0-\mu\hat{N})}$ に $\hat{\mathcal{U}}(\beta,0)$ という演算子によって素直に繋がっているためである．これは，有限温度の場合，完全にランダムな高温 $(\beta = 0)$ の状態から，温度が $\beta = 1/k_\mathrm{B}T$ のところまで温度を下げてくるという定式化をしているためだと考えられる（この操作を表すのが $\hat{\mathcal{U}}(\beta,0)$ である）．

4.3 ブロック・ドゥドミニシスの定理

前節で示したように，温度グリーン関数は

$$\langle T_\tau \left[\hat{\psi}_{\mathrm{I}\alpha}(\boldsymbol{r},\tau)\hat{\psi}_{\mathrm{I}\beta}^+(\boldsymbol{r}',\tau')\hat{\mathcal{H}}_{\mathrm{int}}(\tau_1)\hat{\mathcal{H}}_{\mathrm{int}}(\tau_2)\cdots\hat{\mathcal{H}}_{\mathrm{int}}(\tau_n) \right] \rangle_0 \tag{4.26}$$

などを計算すれば求められる．例えば相互作用 $\hat{\mathcal{H}}_{\mathrm{int}}$ は，第 1 章の (1.24) 式で示したように，

$$\frac{1}{2}\sum_{\sigma,\sigma'}\iint d\boldsymbol{r}_1 d\boldsymbol{r}_2 \hat{\psi}_\sigma^\dagger(\boldsymbol{r}_1)\hat{\psi}_{\sigma'}^\dagger(\boldsymbol{r}_2)V_{\sigma\sigma'}(\boldsymbol{r}_1-\boldsymbol{r}_2)\hat{\psi}_{\sigma'}(\boldsymbol{r}_2)\hat{\psi}_\sigma(\boldsymbol{r}_1) \tag{4.27}$$

の形をしている．（演算子の順番に注意．また $\boldsymbol{r}$ や $\boldsymbol{r}'$ と変数が重ならないように $\boldsymbol{r}_1, \boldsymbol{r}_2$ を導入し，スピンは σ, σ' とした．）相互作用描像では，

$$\hat{\mathcal{H}}_{\mathrm{int}}(\tau) = \frac{1}{2}\sum_{\sigma,\sigma'}\iint d\boldsymbol{r}_1 d\boldsymbol{r}_2 \hat{\psi}_{\mathrm{I}\sigma}^+(\boldsymbol{r}_1,\tau)\hat{\psi}_{\mathrm{I}\sigma'}^+(\boldsymbol{r}_2,\tau)V_{\sigma\sigma'}(\boldsymbol{r}_1-\boldsymbol{r}_2)$$
$$\times \hat{\psi}_{\mathrm{I}\sigma'}(\boldsymbol{r}_2,\tau)\hat{\psi}_{\mathrm{I}\sigma}(\boldsymbol{r}_1,\tau) \tag{4.28}$$

となる．以下この章ではこの相互作用を用いて説明する．(4.28) 式を温度グリーン関数の表式 (4.25) に代入すると，必要な期待値の計算は偶数個の演算子の期待値

$$\langle T_\tau \left[\hat{\psi}_{\mathrm{I}\alpha_1}^{X_1}(\boldsymbol{r}_1,\tau_1)\hat{\psi}_{\mathrm{I}\alpha_2}^{X_2}(\boldsymbol{r}_2,\tau_2)\cdots\hat{\psi}_{\mathrm{I}\alpha_{2n}}^{X_{2n}}(\boldsymbol{r}_{2n},\tau_{2n}) \right] \rangle_0 \tag{4.29}$$

ということになる（ただし，(4.28) 式のように，相互作用の中の演算子はすべて同じ τ を持っているので，注意を要する）．(4.29) 式で上添字の X_i は，演算子に $+$ が付いている場合や $+$ が付いていない場合などを一般的に書いたものである．

(4.29) 式の期待値は，$\mathscr{G}_{\alpha\beta}^{(0)}(\boldsymbol{r},\tau;\boldsymbol{r}',\tau')$ の積に分解できる．以下でこのことをを証明しよう．これは絶対零度のときのウィックの定理に対応するものだが，有限温度の場合はブロック・ドゥドミニシス (Bloch-De Dominicis) の定理と呼ばれている[*2]．

この証明で重要な点は，$\langle\cdots\rangle_0$ で表されるグランドカノニカル平均が，相互作用のない $\hat{\mathcal{H}}_0$ によるものであるという点である．一般に $\hat{\mathcal{H}}_0$ が対角化されていて，$\hat{\mathcal{H}}_0 = \sum_n \varepsilon_n \hat{c}_n^\dagger \hat{c}_n$ と書かれているとしよう．グリーン関数の中の $\hat{\psi}_{\mathrm{I}\alpha}(\boldsymbol{r},\tau)$ や $\psi_{\mathrm{I}\beta}^+(\boldsymbol{r}',\tau')$ などは $\hat{c}_n$ または c_n^+ の線形結合で書かれているので [例えば (4.8) 式]，$2n$ 個の演算子 $A_1, A_2, \cdots, A_{2n}$ が $\hat{c}(\tau_i)$ または $\hat{c}^+(\tau_i)$ のいずれかを表す

[*2] C. Bloch and C. de Dominicis, Nucl. Phys. **7**, 459 (1958)（フランス語である）; M. Gaudin, Nucl. Phys. **15**, 89 (1960).

として,

$$\langle T_\tau [A_1 A_2 \cdots A_{2n}]\rangle_0 \tag{4.30}$$

に対して定理を証明すればよい（以下 A_n に対しては演算子を表す $\hat{}$ を省略する）．後で線形結合によって $\hat{\psi}_{\mathrm{I}\alpha}(\boldsymbol{r}, \tau)$ などの形に戻せば, (4.29) 式に適用できることがわかる（以下フェルミ粒子の場合について証明するが, ボース粒子の場合は, 符号が付かないだけで全く同じように証明できる）. 証明すべき式は

$$
\begin{aligned}
&\langle T_\tau [A_1 A_2 \cdots A_{2n}]\rangle_0 \\
&= \sum_{\text{すべての可能な組合せ}} (-1)^i \langle T_\tau [A_{i1} A_{i2}]\rangle_0 \langle T_\tau [A_{i3} A_{i4}]\rangle_0 \\
&\qquad\qquad \cdots \langle T_\tau [A_{i(2n-1)} A_{i(2n)}]\rangle_0
\end{aligned} \tag{4.31}
$$

である．ここで和は $(i1, i2), (i3, i4)$ などすべての可能な組合せの対についての和である．正確に書くと, $(1, 2, \cdots, 2n)$ という添字の番号を $(i1, i2, \cdots, i(2n))$ という順番に入れ替えたもののうち, $i1 < i2, i3 < i4, \cdots, i(2n-1) < i(2n)$, かつ $i1 < i3 < i5 < \cdots < i(2n-1)$ を満たすものについて和を取る．また, 右辺の $(-1)^i$ は, この置換がフェルミ演算子について奇置換であれば -1 となる因子である．

【証明】まず (4.31) 式左辺 $\langle T_\tau [A_1 A_2 \cdots A_{2n}]\rangle_0$ の τ 積がない場合を調べる．すべての A_j は 1 つのフェルミ演算子しか含まないので, 交換関係 $\{A_i, A_j\} = A_i A_j + A_j A_i$ は, 必ず 0 か 1 の数（c 数）になる．これを

$$A_i A_j + A_j A_i = (ij) \tag{4.32}$$

と書く．この性質を繰り返し用いて, A_1 を順繰りに右側へ移していくと

$$
\begin{aligned}
\langle A_1 A_2 \cdots A_{2n}\rangle_0 &= (12)\langle A_3 \cdots A_{2n}\rangle_0 - \langle A_2 A_1 \cdots A_{2n}\rangle_0 \\
&= (12)\langle A_3 \cdots A_{2n}\rangle_0 - (13)\langle A_2 A_4 \cdots A_{2n}\rangle_0 \\
&\quad + \langle A_2 A_3 A_1 \cdots A_{2n}\rangle_0 \\
&= \cdots \\
&= (12)\langle A_3 \cdots A_{2n}\rangle_0 - (13)\langle A_2 A_4 \cdots A_{2n}\rangle_0 \\
&\quad + (14)\langle A_2 A_3 A_5 \cdots A_{2n}\rangle_0 \\
&\quad + \cdots + (1, 2n)\langle A_2 A_3 \cdots A_{2n-1}\rangle_0 - \langle A_2 A_3 \cdots A_{2n} A_1\rangle_0
\end{aligned} \tag{4.33}
$$

が得られる．こうして A_1 が一番右に移された．

次に A_1 と $\mathscr{H}_0 - \mu \hat{N}$ の交換関係を調べる．もし A_1 が演算子 $\hat{c}_r$ を持つならば

$$A_1 e^{-\beta(\mathscr{H}_0 - \mu \hat{N})} = e^{-\beta(\mathscr{H}_0 - \mu \hat{N})} A_1 e^{-\beta(\varepsilon_r - \mu)} \tag{4.34}$$

が成立し, もし A_1 が演算子 $\hat{c}_r^+$ を持つならば

$$A_1 e^{-\beta(\hat{\mathscr{H}}_0 - \mu \hat{N})} = e^{-\beta(\hat{\mathscr{H}}_0 - \mu \hat{N})} A_1 e^{\beta(\varepsilon_r - \mu)} \tag{4.35}$$

が成立する．この関係式と $\mathrm{Tr}\,AB = \mathrm{Tr}\,BA$ を用いると，式 (4.33) 最後の項は

$$
\begin{aligned}
\langle A_2 A_3 \cdots A_{2n} A_1 \rangle_0 &= \frac{1}{\Xi_0} \mathrm{Tr}\left[A_1 e^{-\beta(\hat{\mathscr{H}}_0 - \mu \hat{N})} A_2 A_3 \cdots A_{2n} \right] \\
&= \frac{1}{\Xi_0} \mathrm{Tr}\left[e^{-\beta(\hat{\mathscr{H}}_0 - \mu \hat{N})} A_1 e^{\mp \beta(\varepsilon_r - \mu)} A_2 A_3 \cdots A_{2n} \right] \\
&= \langle A_1 A_2 \cdots A_{2n} \rangle_0 e^{\mp \beta(\varepsilon_r - \mu)}
\end{aligned} \tag{4.36}
$$

となって (4.33) 式左辺を $e^{\mp \beta(\varepsilon_r - \mu)}$ 倍したものになる．ここで $\mp$ は，それぞれ A_1 が演算子 $\hat{c}_r$ を持つ場合と $\hat{c}_r^+$ を持つ場合に対応する．この結果を (4.33) 式の左辺に移項して整理すれば，

$$
\begin{aligned}
\langle A_1 A_2 \cdots A_{2n} \rangle_0 = \frac{1}{1 + e^{\mp \beta(\varepsilon_r - \mu)}} \Big[&(12)\langle A_3 \cdots A_{2n} \rangle_0 - (13)\langle A_2 A_4 \cdots A_{2n} \rangle_0 \\
&+ (14)\langle A_2 A_3 A_5 \cdots A_{2n} \rangle_0 + \cdots + (1,2n)\langle A_2 A_3 \cdots A_{2n-1} \rangle_0 \Big]
\end{aligned} \tag{4.37}
$$

が得られる．とくに $n = 1$ の場合には，単純に

$$\langle A_1 A_2 \rangle_0 = \frac{(12)}{1 + e^{\mp \beta(\varepsilon_r - \mu)}} \tag{4.38}$$

となることがわかるので，一般に $\langle A_1 A_j \rangle_0 = (1j)/(1 + e^{\mp \beta(\varepsilon_r - \mu)})$ が成立する．この関係式を (4.37) 式の (12), (13) 等に用いれば，(4.37) 式は

$$
\begin{aligned}
\langle A_1 A_2 \cdots A_{2n} \rangle_0 = &\langle A_1 A_2 \rangle_0 \langle A_3 \cdots A_{2n} \rangle_0 - \langle A_1 A_3 \rangle_0 \langle A_2 A_4 \cdots A_{2n} \rangle_0 \\
&+ \cdots + \langle A_1 A_{2n} \rangle_0 \langle A_2 A_3 \cdots A_{2n-1} \rangle_0
\end{aligned} \tag{4.39}
$$

となる．引き続き，右辺の $\langle A_3 \cdots A_{2n} \rangle_0$ などに，同じやり方を繰り返していけば，結局すべての項が $\langle A_i A_j \rangle_0\ (i < j)$ の積の形になることがわかる．その結果

$$
\begin{aligned}
&\langle A_1 A_2 \cdots A_{2n} \rangle_0 \\
&= \sum_{\text{すべての可能な組合せ}} (-1)^i \langle A_{i1} A_{i2} \rangle_0 \langle A_{i3} A_{i4} \rangle_0 \cdots \langle A_{i(2n-1)} A_{i(2n)} \rangle_0
\end{aligned} \tag{4.40}
$$

が得られる．上記の作り方からわかるように，$i1 < i2,\ i3 < i4,\ \cdots,\ i(2n-1) < i(2n)$ かつ $i1 < i3 < i5 < \cdots < i(2n-1)$ という 2 つの条件が付いている．

最後に，証明したい (4.31) 式との関係を付けよう．(4.31) 式の左辺を τ 積の定義にしたがって書き換えると

$$\langle T_\tau [A_1 A_2 \cdots A_{2n}] \rangle_0 = (-1)^P \langle A_{P1} A_{P2} \cdots A_{P(2n)} \rangle_0 \tag{4.41}$$

4.3 ブロック・ドゥドミニシスの定理　**63**

である．右辺ではフェルミ演算子は $\tau_{P1} > \tau_{P2} > \cdots > \tau_{P(2n)}$ という順番に並べ替えられており，それに伴う $(-1)^P$ の因子が付いている．この右辺に，今証明した (4.40) 式を当てはめる．そうすると (4.40) 式右辺の $\langle A_{i1} A_{i2}\rangle_0$ などが現れるが，これらは τ 積の順序を保っているので

$$\langle A_{i1} A_{i2}\rangle_0 = \langle T_\tau [A_{i1} A_{i2}]\rangle_0 \tag{4.42}$$

と置き換えてよいことがわかる．最後に右辺の符号であるが，フェルミ演算子の入れ替えを 2 回行っていて，$(-1)^P$ と $(-1)^i$ の因子を両方考慮すると，もともとのフェルミ演算子の順序から最終的な順序に入れ替えるための交換による符号と等しいことがわかる．こうして (4.31) 式が証明された．【証明終わり】

（補足）ここで示した (4.40) 式は，ハミルトニアン $\mathscr{H}_0$ が対角化されている場合に一般的に成立する．これはちょうどガウス分布をする変数 ξ_j が

$$\langle \xi_1 \xi_2 \xi_3 \xi_4 \rangle = \langle \xi_1 \xi_2 \rangle \langle \xi_3 \xi_4 \rangle + \langle \xi_1 \xi_3 \rangle \langle \xi_2 \xi_4 \rangle + \langle \xi_1 \xi_4 \rangle \langle \xi_2 \xi_3 \rangle \tag{4.43}$$

となることと類似している（符号はボース粒子のときに対応する）．実際，(4.43) 式右辺は $\xi_1, \xi_2, \xi_3, \xi_4$ のすべての可能な組合せの和となっている．ガウス分布であることと，$\mathscr{H}_0$ が対角化されていることとが対応していると考えられる．

上で述べたように，有限温度でのブロック・ドゥドミニシスの定理は，絶対零度のウィックの定理に対応する．ただしウィックの定理は演算子間の恒等式であり，証明の後に基底状態での期待値を取ることによって，グリーン関数の積になる．この絶対零度のウィックの定理と同じ手法を有限温度の場合に用いることはできない．代わりに有限温度では，対角化されている $\mathscr{H}_0$ による熱平均を活用しているのである．

(4.40) 式のように，$\mathscr{H}_0$ が対角化されている場合には，多体の演算子の期待値が 2 つずつの演算子の期待値の積で書けるという性質は，平均場近似などでも利用される．さらに，上記の証明は演算子が $\hat{c}$ と $\hat{c}^\dagger$ の線形結合になっているような超伝導の場合にも適用できるということも注意しておこう．

4.4 グリーン関数に対する摂動計算

ブロック・ドゥドミニシスの定理を (4.25) 式の摂動の各項に当てはめれば，各項は温度グリーン関数の積で書き表されることになる．このグリーン関数の積を図形で表現して，直観的に見やすくしたものをファインマンダイアグラムまたはファインマン図形という．ただし，各項の符号がプラスになるかマイナスになるか等の係数はきちんと決めなければならない．毎回，元の定義に戻って決めてもよいが，簡便な方法がある．ファインマン図形の書き方と，その図形に対する係数の決め方をファインマンルールと呼ぶ．

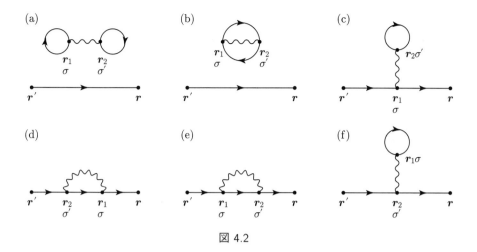

図 4.2

まずは低次の方の計算を具体的に行ってみよう．(4.25) 式分子の $n=0$ の項は相互作用がない場合と同じなので，(3.31) 式（または (3.32) 式）の $\mathscr{G}^{(0)}_{\alpha\beta}(\boldsymbol{r},\tau;\boldsymbol{r}',\tau')$ を与える．次に分子の摂動の 1 次の項（$n=1$）は，

$$-\int_0^\beta d\tau_1 \left\langle T_\tau\left[\hat{\psi}_{\mathrm{I}\alpha}(\boldsymbol{r},\tau)\hat{\psi}_{\mathrm{I}\beta}^+(\boldsymbol{r}',\tau')\mathscr{H}_{\mathrm{int}}(\tau_1)\right]\right\rangle_0 \qquad (4.44)$$

を計算する必要がある．相互作用として (4.28) 式のクーロン相互作用を考え，ブロック・ドゥドミニシスの定理を用いて温度グリーン関数で書けば，上式は

$$\begin{aligned}
&\frac{1}{2}\sum_{\sigma,\sigma'}\iint d\boldsymbol{r}_1 d\boldsymbol{r}_2 \int_0^\beta d\tau_1 V_{\sigma\sigma'}(\boldsymbol{r}_1-\boldsymbol{r}_2)\\
&\times\Big[\,+\mathscr{G}^{(0)}_{\alpha\beta}(\boldsymbol{r},\tau;\boldsymbol{r}',\tau')\mathscr{G}^{(0)}_{\sigma\sigma}(\boldsymbol{r}_1,\tau_1;\boldsymbol{r}_1,\tau_1+)\mathscr{G}^{(0)}_{\sigma'\sigma'}(\boldsymbol{r}_2,\tau_1;\boldsymbol{r}_2,\tau_1+)\\
&\quad -\mathscr{G}^{(0)}_{\alpha\beta}(\boldsymbol{r},\tau;\boldsymbol{r}',\tau')\mathscr{G}^{(0)}_{\sigma'\sigma}(\boldsymbol{r}_2,\tau_1;\boldsymbol{r}_1,\tau_1+)\mathscr{G}^{(0)}_{\sigma\sigma'}(\boldsymbol{r}_1,\tau_1;\boldsymbol{r}_2,\tau_1+)\\
&\quad -\mathscr{G}^{(0)}_{\alpha\sigma}(\boldsymbol{r},\tau;\boldsymbol{r}_1,\tau_1)\mathscr{G}^{(0)}_{\sigma\beta}(\boldsymbol{r}_1,\tau_1;\boldsymbol{r}',\tau')\mathscr{G}^{(0)}_{\sigma'\sigma'}(\boldsymbol{r}_2,\tau_1;\boldsymbol{r}_2,\tau_1+)\\
&\quad +\mathscr{G}^{(0)}_{\alpha\sigma}(\boldsymbol{r},\tau;\boldsymbol{r}_1,\tau_1)\mathscr{G}^{(0)}_{\sigma'\beta}(\boldsymbol{r}_2,\tau_1;\boldsymbol{r}',\tau')\mathscr{G}^{(0)}_{\sigma\sigma'}(\boldsymbol{r}_1,\tau_1;\boldsymbol{r}_2,\tau_1+)\\
&\quad +\mathscr{G}^{(0)}_{\alpha\sigma'}(\boldsymbol{r},\tau;\boldsymbol{r}_2,\tau_1)\mathscr{G}^{(0)}_{\sigma\beta}(\boldsymbol{r}_1,\tau_1;\boldsymbol{r}',\tau')\mathscr{G}^{(0)}_{\sigma'\sigma}(\boldsymbol{r}_2,\tau_1;\boldsymbol{r}_1,\tau_1+)\Big]\\
&\quad -\mathscr{G}^{(0)}_{\alpha\sigma'}(\boldsymbol{r},\tau;\boldsymbol{r}_2,\tau_1)\mathscr{G}^{(0)}_{\sigma'\beta}(\boldsymbol{r}_2,\tau_1;\boldsymbol{r}',\tau')\mathscr{G}^{(0)}_{\sigma\sigma}(\boldsymbol{r}_1,\tau_1;\boldsymbol{r}_1,\tau_1+) \qquad (4.45)
\end{aligned}$$

となることがわかる（スピンの繋がり方がわかるように，自由な温度グリーン関数 $\mathscr{G}^{(0)}$ の添字のスピンを残して書いている）．ただし，対のうち $\hat{\psi}_{\mathrm{I}\alpha}(\boldsymbol{r},\tau)\hat{\psi}_{\mathrm{I}\sigma}(\boldsymbol{r}_1,\tau_1)$ などのグリーン関数にならないものは除外している．各項の符号は，(3.26) 式の温度グリーン関数の定義にマイナスが付いていることを考慮して決まっている．またフェルミ演算子の交換の回数による符号にも気を付けよう．これを図として表したものが，図 4.2 である．これらをファインマンダイアグラムという．

また，温度グリーン関数の引数に τ_1+ と書かれているものがあることに注意．これは $\tau_1+\equiv\tau_1+\delta$（$\delta$ は正の微小量）という意味であり，温度グリーン関数 $\mathscr{G}^{(0)}_{\alpha\beta}(\boldsymbol{r},\tau;\boldsymbol{r}',\tau')$ の中の τ と τ' が等しい場合，τ 積のうちのどちらを取る

のかを指定するためのものである．今の場合，$\mathscr{G}^{(0)}$ の中の 2 つの演算子が同じ $\mathscr{H}_{\mathrm{int}}(\tau_1)$ に由来する場合に 2 つの τ が等しくなるという現象が起こる．この場合，必ず生成演算子 [(4.28) 式での $\hat{\psi}^+_{\mathrm{I}\sigma}(\boldsymbol{r}_1,\tau)$ または $\hat{\psi}^+_{\mathrm{I}\sigma'}(\boldsymbol{r}_2,\tau)$] は消滅演算子の左側にあるので，その順序になるように (τ_1,τ_1+) としているのである．

図 4.2 のファインマンダイアグラムからいろいろなことがわかる．まず演算子の $\hat{\psi}_{\mathrm{I}\alpha}(\boldsymbol{r},\tau), \hat{\psi}^+_{\mathrm{I}\beta}(\boldsymbol{r}',\tau')$ から繋がっている部分と，それ以外の部分に分離している図形がある（図 4.2 (a) と (b)）．高次のダイアグラムもすべてそのようになっており，

$$[\hat{\psi}_{\mathrm{I}\alpha}(\boldsymbol{r},\tau) \text{ と } \hat{\psi}^+_{\mathrm{I}\beta}(\boldsymbol{r}',\tau') \text{ から繋がっているダイアグラム}]$$
$$\times [1 + \text{それ以外の部分からなるダイアグラム}] \tag{4.46}$$

という形に書くことができる．$\hat{\psi}_{\mathrm{I}\alpha}(\boldsymbol{r},\tau), \hat{\psi}^+_{\mathrm{I}\beta}(\boldsymbol{r}',\tau')$ を含む $\mathscr{G}^{(0)}$ を「外線」と呼ぶことにすると，(4.46) 式の前半は [外線に繋がっているダイアグラム] といえる．2 本の外線が繋がっていないようなダイアグラムは存在しない．

さらに，(4.46) 式後半の [1 ＋ それ以外の部分からなるダイアグラム] は，(4.25) 式の分母から作られるファインマンダイアグラムとちょうど同じになることがわかる．したがって，この後半の部分は分母と完全に打ち消す．このことから，グリーン関数 $\mathscr{G}_{\alpha\beta}(\boldsymbol{r},\tau;\boldsymbol{r}',\tau')$ を計算するためには，(4.46) 式前半の [外線に繋がっているダイアグラム] だけを考えればよいことになる．これを connected ダイアグラムと呼び，グリーン関数は (4.25) 式の代わりに

$$\mathscr{G}_{\alpha\beta}(\boldsymbol{r},\tau;\boldsymbol{r}',\tau') = -\sum_{n=0}^{\infty} \frac{(-1)^n}{n!} \int_0^\beta d\tau_1 \cdots \int_0^\beta d\tau_n$$
$$\times \langle T_\tau \left[\hat{\psi}_{\mathrm{I}\alpha}(\boldsymbol{r},\tau) \hat{\psi}^+_{\mathrm{I}\beta}(\boldsymbol{r}',\tau') \mathscr{H}_{\mathrm{int}}(\tau_1) \cdots \mathscr{H}_{\mathrm{int}}(\tau_n) \right] \rangle_{0:\mathrm{con}}$$
$$\tag{4.47}$$

と書くことができる．$\langle \cdots \rangle_{0:\mathrm{con}}$ の添字の con は，外線に繋がっている connected ダイアグラムだけを計算すればよいということを意味する．図 4.2 のうちの (c)–(f) である．

connected ダイアグラムに対しては，もう一つ規則がある．n 次の摂動のダイアグラム上で，$\hat{\psi}^+_{\mathrm{I}\beta}(\boldsymbol{r}',\tau')$ から出発してグリーン関数による線を追いかけていくと，n 個の相互作用項に必ず繋がっている．n 個の相互作用は，どの順番に回っても同じ値を与える．これは，各 $\mathscr{H}_{\mathrm{int}}(\tau_j)$ が持つ積分変数 τ_j を変数変換（例えば $\tau_1 \leftrightarrow \tau_2$）することと同じことである．どの順番に回るかは $n!$ 通りあるので，(4.47) 式の n 次の摂動の分母 $1/n!$ と打ち消す．

また，明らかに図 4.2 (c) と (f)，および図 4.2 (d) と (e) は同じ形のダイアグラムである．実際に今考えている相互作用には $V_{\sigma\sigma'}(\boldsymbol{r}_1-\boldsymbol{r}_2) = V_{\sigma'\sigma}(\boldsymbol{r}_2-\boldsymbol{r}_1)$ という対称性があり，スピンの入れ替え $\sigma \leftrightarrow \sigma'$ と座標の入れ替え $\boldsymbol{r}_1 \leftrightarrow \boldsymbol{r}_2$ を同時に行うと，元の式に戻る．実際，(4.45) 式の図 4.2 の (c) と (f) に対応する

式（3 行目と 6 行目）に対して，この変数の入れ替えを行うと，全く同じ式になることがわかる．この事情はいつも同じであり，結局 $\mathscr{H}_{\text{int}}(\tau_1)$ の先頭に付いている 1/2 の因子も考えなくてよいことになる．代わりに図 4.2 (c) と (f) はトポロジカルに同じダイアグラムであるとして，1 回だけ勘定することにする．

4.5 ファインマンダイアグラムとファインマンルール

前節の事柄を考慮して，グリーン関数の変数の結び付きを表すファインマンダイアグラムの書き方と，各ダイアグラムに対応した式の書き下し方をファインマンルールという．温度グリーン関数 $\mathscr{G}_{\alpha\beta}(\boldsymbol{r},\tau;\boldsymbol{r}',\tau')$ に対しては以下の (1)–(5) のようになる．

(1) n 次摂動の場合，相互作用を表す n 本の波線と，温度グリーン関数 $\mathscr{G}^{(0)}$ を表す $2n+1$ 本の矢印付きの実線からなるトポロジカルに異なる connected ダイアグラムを描く．演算子 $\hat{\psi}_{\text{I}\beta}^+(\boldsymbol{r}',\tau')$ に対応する $(\boldsymbol{r}',\tau')$ から 1 本の実線が始まる．また，$\hat{\psi}_{\text{I}\alpha}(\boldsymbol{r},\tau)$ に対応する $(\boldsymbol{r},\tau)$ のところで 1 本の実線が終わる．この 2 本を外線という．相互作用の両端を結節点 (vertex) と呼び，両端の一方を座標 $\boldsymbol{r}_1$，虚時間 τ_1，スピン σ，もう一方を座標 $\boldsymbol{r}_2$，虚時間 τ_1，スピン σ' に対応させる．各結節点にはそれぞれ出ていく実線と入ってくる実線が付く．実線が結節点に入って消えるところが消滅演算子（$\hat{\psi}_{\text{I}\sigma}(\boldsymbol{r}_1,\tau_1)$ など）を表し，実線が発生して出ていくところが生成演算子（$\hat{\psi}_{\text{I}\sigma}^+(\boldsymbol{r}_1,\tau_1)$ など）を表す．

(2) 各図形に対応して，相互作用 $V_{\sigma\sigma'}(\boldsymbol{r}-\boldsymbol{r}')$ とグリーン関数 $\mathscr{G}^{(0)}(\boldsymbol{r},\tau;\boldsymbol{r}',\tau')$ を割り当てる．［ここでは一般的に並進対称性のない場合も含んだ定式化になっている．並進対称性があるとき，$\mathscr{G}^{(0)}$ は $\boldsymbol{r}-\boldsymbol{r}'$ にしかよらなくなる．］

(3) 各図形に対応して，全体の比例係数 $(-1)^n \times (-1)^F$ をかける．

(4) 相互作用から由来するすべての座標（$\boldsymbol{r}_1$ など）についての積分と，すべての τ 積分を行い，スピン σ, σ' に関する和を取る．

(5) 同じ相互作用に両端が繋がっているグリーン関数は，2 つの同じ虚時間を持つが，その場合は，例えば $\mathscr{G}^{(0)}(\boldsymbol{r},\tau_1,\boldsymbol{r}',\tau_1+)$ を用いる．

ここで規則 (3) の全体の比例係数は，次のように考えればよい．まず n 次摂動なので，係数 $-(-1)^n$ が付く（最初のマイナス符号は元の温度グリーン関数の定義である）．また温度グリーン関数 $\mathscr{G}^{(0)}$ は $2n+1$ 本あり，各々定義にマイナス符号が付いているので $(-1)^{2n+1}$ が付く．この 2 つの因子を合わせると $(-1)^n$ の因子が付く．

次に $(-1)^F$ の因子であるが，F はフェルミ粒子のグリーン関数が作るループの数である．グリーン関数に対応する実線は，外線と繋がってるものと，外線とはつながらないでループになっているものの 2 通りある（もちろん，connected ダイアグラムなので，後者は相互作用の波線を通して外線と繋がっている）．ま

ず，外線と繋がっている部分を考える．相互作用項は偶置換で

$$\hat{\psi}_{\mathrm{I}\sigma}^{+}(\boldsymbol{r}_1,\tau)\hat{\psi}_{\mathrm{I}\sigma}(\boldsymbol{r}_1,\tau)\hat{\psi}_{\mathrm{I}\sigma'}^{+}(\boldsymbol{r}_2,\tau)\hat{\psi}_{\mathrm{I}\sigma'}(\boldsymbol{r}_2,\tau) \tag{4.48}$$

の順番になるので，これを簡略化して $\hat{\psi}_A^{+}\hat{\psi}_A\hat{\psi}_B^{+}\hat{\psi}_B$ と書く．2つの演算子の積 $\hat{\psi}_A^{+}\hat{\psi}_A$ は，このセットのまま移動しても偶置換である．そのため，外線と繋がっている部分は，偶置換を繰り返して

$$\hat{\psi}_{\mathrm{I}\alpha}(\boldsymbol{r},\tau)\hat{\psi}_A^{+}\hat{\psi}_A\hat{\psi}_B^{+}\hat{\psi}_B\cdots\hat{\psi}_{\mathrm{I}\beta}^{+}(\boldsymbol{r}',\tau') \tag{4.49}$$

という形まで変形できる．この形から

$$\langle\hat{\psi}_{\mathrm{I}\alpha}(\boldsymbol{r},\tau)\hat{\psi}_A^{+}\rangle_0\langle\hat{\psi}_A\hat{\psi}_B^{+}\rangle_0\cdots\langle\hat{\psi}_Z\hat{\psi}_{\mathrm{I}\beta}^{+}(\boldsymbol{r}',\tau')\rangle_0 \tag{4.50}$$

というように隣り合ったものがグリーン関数になると考えれば，置換による符号は付かないことがわかる．一方，ループになっている部分に対しては，上記の偶置換を繰り返して演算子をループの順番に並べると

$$\hat{\psi}_A^{+}\hat{\psi}_A\hat{\psi}_B^{+}\hat{\psi}_B\cdots\hat{\psi}_Z^{+}\hat{\psi}_Z \tag{4.51}$$

となる．しかしループにするためには，右端の $\hat{\psi}_Z$ を左端に置換して（奇置換），$-\hat{\psi}_Z\hat{\psi}_A^{\dagger}\hat{\psi}_A\hat{\psi}_B^{+}\hat{\psi}_B\cdots\hat{\psi}_Z^{+}$ という形にしなければならない．この形から

$$-\langle\hat{\psi}_Z\hat{\psi}_A^{+}\rangle_0\langle\hat{\psi}_A\hat{\psi}_B^{+}\rangle_0\cdots\langle\hat{\psi}_Y\hat{\psi}_Z^{+}\rangle_0 \tag{4.52}$$

というように隣り合ったものがグリーン関数になるので，この場合は (-1) が付く．このように各ループごとに -1 が付くので合計で $(-1)^F$ となるのである．

上記のファインマンルールに従って，温度グリーン関数の1次摂動の寄与を書くと

$$\mathscr{G}_{\alpha\beta}^{(1)}(\boldsymbol{r},\tau;\boldsymbol{r}',\tau') = \delta_{\alpha\beta}\iint d\boldsymbol{r}_1 d\boldsymbol{r}_2\int_0^{\beta}d\tau_1$$

$$\times\Big[\sum_{\sigma'}\mathscr{G}^{(0)}(\boldsymbol{r},\tau;\boldsymbol{r}_1,\tau_1)V_{\alpha\sigma'}(\boldsymbol{r}_1-\boldsymbol{r}_2)\mathscr{G}^{(0)}(\boldsymbol{r}_1,\tau_1;\boldsymbol{r}',\tau')\mathscr{G}^{(0)}(\boldsymbol{r}_2,\tau_1;\boldsymbol{r}_2,\tau_1+)$$

$$-\mathscr{G}^{(0)}(\boldsymbol{r},\tau;\boldsymbol{r}_1,\tau_1)V_{\alpha\alpha}(\boldsymbol{r}_1-\boldsymbol{r}_2)\mathscr{G}^{(0)}(\boldsymbol{r}_1,\tau_1;\boldsymbol{r}_2,\tau_1+)\mathscr{G}^{(0)}(\boldsymbol{r}_2,\tau_1;\boldsymbol{r}',\tau')\Big] \tag{4.53}$$

となる．これらは図4.2 (c), (d) に対応する．今の場合，グリーン関数 $\mathscr{G}_{\alpha\beta}(\boldsymbol{r},\tau;\boldsymbol{r}',\tau')$ は必ず $\delta_{\alpha\beta}$ に比例するので，添字の $\alpha\beta$ は省略した（以下同様）．

上のファインマンルール (5) で注意した $\mathscr{G}^{(0)}(\boldsymbol{r}_1,\tau_1;\boldsymbol{r}_2,\tau_1+)$ を確認しておこう．これは定義にしたがって

$$\mathscr{G}^{(0)}(\boldsymbol{r}_1,\tau_1;\boldsymbol{r}_2,\tau_1+) = \langle\hat{\psi}_{\mathrm{I}\alpha}^{\dagger}(\boldsymbol{r}_2,\tau_1)\hat{\psi}_{\mathrm{I}\alpha}(\boldsymbol{r}_1,\tau_1)\rangle_0 = \langle\hat{\psi}_\alpha^{\dagger}(\boldsymbol{r}_2)\hat{\psi}_\alpha(\boldsymbol{r}_1)\rangle_0 \tag{4.54}$$

となる．とくに $\boldsymbol{r}_2 = \boldsymbol{r}_1$ のときは，これは位置 $\boldsymbol{r}_1$ におけるスピン α を持つ電

68 第4章 摂動論とファインマンダイアグラム

子密度の期待値 $n_\alpha(\boldsymbol{r}_1)$ となる. この式は,図 4.2 (c) の実線の丸いループに対応するが,形から tadpole (おたまじゃくし) といわれている.

4.6 運動量空間でのファインマンダイアグラムとファインマンルール

前節では実空間と虚時間でのファインマンダイアグラムによる摂動論を考えたが,空間が一様で並進対称性がある場合には,波数空間 (つまり運動量空間) での計算が便利である. 相互作用のないときのグリーン関数は (3.39) 式で与えられる.

3.7 節の始めに示したように,相互作用を含めた温度グリーン関数も $\boldsymbol{r} - \boldsymbol{r}'$ の関数となる. フーリエ変換とその逆変換は,3.4 節の一般論から電子については $\omega_n = (2n+1)\pi k_{\mathrm{B}} T$ (n は整数) として

$$\mathscr{G}_{\alpha\beta}(\boldsymbol{k}, i\omega_n) = \int d\boldsymbol{r} \int_0^\beta d\tau e^{-i\boldsymbol{k}\cdot\boldsymbol{r}} e^{i\omega_n\tau} \mathscr{G}_{\alpha\beta}(\boldsymbol{r}, \tau), \tag{4.55}$$

$$\mathscr{G}_{\alpha\beta}(\boldsymbol{r}, \tau) = \frac{k_{\mathrm{B}} T}{V} \sum_{\boldsymbol{k}} \sum_n e^{i\boldsymbol{k}\cdot\boldsymbol{r}} e^{-i\omega_n\tau} \mathscr{G}_{\alpha\beta}(\boldsymbol{k}, i\omega_n) \tag{4.56}$$

となる [相互作用のない自由電子ガスの場合の (3.39) 式と (3.40) 式も参照]. 相互作用については,フーリエ変換とその逆変換

$$V_{\sigma\sigma'}(\boldsymbol{k}) = \int d\boldsymbol{r}_1 e^{-i\boldsymbol{k}\cdot(\boldsymbol{r}_1-\boldsymbol{r}_2)} V_{\sigma\sigma'}(\boldsymbol{r}_1 - \boldsymbol{r}_2), \tag{4.57}$$

$$V_{\sigma\sigma'}(\boldsymbol{r}_1 - \boldsymbol{r}_2) = \frac{1}{V} \sum_{\boldsymbol{k}} e^{i\boldsymbol{k}\cdot(\boldsymbol{r}_1-\boldsymbol{r}_2)} V_{\sigma\sigma'}(\boldsymbol{k}) \tag{4.58}$$

を用いる.

前節で得られた実空間と虚時間で書き表された式に,上記のフーリエ変換の式を代入すると,$\mathscr{H}_{\mathrm{int}}(\tau_1)$ 等の中の空間積分 $\int d\boldsymbol{r}_1$ は必ず

$$\int d\boldsymbol{r}_1 e^{i(\boldsymbol{k}-\boldsymbol{k}'+\boldsymbol{k}'')\cdot\boldsymbol{r}_1} \tag{4.59}$$

の形になることがわかる (他に $\boldsymbol{r}_1$ 依存性は現れない). この積分は $V\delta_{\boldsymbol{k}-\boldsymbol{k}'+\boldsymbol{k}'',\boldsymbol{0}}$ [または,$V \to \infty$ の極限では $(2\pi)^3\delta^3(\boldsymbol{k}-\boldsymbol{k}'+\boldsymbol{k}'')$] を与える. このことは,相互作用の $\boldsymbol{r}_1$ に対する結節点で,波数が $\boldsymbol{k}-\boldsymbol{k}'+\boldsymbol{k}''=\boldsymbol{0}$ という保存則 ($\hbar$ をかければ運動量保存則) を満たすことを意味している. 一方,$\mathscr{H}_{\mathrm{int}}(\tau_1)$ からくる τ_1 積分の方は一般的に 4 つのグリーン関数が関与し,

$$\int_0^\beta d\tau_1 e^{i(-\omega_1-\omega_2+\omega_2'+\omega_1')\tau_1} \tag{4.60}$$

の形になる (図 4.3). ここで ω_1, ω_2 は $\hat{\psi}_{\mathrm{I}\sigma}(\boldsymbol{r}_1, \tau_1)$ と $\hat{\psi}_{\mathrm{I}\sigma'}(\boldsymbol{r}_2, \tau_1)$ からくるものであり,ω_2', ω_1' は $\hat{\psi}_{\mathrm{I}\sigma'}^+(\boldsymbol{r}_2, \tau_1)$ と $\hat{\psi}_{\mathrm{I}\sigma}^+(\boldsymbol{r}_1, \tau_1)$ からくるものである. (4.60) 式

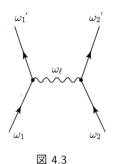

図 4.3

は，$-\omega_1-\omega_2+\omega_2'+\omega_1'=0$ のときのみ積分値 $\beta=1/k_\mathrm{B}T$ を持つ．このことを表すのに，波数の保存則と対応するように

$$\delta_{-\omega_1-\omega_2+\omega_2'+\omega_1'}=\sum_\ell \delta_{-\omega_1+\omega_1'+\omega_\ell}\delta_{-\omega_2+\omega_2'-\omega_\ell} \tag{4.61}$$

と書くことにする．ただし $\omega_\ell=2\pi\ell k_\mathrm{B}T$ である．この形にしておけば，相互作用の両端の結節点で松原振動数が保存し，相互作用は ω_ℓ の松原振動数を運んでいると見なすことができる（図 4.3：これは実時間の場合のエネルギー保存則に対応する）．ただし，前節と同じように，1 つのグリーン関数の両端が同じ相互作用に繋がっている場合は特別の取扱いが必要である．この場合は，$\mathscr{G}^0(\boldsymbol{r},\tau_1;\boldsymbol{r}',\tau_1+)$ が現れることに対応して，(4.61) 式の代わりに以下のファインマンルールの (6) のように取り扱わなければならない．

以上のことを総合して，運動量空間（波数空間）でのファインマンルールは以下のようになる．

(1) n 次摂動の場合，相互作用を表す n 本の波線と，温度グリーン関数 $\mathscr{G}^{(0)}$ を表す $2n+1$ 本の矢印付きの実線からなるトポロジカルに異なる connected ダイアグラムを描く．相互作用の両端の結節点にスピン σ と σ' を対応させる．各結節点にはそれぞれ出ていく実線と入ってくる実線が付く．

(2) 各ダイアグラムに対応して，(4.57) 式の相互作用 $V_{\sigma\sigma'}(\boldsymbol{k})$ と温度グリーン関数

$$\mathscr{G}^{(0)}(\boldsymbol{k},i\omega_n)=\frac{1}{i\omega_n-\varepsilon_{\boldsymbol{k}}+\mu} \tag{4.62}$$

を割り当てる［(3.39) 式］．2 本の外線には $\mathscr{G}^{(0)}(\boldsymbol{k},i\omega_n)$ を対応させる．

(3) 各結節点において波数と松原振動数が保存するように，グリーン関数と相互作用の $\boldsymbol{k},i\omega_n$ を決める．このとき，相互作用が受け渡す波数と松原振動数は，どちらの向きに流れるように考えてもよい．これは相互作用の対称性から $V_{\sigma\sigma'}(\boldsymbol{k})$ が $\boldsymbol{k}$ に関して偶関数だから，また (4.61) 式が $\omega_\ell\leftrightarrow-\omega_\ell$ に対して対称だからである．

(4) 各ダイアグラムに対応して，全体の比例係数 $(-1)^n\times(-1)^F$ をかける．

(5) すべての独立な波数 $\boldsymbol{k}'$ と松原振動数 ω_m の和を取り，スピン σ,σ' に関

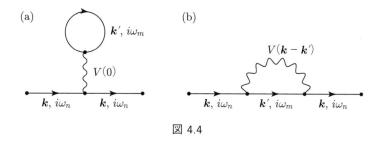

図 4.4

する和を取る．$\bm{k}'$ の和は $\frac{1}{V}\sum_{\bm{k}'}$，$\omega_m$ の和は $k_\mathrm{B}T\sum_m$ である．

(6) 同じ相互作用に両端が繋がっているグリーン関数は，虚時間 τ_1+ を用いることに対応して，

$$k_\mathrm{B}T\sum_m e^{i\omega_m\eta}\mathscr{G}^{(0)}(\bm{k},i\omega_m) \tag{4.63}$$

を用いる．ここで η は正の微小量である．

以上のファインマンルールを用いると，実空間のときの (4.53) 式に対応して，1 次摂動の温度グリーン関数は図 4.4 で表され，式では

$$\begin{aligned}\mathscr{G}^{(1)}(\bm{k},i\omega_n) = \mathscr{G}^{(0)}(\bm{k},i\omega_n)\frac{k_\mathrm{B}T}{V}\sum_{\bm{k}'}\sum_m\bigg[&(V_\parallel(\bm{0})+V_{\uparrow\downarrow}(\bm{0}))\mathscr{G}^{(0)}(\bm{k}',i\omega_m)e^{i\omega_m\eta}\\ &-V_\parallel(\bm{k}-\bm{k}')\mathscr{G}^{(0)}(\bm{k}',i\omega_m)e^{i\omega_m\eta}\bigg]\mathscr{G}^{(0)}(\bm{k},i\omega_n)\end{aligned} \tag{4.64}$$

となる．ここで $V_{\alpha\alpha}(\bm{k})=V_\parallel(\bm{k}), V_{\alpha\beta}(\bm{k})=V_{\uparrow\downarrow}(\bm{k})$（$\alpha\neq\beta$ のとき）を用いた．右辺の最初と最後に同じ波数 $\bm{k}$ のグリーン関数が現れるのは，運動量保存則の結果である．

(4.64) 式における ω_m に関する和は典型的なものの 1 つで，具体的に和を取ることができる[*3]．ここで少し詳しく和を取る計算を具体的に示しておこう．

今，フェルミ粒子を考えているので，松原振動数は $\omega_m=(2m+1)\pi k_\mathrm{B}T$ についての和である．和を取るために複素関数 $F(z)=1/(e^{\beta z}+1)$ を考える（$\beta=1/k_\mathrm{B}T$）［ボース粒子の場合は $1/(e^{\beta z}-1)$ を用いる］．関数 $F(z)$ は複素数 $z=i(2m+1)\pi k_\mathrm{B}T=i\omega_m$（$m$ はすべての整数）のところに，留数 $-1/\beta=-k_\mathrm{B}T$ の 1 位の極を持つ．そこで，図 4.5 のような複素平面上の経路 C に沿った積分を考えると，必要な無限和は

$$\begin{aligned}k_\mathrm{B}T\sum_m e^{i\omega_m\eta}\mathscr{G}^{(0)}(\bm{k},i\omega_m) &= k_\mathrm{B}T\sum_m\frac{e^{i\omega_m\eta}}{i\omega_m-\varepsilon_{\bm{k}}+\mu}\\ &= -\oint_C\frac{dz}{2\pi i}F(z)\frac{e^{\eta z}}{z-\varepsilon_{\bm{k}}+\mu}\end{aligned} \tag{4.65}$$

のように書き換えることができる．

[*3] J. M. Luttinger and J. C. Ward, Phys. Rev. **118**, 1417 (1960).

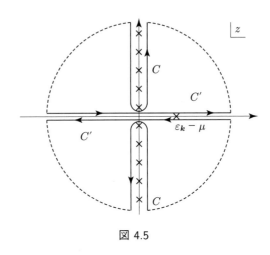

図 4.5

次に複素積分でよく行うように，積分経路 C を C' のように変形する [特異点がない範囲において，積分路を変形してよい]．このとき図の右半分の $\mathrm{Re}\,z > 0$ の大きな弧の部分では，被積分関数は $F(z)$ と分子の $e^{\eta z}$ を合わせて，$|z| \to \infty$ において $e^{-(\beta-\eta)\mathrm{Re}\,z}/|z|$ のように振る舞う．η は正の微小量で β より小さく取れるので，ジョルダンの補題の応用によって，この弧の部分からの積分の寄与は無視できる．一方，図の左半分の $\mathrm{Re}\,z < 0$ の大きな弧の部分では，被積分関数は $|z| \to \infty$ において $e^{\eta \mathrm{Re}\,z}/|z|$ のように振る舞う．やはりこの場合も，弧の部分からの積分の寄与は無視できる．結局，積分経路 C は C' に変形することができるが，C' の経路での積分はこの場合 $z = \varepsilon_{\boldsymbol{k}} - \mu$ における 1 位の極の留数から求めることができる[*4]．極の周りを時計回りに回っていることを考慮すると，積分値は $-2\pi i \times$（留数）となり，(4.65) 式の右辺は $F(\varepsilon_{\boldsymbol{k}} - \mu) e^{\eta(\varepsilon_{\boldsymbol{k}} - \mu)}$ となる．最後にこの時点で $\eta \to 0$ と取ると，結局

$$k_{\mathrm{B}} T \sum_m e^{i\omega_m \eta} \mathscr{G}^{(0)}(\boldsymbol{k}, \omega_m) = f(\varepsilon_{\boldsymbol{k}}) \tag{4.66}$$

が得られる．ここで $f(\varepsilon)$ はフェルミ分布関数

$$f(\varepsilon) = \frac{1}{e^{\beta(\varepsilon-\mu)} + 1} \tag{4.67}$$

である．この積分を用いれば，1 次摂動の (4.64) 式は

$$\mathscr{G}^{(1)}(\boldsymbol{k}, i\omega_n) = \mathscr{G}^{(0)}(\boldsymbol{k}, i\omega_n) \frac{1}{V} \sum_{\boldsymbol{k}'} \bigl[(V_{\parallel}(\boldsymbol{0}) + V_{\uparrow\downarrow}(\boldsymbol{0})) f(\varepsilon_{\boldsymbol{k}'})$$
$$- V_{\parallel}(\boldsymbol{k}-\boldsymbol{k}') f(\varepsilon_{\boldsymbol{k}'}) \bigr] \mathscr{G}^{(0)}(\boldsymbol{k}, i\omega_n) \tag{4.68}$$

と得られる．[ ] 内の第 1 項は他の粒子からのクーロン相互作用の項であり，第 2 項は同種粒子間の交換エネルギーによる項である．

[*4] 被積分関数に $\mathscr{G}^{(0)}$ ではなく $\mathscr{G}$ があるような場合には，$\mathscr{G}$ は実軸上に分岐線があるので，C' の 2 つの積分経路に沿って積分を実行しなければならない．

4.7 ダイソン方程式とハートレー・フォック近似

これまでの節で，ファインマンダイアグラムの書き方がわかった．これを基礎に，いくつかの一般的な性質を調べておこう．

まず，$n=2$ の 2 次摂動を考えよう．図 4.6 はこの場合のファインマンダイアグラムであるが，図 4.6 (a)–(d) のように同じ形のダイアグラムが実線のグリーン関数に沿って繰り返し現れることがわかる．全く同様のことが高次のダイアグラムにも必ずあるので，この種の部分ダイアグラムに関して無限和を取ることができる．このことを具体的に式で書き表したものをダイソン方程式という[*5]．

図 4.7 のように，繰り返し現れる部分ダイアグラムをまとめて灰色の部分で表す．二重に数えること (double counting) を避けるためには，proper な自己エネルギー Σ というものを導入する．proper な自己エネルギーとは，1 本の実線 ($\mathscr{G}^{(0)}$) を切ることによって 2 つの部分に分けることができないような部分ダイアグラムのことである．図 4.6 でいうと (e)–(j) がこれに当たる．このように定義しておけば，グリーン関数は厳密に図 4.7 のような無限和になることがわかる．細い実線は $\mathscr{G}^{(0)}$ を表し，太い実線は自己エネルギーも含めたグリーン関数 $\mathscr{G}$ を意味する．

フーリエ変換した形だとわかりやすいので，以下，系に並進対称性がある場

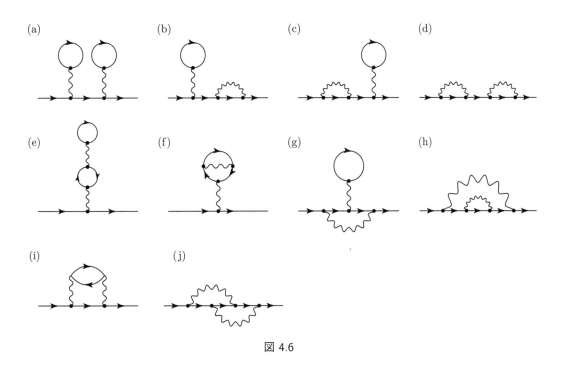

図 4.6

[*5] F. J. Dyson, Phys. Rev. **75**, 486, and 1736 (1949).

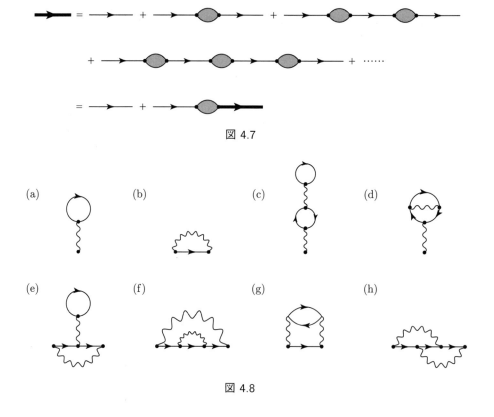

図 4.7

図 4.8

合を考えるとして $\mathscr{G}^{(0)}(\boldsymbol{k}, i\omega_n)$ を用いる．図 4.7 を式で表すと

$$\begin{aligned}
\mathscr{G}(\boldsymbol{k}, i\omega_n) &= \mathscr{G}^{(0)}(\boldsymbol{k}, i\omega_n) + \mathscr{G}^{(0)}(\boldsymbol{k}, i\omega_n)\Sigma(\boldsymbol{k}, i\omega_n)\mathscr{G}^{(0)}(\boldsymbol{k}, i\omega_n) \\
&\quad + \mathscr{G}^{(0)}(\boldsymbol{k}, i\omega_n)\Sigma(\boldsymbol{k}, i\omega_n)\mathscr{G}^{(0)}(\boldsymbol{k}, i\omega_n)\Sigma(\boldsymbol{k}, i\omega_n)\mathscr{G}^{(0)}(\boldsymbol{k}, i\omega_n) \\
&\quad + \cdots \\
&= \mathscr{G}^{(0)}(\boldsymbol{k}, i\omega_n) + \mathscr{G}^{(0)}(\boldsymbol{k}, i\omega_n)\Sigma(\boldsymbol{k}, i\omega_n)\mathscr{G}(\boldsymbol{k}, i\omega_n)
\end{aligned} \tag{4.69}$$

というダイソン方程式が得られる．ここで $\Sigma(\boldsymbol{k}, i\omega_n)$ が proper な自己エネルギーである．この方程式は，$\mathscr{G}(\boldsymbol{k}, i\omega_n)$ について簡単に解くことができて，

$$\mathscr{G}(\boldsymbol{k}, i\omega_n) = \frac{\mathscr{G}^{(0)}(\boldsymbol{k}, i\omega_n)}{1 - \mathscr{G}^{(0)}(\boldsymbol{k}, i\omega_n)\Sigma(\boldsymbol{k}, i\omega_n)} \tag{4.70}$$

が得られる．さらに (4.62) 式の $\mathscr{G}^{(0)}(\boldsymbol{k}, i\omega_n)$ の形を代入すると

$$\mathscr{G}(\boldsymbol{k}, i\omega_n) = \frac{1}{i\omega_n - \varepsilon_{\boldsymbol{k}} + \mu - \Sigma(\boldsymbol{k}, i\omega_n)} \tag{4.71}$$

となる．この導出の仕方からわかるように，ファインマンダイアグラムを用いると，摂動の無限和を取ることが容易にできる．結局，グリーン関数を求めるには，proper な自己エネルギー $\Sigma(\boldsymbol{k}, i\omega_n)$ を求めればよい．以下 proper な自己エネルギーを単に自己エネルギーと呼ぶ．

$\Sigma(\boldsymbol{k}, i\omega_n)$ の具体的な形は，例えば図 4.8 である．低次のダイアグラムは計算

が可能であるが，高次のダイアグラムは難しい．摂動の1次の自己エネルギー $\Sigma^{(1)}(\boldsymbol{k}, i\omega_n)$ は，前節の (4.68) 式で計算した $\mathscr{G}^{(1)}(\boldsymbol{k}, i\omega_n)$ から外線に相当する両端の $\mathscr{G}^{(0)}(\boldsymbol{k}, i\omega_n)$ を消去したもの，つまり

$$\Sigma^{(1)}(\boldsymbol{k}, i\omega_n) = \frac{1}{V}\sum_{\boldsymbol{k}'}\left[\left(V_\parallel(\boldsymbol{0}) + V_{\uparrow\downarrow}(\boldsymbol{0})\right)f(\varepsilon_{\boldsymbol{k}'}) - V_\parallel(\boldsymbol{k}-\boldsymbol{k}')f(\varepsilon_{\boldsymbol{k}'})\right] \quad (4.72)$$

である．これが図 4.8 の (a) と (b) に対応する．この1次摂動による $\Sigma^{(1)}(\boldsymbol{k}, i\omega_n)$ は ω_n に依存しないという特徴がある．また，$\Sigma^{(1)}(\boldsymbol{k}, i\omega_n)$ は実数なので，この自己エネルギーによる粒子の寿命は生じない（次節）．

具体的に (4.72) 式を (4.71) 式に代入すると，分母の極の位置がずれて，新しい極は

$$i\omega_n = \varepsilon_{\boldsymbol{k}} - \mu + \Sigma^{(1)}(\boldsymbol{k}, i\omega_n) = \varepsilon_{\boldsymbol{k}} - \mu + \Sigma_{\mathrm{H}}^{(1)} - \Sigma_{\mathrm{F}}^{(1)}(\boldsymbol{k}) \quad (4.73)$$

$$\Sigma_{\mathrm{H}}^{(1)} = \frac{1}{V}\sum_{\boldsymbol{k}'}\left(V_\parallel(\boldsymbol{0}) + V_{\uparrow\downarrow}(\boldsymbol{0})\right)f(\varepsilon_{\boldsymbol{k}'})$$

$$\Sigma_{\mathrm{F}}^{(1)}(\boldsymbol{k}) = \frac{1}{V}\sum_{\boldsymbol{k}'}V_\parallel(\boldsymbol{k}-\boldsymbol{k}')f(\varepsilon_{\boldsymbol{k}'}) \quad\quad (4.74)$$

となる（演習問題 4.6 も参照）．ここで $\Sigma_{\mathrm{H}}^{(1)}$ は定数のエネルギーのシフトを与える．$\sum_{\boldsymbol{k}'}f(\varepsilon_{\boldsymbol{k}'})$ はスピン当たりの全粒子数になるので，$\Sigma_{\mathrm{H}}^{(1)}$ は他の粒子からの平均的なクーロンポテンシャルを表す．これは古典的にも理解できるものであり，ハートレー項という．

一方 $\Sigma_{\mathrm{F}}^{(1)}(\boldsymbol{k})$ の項は，交換相互作用によるエネルギー変化によるものであり，フォック項という．$\Sigma_{\mathrm{F}}^{(1)}(\boldsymbol{k})$ は $\boldsymbol{k}$ に依存するので，粒子の分散関係（つまり粒子の持つエネルギーの $\boldsymbol{k}$ 依存性）を変更する．物理的にはこの交換相互作用は，パウリ排他律によって同種粒子が近くに来れないこと (exchange hole) によるエネルギー変化分を表す．このためクーロン相互作用の直接の効果を表すハートレー項を打ち消す方向に働き，ハートレー項とは逆符号である．また，交換相互作用は同種粒子の間だけに働くパウリの排他律によるものであり，純粋に量子力学的な効果であるといえる．

以上の結果をまとめると，1次摂動によってグリーン関数の補正 (4.68) 式を得，これを用いて自己エネルギー $\Sigma^{(1)}(\boldsymbol{k}, i\omega_n)$ を持つ新しいエネルギー分散関係 (4.73) 式を得た．これは，他の粒子からくる相互作用の効果を平均化したポテンシャルとして表し，そのポテンシャル中を運動していると解釈できる．ファインマンダイアグラムで表すと図 4.8 (a), (b) である．同時に分散関数 $\varepsilon_{\boldsymbol{k}}$（ひいては有効質量）も変化を受ける．

ただし，上記の1次摂動の近似の範囲では，相互作用の相手の電子は自由電子のままで扱っている．しかし，相手の電子に対しても相互作用の効果を加えた方が近似がよくなると期待される．このため，自己エネルギーを図 4.9 (a) のように変更する．ここで太い実線は，相互作用の効果も含めたグリーン関数で

4.7 ダイソン方程式とハートレー・フォック近似　**75**

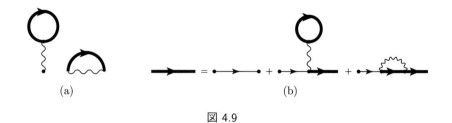

図 4.9

ある．グリーン関数に対するダイソン方程式の形に書けば図 4.9(b) のようになる．これを元のダイアグラムと比較してみると，図 4.6 の (a)–(h) までのダイアグラムがすべて入っていることがわかるだろう．図 4.9(b) で，右辺のダイアグラムを計算すると左辺のグリーン関数が求められるが，それが右辺の計算の際に用いたグリーン関数と同じでなければならない．このようにグリーン関数を矛盾なく決めることを「自己無撞着」(self-consistency) という．また，今の場合，1 次摂動の自己エネルギー（図 4.8 の (a), (b)）と同じ形のファインマンダイアグラムを使うので，ハートレー・フォック近似という[*6]．得られるグリーン関数を $\mathscr{G}_{\mathrm{HF}}(\boldsymbol{k}, i\omega_n)$，自己エネルギーを $\Sigma_{\mathrm{HF}}(\boldsymbol{k}, i\omega_n)$ と書くと，(4.64) 式を参考にして，自己エネルギーが

$$\Sigma_{\mathrm{HF}}(\boldsymbol{k}, i\omega_n) = \frac{k_{\mathrm{B}}T}{V} \sum_{\boldsymbol{k}'} \sum_m \left[(V_{\parallel}(\boldsymbol{0}) + V_{\uparrow\downarrow}(\boldsymbol{0})) \mathscr{G}_{\mathrm{HF}}(\boldsymbol{k}', i\omega_m) e^{i\omega_m \eta} \right.$$
$$\left. - V_{\parallel}(\boldsymbol{k} - \boldsymbol{k}') \mathscr{G}_{\mathrm{HF}}(\boldsymbol{k}', i\omega_m) e^{i\omega_m \eta} \right] \quad (4.75)$$

と書けることがわかる．今の場合，右辺は $i\omega_n$ に依存しないので，$\Sigma_{\mathrm{HF}}(\boldsymbol{k}, i\omega_n)$ は $\Sigma_{\mathrm{HF}}(\boldsymbol{k})$ と書いてよい．ダイソン方程式を解いた結果は

$$\mathscr{G}_{\mathrm{HF}}(\boldsymbol{k}, i\omega_n) = \frac{1}{i\omega_n - \varepsilon_{\boldsymbol{k}} + \mu - \Sigma_{\mathrm{HF}}(\boldsymbol{k})} \quad (4.76)$$

である．このグリーン関数が (4.75) 式の右辺に入っているので，自己無撞着に $\mathscr{G}_{\mathrm{HF}}(\boldsymbol{k}, i\omega_n)$ を決めなければならない．やっかいなのは (4.75) 式の $i\omega_m$ の和であるが，実はハートレー・フォック近似の場合は，この和が取れてしまう．やり方は前節の (4.65) 式から (4.66) 式を導くのと全く同じで，ただしエネルギーが $\varepsilon_{\boldsymbol{k}}$ から $\varepsilon_{\boldsymbol{k}} + \Sigma_{\mathrm{HF}}(\boldsymbol{k})$ へ変更されるだけである．結局，(4.75) 式は

$$\Sigma_{\mathrm{HF}}(\boldsymbol{k}) = \frac{1}{V} \sum_{\boldsymbol{k}'} \left[(V_{\parallel}(\boldsymbol{0}) + V_{\uparrow\downarrow}(\boldsymbol{0})) f(\varepsilon_{\boldsymbol{k}'} + \Sigma_{\mathrm{HF}}(\boldsymbol{k}')) \right.$$
$$\left. - V_{\parallel}(\boldsymbol{k} - \boldsymbol{k}') f(\varepsilon_{\boldsymbol{k}'} + \Sigma_{\mathrm{HF}}(\boldsymbol{k}')) \right] \quad (4.77)$$

となる．これを自己無撞着に数値的に解けばよい．ただし得られる $\Sigma_{\mathrm{HF}}(\boldsymbol{k})$ は実数なので，粒子の寿命はこの近似でも生じない．

[*6] この近似はクーロン相互作用を平均場近似で扱ったものと同じである（演習問題 4.5）．

ハートレー・フォック近似に含まれないファインマンダイアグラムのうちで，最も低次のものは図 4.6 の (i) と (j) である．ここでは計算はしないが，これらのダイアグラムから得られる自己エネルギーは虚部を持つ．一般に自己エネルギーの虚部は粒子の寿命を表すが，このことについて次節で扱う．

4.8 準粒子の概念とグリーン関数

前節で示したように，温度グリーン関数は自己エネルギー $\Sigma(\boldsymbol{k}, i\omega_n)$ を用いて一般的に (4.71) 式で表される．$\Sigma(\boldsymbol{k}, i\omega_n)$ が得られたとして，これを 3.6 節で述べたように $i\omega_n \to \hbar\omega + i\delta$ と解析接続すれば遅延グリーン関数 $G^R(\boldsymbol{k}, \omega)$ が得られる．解析接続の結果が，単純に

$$G^R(\boldsymbol{k}, \omega) = \frac{1}{\hbar\omega - \varepsilon_{\boldsymbol{k}} + \mu - \Sigma(\boldsymbol{k}, \hbar\omega + i\delta) + i\delta} \tag{4.78}$$

となり，かつ $\Sigma(\boldsymbol{k}, \hbar\omega + i\delta)$ に虚部がある場合を考えよう．

3.2 節で述べたように，時間順序積を持つグリーン関数 $G(\boldsymbol{r}, t; \boldsymbol{r}', t')$ は $t > t'$ の場合，ある時刻 t' 位置 $\boldsymbol{r}'$ に 1 つの粒子を系に付け加えて，その後，時刻 t 位置 $\boldsymbol{r}$ で消滅させる期待値である．1 つの粒子を付け加えた状態は，相互作用がある場合，一般的には系の固有状態ではないので，時刻 t' と t の間で別な状態に遷移してしまう確率がある．このことを粒子の寿命と呼ぶ．グリーン関数から，このような粒子の寿命などの情報が得られる[*7]．

時間依存性はフーリエ逆変換

$$G(\boldsymbol{k}, t - t') = \hbar \int_{-\infty}^{\infty} \frac{d\omega}{2\pi} e^{-i\omega(t-t')} G(\boldsymbol{k}, \omega) \tag{4.79}$$

で与えられる．$G(\boldsymbol{k}, \omega)$ は 3.7 節の (3.72) 式で示したように，一般に

$$G(\boldsymbol{k}, \omega) = \frac{1}{1 \pm e^{-\beta\hbar\omega}} G^R(\boldsymbol{k}, \omega) + \frac{1}{1 \pm e^{\beta\hbar\omega}} G^A(\boldsymbol{k}, \omega) \tag{4.80}$$

という関係式を満たすので，$G^R(\boldsymbol{k}, \omega)$ と $G^A(\boldsymbol{k}, \omega)$（$G^A(\boldsymbol{k}, \omega)$ は，実数の ω に対して $G^A(\boldsymbol{k}, \omega) = (G^R(\boldsymbol{k}, \omega))^*$ を満たす）から得られる．低温の極限では $\beta \to \infty$ となるので，(4.79) 式は

$$G(\boldsymbol{k}, t - t') = \hbar \int_{-\infty}^{0} \frac{d\omega}{2\pi} e^{-i\omega(t-t')} G^A(\boldsymbol{k}, \omega) + \hbar \int_{0}^{\infty} \frac{d\omega}{2\pi} e^{-i\omega(t-t')} G^R(\boldsymbol{k}, \omega) \tag{4.81}$$

となる．この積分を複素関数論でよく行うように，ω の複素平面に拡張して計算しよう（図 4.10）．

今求めたいのは $t - t' > 0$ の場合なので，図 4.10 のように複素平面の下半面に積分経路を変更することができる．3.7 節で述べたように，G^R や G^A は $|\omega|$

[*7]　V. M. Galitskii and A. B. Migdal, J. Explt. Theoret. Phys. (U.S.S.R.) **34**, 139 (1958) [Sov. Phys. JETP **7**, 96 (1958)].

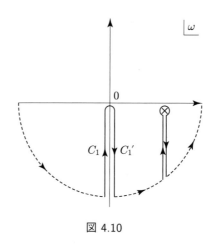

図 4.10

が大きい領域では $1/\hbar\omega$ で減衰するので，ジョルダンの補題により円弧の部分からの寄与は無視できる．また $G^A(\boldsymbol{k},\omega)$ は下半面に特異点を持たない．一方，遅延グリーン関数 $G^R(\boldsymbol{k},\omega)$ は下半面で解析的ではなく，特異点を持ち得る．最も簡単な場合として，$G^R(\boldsymbol{k},\omega)$ が実軸の近くに単純な 1 位の極を持つとして，積分経路が図 4.10 のように変更できる場合を考えよう．C_1, C_1' に沿った積分の寄与は，$t-t'$ が非常に大きかったり非常に小さかったりしない限り十分小さいことが示されるので，(4.81) 式の積分は G^R の極からの寄与が主要項となる．

(4.78) 式の中の自己エネルギーの実部 $\mathrm{Re}\,\Sigma(\boldsymbol{k},\hbar\omega+i\delta)$ が $\omega=0$ の近傍でテイラー展開できて

$$\mathrm{Re}\,\Sigma(\boldsymbol{k},\hbar\omega+i\delta) \sim \mathrm{Re}\,\Sigma(\boldsymbol{k},0) + \hbar\omega\frac{\partial}{\hbar\partial\omega}\mathrm{Re}\,\Sigma(\boldsymbol{k},\hbar\omega)\Big|_{\omega=0} + \cdots \quad (4.82)$$

と書けたとする．自己エネルギーの虚部 $\mathrm{Im}\,\Sigma(\boldsymbol{k},\hbar\omega+i\delta)$ はそのまま書いておく．(4.82) 式右辺第 1 項は，(4.78) 式の $\varepsilon_{\boldsymbol{k}}-\mu$ と合わせて $\tilde{\varepsilon}_{\boldsymbol{k}}-\tilde{\mu}$ というように粒子の分散関係と化学ポテンシャルの変更として取り込むことができるとする．また右辺第 2 項は (4.78) 式の $\hbar\omega$ と一緒に扱う．この結果，(4.78) 式は

$$\begin{aligned}G^R(\boldsymbol{k},\omega) &\sim \frac{1}{\hbar\omega\left(1-\frac{1}{\hbar}\frac{\partial\mathrm{Re}\,\Sigma(\boldsymbol{k},\hbar\omega)}{\partial\omega}\big|_{\omega=0}\right) - \tilde{\varepsilon}_{\boldsymbol{k}} + \tilde{\mu} - i\mathrm{Im}\,\Sigma(\boldsymbol{k},\hbar\omega+i\delta)} \\ &= \frac{Z_{\boldsymbol{k}}}{\hbar\omega + Z_{\boldsymbol{k}}(-\tilde{\varepsilon}_{\boldsymbol{k}}+\tilde{\mu}) + i\Gamma}\end{aligned} \quad (4.83)$$

と書き換えることができる．ここで

$$\begin{aligned}Z_{\boldsymbol{k}} &= \frac{1}{1-\frac{1}{\hbar}\frac{\partial\mathrm{Re}\,\Sigma(\boldsymbol{k},\hbar\omega)}{\partial\omega}\big|_{\omega=0}}, \\ \Gamma &= -Z_{\boldsymbol{k}}\mathrm{Im}\,\Sigma(\boldsymbol{k},\hbar\omega+i\delta)\end{aligned} \quad (4.84)$$

と置いた．Γ は一般にモデルに依存した $\boldsymbol{k}$ と ω の関数であるが，ここでは単純な定数として扱う．具体的な計算をしなければわからないが，一般に $Z_{\boldsymbol{k}} < 1$ であり，$\Gamma > 0$ でなければならない．後者は $G^R(\boldsymbol{k},\omega)$ が複素 ω 空間の上半面

で解析的であるということを反映している．また微小量 δ は Γ に比べて小さいとして無視した．

(4.83) 式の形は，G^R が $\omega = \{Z_{\boldsymbol{k}}(\tilde{\varepsilon}_{\boldsymbol{k}} - \tilde{\mu}) - i\Gamma\}/\hbar$ のところに 1 位の極を持ち，その留数が $Z_{\boldsymbol{k}}/\hbar$ であることを意味する．この $G^R(\boldsymbol{k}, \omega)$ を用いると (4.81) 式の積分は

$$G(\boldsymbol{k}, t - t') \sim -iZ_{\boldsymbol{k}}e^{-iZ_{\boldsymbol{k}}(\tilde{\varepsilon}_{\boldsymbol{k}} - \tilde{\mu})(t-t')/\hbar}\, e^{-\Gamma(t-t')/\hbar} \tag{4.85}$$

となることがわかる．右辺最後の因子 $e^{-\Gamma(t-t')/\hbar}$ は減衰を表すので，$\hbar/\Gamma$ が粒子の寿命であるといえる．寿命が十分長ければ，(4.85) 式は $Z_{\boldsymbol{k}}\tilde{\varepsilon}_{\boldsymbol{k}}$ というエネルギーを持つ粒子の振舞いと見なすことができる．これを準粒子という．また (4.85) 式の係数の $Z_{\boldsymbol{k}}(< 1)$ は準粒子のくりこみ因子と呼ばれる．これは次のことを意味する．$\hat{\psi}_{\mathrm{H}\beta}^{\dagger}(\boldsymbol{r}', t')$ によって電子を系に付け加えても，それが重み 1 で，相互作用のある系での準粒子になるわけではない．準粒子は相互作用によっていろいろと着物を着ているので，その準粒子状態と $\hat{\psi}_{\mathrm{H}\beta}^{\dagger}(\boldsymbol{r}', t')$ との重なり積分は 1 になるとは限らない．その減少分を含んだものが $Z_{\boldsymbol{k}}$ である．

グリーン関数が (4.83) 式のように近似できる場合に，(3.66) 式のスペクトル関数を計算してみると，

$$\rho(\boldsymbol{k}, \omega) \sim \frac{\hbar}{\pi} \frac{Z_{\boldsymbol{k}}\Gamma}{\{\hbar\omega + Z_{\boldsymbol{k}}(-\tilde{\varepsilon}_{\boldsymbol{k}} + \tilde{\mu})\}^2 + \Gamma^2} \tag{4.86}$$

となる．自由電子の場合のデルタ関数に比べて，ω 依存性がローレンツ型になっていることがわかる（図 3.3 参照）．角度分解型光電子分光などでは，このローレンツ型のピークが準粒子のピークとして観測される．また，このピークを積分すると $\int_{-\infty}^{\infty} d\omega \rho(\boldsymbol{k}, \omega) = Z_{\boldsymbol{k}} < 1$ となるが，(3.68) 式ではこの積分は 1 になるべきであった．残りの $(1 - Z_{\boldsymbol{k}})$ のスペクトルウェイトは，準粒子ではなく，それ以外の incoherent なグリーン関数に含まれると考えられる．実際，(4.86) 式は Γ が小さいときは ω についてのデルタ関数として近似できるので，incoherent な部分と合わせて

$$\rho(\boldsymbol{k}, \omega) = Z_{\boldsymbol{k}}\delta(\omega - Z_{\boldsymbol{k}}(\tilde{\varepsilon}_{\boldsymbol{k}} - \tilde{\mu})/\hbar) + \rho_{\mathrm{incoh}}(\boldsymbol{k}, \omega) \tag{4.87}$$

と書くこともある．

4.9 分極とクーロン遮蔽：リング近似

4.7 節では，温度グリーン関数のダイソン方程式によって自己エネルギーを議論した．これと同じように，一般に相互作用についてもダイソン方程式と類似した式を考えて無限和を取ることができる．この結果，クーロン相互作用の遮蔽が理解できる．

再び系に並進対称性がある場合を考えることにする．ファインマン図形の中

4.9 分極とクーロン遮蔽：リング近似　**79**

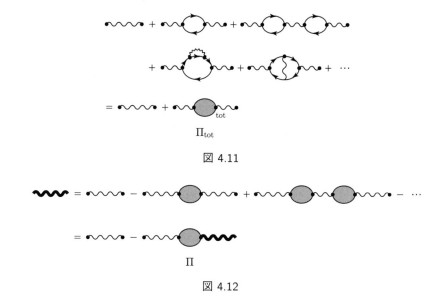

図 4.11

図 4.12

の相互作用の部分だけを取り出して描いてみると図 4.11 のようになる（クーロン相互作用を念頭に，スピンに依存しない $V_{\parallel}(\boldsymbol{q}) = V_{\uparrow\downarrow}(\boldsymbol{q}) \equiv V(\boldsymbol{q})$ の場合を考える）．グリーン関数の場合と同じく，同じ形のダイアグラムが繰り返し出てくることがわかるので，この種の部分ダイアグラムについても無限和を取ることができる．まず，ファインマンダイアグラムの形から，右端と左端は必ず相互作用 $V(\boldsymbol{q})$ なので，それ以外の中間部分をまとめて $\Pi_{\text{tot}}(\boldsymbol{q}, i\omega_n)$ と書き，total の分極関数と呼ぶ．なぜこう呼ばれるかは後で明らかになる．分極関数を表すファインマンダイアグラムを見ると，両端が密度演算子 $\hat{\psi}_{\text{H}}^+(\boldsymbol{r},\tau)\hat{\psi}_{\text{H}}(\boldsymbol{r},\tau)$ のときのダイアグラムと同じであることがわかる．（正確な関係は第 6 章で示す．）

図 4.11 の 3 番目のダイアグラムのように繰り返し現れる部分ダイアグラムについて無限和を取ろう．二重に数えること (double counting) を避けるために，proper な分極関数 $\Pi(\boldsymbol{q}, i\omega_n)$ というものを導入する．$\Pi(\boldsymbol{q}, i\omega_n)$ とは，1 本の相互作用の波線 ($V(\boldsymbol{q})$) を切ることによって 2 つの部分に分けることができないような部分ダイアグラムのことである．図 4.11 でいうと，2, 4, 5 番目のダイアグラムがこれに当たる．このように定義しておけば，相互作用の高次のダイアグラムは，厳密に図 4.12 のような無限和になることがわかる．図 4.12 で灰色の色を付けた部分である．図 4.12 を式で表すと，太い波線をくりこまれた相互作用 $\mathscr{U}(\boldsymbol{q}, i\omega_n)$ と書くことにして

$$\begin{aligned}\mathscr{U}(\boldsymbol{q}, i\omega_n) &= V(\boldsymbol{q}) - V(\boldsymbol{q})\Pi(\boldsymbol{q}, i\omega_n)V(\boldsymbol{q}) \\ &\quad + V(\boldsymbol{q})\Pi(\boldsymbol{q}, i\omega_n)V(\boldsymbol{q})\Pi(\boldsymbol{q}, i\omega_n)V(\boldsymbol{q}) - \cdots \\ &= V(\boldsymbol{q}) - V(\boldsymbol{q})\Pi(\boldsymbol{q}, i\omega_n)\mathscr{U}(\boldsymbol{q}, i\omega_n) \end{aligned} \quad (4.88)$$

というダイソン方程式が得られる．最初の等号の右辺第 2 項のマイナスは，摂

図 4.13

動の次数が 1 つ上がったので付けた[*8].

(4.88) 式は，$\mathscr{U}(\boldsymbol{q}, i\omega_n)$ について簡単に解くことができて，

$$\mathscr{U}(\boldsymbol{q}, i\omega_n) = \frac{V(\boldsymbol{q})}{1 + V(\boldsymbol{q})\Pi(\boldsymbol{q}, i\omega_n)} \tag{4.89}$$

が得られる．

ファインマンダイアグラムの形から，$\Pi(\boldsymbol{q}, i\omega_n)$ の物理的解釈ができる．図 4.11 からわかるように，$V(\boldsymbol{q})\Pi(\boldsymbol{q}, i\omega_n)V(\boldsymbol{q})$ という項は，相互作用の途中で電子とホールの対生成が起こり，それがまた対消滅するという分極のプロセスによって相互作用が遮蔽される現象を式で表したものといえる．電子とホールの対生成・対消滅はダイナミカルなものなので，$\Pi(\boldsymbol{q}, i\omega_n)$ を通して相互作用 $\mathscr{U}(\boldsymbol{q}, i\omega_n)$ に ω_n 依存性が現れる．

クーロン相互作用の遮蔽効果は一般に誘電率 ε で表されるが，今の場合，誘電率は波数 $\boldsymbol{q}$ や松原振動数 ω_n に依存する．そこで

$$\mathscr{U}(\boldsymbol{q}, i\omega_n) = \frac{V(\boldsymbol{q})}{\varepsilon_r(\boldsymbol{q}, i\omega_n)} \tag{4.90}$$

として比誘電率 $\varepsilon_r(\boldsymbol{q}, i\omega_n)$ を定義すると

$$\varepsilon_r(\boldsymbol{q}, i\omega_n) = 1 + V(\boldsymbol{q})\Pi(\boldsymbol{q}, i\omega_n) \tag{4.91}$$

である．

また total の分極関数と proper な分極関数の間の関係は，(4.88) 式と同様に

$$\Pi_{\text{tot}}(\boldsymbol{q}, i\omega_n) = \Pi(\boldsymbol{q}, i\omega_n) - \Pi(\boldsymbol{q}, i\omega_n)V(\boldsymbol{q})\Pi(\boldsymbol{q}, i\omega_n) + \cdots$$
$$= \frac{\Pi(\boldsymbol{q}, i\omega_n)}{1 + V(\boldsymbol{q})\Pi(\boldsymbol{q}, i\omega_n)} \tag{4.92}$$

である．さらに (4.89) 式を用いると

$$V(\boldsymbol{q})\Pi_{\text{tot}}(\boldsymbol{q}, i\omega_n) = \mathscr{U}(\boldsymbol{q}, i\omega_n)\Pi(\boldsymbol{q}, i\omega_n) \tag{4.93}$$

という関係が成り立つこともわかる．図 4.13 のように図示するとわかりやすい．

さて，ここまでは一般論であるが，以下 2.2 節の電子ガスモデルでのクーロン相互作用の場合を考えよう．この場合，一様な正電荷のバックグラウンドを

[*8] これは $\Pi(\boldsymbol{q}, i\omega_n)$ の定義にどのような符号を付けるかの問題であるが，教科書や論文によって定義が異なる．ここでは，最も簡単な近似（リンドハード関数，6 章で示す）の場合に $\Pi(\boldsymbol{0}, 0)$ が状態密度（> 0）の 2 倍となるように定義した．

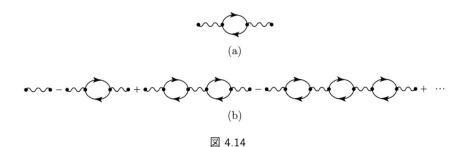

図 4.14

考えると，相互作用ハミルトニアンの中の $q = 0$ の成分は $V(0) = 0$ としてよいということだった．このため，図 4.6 の (a), (b), (c), (e), (f), (g) などの「tadpole おたまじゃくし」を含んだダイアグラムは考えなくてよい．

proper な分極関数はいろいろとあるが，そのうちの最低次の $\Pi^0(\boldsymbol{q}, i\omega_n)$ (図 4.14 (a)) を考えると，これが長距離クーロン相互作用を遮蔽する働きがあることがわかる．（他の proper な分極関数の寄与は，高次の補正となる．演習問題 4.9 も参照．）ダイアグラムとして書くと，図 4.14 (b) のようになるが，これをリング・ダイアグラムの和と呼ぶ．これは，(4.89) 式の近似式として，

$$\mathscr{U}_{\rm ring}(\boldsymbol{q}, i\omega_n) = \frac{V(\boldsymbol{q})}{1 + V(\boldsymbol{q})\Pi^0(\boldsymbol{q}, i\omega_n)} \tag{4.94}$$

を有効クーロン相互作用とすることに対応する．もともとクーロン相互作用が長距離に及ぶという性質は，$\boldsymbol{q} \to 0$ の極限で $V(\boldsymbol{q})$ が $e^2/\varepsilon_0|\boldsymbol{q}|^2$ として発散することに現れている．この発散が，(4.94) 式においては

$$\mathscr{U}_{\rm ring}(\boldsymbol{q}, i\omega_n) = \frac{e^2}{\varepsilon_0|\boldsymbol{q}|^2 \left\{1 + \frac{e^2 \Pi^0(\boldsymbol{q}, i\omega_n)}{\varepsilon_0|\boldsymbol{q}|^2}\right\}} = \frac{e^2}{\varepsilon_0|\boldsymbol{q}|^2 + e^2 \Pi^0(\boldsymbol{q}, i\omega_n)} \tag{4.95}$$

となり，$\Pi^0(\boldsymbol{q}, i\omega_n)$ が $\boldsymbol{q} = \boldsymbol{0}$ において有限の値を持てば，$\boldsymbol{q} \to 0$ での発散がなくなる．この結果クーロン相互作用は長距離ではなく，短距離の相互作用となる．したがって (4.95) 式は有効クーロン相互作用と考えてよい．具体的にどのような遮蔽となるかは，次章の線形応答によって明らかにする．

(4.94) 式の近似は乱雑位相近似 (ramdom phase approximation: RPA 近似) とも呼ばれる．これは，最初ボームとパインズによって電子ガスモデルにおける個別励起とプラズマ振動などの集団励起が調べられたときに用いられた近似に対応するからである[*9]．彼らは一連の仕事の中で，電子の量子力学的な運動方程式の近似として，いろいろな位相が重なり合っている項のうち，位相の合計が 0 となる場合のみを考慮し，それ以外の位相がランダムになる場合を無視して議論した．このことから乱雑位相近似という名前になっている．

[*9] D. Bohm and D. Pines, Phys. Rev. **82**, 625 (1951), **85**, 338 (1952), **92**, 609 (1953).

演習問題

4.1 ある τ_0 からシュレーディンガー描像の波動関数が虚時間発展し，虚時間 τ において $|\Psi_{\mathrm{S}}(\tau)\rangle = e^{-(\hat{\mathscr{H}}-\mu\hat{\mathscr{N}})(\tau-\tau_0)}|\Psi_{\mathrm{S}}(\tau_0)\rangle$ となったとする．このとき演算子の期待値が一致するという条件から，相互作用描像における波動関数 $|\Psi_{\mathrm{I}}(\tau)\rangle$ は，$|\Psi_{\mathrm{S}}(\tau)\rangle$ と $|\Psi_{\mathrm{I}}(\tau)\rangle = e^{\tau(\hat{\mathscr{H}}_0-\mu\hat{\mathscr{N}})}|\Psi_{\mathrm{S}}(\tau)\rangle$ の関係で結ばれていることを確かめよ．次に，これと $|\Psi_{\mathrm{S}}(\tau)\rangle = e^{-(\hat{\mathscr{H}}-\mu\hat{\mathscr{N}})(\tau-\tau_0)}|\Psi_{\mathrm{S}}(\tau_0)\rangle$ を組み合わせて，$|\Psi_{\mathrm{I}}(\tau)\rangle = \hat{\mathscr{U}}(\tau,\tau_0)|\Psi_{\mathrm{I}}(\tau_0)\rangle$ であることを示せ．この式は $\hat{\mathscr{U}}(\tau,\tau_0)$ が相互作用描像での虚時間発展の演算子であることを意味している．

4.2 (4.9) 式の $n=2$ および $n=3$ の項を τ について微分することによって，結果が

$$
-\hat{\mathscr{H}}_{\mathrm{int}}(\tau)\left\{\hat{\mathscr{U}}^{(1)}(\tau,\tau') + \hat{\mathscr{U}}^{(2)}(\tau,\tau')\right\}
$$
$$
= \hat{\mathscr{H}}_{\mathrm{int}}(\tau)\int_{\tau'}^{\tau} d\tau_1 \hat{\mathscr{H}}_{\mathrm{int}}(\tau_1) - \hat{\mathscr{H}}_{\mathrm{int}}(\tau)\int_{\tau'}^{\tau} d\tau_1 \hat{\mathscr{H}}_{\mathrm{int}}(\tau_1)\int_{\tau'}^{\tau_1} d\tau_2 \hat{\mathscr{H}}_{\mathrm{int}}(\tau_2) \quad (4.96)
$$

と一致しないことを確かめよ．

4.3 4.1 節の本文とは逆の方向性で (4.10) 式の証明を考える．一般に n 次の項

$$
\int_{\tau'}^{\tau} d\tau_1 \int_{\tau'}^{\tau} d\tau_2 \cdots \int_{\tau'}^{\tau} d\tau_n T_\tau\left[\hat{\mathscr{H}}_{\mathrm{int}}(\tau_1)\hat{\mathscr{H}}_{\mathrm{int}}(\tau_2)\cdots\hat{\mathscr{H}}_{\mathrm{int}}(\tau_n)\right] \quad (4.97)
$$

の被積分関数において，τ_i の順番が $\tau_{P1} > \tau_{P2} > \tau_{P3} > \cdots > \tau_{Pn}$ となっている領域を考える．ここで $(P1, P2, \cdots, Pn)$ は $(1, 2, \cdots, n)$ の並び替えの 1 つとする（1.2 節の置換 P を参照）．τ 積の定義によると，この項は $T_\tau\left[\hat{\mathscr{H}}_{\mathrm{int}}(\tau_1)\hat{\mathscr{H}}_{\mathrm{int}}(\tau_2)\cdots\hat{\mathscr{H}}_{\mathrm{int}}(\tau_n)\right] = \hat{\mathscr{H}}_{\mathrm{int}}(\tau_{P1})\hat{\mathscr{H}}_{\mathrm{int}}(\tau_{P2})\cdots\hat{\mathscr{H}}_{\mathrm{int}}(\tau_{Pn})$ と並び変わるが，変数変換 $\tau_{Pj} \to \tau_j'$ $(j = 1 \sim n)$ を行うことによって，この領域の積分値が (4.14) 式の積分と一致することを示せ．同様に，$n!$ 個の置換 P すべてについて同じ積分に帰着するので，(4.10) 式が証明される．

4.4 具体的に (4.20) 式の分子を書き下すと

$$
\hat{\mathscr{U}}(\beta,\tau)\hat{\psi}_{\mathrm{I}\alpha}(\boldsymbol{r},\tau)\hat{\mathscr{U}}(\tau,\tau')\hat{\psi}_{\mathrm{I}\beta}^{+}(\boldsymbol{r}',\tau')\hat{\mathscr{U}}(\tau',0)
$$
$$
= \sum_{n=0}^{\infty} \frac{(-1)^n}{n!} \int_{\tau}^{\beta} d\tau_1 \cdots \int_{\tau}^{\beta} d\tau_n T_\tau\left[\hat{\mathscr{H}}_{\mathrm{int}}(\tau_1)\cdots\hat{\mathscr{H}}_{\mathrm{int}}(\tau_n)\right]\hat{\psi}_{\mathrm{I}\alpha}(\boldsymbol{r},\tau)
$$
$$
\times \sum_{m=0}^{\infty} \frac{(-1)^m}{m!} \int_{\tau'}^{\tau} d\tau_1' \cdots \int_{\tau'}^{\tau} d\tau_m' T_\tau\left[\hat{\mathscr{H}}_{\mathrm{int}}(\tau_1')\cdots\hat{\mathscr{H}}_{\mathrm{int}}(\tau_m')\right]\hat{\psi}_{\mathrm{I}\beta}^{+}(\boldsymbol{r}',\tau')
$$
$$
\times \sum_{\ell=0}^{\infty} \frac{(-1)^\ell}{\ell!} \int_{0}^{\tau'} d\tau_1'' \cdots \int_{0}^{\tau'} d\tau_\ell'' T_\tau\left[\hat{\mathscr{H}}_{\mathrm{int}}(\tau_1'')\cdots\hat{\mathscr{H}}_{\mathrm{int}}(\tau_\ell'')\right] \quad (4.98)
$$

である．これと

$$
\sum_{\nu=0}^{\infty} \frac{(-1)^\nu}{\nu!} \int_{0}^{\beta} d\tau_1 \int_{0}^{\beta} d\tau_2 \cdots \int_{0}^{\beta} d\tau_\nu
$$
$$
\times T_\tau\left[\hat{\psi}_{\mathrm{I}\alpha}(\boldsymbol{r},\tau)\hat{\psi}_{\mathrm{I}\beta}^{+}(\boldsymbol{r}',\tau')\hat{\mathscr{H}}_{\mathrm{int}}(\tau_1)\hat{\mathscr{H}}_{\mathrm{int}}(\tau_2)\cdots\hat{\mathscr{H}}_{\mathrm{int}}(\tau_\nu)\right] \quad (4.99)
$$

が一致することを以下の手順で示せ（この結果を用いるとグリーン関数の表式 (4.22) 式が得られる）．まず，(4.99) 式において τ 積を考えるために，ν 個ある積分変数のうち n 個が $\tau_i > \tau$，m 個が $\tau > \tau_i > \tau'$，ℓ 個が $\tau' > \tau_i$ となっている項を選び出す．このような項は $\nu!/(n!m!\ell!)$ 個あるが，問題 4.3 と同様の変数変換によって，それら

はすべて同じ積分値を持つことがわかる．$(-1)^\nu = (-1)^n (-1)^m (-1)^\ell$ ということと合わせて，結局 (4.99) 式が (4.98) 式と一致することを確かめよ．

4.5　相互作用に関して 2 次までのグリーン関数に対するファインマンダイアグラムをすべて書き下し，外線と繋がっていないダイアグラムが分母とキャンセルすることを確かめよ．

4.6　(4.74) 式の自己エネルギーの 1 次の項のうち，フォック項 $\Sigma_{\mathrm{F}}^{(1)}(\boldsymbol{k})$ を温度 $T = 0$ のときに電子ガスモデルでクーロン相互作用の場合に計算し，

$$\Sigma_{\mathrm{F}}^{(1)}(\boldsymbol{k}) = \frac{e^2}{8\pi^2 \varepsilon_0} \left(\frac{k_{\mathrm{F}}^2 - k^2}{k} \ln \left| \frac{k + k_{\mathrm{F}}}{k - k_{\mathrm{F}}} \right| + 2k_{\mathrm{F}} \right) \tag{4.100}$$

となることを示せ（k は $|\boldsymbol{k}|$ である）．また $k = k_{\mathrm{F}}$ 近傍でどのようなことが起こるか調べよ．

4.7　相互作用に関して 2 次の自己エネルギーのファインマンダイアグラム（6 種類ある）を書き，相互作用が $V(\boldsymbol{q})$ であって ω_n によらない場合に，松原振動数に関する和をそれぞれのダイアグラムについて実行せよ．

4.8　演習問題 3.11 で得たグリーン関数の運動方程式 (3.84) 式のうち，2 粒子グリーン関数の部分を 2 つの 1 粒子グリーン関数で近似することを考える．具体的にはブロック・ドゥドミニシスの定理を用いて

$$\begin{aligned}
\mathscr{G}_{\alpha\beta;\alpha\beta}(\boldsymbol{r}_1, \tau_1, \boldsymbol{r}_2, \tau_2; \boldsymbol{r}_1', \tau_1', \boldsymbol{r}_2', \tau_2') &\sim \mathscr{G}_{\alpha\alpha}(\boldsymbol{r}_1, \tau_1; \boldsymbol{r}_1', \tau_1') \mathscr{G}_{\beta\beta}(\boldsymbol{r}_2, \tau_2; \boldsymbol{r}_2', \tau_2') \\
&\mp \delta_{\alpha\beta} \mathscr{G}_{\alpha\alpha}(\boldsymbol{r}_1, \tau_1; \boldsymbol{r}_2', \tau_2') \mathscr{G}_{\alpha\alpha}(\boldsymbol{r}_2, \tau_2; \boldsymbol{r}_1', \tau_1')
\end{aligned} \tag{4.101}$$

であるとする．このとき運動方程式 (3.84) 式を解いて，自己無撞着なハートレー・フォック近似と同じ結果が得られることを示せ．

4.9　4.9 節では proper な分極関数として図 4.14 (a) だけを考えたが，相互作用の 1 次を含む proper な分極関数のダイアグラム（5 種類ある）を描け．

第 5 章
線形応答理論

　一般に物質中の電子状態等を調べるためには，系に外場という形で摂動をかけ，それに対する系の応答を見る．外場としては，電場・磁場・光照射・温度勾配などがある．このような外場をかけると，なんらかの物理量が変化する．それが応答である．外場の大きさが小さければ，物理量の変化は外場の大きさに比例すると考えられる．この場合を「線形応答」という．もちろん，外場を強くすれば，外場の 2 乗，3 乗に比例した応答が考えられるが，これらは非線形応答である．ここでは線形応答に対する久保理論をまとめ，それに対応する物理量とグリーン関数との関係を述べる．

　先が長いので始めに最終的な形をまとめておこう．外場に共役な物理量を $\hat{A}$ とし，測定する物理量を $\hat{B}$ とする．波数 $\boldsymbol{q}$ 振動数 ω の外場を加えると，$\hat{B}$ の期待値も $\boldsymbol{q}, \omega$ 成分を持つ．この場合，$\hat{B}$ の期待値 $= \chi_{BA}(\boldsymbol{q}, \omega) \times$ 外場，と書いたときの $\chi_{BA}(\boldsymbol{q}, \omega)$ を応答関数と呼ぶ．$\chi_{BA}(\boldsymbol{q}, \omega)$ は

$$\Phi_{BA}(\boldsymbol{q}, i\omega_n) = \frac{1}{V} \int_0^\beta \langle \hat{B}_{\mathrm{H}, \boldsymbol{q}}(\tau) \hat{A}_{\mathrm{H}, -\boldsymbol{q}}(0) \rangle e^{i\omega_n \tau} d\tau \qquad (5.1)$$

という相関関数のフーリエ変換を，解析接続 $i\omega_n \to \hbar\omega + i\delta$ としたもので与えられる．具体的な線形応答の場合，演算子 $\hat{A}$ と $\hat{B}$ は同じであることも多い．例えば静電ポテンシャルをかけて電荷密度変化を見るときの線形応答では $\hat{A}, \hat{B}$ ともに粒子密度演算子，磁場をかけて磁気モーメントの変化を見るときは $\hat{A}, \hat{B}$ ともに磁気モーメント演算子である．前者は誘電率に関連し，後者は帯磁率に関連する．電気伝導度の場合は少し複雑で

$$\sigma_{\mu\nu}(\boldsymbol{q}, \omega) = \frac{\Phi_{\mu\nu}(\boldsymbol{q}, \omega) - \frac{ne^2}{m}\delta_{\mu\nu}}{i(\omega + i\delta)}, \qquad (\mu, \nu = x, y, z) \qquad (5.2)$$

で与えられる．ここで $\Phi_{\mu\nu}(\boldsymbol{q}, \omega)$ は電流相関 $\Phi_{\mu\nu}(\boldsymbol{q}, i\omega_n) = \frac{1}{V} \int_0^\beta \langle \hat{j}_{\mathrm{H}, \boldsymbol{q}}(\tau) \hat{j}_{\mathrm{H}, -\boldsymbol{q}}(0) \rangle$ $\times e^{i\omega_n \tau} d\tau$ の解析接続で与えられる．さらに (5.1) 式は，例えば図 5.1 のようなファインマンダイアグラムで計算できる．

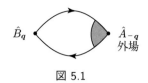

図 5.1

5.1 応答関数

外場がないときのハミルトニアンを $\hat{\mathscr{H}}$ と書く（$\hat{\mathscr{H}} = \hat{\mathscr{H}}_0 + \hat{\mathscr{H}}_{\text{int}}$ というように，相互作用を含んでよい）．以下の議論はフェルミ粒子・ボース粒子の種類によらない．これに外場を加えるのだが，外場を表すハミルトニアンを一般に

$$\hat{\mathscr{H}}'(t) = -\hat{A}F(t) \tag{5.3}$$

と書く．$\hat{A}$ は演算子，F は一般化された「力」と呼ばれる（後で $\hat{A}$ の空間依存性などを加えるが，最初は単純な場合から考える）．例えば，帯磁率の場合，$\hat{A}$ は磁気モーメント，$F(t)$ は磁場（磁束密度）である．また電気伝導度の場合，$\hat{A}$ は電荷密度，$F(t)$ はスカラーポテンシャルである（または $\hat{A}$ は電流密度，$F(t)$ はベクトルポテンシャルでもよい）．

時刻 t_0 に外場がかかり始めて，時刻 $t(\geq t_0)$ での物理量を考える．ある物理量 $\hat{B}$ の期待値の変化分を $\delta\langle\hat{B}\rangle(t)$ と書くと，$F(t)$ が十分小さいときには一般に

$$\delta\langle\hat{B}\rangle(t) = \int_{t_0}^{t} \phi_{BA}(t-t')F(t')dt' \tag{5.4}$$

が成り立つだろう．この比例係数 $\phi_{BA}(t)$ を応答関数という．(5.4) 式は，時刻 t での物理量が，過去の時刻 t' ($t_0 < t' < t$) における外場 $F(t')$ の影響を，$\phi_{BA}(t-t')$ という重みで受け止めるということを意味している（図 5.2）．以下，応答関数 $\phi_{BA}(t)$ を求めていこう．

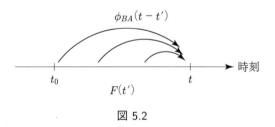

図 5.2

5.2 外場の存在下での時間発展

ここで 1 つの仮定を置く．時刻 t_0 から外場がかかり始めるが，熱平衡分布は時刻 t_0 での状態，つまり外場がかかっていなかったときの分布で決まっているとする．（外場がかかれば，ハミルトニアンが変更されるので，新しいハミルト

ニアンにしたがったグランドカノニカル分布になる可能性もある．これは，外場がかかった状態で系が熱浴や粒子浴に接触していれば可能である．これに対して，ここでの仮定は，t_0 以降，熱浴や粒子浴から系が切り離されていると考えてもよい．）

このような仮定の元で，系の時間発展を考えよう．第 1 章で示したように，第二量子化の波動関数は，$t \geq t_0$ で

$$i\hbar \frac{\partial}{\partial t} |\Psi(t)\rangle = \left\{ \hat{\mathscr{H}} + \hat{\mathscr{H}}'(t) \right\} |\Psi(t)\rangle \tag{5.5}$$

と時間発展する．$|\Psi(t)\rangle = \hat{U}(t)|\Psi(t_0)\rangle$ と書くと，$\hat{U}(t)$ は

$$i\hbar \frac{\partial}{\partial t} \hat{U}(t) = \left\{ \hat{\mathscr{H}} + \hat{\mathscr{H}}'(t) \right\} \hat{U}(t) \tag{5.6}$$

という方程式を満たす．$\hat{\mathscr{H}}'(t)$ は一般には $\hat{\mathscr{H}}$ と可換ではないから $\hat{U}(t)$ の解は単純に $e^{-i \int_{t_0}^{t} (\hat{\mathscr{H}} + \hat{\mathscr{H}}'(t')) dt'/\hbar}$ とはならないことに注意．そこで，4.1 節の相互作用描像と同じ考え方を採用し，$\hat{\mathscr{H}}$ による時間発展の部分を先に取り入れるために $\hat{U}'(t) = e^{i\hat{\mathscr{H}} t/\hbar} \hat{U}(t)$ と置いてみよう．この $\hat{U}'(t)$ は方程式

$$\begin{aligned}
i\hbar \frac{\partial}{\partial t} \hat{U}'(t) &= e^{i\hat{\mathscr{H}} t/\hbar} (-\hat{\mathscr{H}}) \hat{U}(t) + e^{i\hat{\mathscr{H}} t/\hbar} i\hbar \frac{\partial}{\partial t} \hat{U}(t) \\
&= e^{i\hat{\mathscr{H}} t/\hbar} \hat{\mathscr{H}}'(t) \hat{U}(t) = \hat{\mathscr{H}}'_{\mathrm{H}}(t) \hat{U}'(t)
\end{aligned} \tag{5.7}$$

を満たす．ここで $\hat{\mathscr{H}}'_{\mathrm{H}}(t)$ は，$\hat{\mathscr{H}}'(t)$ のハイゼンベルグ描像での演算子で

$$\hat{\mathscr{H}}'_{\mathrm{H}}(t) = e^{i\hat{\mathscr{H}} t/\hbar} \hat{\mathscr{H}}'(t) e^{-i\hat{\mathscr{H}} t/\hbar} \tag{5.8}$$

と定義されたものである．$\hat{U}'(t)$ の方程式は，(4.11) 式と同様に，時間順序積演算子を用いて

$$\hat{U}'(t) = T_t \, \exp\left[-\frac{i}{\hbar} \int_{t_0}^{t} dt' \, \hat{\mathscr{H}}'_{\mathrm{H}}(t') \right] \tag{5.9}$$

と解くことができる．ただし，線形応答理論の場合は外場に対して 1 次摂動まででよいので，T 積はあまり関係なく，

$$\hat{U}'(t) = 1 - \frac{i}{\hbar} \int_{t_0}^{t} dt' \, \hat{\mathscr{H}}'_{\mathrm{H}}(t') + O(F^2) = 1 + \frac{i}{\hbar} \int_{t_0}^{t} \hat{A}_{\mathrm{H}}(t') F(t') dt' + O(F^2) \tag{5.10}$$

を用いればよい．

$\hat{U}'(t)$ から $\hat{U}(t)$ が求められるので，最終的に $\hat{B}$ の期待値を計算すると，

$$\begin{aligned}
\langle \hat{B} \rangle(t) &= \langle \hat{U}^\dagger(t) \hat{B} \hat{U}(t) \rangle = \langle \hat{U}'^\dagger(t) e^{i\hat{\mathscr{H}} t/\hbar} \hat{B} e^{-i\hat{\mathscr{H}} t/\hbar} \hat{U}'(t) \rangle \\
&= \langle U'^\dagger(t) \hat{B}_{\mathrm{H}}(t) U'(t) \rangle \\
&= \langle \hat{B}_{\mathrm{H}}(t) \rangle + \frac{i}{\hbar} \int_{t_0}^{t} \langle [\hat{B}_{\mathrm{H}}(t), \hat{A}_{\mathrm{H}}(t')] \rangle F(t') dt' + O(F^2)
\end{aligned} \tag{5.11}$$

が得られる．ここで，$[\hat{B}, \hat{A}] = \hat{B}\hat{A} - \hat{A}\hat{B}$ は交換関係であり，熱平衡分布による

5.2 外場の存在下での時間発展　**87**

期待値 $\langle \cdots \rangle$ は，上で議論したように外場のないときの $\hat{\mathscr{H}} - \mu \hat{N}$ によるグランドカノニカル分布による期待値である．右辺第 1 項の $\langle \hat{B}_{\mathrm{H}}(t) \rangle$ は，$e^{-i\hat{\mathscr{H}}t/\hbar}$ と $e^{-\beta(\hat{\mathscr{H}} - \mu \hat{N})}$ が可換であること（$\hat{\mathscr{H}}$ と $\hat{N}$ は可換である）と，$\mathrm{Tr}\hat{A}\hat{B} = \mathrm{Tr}\hat{B}\hat{A}$ を用いて $\langle \hat{B}_{\mathrm{H}}(t) \rangle = \langle \hat{B} \rangle$ であることが示される．このことを考慮して，(5.11) 式と定義式 (5.4) を比べると，応答関数が

$$\phi_{BA}(t - t') = \frac{i}{\hbar} \langle [\hat{B}_{\mathrm{H}}(t), \hat{A}_{\mathrm{H}}(t')] \rangle \tag{5.12}$$

であることがわかる．実際，3.2 節でグリーン関数が $t - t'$ の関数であることを示した (3.13) 式と同様な手法を用いて

$$\phi_{BA}(t - t') = \frac{i}{\hbar} \langle [\hat{B}_{\mathrm{H}}(t - t'), \hat{A}_{\mathrm{H}}(0)] \rangle \tag{5.13}$$

と書くこともできるので，応答関数は確かに $t - t'$ の関数である．また，(5.12) 式右辺の複素共役を取ると，元の式と等しいことがわかるので，$\phi_{BA}(t - t')$ は実数の関数である．

(5.12) 式の期待値は，外場のない状態 $\hat{\mathscr{H}} - \mu \hat{N}$ での期待値である．したがって，応答関数は外場のない状態を調べることによって得られる．とくに $\hat{B} = \hat{A}$ のときは，物理量 $\hat{B}$ の熱平衡状態での揺らぎに関係したものとなる．これが線形応答の久保理論である[1]．また (5.12) 式は，演算子 $\hat{B}_{\mathrm{H}}(t)$ と $\hat{A}_{\mathrm{H}}(t')$ の交換関係の期待値であるが，これはグリーン関数のうちの遅延グリーン関数と類似のものである[2]．この関係については，座標 r 依存性および時間に関するフーリエ変換を考慮した後で詳しく述べる．

5.3 周波数分解

周波数 ω の外場に対する応答を考える．外場の時間依存性は $F(t)$ であったが，これを周波数分解して

$$F(t) = \int_{-\infty}^{\infty} \frac{d\omega}{2\pi} F_\omega e^{-i\omega t + \delta t} \tag{5.14}$$

とする．外場の開始時刻 t_0 は $t_0 \to -\infty$ とし，微小量 δ は無限の過去で外場が消えるように設定している．この場合 (5.4) 式は

---

[1]　R. Kubo, J. Phys. Soc. Jpn. **12**, 570 (1957). (5.12) 式のような線形応答の形は，これ以前にも磁気共鳴についての久保・富田論文 (R. Kubo and K. Tomita, J. Phys. Soc. Jpn. **9**, 888 (1954)) で与えられていた．また，散逸を伴う電気伝導に関しては，中野 (H. Nakano, Prog. Theor. Phys. **15**, 77 (1956)) によって与えられていた．久保論文は，線形応答理論を集大成して定理の形にまとめ，さらにオンサーガーの相反定理，揺動散逸定理，いくつかの和則 (sum rule)，アインシュタイン関係式との関連などを議論している．

[2]　第 3 章のグリーン関数の定義では，ハイゼンベルグ描像の演算子として $\hat{\mathscr{H}} - \mu \hat{N}$ による時間発展を用いた．これに対して，$\hat{B}_{\mathrm{H}}(t)$ と $\hat{A}_{\mathrm{H}}(t')$ は (5.8) 式のように第 1 章で説明した本来の $\hat{\mathscr{H}}$ のみによる時間発展をしている．しかし通常 $\hat{B}$ や $\hat{A}$ は粒子数を保存する演算子なので，$\hat{\mathscr{H}} - \mu \hat{N}$ による時間発展と同じものである．

$$\delta\langle\hat{B}\rangle(t) = \int_{-\infty}^{t} \phi_{BA}(t-t')F(t')dt'$$

$$= \int_{-\infty}^{\infty} \frac{d\omega}{2\pi} \int_{-\infty}^{t} \phi_{BA}(t-t')F_{\omega}e^{-i\omega t'+\delta t'}dt'$$

$$= \int_{-\infty}^{\infty} \frac{d\omega}{2\pi} \chi_{BA}(\omega)F_{\omega}e^{-i\omega t+\delta t} \tag{5.15}$$

と変形できる．ここで $\chi_{BA}(\omega)$ は

$$\chi_{BA}(\omega) = \int_{-\infty}^{t} \phi_{BA}(t-t')e^{i\omega(t-t')-\delta(t-t')}dt' \tag{5.16}$$

として定義したものである．

(5.15) 式の $\delta\langle\hat{B}\rangle(t)$ は，(5.14) 式の外場の周波数分解と同じ形をしているので

$$\delta\langle\hat{B}\rangle(t) = \int_{-\infty}^{\infty} \frac{d\omega}{2\pi} \delta\langle\hat{B}\rangle_{\omega}e^{-i\omega t+\delta t} \tag{5.17}$$

と書くと，

$$\delta\langle\hat{B}\rangle_{\omega} = \chi_{BA}(\omega)F_{\omega} \tag{5.18}$$

が成り立つ．この $\chi_{BA}(\omega)$ を複素アドミッタンスと呼ぶ．(5.16) 式の $\chi_{BA}(\omega)$ の積分変数を変換すると，

$$\chi_{BA}(\omega) = \int_{0}^{\infty} \phi_{BA}(t)e^{i\omega t-\delta t}dt = \frac{i}{\hbar}\int_{0}^{\infty} \langle[\hat{B}_{\mathrm{H}}(t),\hat{A}_{\mathrm{H}}(0)]\rangle e^{i\omega t-\delta t}dt \tag{5.19}$$

というシンプルな形となる．また，$\phi_{BA}(t)$ は実関数なので，

$$\chi_{BA}(-\omega) = \chi_{BA}^{*}(\omega) \tag{5.20}$$

が成立する．つまり一般に $\chi_{BA}(\omega)$ の実部は ω に関する偶関数で，虚部は奇関数であることがわかる．

5.4　応答関数の例と空間依存性

前節までは線形応答の一般論であり，応答関数 $\phi_{BA}(t)$ と複素アドミッタンス $\chi_{BA}(\omega)$ の形が得られた．ここでは，線形応答の具体例をいくつか見よう．

まず外場のハミルトニアンを考える．電磁場と相互作用する電子のハミルトニアンは 2.1 節の (2.9) 式や 2.6 節の (2.40) 式で与えられる．まず，静電ポテンシャル $\phi(\boldsymbol{r},t)$ が摂動として系にかけられた場合の，外場のハミルトニアンは

$$\mathscr{H}'(t) = \int d\boldsymbol{r}\, e\hat{n}(\boldsymbol{r})\phi(\boldsymbol{r},t) \tag{5.21}$$

と書ける．（電子の場合は $e<0$ としている．また本書では電子密度演算子を $\hat{n}(\boldsymbol{r})$ または $\hat{\rho}(\boldsymbol{r})$ と書いている．）また，ゼーマンエネルギーは，粒子が持つ磁気モーメント $\hat{\boldsymbol{M}}(\boldsymbol{r})$ と磁束密度 $\boldsymbol{B}(\boldsymbol{r},t)$ を用いて

5.4　応答関数の例と空間依存性　**89**

$$\mathscr{H}'(t) = -\int d\boldsymbol{r}\ \hat{\boldsymbol{M}}(\boldsymbol{r})\boldsymbol{B}(\boldsymbol{r},t) = -\sum_{\nu=x,y,z}\int d\boldsymbol{r}\ \hat{M}_\nu(\boldsymbol{r})B_\nu(\boldsymbol{r},t) \quad (5.22)$$

である．(2.9) 式や (2.40) 式の電子のスピンよる磁気モーメントは，第二量子化の演算子を用いて $\hat{\boldsymbol{M}}(\boldsymbol{r}) = (e\hbar/2m)\sum_{\alpha\beta}\hat{\psi}_\alpha^\dagger(\boldsymbol{r})(\boldsymbol{\sigma})_{\alpha\beta}\hat{\psi}_\beta(\boldsymbol{r})$ と書ける．また，外場としてベクトルポテンシャル $\boldsymbol{A}(\boldsymbol{r},t)$ を考えると，外場のハミルトニアンは (2.66) 式のように

$$\mathscr{H}'(t) = -\int d\boldsymbol{r}\ \hat{\boldsymbol{j}}^{\mathrm{para}}(\boldsymbol{r})\boldsymbol{A}(\boldsymbol{r},t) = -\sum_{\nu=x,y,z}\int d\boldsymbol{r}\ \hat{j}_\nu^{\mathrm{para}}(\boldsymbol{r})A_\nu(\boldsymbol{r},t)$$
$$(5.23)$$

である．

これらの例からわかるように，外場は全空間に拡がってかけられる場合も多い．この場合について前節までに得られた線形応答理論を拡張する．まず，外場として (5.3) 式を

$$\mathscr{H}'(t) = -\int d\boldsymbol{r}'\hat{A}(\boldsymbol{r}')F(\boldsymbol{r}',t) \quad (5.24)$$

と変更する．観測する物理量 $\hat{B}$ も位置に依存してよいので，今までの $\hat{B}$ を $\hat{B}(\boldsymbol{r})$ とする．線形応答の範囲では，空間の各点 $\boldsymbol{r}'$ における外場からの寄与を足し合わせればよいので，今までの $\hat{A}_\mathrm{H}(t)$ を $\hat{A}_\mathrm{H}(\boldsymbol{r}',t)$ として $\boldsymbol{r}'$ について積分すればよい．結局 (5.11) 式は変更されて，

$$\langle\hat{B}(\boldsymbol{r})\rangle(t) = \langle\hat{B}(\boldsymbol{r})\rangle + \frac{i}{\hbar}\int d\boldsymbol{r}'\int_{-\infty}^t dt'\langle[\hat{B}_\mathrm{H}(\boldsymbol{r},t),\hat{A}_\mathrm{H}(\boldsymbol{r}',t')]\rangle F(\boldsymbol{r}',t')$$
$$(5.25)$$

となる．右辺第 1 項はもともと $\langle\hat{B}_\mathrm{H}(\boldsymbol{r},t)\rangle$ だが，5.2 節のときと同じように $\langle\hat{B}(\boldsymbol{r})\rangle$ となっている．外場のないときの期待値 $\langle\hat{B}(\boldsymbol{r})\rangle$ からの変化分を再び

$$\delta\langle\hat{B}(\boldsymbol{r})\rangle(t) = \int d\boldsymbol{r}'\int_{-\infty}^t dt'\phi_{BA}(\boldsymbol{r},\boldsymbol{r}',t-t')F(\boldsymbol{r}',t') \quad (5.26)$$

と書けば，応答関数は

$$\phi_{BA}(\boldsymbol{r},\boldsymbol{r}',t-t') = \frac{i}{\hbar}\langle[\hat{B}_\mathrm{H}(\boldsymbol{r},t),\hat{A}_\mathrm{H}(\boldsymbol{r}',t')]\rangle \quad (5.27)$$

であり，複素アドミッタンスは

$$\chi_{BA}(\boldsymbol{r},\boldsymbol{r}',\omega) = \frac{i}{\hbar}\int_0^\infty \langle[\hat{B}_\mathrm{H}(\boldsymbol{r},t),\hat{A}_\mathrm{H}(\boldsymbol{r}',0)]\rangle e^{i\omega t-\delta t}dt \quad (5.28)$$

である．(5.12) 式で示したのと同様に，この場合も応答関数 $\phi_{BA}(\boldsymbol{r},\boldsymbol{r}',t-t')$ は $t-t'$ のみの関数である．

(5.21)–(5.23) 式の例では，外場を表すハミルトニアンに含まれる演算子 $\hat{A}$ は，それぞれ $\hat{n}(\boldsymbol{r})$, $\hat{M}_\nu(\boldsymbol{r})$, $\hat{j}_\nu(\boldsymbol{r})$ であり（電流の para の表記は省略した），$F(\boldsymbol{r},t)$ はそれぞれ $-e\phi(\boldsymbol{r},t)$, $B_\nu(\boldsymbol{r},t)$, $A_\nu(\boldsymbol{r},t)$ である．前に述べたように，観測する

90 第 5 章 線形応答理論

演算子 $\hat{B}$ も $\hat{A}$ と同じ演算子である場合も多い．したがって応答関数は，それぞれ

$$\phi_N(\boldsymbol{r}, \boldsymbol{r}', t - t') = \frac{i}{\hbar}\langle[\hat{n}_{\mathrm{H}}(\boldsymbol{r}, t), \hat{n}_{\mathrm{H}}(\boldsymbol{r}', t')]\rangle, \tag{5.29}$$

$$\phi_{M,\mu\nu}(\boldsymbol{r}, \boldsymbol{r}', t - t') = \frac{i}{\hbar}\langle[\hat{M}_{\mathrm{H}\mu}(\boldsymbol{r}, t), \hat{M}_{\mathrm{H}\nu}(\boldsymbol{r}', t')]\rangle, \tag{5.30}$$

$$\phi_{j,\mu\nu}(\boldsymbol{r}, \boldsymbol{r}', t - t') = \frac{i}{\hbar}\langle[\hat{j}_{\mathrm{H}\mu}(\boldsymbol{r}, t), \hat{j}_{\mathrm{H}\nu}(\boldsymbol{r}', t')]\rangle \tag{5.31}$$

となる．電荷密度の場合は，外場がない状態でも有限の値 $\langle\hat{n}_{\mathrm{H}}(\boldsymbol{r}, t)\rangle$ を持つ．そのため，(5.29) 式では，$\delta\hat{n}_{\mathrm{H}}(\boldsymbol{r}, t) = \hat{n}_{\mathrm{H}}(\boldsymbol{r}, t) - \langle\hat{n}_{\mathrm{H}}(\boldsymbol{r}, t)\rangle$ を用いて

$$\phi_N(\boldsymbol{r}, \boldsymbol{r}', t - t') = \frac{i}{\hbar}\langle[\delta\hat{n}_{\mathrm{H}}(\boldsymbol{r}, t), \delta\hat{n}_{\mathrm{H}}(\boldsymbol{r}', t')]\rangle \tag{5.32}$$

を用いた方が便利である．c 数 $\langle\hat{n}_{\mathrm{H}}(\boldsymbol{r}, t)\rangle$ と演算子との交換関係は常に 0 なので，(5.29) 式と (5.32) 式は同じ値を持つ．複素アドミッタンスは，それぞれの式を (5.28) 式のように時間に関してフーリエ変換すれば得られる．

　ベクトルポテンシャルを外場とした場合は，ベクトルポテンシャルから磁場を作るか電場を作るかの自由度があることに注意しよう．例えば電気伝導度を調べたいときには，$\boldsymbol{E} = -\partial\boldsymbol{A}/\partial t$ の関係を使ってベクトルポテンシャルを電場 $\boldsymbol{E}$ とし，それによって引き起こされる電流を調べれば電気伝導度が得られる（ベクトルポテンシャルの場合は，第 8 章で詳しく述べる）．

5.5　グリーン関数との関係

　ここまでくると，グリーン関数との対応が明確になってくるだろう．(5.28) 式の複素アドミッタンスは 3.6 節で導入した遅延グリーン関数と似ていることがわかるので，新たに

$$\phi_{BA}^R(\boldsymbol{r}, t; \boldsymbol{r}', t') = +\frac{i}{\hbar}\theta(t - t')\langle[\hat{B}_{\mathrm{H}}(\boldsymbol{r}, t), \hat{A}_{\mathrm{H}}(\boldsymbol{r}', t')]\rangle \tag{5.33}$$

を定義し，遅延相関関数と呼ぶことにする（遅延グリーン関数とは符号を逆に取った）．$\phi_{BA}^R(\boldsymbol{r}, t; \boldsymbol{r}', t')$ は $t - t'$ のみの関数であり，(5.28) 式の複素アドミッタンスは，このフーリエ変換

$$\chi_{BA}(\boldsymbol{r}, \boldsymbol{r}', \omega) = \int_{-\infty}^{\infty} \phi_{BA}^R(\boldsymbol{r}, t; \boldsymbol{r}', t') e^{i\omega(t-t') - \delta(t-t')} dt$$

$$= \int_{-\infty}^{\infty} \phi_{BA}^R(\boldsymbol{r}, t; \boldsymbol{r}', 0) e^{i\omega t - \delta t} dt \tag{5.34}$$

で与えられる．応答関数は因果律と結び付いているために，$\theta(t - t')$ という因子が $\phi_{BA}^R(\boldsymbol{r}, t; \boldsymbol{r}', t')$ の式に入っているといえる．

　遅延グリーン関数の場合には，(5.33) 式の演算子 $\hat{B}$ と $\hat{A}$ に対応するところに電子の生成・消滅演算子が入っていたが，遅延応答関数の場合には，$\hat{B}$ や $\hat{A}$ は

粒子密度，磁気モーメント，電流密度などである．これらの演算子は粒子数を保存する演算子なので，$\hat{N}$ とは可換である．したがって，(5.33) 式の $\hat{B}_{\mathrm{H}}(\boldsymbol{r},t)$ や $\hat{A}_{\mathrm{H}}(\boldsymbol{r},t)$ は，(3.2) 式のように

$$\hat{B}_{\mathrm{H}}(\boldsymbol{r},t) = e^{i(\mathscr{H}-\mu\hat{N})t/\hbar}\hat{B}(\boldsymbol{r})e^{-i(\mathscr{H}-\mu\hat{N})t/\hbar} \tag{5.35}$$

として定義されたものと置き換えても構わない．また，$\hat{B}$ や $\hat{A}$ は電子の場の演算子の 2 個の積で表されるので，ボース粒子と類似の統計性を持つ．一方 (5.33) 式では，交換関係 $[\hat{B},\hat{A}] = \hat{B}\hat{A} - \hat{A}\hat{B}$ が現れているので，ちょうどボース粒子に対する遅延グリーン関数と対応していることがわかる．

遅延相関関数 ϕ_{BA}^R がファインマンダイアグラム等を用いて直接計算できるとよいのだが，そうはなっていない．代わりに温度グリーン関数に相当する相関関数を導入すると，これに対してはファインマンダイアグラムの手法が使える．つまり，虚時間 τ と τ 順序積 T_τ を用いて

$$\Phi_{BA}(\boldsymbol{r},\tau;\boldsymbol{r}',\tau') = +\left\langle T_\tau\left[\hat{B}_{\mathrm{H}}(\boldsymbol{r},\tau)\hat{A}_{\mathrm{H}}(\boldsymbol{r}',\tau')\right]\right\rangle \tag{5.36}$$

を定義する（再び応答関数と対応付けるため，温度グリーン関数とは符号を逆に定義している）．ここで新たに定義された虚時間 τ を持つ演算子 $\hat{O}_{\mathrm{H}}(\boldsymbol{r},\tau)$ は，(3.27) 式と同じように

$$\hat{O}_{\mathrm{H}}(\boldsymbol{r},\tau) = e^{\tau(\mathscr{H}-\mu\hat{N})}\hat{O}(\boldsymbol{r})e^{-\tau(\mathscr{H}-\mu\hat{N})}, \qquad (\hat{O} = \hat{A} \text{ or } \hat{B}) \tag{5.37}$$

として定義されたものである．また τ 順序積はボース粒子の場合と同様に，$\tau < \tau'$ のとき $\langle \hat{A}_{\mathrm{H}}(\boldsymbol{r},\tau')\hat{B}_{\mathrm{H}}(\boldsymbol{r},\tau)\rangle$ となるように定義しておく．(5.36) 式の $\Phi_{BA}(\boldsymbol{r},\tau;\boldsymbol{r}',\tau')$ は τ 積で書き表されているので，4.3 節のブロック・ドゥドミニシスの定理が適用できる．さらに，演算子 $\hat{B}$ や $\hat{A}$ が電子の場の演算子の 2 個の積で書ける場合，Φ_{BA} は電子の演算子が 4 つ含まれたものである．これは，以下に具体例で見るように，最低次では図 5.1 で灰色の三角形がないようなグリーン関数 2 個の積の形に書ける．高次の摂動項は第 4 章で導入したファインマンダイアグラムを用いて計算できる．

5.6　応答関数のレーマン表示と解析接続

3.6 節では遅延グリーン関数 G^R と温度グリーン関数 $\mathscr{G}$ は解析接続によって繋がり，$\mathscr{G}$ をファインマンダイアグラムによって計算した後で，解析接続によって G^R を得ることができた．これと同じことが応答関数についてもいえる．

3.5 節のレーマン表示と同じように，$\mathscr{H}$ の多体の固有状態 $|n\rangle$ とエネルギー固有値 E_n を用いると，(5.33) 式の遅延応答関数のレーマン表示は

$$\phi_{BA}^R(\boldsymbol{r},t;\boldsymbol{r}',t') = \frac{i}{\hbar}\frac{1}{\Xi}\theta(t-t')\sum_{n,m}e^{-\beta(E_n-\mu N_n)}$$

92　第 5 章　線形応答理論

$$\times \left[e^{i(E_n - E_m)(t-t')/\hbar} \langle n|\hat{B}(\boldsymbol{r})|m\rangle\langle m|\hat{A}(\boldsymbol{r}')|n\rangle \right.$$
$$\left. - e^{-i(E_n - E_m)(t-t')/\hbar} \langle n|\hat{A}(\boldsymbol{r}')|m\rangle\langle m|\hat{B}(\boldsymbol{r})|n\rangle \right] \quad (5.38)$$

となる．ここで演算子 $\hat{B}$ と $\hat{A}$ が粒子数を保存する演算子であることを用いた．(5.34) 式のように，これを時間に関してフーリエ変換すると複素アドミッタンス

$$\chi_{BA}(\boldsymbol{r},\boldsymbol{r}',\omega)$$
$$= -\frac{1}{\Xi} \sum_{n,m} \left(e^{-\beta(E_n - \mu N_n)} - e^{-\beta(E_m - \mu N_m)} \right) \frac{\langle n|\hat{B}(\boldsymbol{r})|m\rangle\langle m|\hat{A}(\boldsymbol{r}')|n\rangle}{\hbar\omega + E_n - E_m + i\delta}$$
$$(5.39)$$

を得る．ここで右辺の変形では $n \leftrightarrow m$ の交換を行った．

一方，虚時間を用いた (5.36) 式の $\Phi_{BA}(\boldsymbol{r},\tau;\boldsymbol{r}',\tau')$ をレーマン表示すると，温度グリーン関数の場合と同じように $\tau - \tau'$ のみの関数であることがわかる．さらに，そのフーリエ変換はボース粒子に対する温度グリーン関数のフーリエ変換と同様に，$\omega_n = 2n\pi k_\mathrm{B}T$ を用いて

$$\Phi_{BA}(\boldsymbol{r},\boldsymbol{r}',i\omega_n) = \int_0^\beta \Phi_{BA}(\boldsymbol{r},\tau;\boldsymbol{r}',0)e^{i\omega_n\tau}d\tau$$
$$= -\frac{1}{\Xi} \sum_{n,m} \left(e^{-\beta(E_n - \mu N_n)} - e^{-\beta(E_m - \mu N_m)} \right) \frac{\langle n|\hat{B}(\boldsymbol{r})|m\rangle\langle m|\hat{A}(\boldsymbol{r}')|n\rangle}{i\omega_n + E_n - E_m}$$
$$(5.40)$$

となる（演習問題 5.3）．この式は，ちょうど (5.39) 式の分母の $\hbar\omega + i\delta$ が $i\omega_n$ に置き換わったものである．したがって，$\Phi_{BA}(\boldsymbol{r},\boldsymbol{r}',i\omega_n)$ をファインマンダイアグラムによって計算した後で，解析接続によって $\chi_{BA}(\boldsymbol{r},\boldsymbol{r}',\omega)$ を求めればよいことがわかる．$\Phi_{BA}(\boldsymbol{r},\boldsymbol{r}',i\omega_n)$ が解析的なシンプルな形で求まっていれば，解析接続は簡単にできる（単に $i\omega_n \to \hbar\omega + i\delta$ と置き換えればよい場合が多い）．この事情は，3.6 節のグリーン関数の解析接続と同じである．

5.7　並進対称性がある場合の線形応答

前節までは $\boldsymbol{r}$ と $\boldsymbol{r}'$ の変数を持つ一般的な場合の線形応答を考えていた．これは非一様な系に対しても使える定式化である．しかし，ハミルトニアン $\mathcal{H}$ が並進対称性を持つ場合も多いので，この場合についてまとめておこう．

この場合，3.7 節のグリーン関数と同じように，応答関数 $\phi_{BA}(\boldsymbol{r},\boldsymbol{r}',t-t')$ は $\boldsymbol{r} - \boldsymbol{r}'$ にしか依存しないことがわかる．したがって，応答関数を $\phi_{BA}(\boldsymbol{r} - \boldsymbol{r}', t-t')$ と書く．さらに，波数空間と周波数空間で応答関数を表すのが便利である．まず，外場の空間・時間依存性 $F(\boldsymbol{r},t)$ を，波数分解および周波数分解して

$$F(\boldsymbol{r},t) = \frac{1}{V}\sum_{\boldsymbol{q}}\int_{-\infty}^{\infty}\frac{d\omega}{2\pi}e^{i\boldsymbol{q}\cdot\boldsymbol{r}-i\omega t+\delta t}F_{\boldsymbol{q},\omega}\left(=\iint\frac{d\boldsymbol{q}d\omega}{(2\pi)^4}e^{i\boldsymbol{q}\cdot\boldsymbol{r}-i\omega t+\delta t}F_{\boldsymbol{q},\omega}\right)$$

$$(5.41)$$

とする（フーリエ変換については，2.1 節の脚注（第 2 章，脚注 1）を参照）．体積 $V \to \infty$ の極限では右辺最後の式になるが，物性物理では波数 $\boldsymbol{q}$ について離散的な和で表しておいた方が計算がわかりやすい．

また，空間依存性の方の波数 $\boldsymbol{q}$ と，時間依存性の周波数 ω を合わせて

$$e^{i\boldsymbol{q}\cdot\boldsymbol{r}-i\omega t} \tag{5.42}$$

というように $\boldsymbol{q}\cdot\boldsymbol{r}$ と ωt を逆符号にしておくのが都合よい．（教科書や論文によっては，指数関数の肩の符号がまちまちであることがあるので注意．自分の決まりを作っておいて，それで統一的に計算した方がよい．）シュレーディンガー方程式の時間発展の部分は $e^{-i\frac{E}{\hbar}t}$ なので，(5.42) 式のように定義しておけば，$E/\hbar \leftrightarrow \omega$ という対応が付けられるので便利である．

(5.26) 式と (5.15) 式を参考に，物理量 $\hat{B}(\boldsymbol{r})$ の変化分の期待値は，

$$\begin{aligned}
\delta\langle\hat{B}(\boldsymbol{r})\rangle(t) &= \int d\boldsymbol{r}'\int_{-\infty}^{t}dt'\phi_{BA}(\boldsymbol{r}-\boldsymbol{r}',t-t')\\
&\quad\times\frac{1}{V}\sum_{\boldsymbol{q}}\int_{-\infty}^{\infty}\frac{d\omega}{2\pi}e^{i\boldsymbol{q}\cdot\boldsymbol{r}'-i\omega t'+\delta t'}F_{\boldsymbol{q},\omega}\\
&= \frac{1}{V}\sum_{\boldsymbol{q}}\int_{-\infty}^{\infty}\frac{d\omega}{2\pi}\chi_{BA}(\boldsymbol{q},\omega)F_{\boldsymbol{q},\omega}e^{i\boldsymbol{q}\cdot\boldsymbol{r}-i\omega t+\delta t}
\end{aligned} \tag{5.43}$$

と書ける．ここで $\chi_{BA}(\boldsymbol{q},\omega)$ は波数空間での複素アドミッタンス

$$\chi_{BA}(\boldsymbol{q},\omega) = \int d\boldsymbol{r}\int_{0}^{\infty}dt\phi_{BA}(\boldsymbol{r},t)e^{-i\boldsymbol{q}\cdot\boldsymbol{r}+i\omega t-\delta t} \tag{5.44}$$

である．(5.43) 式では時間積分に関して $t-t'=t''$ という変数変換をし，5.3 節と同じ変形を行った．(5.43) 式を見ると，$\delta\langle\hat{B}(\boldsymbol{r})\rangle(t)$ は外場の波数および周波数分解と同じ形をしている．これは線形応答の特徴である．$\hat{B}(\boldsymbol{r})$ の変化分を

$$\delta\langle\hat{B}(\boldsymbol{r})\rangle(t) = \frac{1}{V}\sum_{\boldsymbol{q}}\int_{-\infty}^{\infty}\frac{d\omega}{2\pi}e^{i\boldsymbol{q}\cdot\boldsymbol{r}-i\omega t}\delta\langle\hat{B}\rangle(\boldsymbol{q},\omega) \tag{5.45}$$

と書くと，(5.43) 式から

$$\delta\langle\hat{B}\rangle(\boldsymbol{q},\omega) = \chi_{BA}(\boldsymbol{q},\omega)F_{\boldsymbol{q},\omega} \tag{5.46}$$

であることがわかる．これが系に並進対称性がある場合の基本的な式である．

最後に $\chi_{BA}(\boldsymbol{q},\omega)$ を波数空間での演算子の期待値として書き表しておこう．演算子 $\hat{B}$ と $\hat{A}$ のフーリエ変換

$$\begin{cases}\hat{B}(\boldsymbol{r}) &= \frac{1}{V}\sum_{\boldsymbol{q}}e^{i\boldsymbol{q}\cdot\boldsymbol{r}}\hat{B}_{\boldsymbol{q}}\\ \hat{B}_{\boldsymbol{q}} &= \int d\boldsymbol{r}e^{-i\boldsymbol{q}\cdot\boldsymbol{r}}\hat{B}(\boldsymbol{r})\end{cases}\qquad\begin{cases}\hat{A}(\boldsymbol{r}) &= \frac{1}{V}\sum_{\boldsymbol{q}}e^{i\boldsymbol{q}\cdot\boldsymbol{r}}\hat{A}_{\boldsymbol{q}}\\ \hat{A}_{\boldsymbol{q}} &= \int d\boldsymbol{r}e^{-i\boldsymbol{q}\cdot\boldsymbol{r}}\hat{A}(\boldsymbol{r})\end{cases} \tag{5.47}$$

を用いると

$$
\begin{aligned}
\chi_{BA}(\boldsymbol{q},\omega) &= \frac{i}{\hbar}\int_0^\infty dt \int d\boldsymbol{r}\, e^{-i\boldsymbol{q}\cdot(\boldsymbol{r}-\boldsymbol{r}')}\langle[\hat{B}_{\mathrm{H}}(\boldsymbol{r},t),\hat{A}_{\mathrm{H}}(\boldsymbol{r}',0)]\rangle e^{i\omega t-\delta t} \\
&= \frac{i}{\hbar}\int_0^\infty dt\,\frac{1}{V}\iint d\boldsymbol{r} d\boldsymbol{r}'\langle[e^{-i\boldsymbol{q}\cdot\boldsymbol{r}}\hat{B}_{\mathrm{H}}(\boldsymbol{r},t),e^{i\boldsymbol{q}\cdot\boldsymbol{r}'}\hat{A}_{\mathrm{H}}(\boldsymbol{r}',0)]\rangle e^{i\omega t-\delta t} \\
&= \frac{1}{V}\frac{i}{\hbar}\int_0^\infty dt\langle[\hat{B}_{\mathrm{H},\boldsymbol{q}}(t),\hat{A}_{\mathrm{H},-\boldsymbol{q}}(0)]\rangle e^{i\omega t-\delta t}\equiv\int_0^\infty \phi_{BA}(\boldsymbol{q},t)e^{i\omega t-\delta t}
\end{aligned}
\tag{5.48}
$$

となる．ここで，第1式が $\boldsymbol{r}-\boldsymbol{r}'$ にしか依存しないことを利用して第2式では第1式を $\boldsymbol{r}'$ で積分して体積 V で割った．前節と同じようにレーマン表示をすれば

$$
\begin{aligned}
&\chi_{BA}(\boldsymbol{q},\omega) \\
&= -\frac{1}{\Xi}\frac{1}{V}\sum_{n,m}\left(e^{-\beta(E_n-\mu N_n)}-e^{-\beta(E_m-\mu N_m)}\right)\frac{\langle n|\hat{B}_{\boldsymbol{q}}|m\rangle\langle m|\hat{A}_{-\boldsymbol{q}}|n\rangle}{\hbar\omega+E_n-E_m+i\delta}
\end{aligned}
\tag{5.49}
$$

であることがわかる．このレーマン表示を用いると，$\chi_{BA}(\boldsymbol{q},\omega)$ は

$$
\Phi_{BA}(\boldsymbol{q},\tau,\tau') = \frac{1}{V}\left\langle T_\tau\left[\hat{B}_{\mathrm{H},\boldsymbol{q}}(\tau)\hat{A}_{\mathrm{H},-\boldsymbol{q}}(\tau')\right]\right\rangle
\tag{5.50}
$$

のフーリエ変換

$$
\begin{aligned}
\Phi_{BA}(\boldsymbol{q},i\omega_n) &= \int_0^\beta \Phi_{BA}(\boldsymbol{q},\tau,0)e^{i\omega_n\tau}d\tau \\
&= \frac{1}{V}\int_0^\beta\langle\hat{B}_{\mathrm{H},\boldsymbol{q}}(\tau)\hat{A}_{\mathrm{H},-\boldsymbol{q}}(0)\rangle e^{i\omega_n\tau}d\tau
\end{aligned}
\tag{5.51}
$$

の解析接続から得られることがわかる．ここで ω_n は前節と同じく $\omega_n=2n\pi k_{\mathrm{B}}T$ を用いる．これが並進対称性を持つ場合の線形応答理論の形である．具体的な計算には，この方法が用いられることが多い．

　ここで1つだけ重要な点を指摘しておこう．波数 $\boldsymbol{q}=\boldsymbol{0}$ の場合で，かつ演算子 $\hat{B}_{\boldsymbol{q}=\boldsymbol{0}}$ と演算子 $\hat{A}_{\boldsymbol{q}=\boldsymbol{0}}$ が等しく，かつこれらがハミルトニアン $\mathscr{H}$ と可換である場合を考える．この場合，(5.48) 式を調べると，$\hat{B}_{\boldsymbol{q}=\boldsymbol{0}}$ とハミルトニアンが可換なので $\hat{B}_{\mathrm{H},\boldsymbol{q}=\boldsymbol{0}}(t)=\hat{B}_{\boldsymbol{q}=\boldsymbol{0}}$ となる．かつ $\hat{B}_{\boldsymbol{q}=\boldsymbol{0}}$ と $\hat{A}_{\boldsymbol{q}=\boldsymbol{0}}$ が等しいので，(5.48) 式の中の交換関係は 0 になり，複素アドミッタンス $\chi_{BA}(\boldsymbol{q},\omega)$ は 0 になってしまう．つまり，このような場合には応答が全くない．しかしこれは特殊な場合ではない．5.4 節の例でいうと，電荷密度，磁気モーメントの密度，電流密度などで $\boldsymbol{q}=\boldsymbol{0}$ の場合は，演算子 $\hat{B}_{\boldsymbol{q}=\boldsymbol{0}}$ と $\hat{A}_{\boldsymbol{q}=\boldsymbol{0}}$ は全電荷，全磁気モーメント，全電流ということになり，多くの場合にハミルトニアンと可換である．別の言い方をすると，全電荷等は保存量なので外場がかかっても変化しない，ということを意味する．以下の具体的な計算例で，このような場合が何度か現れ

るので気にかけておくとよい.

上記の議論は ω が有限のまま $q = 0$ と置いた場合の議論であるが,逆に q が有限のまま $\omega = 0$ を先に取ってから $q \to 0$ という極限を取ると,結果が変わる場合があるので注意を要する.これについては 6.2 節で具体例とともに述べる.

5.8 応答関数の対称性,クラマース・クローニッヒ関係式,総和則

複素アドミッタンス $\chi_{BA}(\boldsymbol{q}, \omega)$ には,その変数の ω に関する対称性がある.(5.48) 式の最初の $\chi_{BA}(\boldsymbol{q}, \omega)$ の定義式において複素共役を取ると

$$\chi_{BA}(-\boldsymbol{q}, -\omega)^* = \chi_{BA}(\boldsymbol{q}, \omega) \tag{5.52}$$

であることが示される.

さらに,系が空間反転対称性を持ち,$\chi_{BA}(-\boldsymbol{q}, \omega) = \chi_{BA}(\boldsymbol{q}, \omega)$ が成立する場合(または $\boldsymbol{q} = 0$ の場合)には,$\chi_{BA}(\boldsymbol{q}, -\omega)^* = \chi_{BA}(\boldsymbol{q}, \omega)$ が成立するので,

$$\begin{aligned} &\operatorname{Re} \chi_{BA}(\boldsymbol{q}, \omega) は,\omega に関して偶関数, \\ &\operatorname{Im} \chi_{BA}(\boldsymbol{q}, \omega) は,\omega に関して奇関数 \end{aligned} \tag{5.53}$$

という重要な性質が導かれる.

次にクラマース・クローニッヒの関係式を示そう.(5.49) 式のレーマン表示から,複素アドミッタンス $\chi_{BA}(\boldsymbol{q}, \omega)$ は ω の複素平面上で下半面にしか極がないことがわかる(つまり上半面 $\operatorname{Im} \omega > 0$ で解析的).これは遅延グリーン関数と同じ状況である.したがって

$$\chi_{BA}(\boldsymbol{q}, \omega) = \frac{1}{2\pi i} \int_{-\infty}^{\infty} d\omega' \frac{1}{\omega' - \omega - i\delta} \chi_{BA}(\boldsymbol{q}, \omega') \tag{5.54}$$

という関係式が成り立つ.これは,右辺の積分と,ω' の複素平面上で上半面を半円で囲む積分路を持つ複素積分とを比較することで得られる.この式を

$$\frac{1}{x + i\delta} = \mathscr{P} \frac{1}{x} - i\pi \delta(x) \tag{5.55}$$

を用いて変形すると,$\mathscr{P}$ で表される主値積分を用いて

$$\chi_{BA}(\boldsymbol{q}, \omega) = \frac{1}{2\pi i} \int_{-\infty}^{\infty} d\omega' \frac{\mathscr{P}}{\omega' - \omega} \chi_{BA}(\boldsymbol{q}, \omega') + \frac{1}{2} \chi_{BA}(\boldsymbol{q}, \omega) \tag{5.56}$$

となる.右辺の第 2 項を左辺に移して両辺の実部,虚部を比較すれば

$$\begin{aligned} \operatorname{Re} \chi_{BA}(\boldsymbol{q}, \omega) &= \frac{1}{\pi} \int_{-\infty}^{\infty} d\omega' \frac{\mathscr{P}}{\omega' - \omega} \operatorname{Im} \chi_{BA}(\boldsymbol{q}, \omega'), \\ \operatorname{Im} \chi_{BA}(\boldsymbol{q}, \omega) &= -\frac{1}{\pi} \int_{-\infty}^{\infty} d\omega' \frac{\mathscr{P}}{\omega' - \omega} \operatorname{Re} \chi_{BA}(\boldsymbol{q}, \omega') \end{aligned} \tag{5.57}$$

の関係式が成立する.これをクラマース・クローニッヒ (Kramers-Kronig) の

関係式という．この関係式は，複素アドミッタンスの実部か虚部のどちらか一方が求まれば，もう一方は主値積分によって得られることを意味している．

次に総和則を調べる．(5.53) 式で示したように，系に空間反転対称性がある場合（または任意の系で $\boldsymbol{q}=\boldsymbol{0}$ の場合），$\mathrm{Re}\,\chi_{BA}(\boldsymbol{q},\omega)$（または $\mathrm{Re}\,\chi_{BA}(\boldsymbol{0},\omega)$）は ω の偶関数である．これと (5.48) 式を用いて，

$$
\begin{aligned}
\frac{2}{\pi}\int_0^\infty \mathrm{Re}\,\chi_{BA}(\boldsymbol{q},\omega)d\omega &= \frac{1}{\pi}\int_{-\infty}^\infty \mathrm{Re}\,\chi_{BA}(\boldsymbol{q},\omega)d\omega \\
&= \frac{1}{\pi}\int_{-\infty}^\infty d\omega\,\mathrm{Re}\int_0^\infty \phi_{BA}(\boldsymbol{q},t)e^{i\omega t-\delta t}dt \\
&= 2\mathrm{Re}\int_0^\infty \phi_{BA}(\boldsymbol{q},t)e^{-\delta t}\delta(t)dt \\
&= \phi_{BA}(\boldsymbol{q},0) = \frac{1}{V}\frac{i}{\hbar}\langle[\hat{B}_{\boldsymbol{q}},\hat{A}_{-\boldsymbol{q}}]\rangle \qquad (5.58)
\end{aligned}
$$

が得られる．この総和則もいろいろな局面で役に立つ．(5.49) 式を用いると

$$
\lim_{\omega\to\infty}(-i)\omega\chi_{BA}(\boldsymbol{q},\omega) = \frac{1}{V}\frac{i}{\hbar}\langle[\hat{B}_{\boldsymbol{q}},\hat{A}_{-\boldsymbol{q}}]\rangle = \phi_{BA}(0) \qquad (5.59)
$$

という式も得られる．

5.9 揺動散逸定理

この章の最後に揺動散逸定理を示そう．(5.39) 式の複素アドミッタンスの式を見ると，有限温度の相関関数

$$
\begin{aligned}
C_{BA}(\boldsymbol{r},t;\boldsymbol{r}',t') &= \langle \hat{B}_{\mathrm{H}}(\boldsymbol{r},t)\hat{A}_{\mathrm{H}}(\boldsymbol{r}',t')\rangle \\
&= \frac{1}{\Xi}\sum_n e^{-\beta(E_n-\mu N_n)}\langle n|\hat{B}_{\mathrm{H}}(\boldsymbol{r},t)\hat{A}_{\mathrm{H}}(\boldsymbol{r}',t')|n\rangle \quad (5.60)
\end{aligned}
$$

と密接な関係があることが予想される．実際，ハミルトニアンが時間に依存せず，系に並進対称性がある場合，$C_{BA}(\boldsymbol{r},t;\boldsymbol{r}',t')$ を時間と空間に関してフーリエ変換をすると，$\int_{-\infty}^\infty e^{i\omega t}dt = 2\pi\delta(\omega)$ を用いて

$$
\begin{aligned}
C_{BA}(\boldsymbol{q},\omega) &\equiv \iint_{-\infty}^\infty C_{BA}(\boldsymbol{r},t;\boldsymbol{r}',t')e^{i\omega(t-t')}dt\,e^{-i\boldsymbol{q}\cdot(\boldsymbol{r}-\boldsymbol{r}')}d\boldsymbol{r} \\
&= \frac{1}{V}\frac{2\pi}{\Xi}\sum_{n,m} e^{-\beta(E_n-\mu N_n)}\langle n|\hat{B}_{\boldsymbol{q}}|m\rangle\langle m|\hat{A}_{-\boldsymbol{q}}|n\rangle\delta\left(\omega+\frac{1}{\hbar}(E_n-E_m)\right)
\end{aligned}
$$
$$(5.61)$$

となる．一方，$\hat{B}=\hat{A}$ のとき (5.49) 式の虚部は，(3.65) 式を用いて

$$
\begin{aligned}
\mathrm{Im}\,\chi_{AA}(\boldsymbol{q},\omega) &= \frac{1}{V}\frac{\pi}{\Xi}\sum_{n,m} e^{-\beta(E_n-\mu N_n)}\left(1-e^{-\beta\hbar\omega}\right) \\
&\quad \times |\langle n|\hat{A}_{\boldsymbol{q}}|m\rangle|^2\delta(\hbar\omega+E_n-E_m) \qquad (5.62)
\end{aligned}
$$

が得られる．ここで右辺の指数関数にはデルタ関数から得られる $\hbar\omega = E_m - E_n$ を用いており，また，$\hat{B} = \hat{A}$ が粒子数を保存する演算子の場合に成り立つ式 $N_m = N_n$ を用いた．(5.61) と (5.62) を比べると

$$C_{AA}(\boldsymbol{q},\omega) = \frac{2\hbar}{1 - e^{-\beta\hbar\omega}}\mathrm{Im}\,\chi_{AA}(\boldsymbol{q},\omega) \tag{5.63}$$

が成立することがわかる．これを揺動散逸定理という．

　一般に，相関関数は平衡状態において系が持つ「揺らぎ」（揺動）を表す．これが左辺である．一方，複素アドミッタンスは，例えば電気伝導度を考えるとわかるように，外場がかかって系が非平衡になったときの応答を表す．とくに複素アドミッタンスの虚部は，エネルギーの散逸に関連する量なので，(5.63) の右辺は散逸を表すといえる．両者が密接に関連していることを示すのが，(5.63) 式の散逸揺動定理である．

演習問題

5.1 (5.5) 式の方程式を，通常の摂動論で調べることによって，線形応答の式を導出しよう．外場がないときのハミルトニアン $\mathscr{H}$ の固有状態を $\mathscr{H}|n\rangle = E_n|n\rangle$ とすると，摂動がなければ $|n^{(0)}(t)\rangle = e^{-iE_n t/\hbar}|n\rangle$ と時間発展する．これに摂動を加えた

$$|n(t)\rangle = e^{-iE_n t/\hbar}|n\rangle + \sum_{m \neq n} a_m(t)e^{-iE_m t/\hbar}|m\rangle \tag{5.64}$$

を考える．このとき，外場に対して 1 次摂動の範囲で $a_m(t)$ の満たすべき方程式を導き，解として

$$a_m(t) = \frac{i}{\hbar}\int_{t_0}^{t} e^{-i(E_n - E_m)t'/\hbar}\langle m|\hat{A}|n\rangle F(t')dt' \tag{5.65}$$

が得られることを示せ．さらに $\hat{B}$ の期待値

$$\langle \hat{B}\rangle(t) = \frac{1}{\Xi}\sum_n \langle n(t)|\hat{B}|n(t)\rangle e^{-\beta(E_n - \mu N_n)}$$

を計算し，応答関数のレーマン表示 (5.38) 式と同じものが得られることを示せ．

5.2 密度行列を全ハミルトニアン $\mathscr{H}$ の固有値，固有ベクトルを用いて

$$\rho(t) \equiv \frac{1}{\Xi}\sum_n |n(t)\rangle e^{-\beta(E_n - \mu N_n)}\langle n(t)| \tag{5.66}$$

とする．外場がない場合 $|n(t)\rangle = e^{-iE_n(t-t_0)/\hbar}|n(t_0)\rangle$ なので $\rho(t)$ は時間に依存しない．しかし，外場がある場合には (5.5) 式の波動関数の時間発展から，$\rho(t)$ の運動方程式が

$$i\hbar\frac{d}{dt}\rho(t) = -[\rho(t), \mathscr{H} + \mathscr{H}'(t)] \tag{5.67}$$

となることを示せ．これはハイゼンベルグ描像による演算子が満たす方程式 (1.60) 式と符号が逆になることに注意．さらに相互作用表示のように $\rho'(t) = e^{i\mathscr{H}t/\hbar}\rho(t)e^{-i\mathscr{H}t/\hbar}$ と定義し，$\rho'(t)$ の運動方程式が $i\hbar\frac{d}{dt}\rho'(t) = -[\rho'(t), \mathscr{H}'_{\mathrm{H}}(t)]$ となることを示せ．ここで $\mathscr{H}'_{\mathrm{H}}(t)$ は (5.8) で定義されたものである．初期値を ρ_0 とし，$\rho'(t) = \rho_0 + f(t)$ と置いて $f(t)$ が満たす方程式を導き，それを解くことによって

$$\rho(t) = \rho_0 + \frac{i}{\hbar} \int_{t_0}^{t} [\hat{A}_{\mathrm{H}}(t'-t), \rho_0] F(t') dt' \tag{5.68}$$

となることを示せ. 最後に, $\hat{B}$ の期待値 $\langle \hat{B} \rangle(t) = \mathrm{Tr}\rho(t)\hat{B}$ を計算し, (5.11) 式と同じになることを示せ[*3].

5.3 虚時間を用いた (5.36) 式の $\Phi_{BA}(\boldsymbol{r}, \tau; \boldsymbol{r}', \tau')$ のレーマン表示を求めよ. また $\Phi_{BA}(\boldsymbol{r}, \tau; \boldsymbol{r}', \tau')$ の τ に関する周期性がボース粒子に対する温度グリーン関数と同じであることを示せ. このため, $\omega_n = 2n\pi k_{\mathrm{B}}T$ を用いたフーリエ変換 (5.40) 式が得られる.

5.4 (5.13) 式は, $\hat{A}_{\mathrm{H}}(0) = \hat{A}$ であることを用いて

$$\phi_{BA}(t) = \frac{i}{\hbar} \frac{1}{\Xi} \mathrm{Tr}[\hat{A}, \hat{\rho}_0] \hat{B}_{\mathrm{H}}(t), \qquad \text{ただし } \hat{\rho}_0 \equiv e^{-\beta(\mathscr{H} - \mu \mathscr{N})} \tag{5.69}$$

と書けることを示せ. さらに $f(\lambda) = e^{\lambda(\mathscr{H} - \mu \mathscr{N})} \hat{A} e^{-\lambda(\mathscr{H} - \mu \mathscr{N})}$ と定義し, $f(\lambda)$ が満たす微分方程式が $df(\lambda)/d\lambda = -i\hbar \dot{\hat{A}}_{\mathrm{H}}(-i\hbar\lambda)$ であることを示せ. ただしここで $\dot{\hat{A}}$ は

$$\dot{\hat{A}} \equiv -\frac{i}{\hbar}[\hat{A}, \mathscr{H} - \mu \mathscr{N}] = -\frac{i}{\hbar}[\hat{A}, \mathscr{H}] \tag{5.70}$$

で定義された演算子で, $\dot{\hat{A}}_{\mathrm{H}}(t)$ はそのハイゼンベルグ描像における演算子である ($\hat{A}$ と $\mathscr{N}$ は可換であるとした). この $f(\lambda)$ の微分方程式を解くことにより,

$$[\hat{A}, \hat{\rho}_0] = -i\hbar \hat{\rho}_0 \int_0^\beta \dot{\hat{A}}_{\mathrm{H}}(-i\hbar\lambda) d\lambda \tag{5.71}$$

という関係式が成り立つことを示せ. この関係式を用いて (5.69) 式が

$$\phi_{BA}(t) = \int_0^\beta \langle \dot{\hat{A}}_{\mathrm{H}}(-i\hbar\lambda) \hat{B}_{\mathrm{H}}(t) \rangle d\lambda \tag{5.72}$$

と書き表されることを示せ[*4]. この式も応答関数の表式としてよく使われるものである. さらに (5.72) 式のレーマン表示を求め, (5.38) 式と同じであることを確かめよ.

5.5 (5.32) 式の応答関数 $\phi_N(\boldsymbol{r}, \boldsymbol{r}', t-t')$ を自由電子ガスの場合に計算し,

$$\phi_N(\boldsymbol{r}, \boldsymbol{r}', t-t') = \frac{2i}{\hbar V^2} \sum_{\boldsymbol{k}, \boldsymbol{k}'} (f(\varepsilon_{\boldsymbol{k}}) - f(\varepsilon_{\boldsymbol{k}'})) e^{-i(\boldsymbol{k}-\boldsymbol{k}') \cdot (\boldsymbol{r}-\boldsymbol{r}') + i(\varepsilon_{\boldsymbol{k}} - \varepsilon_{\boldsymbol{k}'})(t-t')/\hbar}$$

$$\tag{5.73}$$

であることを示せ. また, この関数の (i) $t = t'$ の場合, (ii) $\boldsymbol{r} = \boldsymbol{r}'$ で $t-t'$ が小さい場合, (iii) $\boldsymbol{r} = \boldsymbol{r}'$ で $t-t'$ が大きい場合での振舞いを調べよ.

[*3] R. Kubo, J. Phys. Soc. Jpn. **12**, 570 (1957).

[*4] [*3] と同じく R. Kubo.

演習問題 **99**

第 6 章

線形応答理論の応用：電荷応答

前章までで，応答関数とファインマンダイアグラムとの関係などの定式化を行った．以下の数章では，電子系のいくつかの典型的な例について具体的に計算を行う．

6.1 電荷応答関数

電子系における静電ポテンシャルによる密度の変化を，前章の線形応答の考え方に沿って調べよう．5.4 節で述べたように，この場合 $F(\boldsymbol{r},t)$ は $-e\phi(\boldsymbol{r},t)$ であり，$\hat{A} = \hat{B} = \delta\hat{n}(\boldsymbol{r})$ として (5.32) 式を用いればよい．具体的な計算は，(5.32) 式を虚時間にした $\Phi_N(\boldsymbol{r},\tau;\boldsymbol{r}',\tau') = \langle T_\tau[\delta\hat{n}_{\mathrm{H}}(\boldsymbol{r},\tau)\delta\hat{n}_{\mathrm{H}}(\boldsymbol{r}',\tau')]\rangle$ をファインマンダイアグラムによって求め，$\Phi_N(\boldsymbol{r},\tau;\boldsymbol{r}',\tau')$ のフーリエ変換から解析接続 $i\omega_n \to \hbar\omega + i\delta$ によって $\chi_N(\boldsymbol{r},\boldsymbol{r}',\omega)$ を求めればよい．さらに，系に並進対称性がある場合には，波数空間の $\chi_N(\boldsymbol{q},\omega)$ を求め，(5.46) 式の

$$\delta\langle\hat{n}\rangle(\boldsymbol{q},\omega) = \chi_N(\boldsymbol{q},\omega)F_{\boldsymbol{q},\omega} \tag{6.1}$$

によって $\delta\langle\hat{n}\rangle(\boldsymbol{q},\omega)$ が求められる．ここで外場 $F_{\boldsymbol{q},\omega}$ は $-e\phi(\boldsymbol{r},t)$ のフーリエ成分で，$\chi_N(\boldsymbol{q},\omega)$ のことを電荷感受率と呼ぶ．$\Phi_N(\boldsymbol{r},\tau;\boldsymbol{r}',\tau')$ は，平均密度を引き算した $\delta\hat{n}_H(\boldsymbol{r},\tau)$ を用いていることを考慮すると

$$\Phi_N(\boldsymbol{r},\tau;\boldsymbol{r}',\tau') = \left\langle T_\tau\left[\sum_{\alpha\beta}\hat{\psi}_{\mathrm{H}\alpha}^+(\boldsymbol{r},\tau)\hat{\psi}_{\mathrm{H}\alpha}(\boldsymbol{r},\tau)\hat{\psi}_{\mathrm{H}\beta}^+(\boldsymbol{r}',\tau')\hat{\psi}_{\mathrm{H}\beta}(\boldsymbol{r}',\tau')\right]\right\rangle$$

$$- \langle\hat{n}_H(\boldsymbol{r},\tau)\rangle\langle\hat{n}_H(\boldsymbol{r}',\tau')\rangle \tag{6.2}$$

と書ける．右辺第 1 項の T_τ 積の期待値は，温度グリーン関数の場合と同様に 4.3 節のブロック・ドゥドミニシスの定理を用いてファインマンダイアグラムによって計算できる．

低次のダイアグラムは図 6.1 のようになる．温度グリーン関数のときと同じ

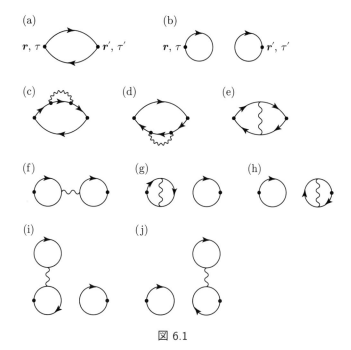

図 6.1

ように connected ダイアグラムだけを考えればよいが，(r,τ) か (r',τ') のどちらかに繋がっていればよいので，図 6.1(b) のようなダイアグラムも残る．しかし，図 6.1(b), (g), (h) の系列のダイアグラムは，(6.2) 式の第 2 項の $\langle \hat{n}_H(r,\tau)\rangle \langle \hat{n}_H(r',\tau')\rangle$ の摂動展開で得られるものと完全にキャンセルすることがわかるので，結局 $\Phi_N(r,\tau;r',\tau')$ は，図 6.1(a), (c)–(f) の系列のように，(r,τ) と (r',τ') がグリーン関数や相互作用によって繋がったダイアグラムを計算すればよい．実は，これは 4.9 節で考えた total の分極関数 $\Pi_{\rm tot}(q,i\omega_n)$ に対応するダイアグラムと全く同じである（図 4.12 を参照）．

最低次のダイアグラムは図 6.1(a) であるが，これを計算すると

$$\Phi_N^{(0)}(r,\tau;r',\tau') = -2\mathscr{G}^{(0)}(r-r',\tau-\tau')\mathscr{G}^{(0)}(r'-r,\tau'-\tau) \qquad (6.3)$$

となる．ここで (3.40) 式の温度グリーン関数を用いた．スピンに関しては (6.2) 式の第 1 項の $\alpha = \beta$ の項のみが残り，スピンに関する和から (6.3) 式の係数の 2 が付いている．またマイナス符号はフェルミ粒子のグリーン関数がループになっているために $(-1)^F$ が付いたものである．系に並進対称性がある場合，(6.3) 式が $r-r'$ にしか依存しないことを考慮してフーリエ変換を求めると

$$\begin{aligned}\Phi_N^{(0)}(q,i\omega_n) &= \int dr e^{-iq\cdot r}\int_0^\beta d\tau e^{i\omega_n\tau}\Phi_N^{(0)}(r,\tau;0,0) \\ &= -\frac{2(k_BT)^2}{V^2}\sum_{m,\ell}\sum_{k,k'}\int dr e^{-iq\cdot r}\int_0^\beta d\tau e^{i\omega_n\tau}e^{ik\cdot r-i\varepsilon_m\tau} \\ &\quad \times \mathscr{G}^{(0)}(k,i\varepsilon_m)e^{-ik'\cdot r+i\varepsilon_\ell\tau}\mathscr{G}^{(0)}(k',i\varepsilon_\ell)\end{aligned}$$

$$
= -2\frac{k_{\mathrm{B}}T}{V}\sum_{m,\boldsymbol{k}}\mathscr{G}^{(0)}(\boldsymbol{k},i\varepsilon_m)\mathscr{G}^{(0)}(\boldsymbol{k}-\boldsymbol{q},i\varepsilon_m-i\omega_n)
$$

$$
\equiv 2\Phi_0(\boldsymbol{q},i\omega_n) \tag{6.4}
$$

となる．ω_m はボース粒子の松原振動数 $\omega_m = 2m\pi k_{\mathrm{B}}T$ である．ここで温度グリーン関数のフーリエ変換 (3.40) 式と $\int_0^{\beta}e^{i(\omega_n-\varepsilon_m+\varepsilon_\ell)\tau}d\tau = \beta\delta_{\omega_n-\varepsilon_m+\varepsilon_\ell}$（松原振動数の保存則を表す）を用いた．係数の 2 はスピンの和からくるものなので，それ以外の部分を $\Phi_0(\boldsymbol{q},i\omega_n)$ と置いて，以下これを計算する．慣れてくると，最初から図 6.1 (a) のダイアグラムを書いて，(6.4) 式の形を書き下すことができる．

　同じ結果を与えるが，最初から波数空間で取り扱ってみよう．この場合は，(5.50) 式と (5.51) 式を使えばよい．今の場合，密度演算子のフーリエ変換は

$$
\hat{n}_{\boldsymbol{q}} = \sum_\alpha \int d\boldsymbol{r}\, e^{-i\boldsymbol{q}\cdot\boldsymbol{r}}\hat{\psi}_\alpha^\dagger(\boldsymbol{r})\hat{\psi}_\alpha(\boldsymbol{r})
$$

$$
= \frac{1}{V}\sum_{\boldsymbol{k},\boldsymbol{k}',\alpha}\int d\boldsymbol{r}\, e^{-i\boldsymbol{q}\cdot\boldsymbol{r}}e^{-i(\boldsymbol{k}-\boldsymbol{k}')\cdot\boldsymbol{r}}\hat{c}_{\boldsymbol{k},\alpha}^\dagger\hat{c}_{\boldsymbol{k}',\alpha} = \sum_{\boldsymbol{k},\alpha}\hat{c}_{\boldsymbol{k}-\boldsymbol{q},\alpha}^\dagger\hat{c}_{\boldsymbol{k},\alpha} \tag{6.5}
$$

なので，$\mathscr{G}^{(0)}(\boldsymbol{k},\tau-\tau') = -\langle T_\tau \hat{c}_{\boldsymbol{k},\alpha}(\tau)\hat{c}_{\boldsymbol{k},\alpha}^+(\tau')\rangle$ を用いて

$$
\Phi_N^{(0)}(\boldsymbol{q},\tau,\tau') = \frac{1}{V}\langle T_\tau[\hat{n}_{\mathrm{H},\boldsymbol{q}}(\tau)\hat{n}_{\mathrm{H},-\boldsymbol{q}}(\tau')]\rangle
$$

$$
= \frac{1}{V}\sum_{\boldsymbol{k},\boldsymbol{k}',\alpha,\beta}\left\langle T_\tau\left[\hat{c}_{\boldsymbol{k}-\boldsymbol{q},\alpha}^+(\tau)\hat{c}_{\boldsymbol{k},\alpha}(\tau)\hat{c}_{\boldsymbol{k}'+\boldsymbol{q},\beta}^+(\tau')\hat{c}_{\boldsymbol{k}',\beta}(\tau')\right]\right\rangle
$$

$$
= -\frac{2}{V}\sum_{\boldsymbol{k}}\mathscr{G}^{(0)}(\boldsymbol{k},\tau-\tau')\mathscr{G}^{(0)}(\boldsymbol{k}-\boldsymbol{q},\tau'-\tau) \tag{6.6}
$$

であることがわかる．（和のうち，$\boldsymbol{k}'+\boldsymbol{q} = \boldsymbol{k}$，$\alpha = \beta$ の項のみが残る．また $\langle\hat{n}_{\mathrm{H},\boldsymbol{q}}(\tau)\rangle = 0$ とした．）さらに τ に関してフーリエ変換すると (6.4) 式と同じものが得られる．

　こうして最低次の $\Phi_N^{(0)}(\boldsymbol{q},i\omega_n)$ が得られた．摂動の高次項についてはファインマンダイアグラムを用いて計算すればよい．前に述べたように $\Phi_N(\boldsymbol{q},i\omega_n)$ は total の分極関数 $\Pi_{\mathrm{tot}}(\boldsymbol{q},i\omega_n)$ と全く同じなので，(4.92) 式で示したように，proper な分極関数 $\Pi(\boldsymbol{q},i\omega_n)$ を用いて

$$
\Phi_N(\boldsymbol{q},i\omega_n) = \Pi_{\mathrm{tot}}(\boldsymbol{q},i\omega_n) = \frac{\Pi(\boldsymbol{q},i\omega_n)}{1+V(\boldsymbol{q})\Pi(\boldsymbol{q},i\omega_n)} \tag{6.7}
$$

と書ける．proper な分極関数 $\Pi(\boldsymbol{q},i\omega_n)$ として，(6.4) 式で計算した最も簡単な関数 $\Phi_N^{(0)}(\boldsymbol{q},i\omega_n) = 2\Phi_0(\boldsymbol{q},i\omega_n)$ を選べば

$$
\Phi_N^{\mathrm{RPA}}(\boldsymbol{q},i\omega_n) = \frac{2\Phi_0(\boldsymbol{q},i\omega_n)}{1+2V(\boldsymbol{q})\Phi_0(\boldsymbol{q},i\omega_n)} \tag{6.8}
$$

が得られる．これは 4.9 節で述べたように乱雑位相近似（RPA 近似）による結果である．

6.2 松原振動数の和の実行

前節で得られた最低次の典型的な分極関数

$$\Phi_0(\boldsymbol{q}, i\omega_n) = -\frac{k_{\rm B}T}{V} \sum_{m,\boldsymbol{k}} \mathscr{G}^{(0)}(\boldsymbol{k}, i\varepsilon_m) \mathscr{G}^{(0)}(\boldsymbol{k}-\boldsymbol{q}, i\varepsilon_m - i\omega_n) \qquad (6.9)$$

を詳しく調べよう．この式は相互作用によらず，$\hat{\mathscr{H}}_0$ による電子の性質だけから決まる量である．

まず m に関する和を実行する．4.6 節で行ったように，複素関数 $F(z) = 1/(e^{\beta z}+1)$ の極を利用して $\Phi_0(\boldsymbol{q}, i\omega_n)$ の m に関する和を，図 6.2 のような積分路 C に沿った複素積分で置き換える．つまり $i\varepsilon_m$ を z と置いて，

$$\begin{aligned}\Phi_0(\boldsymbol{q}, i\omega_n) &= \frac{1}{V} \sum_{\boldsymbol{k}} \int_C \frac{dz}{2\pi i} F(z) \mathscr{G}^{(0)}(\boldsymbol{k}, z) \mathscr{G}^{(0)}(\boldsymbol{k}-\boldsymbol{q}, z - i\omega_n) \\ &= \frac{1}{V} \sum_{\boldsymbol{k}} \int_C \frac{dz}{2\pi i} F(z) \frac{1}{z - \varepsilon_{\boldsymbol{k}} + \mu} \frac{1}{z - i\omega_n - \varepsilon_{\boldsymbol{k}-\boldsymbol{q}} + \mu} \end{aligned} \qquad (6.10)$$

となる．ここで自由電子の温度グリーン関数 (4.62) 式を代入した．次に積分路 C に図 6.2 の点線の C' を加える．C' の大きな弧の部分で，被積分関数は $|z| \to \infty$ で $1/z^2$ のように減衰するので，C' からの寄与は 0 である．新しい積分路 $C + C'$ の内部には，$z = \varepsilon_{\boldsymbol{k}} - \mu$ と $z = i\omega_n + \varepsilon_{\boldsymbol{k}-\boldsymbol{q}} - \mu$ の 2 か所の極があるので，それぞれの極における留数によって積分が評価できる．極の周りを時計回りに回っていることを考慮すると

$$\Phi_0(\boldsymbol{q}, i\omega_n) = -\frac{1}{V} \sum_{\boldsymbol{k}} \frac{f(i\omega_n + \varepsilon_{\boldsymbol{k}-\boldsymbol{q}}) - f(\varepsilon_{\boldsymbol{k}})}{i\omega_n + \varepsilon_{\boldsymbol{k}-\boldsymbol{q}} - \varepsilon_{\boldsymbol{k}}} = -\frac{1}{V} \sum_{\boldsymbol{k}} \frac{f(\varepsilon_{\boldsymbol{k}-\boldsymbol{q}}) - f(\varepsilon_{\boldsymbol{k}})}{i\omega_n + \varepsilon_{\boldsymbol{k}-\boldsymbol{q}} - \varepsilon_{\boldsymbol{k}}} \qquad (6.11)$$

となる．$f(\varepsilon)$ は (4.67) 式で定義されたフェルミ分布関数であり，また $\omega_n = 2n\pi k_{\rm B} T$ なので $e^{\beta \omega_n} = 1$ であることを用いた．

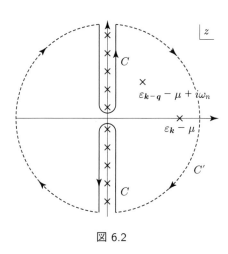

図 6.2

複素アドミッタンス $\chi_0(\boldsymbol{q},\omega)$（電荷感受率の最低次）を求めるには，解析接続が必要だが，今の場合 $i\omega_n$ があからさまに分母に入っており，この $i\omega_n$ を $i\omega_n \to \hbar\omega + i\delta$ と置き換えればよい．実際この場合，$\omega \to \infty$ の場合，$\Phi_0(\boldsymbol{q},\hbar\omega+i\delta)$ は $1/\omega$ に比例して 0 に近づくので一意的に定まる解析接続であることがわかる．この結果，

$$\chi_0(\boldsymbol{q},\omega) = -\frac{1}{V} \sum_{\boldsymbol{k}} \frac{f(\varepsilon_{\boldsymbol{k}-\boldsymbol{q}}) - f(\varepsilon_{\boldsymbol{k}})}{\hbar\omega + \varepsilon_{\boldsymbol{k}-\boldsymbol{q}} - \varepsilon_{\boldsymbol{k}} + i\delta} \tag{6.12}$$

を得る．これを用いれば (6.8) 式から，RPA 近似による電荷感受率は

$$\chi_N^{\mathrm{RPA}}(\boldsymbol{q},\omega) = \frac{2\chi_0(\boldsymbol{q},\omega)}{1 + 2V(\boldsymbol{q})\chi_0(\boldsymbol{q},\omega)} \tag{6.13}$$

となる．この $\chi_N^{\mathrm{RPA}}(\boldsymbol{q},\omega)$ と $\chi_0(\boldsymbol{q},\omega)$ からいろいろなことがわかる．通常，外場は，電子が持つミクロな長さスケールに比べて長波長で変化する．また時間スケールとしても非常にゆっくりとしていることが多い．つまり $\chi_0(\boldsymbol{q},\omega)$ の $\boldsymbol{q}\sim\boldsymbol{0},\omega\sim 0$ 付近での振舞いが，外場に対する応答としては重要になる．

まず (6.12) 式に $\boldsymbol{q}=\boldsymbol{0}$ を代入すると，

$$\chi_0(\boldsymbol{0},\omega) = 0 \tag{6.14}$$

がわかる．$\boldsymbol{q}=\boldsymbol{0}$ ということは，空間的に一様な静電ポテンシャルがかかったことに対応する．この場合，電子系にとっては全体のエネルギーの基準値が振動数 ω で上下するだけなので，電子密度の変化は現れない．つまり応答が 0 ということになる．

次に，$\omega = 0$ の場合を考えよう．この場合，$\boldsymbol{q}\sim\boldsymbol{0}$ として変形すると

$$\chi_0(\boldsymbol{q},0) = -\frac{1}{V} \sum_{\boldsymbol{k}} \frac{f(\varepsilon_{\boldsymbol{k}-\boldsymbol{q}}) - f(\varepsilon_{\boldsymbol{k}})}{\varepsilon_{\boldsymbol{k}-\boldsymbol{q}} - \varepsilon_{\boldsymbol{k}} + i\delta} \sim -\frac{1}{V} \sum_{\boldsymbol{k}} f'(\varepsilon_{\boldsymbol{k}}) \tag{6.15}$$

となり有限の値を持つ．$\omega = 0$ ということは，時間に依存しない静電ポテンシャルが系にかかるということなので，この場合は静電ポテンシャルの波数 $\boldsymbol{q}$ に合わせて，同じ波数を持つ電荷密度が発生する（(5.46) 式を参照）．そのため応答は 0 ではないのである．

(6.14) 式と (6.15) 式を比べてみるとわかるように，$\chi_0(\boldsymbol{q},\omega)$ は $\boldsymbol{q}\sim\boldsymbol{0},\omega\sim 0$ において，極限の取り方の順番によって値が異なるという特異な性質を持つ．(6.14) 式のように，$\boldsymbol{q}=\boldsymbol{0}$ としてから $\omega\to 0$ とする極限を ω-limit，(6.15) 式のように，$\omega = 0$ としてから $\boldsymbol{q}\to\boldsymbol{0}$ とする極限を q-limit という．ω-limit では上記のように応答がないが，q-limit では応答がある．

とくに $T\to 0$ で $f'(\varepsilon)\to -\delta(\varepsilon-\mu)$ かつ $\mu\to\varepsilon_{\mathrm{F}}$ であることを用いて (6.15) 式を計算すると，

$$\lim_{\boldsymbol{q}\to\boldsymbol{0}} \chi_0(\boldsymbol{q},0) = -\frac{1}{V} \sum_{\boldsymbol{k}} f'(\varepsilon_{\boldsymbol{k}}) = -\int d\varepsilon D(\varepsilon)f'(\varepsilon) = D(\varepsilon_{\mathrm{F}}) \tag{6.16}$$

となる．ここで $D(\varepsilon)$ は状態密度，また ε_{F} はフェルミエネルギーである（自由電子ガスの場合はフェルミ波数 k_{F} を用いて $\varepsilon_{\mathrm{F}} = \hbar^2 k_{\mathrm{F}}^2/2m$）．このように q-limit の応答はフェルミエネルギーでの状態密度 $D(\varepsilon_{\mathrm{F}})$ そのものであることがわかった．もし，$D(\varepsilon_{\mathrm{F}})$ が 0 であれば（つまり絶縁体などでは）応答が 0 となる．これは，絶対零度で動ける電子がないので系は応答しないという直観と合う．

逆に高温の極限ではフェルミ分布関数はボルツマン分布に近づく．この場合，化学ポテンシャル μ は負で絶対値の大きな値となり，

$$f(\varepsilon_{\boldsymbol{k}}) \sim e^{-\beta(\varepsilon_{\boldsymbol{k}}-\mu)} = e^{\beta\mu}e^{-\beta\varepsilon_{\boldsymbol{k}}} = \frac{n}{2}\left(\frac{2\pi\hbar^2}{mk_{\mathrm{B}}T}\right)^{3/2}e^{-\beta\varepsilon_{\boldsymbol{k}}} \qquad (6.17)$$

となる．ここで $\varepsilon_{\boldsymbol{k}}$ として自由電子ガスのエネルギーを用い，$e^{\beta\mu}$ は，$f(\varepsilon_{\boldsymbol{k}})$ の積分 $\frac{2}{V}\sum_{\boldsymbol{k}} f(\varepsilon_{\boldsymbol{k}}) = 2\int \frac{d^3\boldsymbol{k}}{(2\pi)^3} f(\varepsilon_{\boldsymbol{k}})$（2 はスピンの和からくる）が電子密度 n になるように決めた．このボルツマン分布を用いて (6.15) 式を計算すると $\chi_0(\boldsymbol{q},0) \sim n/2k_{\mathrm{B}}T$ となることがわかる．

6.3 リンドハルト関数

この章の以下の節では，自由電子ガスの場合を考える．まず，絶対零度で (6.12) 式の $\chi_0(\boldsymbol{q},\omega)$ を $(\boldsymbol{q},\omega)$ の関数として評価しよう．これをリンドハルト (Lindhard) 関数という[*1]．自由電子ガスなので $\varepsilon_{\boldsymbol{k}} = \hbar^2 k^2/2m$ を (6.12) 式に代入して式変形すると

$$
\begin{aligned}
\chi_0(\boldsymbol{q},\omega) &= -\frac{1}{V}\sum_{\boldsymbol{k}} \frac{\theta(\varepsilon_{\mathrm{F}}-\varepsilon_{\boldsymbol{k}-\boldsymbol{q}}) - \theta(\varepsilon_{\mathrm{F}}-\varepsilon_{\boldsymbol{k}})}{\hbar\omega + \varepsilon_{\boldsymbol{k}-\boldsymbol{q}} - \varepsilon_{\boldsymbol{k}} + i\delta} \\
&= -\frac{1}{V}\sum_{\boldsymbol{k}} \left(\frac{\theta(\varepsilon_{\mathrm{F}}-\varepsilon_{\boldsymbol{k}})}{\hbar\omega + \varepsilon_{\boldsymbol{k}} - \varepsilon_{\boldsymbol{k}-\boldsymbol{q}} + i\delta} - \frac{\theta(\varepsilon_{\mathrm{F}}-\varepsilon_{\boldsymbol{k}})}{\hbar\omega + \varepsilon_{\boldsymbol{k}-\boldsymbol{q}} - \varepsilon_{\boldsymbol{k}} + i\delta}\right) \\
&= \frac{1}{(2\pi)^2}\int_0^{k_{\mathrm{F}}} k^2 dk \int_0^{\pi} \sin\theta d\theta \left(\frac{1}{\hbar\omega - \frac{\hbar^2 kq\cos\theta}{m} + \frac{\hbar^2 q^2}{2m} + i\delta}\right. \\
&\qquad\qquad\qquad\qquad\qquad\qquad \left. - \frac{1}{\hbar\omega + \frac{\hbar^2 kq\cos\theta}{m} - \frac{\hbar^2 q^2}{2m} + i\delta}\right)
\end{aligned}
$$

$$(6.18)$$

となる．2 行目では 1 行目の第 1 項に対して $\boldsymbol{k} \to -\boldsymbol{k}+\boldsymbol{q}$ という変数変換を行い，$\varepsilon_{-\boldsymbol{k}} = \varepsilon_{\boldsymbol{k}}$ を使った．また 3 行目では波数ベクトル $\boldsymbol{q}$ の方向を k_z の方向として極座標による積分とした．$\chi_0(\boldsymbol{q},-\omega) = \chi_0(\boldsymbol{q},\omega)^*$ なので，以下 $\omega > 0$ のときを計算する．

δ が微小量のとき，(3.65) 式を使えば，(6.18) 式の実部の主値積分は多項式の積分となって実行でき

[*1] J. Lindhard, Kgl. Danske Videnskab. Selskab, Mat. Fys, Medd. **28**, no. 8 (1954).

$$\mathrm{Re}\chi_0(\boldsymbol{q},\omega)$$

$$= \frac{1}{4\pi^2}\int_0^{k_\mathrm{F}}k^2 dk\int_{-1}^{1}dx\,\mathscr{P}\left(\frac{1}{\hbar\omega-\frac{\hbar^2 kqx}{m}+\frac{\hbar^2 q^2}{2m}}-\frac{1}{\hbar\omega+\frac{\hbar^2 kqx}{m}-\frac{\hbar^2 q^2}{2m}}\right)$$

$$= -\frac{1}{4\pi^2}\int_0^{k_\mathrm{F}}dk\,\frac{mk}{\hbar^2 q}\ln\left|\frac{\hbar\omega-\frac{\hbar^2 kq}{m}+\frac{\hbar^2 q^2}{2m}}{\hbar\omega+\frac{\hbar^2 kq}{m}+\frac{\hbar^2 q^2}{2m}}\cdot\frac{\hbar\omega+\frac{\hbar^2 kq}{m}-\frac{\hbar^2 q^2}{2m}}{\hbar\omega-\frac{\hbar^2 kq}{m}-\frac{\hbar^2 q^2}{2m}}\right|$$

$$= \frac{mk_\mathrm{F}}{4\pi^2\hbar^2}\left[1-\frac{k_\mathrm{F}}{2q}\left\{1-\frac{m^2}{\hbar^4 k_\mathrm{F}^2 q^2}\left(\hbar\omega+\frac{\hbar^2 q^2}{2m}\right)^2\right\}\ln\left|\frac{\hbar\omega-\frac{\hbar^2 k_\mathrm{F}q}{m}+\frac{\hbar^2 q^2}{2m}}{\hbar\omega+\frac{\hbar^2 k_\mathrm{F}q}{m}+\frac{\hbar^2 q^2}{2m}}\right|\right.$$

$$\left.-\frac{k_\mathrm{F}}{2q}\left\{1-\frac{m^2}{\hbar^4 k_\mathrm{F}^2 q^2}\left(\hbar\omega-\frac{\hbar^2 q^2}{2m}\right)^2\right\}\ln\left|\frac{\hbar\omega+\frac{\hbar^2 k_\mathrm{F}q}{m}-\frac{\hbar^2 q^2}{2m}}{\hbar\omega-\frac{\hbar^2 k_\mathrm{F}q}{m}-\frac{\hbar^2 q^2}{2m}}\right|\right]$$

$$\tag{6.19}$$

となる．一方，(6.18) 式の虚数部分は $\delta(ax)=\delta(x)/|a|$ であることを用いて

$$\mathrm{Im}\chi_0(\boldsymbol{q},\omega)$$

$$= -\frac{1}{4\pi}\int_0^{k_\mathrm{F}}k^2 dk\int_{-1}^{1}dx\left\{\delta\left(\hbar\omega-\frac{\hbar^2 kqx}{m}+\frac{\hbar^2 q^2}{2m}\right)\right.$$

$$\left.-\delta\left(\hbar\omega+\frac{\hbar^2 kqx}{m}-\frac{\hbar^2 q^2}{2m}\right)\right\}$$

$$= -\frac{1}{4\pi}\int_0^{k_\mathrm{F}}dk\,\frac{mk}{\hbar^2 q}\left\{\theta\left(k-\frac{m}{\hbar^2 q}\left|\hbar\omega+\frac{\hbar^2 q^2}{2m}\right|\right)-\theta\left(k-\frac{m}{\hbar^2 q}\left|\hbar\omega-\frac{\hbar^2 q^2}{2m}\right|\right)\right\}$$

$$= -\frac{mk_\mathrm{F}^2}{8\pi\hbar^2 q}\left[\left\{1-\frac{m^2}{\hbar^4 k_\mathrm{F}^2 q^2}\left(\hbar\omega+\frac{\hbar^2 q^2}{2m}\right)^2\right\}\theta\left(-\hbar\omega+\frac{\hbar^2 k_\mathrm{F}q}{m}-\frac{\hbar^2 q^2}{2m}\right)\right.$$

$$-\left\{1-\frac{m^2}{\hbar^4 k_\mathrm{F}^2 q^2}\left(\hbar\omega-\frac{\hbar^2 q^2}{2m}\right)^2\right\}\theta\left(\hbar\omega+\frac{\hbar^2 k_\mathrm{F}qx}{m}-\frac{\hbar^2 q^2}{2m}\right)$$

$$\left.\times\theta\left(-\hbar\omega+\frac{\hbar^2 k_\mathrm{F}qx}{m}+\frac{\hbar^2 q^2}{2m}\right)\right]\tag{6.20}$$

となる．実は，複素関数の $\ln z$ の分岐線 (branch cut) を図 6.3 のように取れば，上記の実部と虚部はひとまとめに書けて

$$\chi_0(\boldsymbol{q},\omega)$$

$$= \frac{mk_\mathrm{F}}{4\pi^2\hbar^2}\left[1-\frac{k_\mathrm{F}}{2q}\left\{1-\frac{m^2}{\hbar^4 k_\mathrm{F}^2 q^2}\left(\hbar\omega+\frac{\hbar^2 q^2}{2m}\right)^2\right\}\ln\left(\frac{\hbar\omega-\frac{\hbar^2 k_\mathrm{F}q}{m}+\frac{\hbar^2 q^2}{2m}+i\delta}{\hbar\omega+\frac{\hbar^2 k_\mathrm{F}q}{m}+\frac{\hbar^2 q^2}{2m}+i\delta}\right)\right.$$

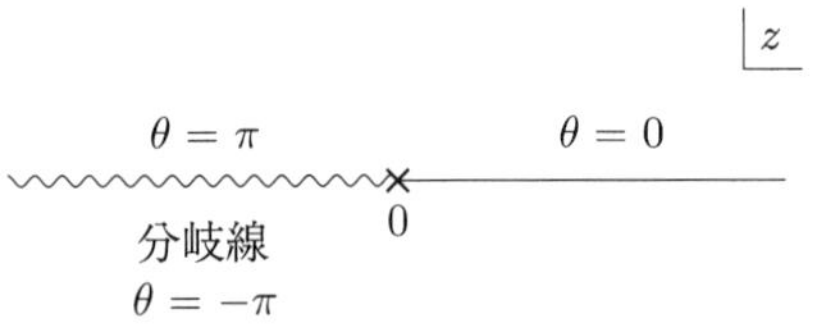

図 6.3 $\ln z$ の分岐線と偏角 θ.

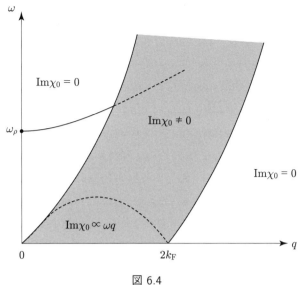

図 6.4

$$-\frac{k_F}{2q}\left\{1-\frac{m^2}{\hbar^4 k_F^2 q^2}\left(\hbar\omega-\frac{\hbar^2 q^2}{2m}\right)^2\right\}\ln\left(\frac{\hbar\omega+\frac{\hbar^2 k_F q}{m}-\frac{\hbar^2 q^2}{2m}+i\delta}{\hbar\omega-\frac{\hbar^2 k_F q}{m}-\frac{\hbar^2 q^2}{2m}+i\delta}\right)\right] \tag{6.21}$$

と書ける．虚部が有限の値を持つ部分を図示したのが図 6.4 である．

(6.21) 式で $\boldsymbol{q} \to \boldsymbol{0}$ の極限を取ると，$\chi_0(\boldsymbol{0},\omega) = 0$ となることが確認できる．また $\omega = 0$ と置くと，$\chi_0(\boldsymbol{q},0)$ は実であり，

$$\chi_0(\boldsymbol{q},0) = \frac{mk_F}{4\pi^2\hbar^2}\left[1 - \frac{k_F}{q}\left(1 - \frac{q^2}{4k_F^2}\right)\ln\left|\frac{q-2k_F}{q+2k_F}\right|\right] \tag{6.22}$$

となる．さらに $\boldsymbol{q} \to \boldsymbol{0}$ の極限（q-limit）では，$\lim_{\boldsymbol{q}\to 0}\chi_0(\boldsymbol{q},0) = mk_F/2\pi^2\hbar^2$ となり，これはちょうど自由電子の ε_F での状態密度 $D(\varepsilon_F)$ なので，(6.22) 式は

$$\chi_0(\boldsymbol{q},0) = D(\varepsilon_F)g\left(\frac{q}{k_F}\right), \qquad g(x) = \frac{1}{2}\left[1 - \frac{1}{x}\left(1 - \frac{x^2}{4}\right)\ln\left|\frac{x-2}{x+2}\right|\right] \tag{6.23}$$

と書くこともできる．

6.4 クーロン相互作用の遮蔽

電子ガスの電荷感受率は RPA 近似では (6.13) 式によって与えられるので，これを用いて電子ガスのいくつかの性質を調べる．まず原点にテストチャージ $+Z|e|$ の点電荷を外場として置いた場合を考える．これを外部から与えられた電荷密度 $\rho_{\text{ext}}(\boldsymbol{r}) = Z|e|\delta(\boldsymbol{r})$ と書く．このとき外場 $F(\boldsymbol{r}) = -e\phi(\boldsymbol{r})$ は時間によらず

$$F(\boldsymbol{r}) = \frac{Ze^2}{4\pi\varepsilon_0|\boldsymbol{r}|} \tag{6.24}$$

である．フーリエ変換すると $F_{\boldsymbol{q},\omega}$ は

$$F_{\boldsymbol{q},\omega} = \frac{Ze^2}{\varepsilon_0 |\boldsymbol{q}|^2} 2\pi\delta(\omega) = 2\pi Z V(\boldsymbol{q})\delta(\omega) \tag{6.25}$$

となる．したがって (6.1) 式と (6.13) 式を用いれば，線形応答によって生じる電子の電荷密度の変化は，RPA 近似の範囲で

$$\begin{aligned}
e\delta\langle\hat{n}\rangle(\boldsymbol{q},\omega) &= e\chi_N^{\mathrm{RPA}}(\boldsymbol{q},\omega)F_{\boldsymbol{q},\omega} = 2\pi e Z \chi_N^{\mathrm{RPA}}(\boldsymbol{q},\omega)V(\boldsymbol{q})\delta(\omega) \\
&= \frac{4\pi e Z V(\boldsymbol{q})\chi_0(\boldsymbol{q},\omega)}{1 + 2V(\boldsymbol{q})\chi_0(\boldsymbol{q},\omega)}\delta(\omega)
\end{aligned} \tag{6.26}$$

と求められる．これがテストチャージによって誘起された電荷密度である．

まず，誘電率を求めよう．電磁気学で電束密度 $\boldsymbol{D}$ は

$$\boldsymbol{D} = \varepsilon_0 \boldsymbol{E} + \boldsymbol{P} = \varepsilon \boldsymbol{E} = \varepsilon_0 \varepsilon_r \boldsymbol{E} \tag{6.27}$$

と定義され，

$$\mathrm{div}\boldsymbol{D} = \rho_{\mathrm{ext}}(\boldsymbol{r}) = \text{テストチャージ},$$

$$\varepsilon_0 \mathrm{div}\boldsymbol{E} = \rho_{\mathrm{ext}}(\boldsymbol{r}) + \rho_{\mathrm{ind}}(\boldsymbol{r}) = (\text{テストチャージ}) + (\text{誘起された電荷密度}) \tag{6.28}$$

という関係がある．ここで $\boldsymbol{P}$ は分極ベクトル，ε_0 は真空の誘電率，ε は誘電率，ε_r は無次元の比誘電率である．(6.28) 式の両辺をフーリエ変換すると，テストチャージのフーリエ成分は $2\pi Z|e|\delta(\omega)$，誘起された電荷密度のフーリエ成分は (6.26) 式なので，$i\boldsymbol{q}\cdot\boldsymbol{D} = 2\pi Z|e|\delta(\omega)$，$\varepsilon_0 i\boldsymbol{q}\cdot\boldsymbol{E} = 2\pi Z|e|\delta(\omega) + e\delta\langle\hat{n}\rangle(\boldsymbol{q},\omega)$ である．共通の $2\pi\delta(\omega)$ で割ってから両者の比を取ると

$$\frac{i\boldsymbol{q}\cdot\boldsymbol{D}}{\varepsilon_0 i\boldsymbol{q}\cdot\boldsymbol{E}} = \frac{Z|e|}{Z|e| + \frac{2eZV(\boldsymbol{q})\chi_0(\boldsymbol{q},\omega)}{1+2V(\boldsymbol{q})\chi_0(\boldsymbol{q},\omega)}} = 1 + 2V(\boldsymbol{q})\chi_0(\boldsymbol{q},\omega) \tag{6.29}$$

となる．左辺が比誘電率なので，$\varepsilon_r^{\mathrm{RPA}}(\boldsymbol{q},\omega) = 1 + 2V(\boldsymbol{q})\chi_0(\boldsymbol{q},\omega)$ であるといえる．これを RPA 近似の比誘電率という．4.9 節ではファインマンダイアグラムから比誘電率を議論して (4.91) 式を得たが，(6.29) 式は，(4.91) 式で proper な分極関数 $\Pi(\boldsymbol{q},i\omega_n)$ として $2\chi_0(\boldsymbol{q},\omega)$ を用いたものに相当する．

(6.26) 式の誘起された電荷密度をフーリエ逆変換で実空間に戻すと，電荷密度の空間変化は

$$\begin{aligned}
e\delta\langle\hat{n}\rangle(\boldsymbol{r},t) &= \frac{1}{V}\sum_{\boldsymbol{q}} \int \frac{d\omega}{2\pi} e^{i\boldsymbol{q}\cdot\boldsymbol{r} - i\omega t} e\delta\langle\hat{n}\rangle(\boldsymbol{q},\omega) \\
&= \frac{1}{V}\sum_{\boldsymbol{q}} e^{i\boldsymbol{q}\cdot\boldsymbol{r}} \frac{2eZV(\boldsymbol{q})\chi_0(\boldsymbol{q},0)}{1 + 2V(\boldsymbol{q})\chi_0(\boldsymbol{q},0)}
\end{aligned} \tag{6.30}$$

で与えられる．まず，誘起された電荷分布を全空間で積分すると

$$\int e\delta\langle\hat{n}\rangle(\boldsymbol{r},t)d\boldsymbol{r} = \lim_{\boldsymbol{q}\to\boldsymbol{0}} \frac{2eZV(\boldsymbol{q})\chi_0(\boldsymbol{q},0)}{1 + 2V(\boldsymbol{q})\chi_0(\boldsymbol{q},0)} = Ze \tag{6.31}$$

108 第 6 章 線形応答理論の応用：電荷応答

となることがわかる．これは $+Z|e|$ のテストチャージを完全に遮蔽していることを意味する．

この遮蔽の効果を絶対零度と高温で調べよう．まず絶対零度の場合は，$\chi_0(\boldsymbol{q}, 0)$ に前節で得られたリンドハード関数を代入すればよい．(6.23) 式の形を代入すると

$$
e\delta\langle\hat{n}\rangle(\boldsymbol{r}, t) = \frac{eZ}{V} \sum_{\boldsymbol{q}} e^{i\boldsymbol{q}\cdot\boldsymbol{r}} \frac{q_{\mathrm{TF}}^2 g\left(\frac{q}{k_{\mathrm{F}}}\right)}{q^2 + q_{\mathrm{TF}}^2 g\left(\frac{q}{k_{\mathrm{F}}}\right)}, \qquad q_{\mathrm{TF}}^2 \equiv \frac{2e^2}{\varepsilon_0} D(\varepsilon_{\mathrm{F}}) = \frac{3ne^2}{2\varepsilon_0\varepsilon_{\mathrm{F}}}
\tag{6.32}
$$

となる．ここで q_{TF} はトーマス・フェルミ (Thomas-Fermi) 波数と呼ばれている．テストチャージから遠く離れた位置（$|\boldsymbol{r}| \to \infty$）では，$\boldsymbol{q}$ 和のうち $\boldsymbol{q} \sim \boldsymbol{0}$ 付近が重要になると考えられるので，被積分関数は $q_{\mathrm{TF}}^2/(q^2 + q_{\mathrm{TF}}^2)$ と近似できる（$g(0) = 1$ を用いた）．そうすると (6.32) 式の $\boldsymbol{q}$ 和は，ちょうど湯川型ポテンシャルとなり，

$$
\begin{aligned}
e\delta\langle\hat{n}\rangle(\boldsymbol{r}, t) &\sim \frac{eZ}{(2\pi)^3} \int d\boldsymbol{q} e^{i\boldsymbol{q}\cdot\boldsymbol{r}} \frac{q_{\mathrm{TF}}^2}{q^2 + q_{\mathrm{TF}}^2} \\
&= \frac{eZ}{4\pi^2} \int_0^\infty q^2 dq \frac{e^{iqr} - e^{-iqr}}{irq} \frac{q_{\mathrm{TF}}^2}{q^2 + q_{\mathrm{TF}}^2} \\
&= \frac{eZq_{\mathrm{TF}}^2}{4\pi r} e^{-q_{\mathrm{TF}} r}
\end{aligned}
\tag{6.33}
$$

と求められる．遮蔽長は $1/q_{\mathrm{TF}}$ であることがわかる．この結果は，絶対零度でフェルミ縮退した電子の圧力とポワソン方程式を組み合わせて得られるトーマス・フェルミ近似の結果と一致する．ただし，正確に計算するとフリーデル (Friedel) 振動[2] が出ることが知られており[3]，(6.32) 式から得られる

$$
e\delta\langle\hat{n}\rangle(\boldsymbol{r}, t) = \frac{eZ}{2\pi^2 r} \int_0^\infty dq \frac{q\sin(qr) q_{\mathrm{TF}}^2 g\left(\frac{q}{k_{\mathrm{F}}}\right)}{q^2 + q_{\mathrm{TF}}^2 g\left(\frac{q}{k_{\mathrm{F}}}\right)}
\tag{6.34}
$$

を数値積分すると図 6.5 のようになる．

次に高温の極限を調べよう．この場合は (6.12) 式の $f(\varepsilon_{\boldsymbol{k}})$ に対して (6.17) 式のボルツマン分布を用いればよい．$T = 0$ のリンドハード関数のときと同じように極座標の積分を用いれば，(6.12) 式の $\chi_0(\boldsymbol{q}, \omega)$ は

$$
\begin{aligned}
\chi_0(\boldsymbol{q}, \omega) &= \frac{n}{2(2\pi)^2} \left(\frac{2\pi\hbar^2}{mk_{\mathrm{B}}T}\right)^{3/2} \int_0^\infty k^2 dk e^{-\beta\varepsilon_{\boldsymbol{k}}} \int_{-1}^1 dx \\
&\times \left(\frac{1}{\hbar\omega - \frac{\hbar^2 kqx}{m} + \frac{\hbar^2 q^2}{2m} + i\delta} - \frac{1}{\hbar\omega + \frac{\hbar^2 kqx}{m} - \frac{\hbar^2 q^2}{2m} + i\delta}\right)
\end{aligned}
\tag{6.35}
$$

となる．この実部は主値積分となるが，x 積分と k に関する部分積分を行うと

---

[2]　J. Friedel, Phil. Mag. **43**, 153 (1952), and Nuovo Cimento **7**, Suppl. 2, 287 (1958).

[3]　J. S. Langer and S. H. Vosko, J. Phys. Chem. Solids **12**, 196 (1959), および W. Kohn and S. H. Vosko, Phys. Rev. **119**, 912 (1960).

6.4 クーロン相互作用の遮蔽　**109**

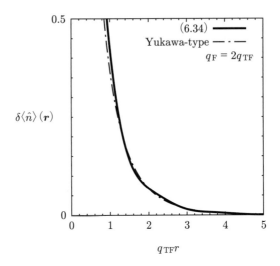

図 6.5

$$\mathrm{Re}\chi_0(\boldsymbol{q},\omega) = \frac{n}{2\hbar q}\sqrt{\frac{m}{2\pi k_\mathrm{B} T}}\left\{\Phi\left[\frac{\hbar}{\sqrt{2mk_\mathrm{B}T}}\left(\frac{m\omega}{\hbar q}+\frac{q}{2}\right)\right]\right.$$
$$\left. - \Phi\left[\frac{\hbar}{\sqrt{2mk_\mathrm{B}T}}\left(\frac{m\omega}{\hbar q}-\frac{q}{2}\right)\right]\right\} \quad (6.36)$$

となることがわかる（演習問題 6.2）．ここで $\Phi(x)$ は

$$\Phi(x) = \mathscr{P}\int_{-\infty}^{\infty}dy\, e^{-y^2}\frac{1}{x-y} = \mathscr{P}\int_{-\infty}^{\infty}\frac{dy}{y}e^{-(y-x)^2}$$
$$= \int_{-\infty}^{\infty}dy\, e^{-y^2-x^2}\frac{e^{2xy}-e^{-2xy}}{2y} \quad (6.37)$$

と定義したものである．最後の積分では分母の 0 と分子の 0 が一致しているので主値を取らなくてよい．

まず $\omega=0$ の場合，$\chi_0(\boldsymbol{q},0)$ の虚部は 0 となることがわかるので，$\chi_0(\boldsymbol{q},0) = \frac{n}{\hbar q}\sqrt{\frac{m}{2\pi k_\mathrm{B} T}}\Phi\left(\frac{\hbar q}{2\sqrt{2mk_\mathrm{B}T}}\right)$ である．また，x の小さいところで $\Phi(x) = 2x\sqrt{\pi}\left(1-\frac{2}{3}x^2+\cdots\right)$ となるので，$\boldsymbol{q}\to\boldsymbol{0}$ の極限（q-limit）で

$$\chi_0(\boldsymbol{q},0) = \frac{n}{2k_\mathrm{B}T}\tilde{g}\left(\frac{\hbar q}{2\sqrt{2mk_\mathrm{B}T}}\right), \quad \tilde{g}(x) = 1-\frac{2}{3}x^2+\cdots \quad (6.38)$$

と書けることがわかる．これを電荷密度の式 (6.30) に代入すると

$$e\delta\langle\hat{n}\rangle(\boldsymbol{r},t) = \frac{Ze}{V}\sum_{\boldsymbol{q}}e^{i\boldsymbol{q}\cdot\boldsymbol{r}}\frac{q_\mathrm{DH}^2\tilde{g}\left(\frac{q}{2k_T}\right)}{q^2+q_\mathrm{DH}^2\tilde{g}\left(\frac{q}{2k_T}\right)}, \quad q_\mathrm{DH}^2 \equiv \frac{ne^2}{\varepsilon_0 k_\mathrm{B}T} \quad (6.39)$$

となる．ここで q_DH はデバイ・ヒュッケル (Debye-Hückel) 波数と呼ばれている．また，k_T は $k_\mathrm{B}T = \hbar^2 k_T^2/2m$ として定義されたものである[*4]．この結果

[*4] k_T は，電子の持つエネルギーが $k_\mathrm{B}T$ に相当する場合の電子が持つ波数である．熱的波長 (thermal wavelength) と呼ばれる $\lambda_T = \sqrt{2\pi\hbar^2/mk_\mathrm{B}T}$ の逆数の $2\sqrt{\pi}$ 倍．

は，静電ポテンシャル $\phi(\boldsymbol{r})$ が化学ポテンシャルと同じ働きをして電子密度を変更すると考えて自己無撞着に電荷分布を決めるというデバイ・ヒュッケル近似の結果と一致する.

(6.39) 式と (6.32) 式を比べると明らかなように，テストチャージが遮蔽される様子は絶対零度でのリンドハード関数を用いたトーマス・フェルミ遮蔽と形式的に全く同じであり，絶対零度のトーマス・フェルミ波数 q_{TF} がデバイ・ヒュッケル波数 q_{DH} に置き換わっていることがわかる. 温度を高温の状態から下げていくと，最初はデバイ・ヒュッケル波数 $q_{\mathrm{DH}} = \sqrt{ne^2/\varepsilon_0 k_{\mathrm{B}} T}$ だったものがトーマス・フェルミ波数の $q_{\mathrm{TF}} = \sqrt{3ne^2/2\varepsilon_0 \varepsilon_{\mathrm{F}}}$ に徐々に移り変わっていく. ルートの中の分母の $k_{\mathrm{B}} T$ が，温度が下がりフェルミ縮退が効いてくると $2\varepsilon_{\mathrm{F}}/3$ という一定値になると解釈できる.

6.5 プラズマ振動

次にプラズマ振動を考える. (6.13) 式の電荷感受率 $\chi_N^{\mathrm{RPA}}(\boldsymbol{q},\omega)$ は，分母が 0 になる

$$1 + 2V(\boldsymbol{q})\chi_0(\boldsymbol{q},\omega) = 0 \tag{6.40}$$

のところで明らかに発散する. $\chi_N^{\mathrm{RPA}}(\boldsymbol{q},\omega)$ は応答関数なので，これが発散するということは，外場が微小量（または 0）であっても波数 $\boldsymbol{q}$ 振動数 ω の電荷密度 $\delta\langle\hat{n}\rangle(\boldsymbol{q},\omega)$ が有限になり得ることを意味する. つまり自発的に電荷密度の運動が生じるといえる. これが系の固有振動としてのプラズマ振動である.

(6.40) 式の解を一般的に調べるために，(6.12) 式の $\chi_0(\boldsymbol{q},\omega)$ の $\boldsymbol{q}$ が小さいところを調べよう. (6.14) 式のところで述べたように $\chi_0(\boldsymbol{0},\omega) = 0$ だが，任意の温度において，有限の ω で $\boldsymbol{q}$ についてテイラー展開すると

$$\chi_0(\boldsymbol{q},\omega) = -\frac{nq^2}{2m\omega^2} + O(q^4) \tag{6.41}$$

ということを示すことができる（演習問題 6.4）. この結果を (6.40) 式に代入すると，$\boldsymbol{q} \to \boldsymbol{0}$ の極限で一般的に $\omega = \omega_p = \sqrt{ne^2/m\varepsilon_0}$ という解が得られる. この ω_p がプラズマ振動数である. プラズマ振動は古典的に電子密度と電磁気学で理解できるが，ここで示したように量子論でも全く同じ現象が見られる. プラズマ振動のように粒子が集団で運動する固有状態を「集団励起」といい，これに対して 1 粒子の励起状態を「個別励起」という.

ω_p は $\boldsymbol{q} \to \boldsymbol{0}$ の極限での固有振動数であるが，有限の $\boldsymbol{q}$ での振動数を得るには，(6.41) 式の高次の展開が必要である. これは温度に依存する. まず絶対零度のリンドハード関数を用いて調べよう. (6.19) 式の $\mathrm{Re}\chi_0(\boldsymbol{q},\omega)$ を ω を有限に保ちながら $\boldsymbol{q}$ が小さいとしてテイラー展開すると

$$\mathrm{Re}\chi_0(\boldsymbol{q},\omega) = -\frac{mk_\mathrm{F}}{4\pi^2\hbar^2}\left(\frac{8\varepsilon_\mathrm{F}\varepsilon_q}{3\hbar^2\omega^2} + \frac{32\varepsilon_\mathrm{F}^2\varepsilon_q^2}{5\hbar^4\omega^4} + \cdots\right)$$

$$= -\frac{nq^2}{2m\omega^2}\left(1 + \frac{3\hbar^2 k_\mathrm{F}^2 q^2}{5m^2\omega^2} + \cdots\right) \tag{6.42}$$

となるので（$k_\mathrm{F}^3 = 3\pi^2 n$ を用いた），(6.40) 式が成立するのは

$$\omega(q) = \sqrt{\omega_p^2\left(1 + \frac{3\hbar^2 k_\mathrm{F}^2 q^2}{5m^2\omega_p^2} + \cdots\right)} = \omega_p\left(1 + \frac{9q^2}{10 q_\mathrm{TF}^2} + \cdots\right) \tag{6.43}$$

のときである．図 6.4 に $\omega(q)$ の q 依存性を示した．

　図からわかるように，$\boldsymbol{q}$ が小さい領域であれば $\chi_0(\boldsymbol{q},\omega)$ の虚部は 0 なので，このプラズマ振動は減衰しない．ところが波数 $\boldsymbol{q}$ が大きくなると，図 6.4 のようにやがて $(q,\omega(q))$ は $\chi_0(\boldsymbol{q},\omega)$ の虚部が有限になる領域に入ってしまう．この場合，プラズマ振動は波数 q，振動数 $\omega(q)$ を持つ個別励起による粒子と相互作用を始め，減衰が生じる．このような場合には $\omega = \omega(q) - i\gamma(q)$ と仮定して虚数部分を含めて (6.40) 式を解かなければならない．一般的に $\gamma(q)$ が小さいとしてテイラー展開によって調べると

$$\gamma(q) = \frac{\mathrm{Im}\chi_0(\boldsymbol{q},\omega_q)}{\left.\dfrac{\partial}{\partial\omega}\mathrm{Re}\chi_0(\boldsymbol{q},\omega)\right|_{\omega=\omega(q)}} \tag{6.44}$$

が得られる．確かに $\gamma(q)$ は $\chi_0(\boldsymbol{q},\omega_q)$ の虚部に比例するので，$\mathrm{Im}\chi_0(\boldsymbol{q},\omega_q) = 0$ の領域で減衰がないことが確かめられる．

　次に高温の場合を調べよう．高温で得られる (6.36) 式の $\mathrm{Re}\chi_0(\boldsymbol{q},\omega)$ を ω を有限に保ちながら $\boldsymbol{q}$ が小さいとしてテイラー展開する．このためには $\Phi(x)$ の x が大きいところの振舞いが必要である．(6.37) 式の $\Phi(x)$ の漸近展開は

$$\Phi(x) \sim \int_{-\infty}^{\infty} dy\, e^{-y^2}\left(\frac{1}{x} + \frac{y}{x^2} + \frac{y^2}{x^3} + \cdots\right) = \sqrt{\pi}\left(\frac{1}{x} + \frac{1}{2x^3} + \cdots\right) \tag{6.45}$$

としてよいので，丁寧に q^4 のオーダーまで拾うと

$$\mathrm{Re}\chi_0(\boldsymbol{q},\omega) = -\frac{nq^2}{2m\omega^2}\left(1 + \frac{3k_\mathrm{B}Tq^2}{m\omega^2} + \cdots\right) \tag{6.46}$$

となる．したがって (6.40) 式が成立するのは

$$\omega(q) = \sqrt{\omega_p^2\left(1 + \frac{3k_\mathrm{B}Tq^2}{m\omega_p^2} + \cdots\right)} = \omega_p\left(1 + \frac{3q^2}{2q_\mathrm{DH}^2} + \cdots\right) \tag{6.47}$$

のときである．絶対零度のときの (6.43) 式の $\omega(q)$ と比べると，q_TF が q_DH に置き換わった形（数値係数が異なる）をしていることがわかる．

　ただし有限温度の場合には，$\boldsymbol{q}$ が小さい領域でも $\chi_0(\boldsymbol{q},\omega)$ の虚数部分は 0 にはならないことに注意する必要がある．このためプラズマ振動は $\boldsymbol{q}$ が小さい領

域でも減衰する．この減衰の大きさは一般的に (6.44) 式で評価できるので，$\boldsymbol{q}$ が小さく，かつ高温 ($\omega_p \ll k_B T$) のときに虚数部分を評価して（演習問題 6.2 参照）

$$\mathrm{Im}\chi_0(\boldsymbol{q},\omega_p) \sim \sqrt{\frac{\pi}{2}}\frac{n}{2k_B T}\frac{q_{\mathrm{DH}}}{q}\exp\left(-\frac{q_{\mathrm{DH}}^2}{2q^2}\right) \tag{6.48}$$

が得られる．q が小さいときは指数関数のために非常に小さい値となる．一方 (6.44) 式の分母は (6.46) 式を用いればよいので，結局減衰は

$$\gamma(q) \sim \omega_p \sqrt{\frac{\pi}{8}}\frac{q_{\mathrm{DH}}^3}{q^3}\exp\left(-\frac{q_{\mathrm{DH}}^2}{2q^2}\right) \tag{6.49}$$

と得られ，比 $\gamma(q)/\omega_p$ は非常に小さいことがわかる．これをランダウ減衰という[*5]．

6.6 RPA 近似による電子の自己エネルギー

4.7 節ではハートレー・フォック近似での自己エネルギーを計算したが，この節では遮蔽されたクーロン相互作用を用いて具体的に自己エネルギーを考えよう．とくに RPA 近似によるフォック項は，ファインマンダイアグラムとして図 6.6 のものを取り入れたことになる．(4.94) 式の遮蔽されたクーロン相互作用を用いると

$$\begin{aligned}\Sigma^{\mathrm{RPA}}(\boldsymbol{k},i\varepsilon_n) &= -\frac{k_B T}{V}\sum_{\boldsymbol{q}}\sum_m \mathscr{U}_{\mathrm{ring}}(\boldsymbol{q},i\omega_m)e^{i(\varepsilon_n-\omega_m)\eta}\mathscr{G}^{(0)}(\boldsymbol{k}-\boldsymbol{q},i\varepsilon_n-i\omega_m)\\ &= -\frac{k_B T}{V}\sum_{\boldsymbol{q}}\sum_m \frac{V(\boldsymbol{q})}{\varepsilon_r^{\mathrm{RPA}}(\boldsymbol{q},i\omega_m)}e^{i(\varepsilon_n-\omega_m)\eta}\mathscr{G}^{(0)}(\boldsymbol{k}-\boldsymbol{q},i\varepsilon_n-i\omega_m)\end{aligned} \tag{6.50}$$

と得られる．ここで η は正の微小量である（(4.63) 式参照）．ω_m はボース粒子型の松原振動数 $\omega_m = 2\pi m k_B T$ なので，図 6.2 とは異なり，複素関数

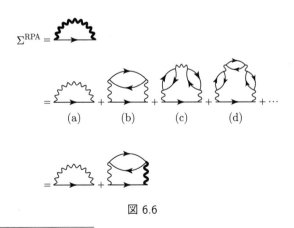

図 6.6

[*5] L. P. Landau, J. Phys. (USSR) **10**, 25 (1946).

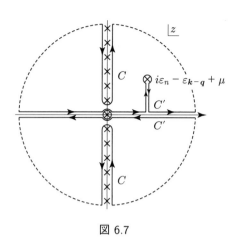

図 6.7

$1 + n(z) = 1 + 1/(e^{\beta z} - 1) = e^{\beta z}/(e^{\beta z} - 1)$ の極を利用して図 6.7 のような積分路 C に沿った積分で置き換える．この方法により，$\Sigma^{\mathrm{RPA}}(\bm{k}, i\varepsilon_n)$ は

$$\Sigma^{\mathrm{RPA}}(\bm{k}, i\varepsilon_n) = -\frac{1}{V}\sum_{\bm{q}}\int_C \frac{dz}{2\pi i}(1 + n(z))\frac{V(\bm{q})}{\varepsilon_r^{\mathrm{RPA}}(\bm{q}, z)}\frac{e^{i\varepsilon_n\eta - z\eta}}{i\varepsilon_n - z - \varepsilon_{\bm{k}-\bm{q}} + \mu} \tag{6.51}$$

となる．

次に積分路を変更する．$|z| \to \infty$ の大きな弧の部分は，図 4.5 の場合と同じように寄与が 0 となる．ただし，図 4.5 とは少し異なり，図の右半分では $|z| \to \infty$ において $e^{-\eta \mathrm{Re}\,z}/|z|$ のように振る舞い，図の左半分では $e^{(\beta-\eta)\mathrm{Re}\,z}/|z|$ ($\mathrm{Re}\,z < 0$) のように振る舞うので弧の部分からの寄与は無視できる．さらに図の x 軸の上と下で $\varepsilon_r^{\mathrm{RPA}}(\bm{q}, z)$ の値が異なることを考慮しなければならない．このため積分路を C' に変更する．とくに $z = 0$ の極の近傍を丁寧に考えると，x 軸の上下での ε 積分は主値積分を取ればよいことがわかる．さらに $\mathscr{G}^{(0)}$ が持っていた $z = i\varepsilon_n - \varepsilon_{\bm{k}-\bm{q}} + \mu$ における極も考慮して，(6.51) 式は

$$-\frac{1}{V}\sum_{\bm{q}}\bigg\{[1 + n(i\varepsilon_n - \varepsilon_{\bm{k}-\bm{q}} + \mu)]\frac{V(\bm{q})}{\varepsilon_r^{\mathrm{RPA}}(\bm{q}, i\varepsilon_n - \varepsilon_{\bm{k}-\bm{q}} + \mu)}$$
$$+ \mathscr{P}\int_{-\infty}^{\infty}\frac{d\varepsilon}{2\pi i}\left[\frac{V(\bm{q})}{\varepsilon_r^{\mathrm{RPA}}(\bm{q}, \varepsilon + i\delta)} - \frac{V(\bm{q})}{\varepsilon_r^{\mathrm{RPA}}(\bm{q}, \varepsilon - i\delta)}\right]$$
$$\times \frac{1 + n(\varepsilon)}{i\varepsilon_n - \varepsilon - \varepsilon_{\bm{k}-\bm{q}} + \mu}\bigg\}$$
$$= -\frac{1}{V}\sum_{\bm{q}}\bigg\{f(\varepsilon_{\bm{k}-\bm{q}})\frac{V(\bm{q})}{\varepsilon_r^{\mathrm{RPA}}(\bm{q}, i\varepsilon_n - \varepsilon_{\bm{k}-\bm{q}} + \mu)}$$
$$+ \mathscr{P}\int_{-\infty}^{\infty}\frac{d\varepsilon}{\pi}\mathrm{Im}\left[\frac{V(\bm{q})}{\varepsilon_r^{\mathrm{RPA}}(\bm{q}, \varepsilon + i\delta)}\right]\frac{1 + n(\varepsilon)}{i\varepsilon_n - \varepsilon - \varepsilon_{\bm{k}-\bm{q}} + \mu}\bigg\} \tag{6.52}$$

と計算される．ただし，$\varepsilon_r^{\mathrm{RPA}}(\bm{q}, z) = 0$ となるような極からの寄与は無視した．また，$\mathscr{P}$ は $\varepsilon = 0$ を避ける主値積分を意味し，$n(i\varepsilon_n - \varepsilon_{\bm{k}-\bm{q}} + \mu) = -1 + f(\varepsilon_{\bm{k}-\bm{q}})$ の関係式を用いた．

この自己エネルギーを用いれば，温度グリーン関数は

$$\mathscr{G}^{\mathrm{RPA}}(\boldsymbol{k}, i\varepsilon_n) = \frac{1}{i\varepsilon_n - \varepsilon_{\boldsymbol{k}} + \mu - \Sigma^{\mathrm{RPA}}(\boldsymbol{k}, i\varepsilon_n)} \tag{6.53}$$

と書ける．さらに 3.6 節の一般論から，$i\varepsilon_n \to \hbar\omega + i\delta$ と解析接続することによって遅延グリーン関数 $G^{R,\mathrm{RPA}}(\boldsymbol{k}, \omega)$ が得られる．4.7 節のハートレー・フォック近似の場合と異なり，自己エネルギーに ω 依存性が残り，$\Sigma^{\mathrm{RPA}}(\boldsymbol{k}, \hbar\omega + i\delta)$ は実部虚部両方を持つ．虚部は電子の寿命を表すので，$i\varepsilon_n \to \hbar\omega + i\delta$ と解析接続した後で虚部を取れば

$$\mathrm{Im}\,\Sigma^{R,\mathrm{RPA}}(\boldsymbol{k}, \omega)$$
$$= \frac{1}{V} \sum_{\boldsymbol{q}} \{1 - f(\varepsilon_{\boldsymbol{k}-\boldsymbol{q}}) + n(\hbar\omega - \varepsilon_{\boldsymbol{k}-\boldsymbol{q}} + \mu)\}$$
$$\times \mathrm{Im}\left[\frac{V(\boldsymbol{q})}{\varepsilon_r^{\mathrm{RPA}}(\boldsymbol{q}, \hbar\omega - \varepsilon_{\boldsymbol{k}-\boldsymbol{q}} + \mu + i\delta)}\right]$$
$$= -\frac{2}{V} \sum_{\boldsymbol{q}} \{1 - f(\varepsilon_{\boldsymbol{k}-\boldsymbol{q}}) + n(\hbar\omega - \varepsilon_{\boldsymbol{k}-\boldsymbol{q}} + \mu)\}$$
$$\times \tilde{V}(\boldsymbol{q})^2 \mathrm{Im}\,\chi_0(\boldsymbol{q}, \hbar\omega - \varepsilon_{\boldsymbol{k}-\boldsymbol{q}} + \mu + i\delta) \tag{6.54}$$

と求められる．ここで (6.29) 式の $\varepsilon_r^{\mathrm{RPA}}(\boldsymbol{q}, \omega) = 1 + 2V(\boldsymbol{q})\chi_0(\boldsymbol{q}, \omega)$ という関係を使い，簡単のために $\tilde{V}(\boldsymbol{q}) = V(\boldsymbol{q})/|\varepsilon_r^{\mathrm{RPA}}(\boldsymbol{q}, \hbar\omega - \varepsilon_{\boldsymbol{k}-\boldsymbol{q}} + \mu + i\delta)|$ と置いた．最後に (6.12) 式の $\chi_0(\boldsymbol{q}, \omega)$ の形を用いて整理すると，$\mathrm{Im}\,\Sigma^{R,\mathrm{RPA}}(\boldsymbol{k}, \omega)$ は

$$\mathrm{Im}\,\Sigma^{R,\mathrm{RPA}}(\boldsymbol{k}, \omega)$$
$$= -\frac{2\pi}{V^2} \sum_{\boldsymbol{q},\boldsymbol{p}} \{1 - f(\varepsilon_{\boldsymbol{k}-\boldsymbol{q}}) + n(\varepsilon_{\boldsymbol{p}+\boldsymbol{q}} - \varepsilon_{\boldsymbol{p}})\} \tilde{V}(\boldsymbol{q})^2$$
$$\times \{f(\varepsilon_{\boldsymbol{p}}) - f(\varepsilon_{\boldsymbol{p}+\boldsymbol{q}})\} \delta(\hbar\omega + \varepsilon_{\boldsymbol{p}} - \varepsilon_{\boldsymbol{k}-\boldsymbol{q}} - \varepsilon_{\boldsymbol{p}+\boldsymbol{q}} + \mu)$$
$$= -\frac{2\pi}{V^2} \sum_{\boldsymbol{q},\boldsymbol{p}} \tilde{V}(\boldsymbol{q})^2 \delta(\hbar\omega + \varepsilon_{\boldsymbol{p}} - \varepsilon_{\boldsymbol{k}-\boldsymbol{q}} - \varepsilon_{\boldsymbol{p}+\boldsymbol{q}} + \mu)$$
$$\times [\{1 - f(\varepsilon_{\boldsymbol{k}-\boldsymbol{q}})\} f(\varepsilon_{\boldsymbol{p}}) \{1 - f(\varepsilon_{\boldsymbol{p}+\boldsymbol{q}})\} + f(\varepsilon_{\boldsymbol{k}-\boldsymbol{q}}) \{1 - f(\varepsilon_{\boldsymbol{p}})\} f(\varepsilon_{\boldsymbol{p}+\boldsymbol{q}})] \tag{6.55}$$

となる．ここで $n(\varepsilon_{\boldsymbol{p}+\boldsymbol{q}} - \varepsilon_{\boldsymbol{p}})\{f(\varepsilon_{\boldsymbol{p}}) - f(\varepsilon_{\boldsymbol{p}+\boldsymbol{q}})\} = f(\varepsilon_{\boldsymbol{p}+\boldsymbol{q}})\{1 - f(\varepsilon_{\boldsymbol{p}})\}$ という関係式を用いた．

ここで (6.55) 式について検討しよう．まず，もし RPA 近似を考えずに直接クーロン相互作用 $V(\boldsymbol{q})$ の 2 次の自己エネルギーを計算すると，(6.55) 式で形式的に $\tilde{V}(\boldsymbol{q})^2$ を $V(\boldsymbol{q})^2$ に置き換えたものが得られる（演習問題 6.5）．ただし，そうすると $V(\boldsymbol{q})^2$ は q^{-4} に比例するので，$\boldsymbol{q}$ 積分が発散してしまう．このような，クーロン相互作用が長距離であるということからくる発散を，$\tilde{V}(\boldsymbol{q})$ では遮蔽が抑えているのである．この遮蔽の効果を積極的に取り入れて，同じ格子点

6.6 RPA 近似による電子の自己エネルギー **115**

上にのみクーロン相互作用を考慮するモデルが，2.7 節で述べたハバードモデルである．この場合は，$V(\bm{q})$ を U と置き換えて演習問題 6.5 と同様に自己エネルギーを計算することができる（ただし，スピンに関する和の 2 倍がない）．このように遮蔽によって発散は抑えられるが，一方 2 次元や 1 次元のモデルを考えると，別な意味での発散が生じる（演習問題 6.6）．

次に，(6.55) 式が示す電子の寿命について考えよう．Σ が小さければ，グリーン関数の極は $\hbar\omega = \varepsilon_{\bm{k}} - \mu$ にある．この ω でのグリーン関数が最も重要だと考えて，$\mathrm{Im}\,\Sigma^{R,\mathrm{RPA}}(\bm{k}, \omega = (\varepsilon_{\bm{k}} - \mu)/\hbar)$ を調べる．これを電子の寿命 τ^{RPA} を用いて $\mathrm{Im}\,\Sigma^{R,\mathrm{RPA}} = -\hbar/2\tau^{\mathrm{RPA}}$ と書くと，

$$\frac{1}{\tau^{\mathrm{RPA}}} = \frac{4\pi}{\hbar V^2} \sum_{\bm{q},\bm{p}} \tilde{V}(\bm{q})^2 \delta(\varepsilon_{\bm{k}} + \varepsilon_{\bm{p}} - \varepsilon_{\bm{k}-\bm{q}} - \varepsilon_{\bm{p}+\bm{q}})$$
$$\times [\{1 - f(\varepsilon_{\bm{k}-\bm{q}})\} f(\varepsilon_{\bm{p}}) \{1 - f(\varepsilon_{\bm{p}+\bm{q}})\} + f(\varepsilon_{\bm{k}-\bm{q}}) \{1 - f(\varepsilon_{\bm{p}})\} f(\varepsilon_{\bm{p}+\bm{q}})] \quad (6.56)$$

となる．この式は以下のようにフェルミの golden rule によって理解できる．

電子の遷移確率 $1/\tau^{\mathrm{RPA}}$ は $\frac{2\pi}{\hbar} \times (\text{matrix element})^2$ で与えられるが，今の場合 $(\text{matrix element})^2 = \tilde{V}(\bm{q})^2/V^2$ だといえる．また，余分の 2 倍は散乱する相手の電子のスピンの 2 倍である．次に，(6.56) 式のデルタ関数部分はエネルギー保存則 $\varepsilon_{\bm{k}} + \varepsilon_{\bm{p}} = \varepsilon_{\bm{k}-\bm{q}} + \varepsilon_{\bm{p}+\bm{q}}$ を表し，$\varepsilon_{\bm{k}}$ と $\varepsilon_{\bm{p}}$ の電子がクーロン相互作用によって散乱され，波数 $\bm{q}$ を受け渡し，$\varepsilon_{\bm{k}-\bm{q}}$ と $\varepsilon_{\bm{p}+\bm{q}}$ の電子になったといえる．残りのフェルミ分布関数の部分は，電子の占有状態を表す．絶対零度で考えれば (6.56) 式の第 1 項は，$\varepsilon_{\bm{p}} < \varepsilon_{\mathrm{F}}$ と $\varepsilon_{\bm{k}-\bm{q}}, \varepsilon_{\bm{p}+\bm{q}} > \varepsilon_{\mathrm{F}}$ を意味する（つまり $\varepsilon_{\bm{p}}$ の電子は最初に存在する）．この条件とエネルギー保存則を満たすには $\varepsilon_{\bm{k}} > \varepsilon_{\mathrm{F}}$ でなければならない．この散乱を図示すると図 6.8 (a) のようになる．

(6.56) 式の第 2 項について同様に考えると，$\varepsilon_{\bm{p}} > \varepsilon_{\mathrm{F}}$ と $\varepsilon_{\bm{k}-\bm{q}}, \varepsilon_{\bm{p}+\bm{q}} < \varepsilon_{\mathrm{F}}$ なのでエネルギー保存則を満たすには $\varepsilon_{\bm{k}} < \varepsilon_{\mathrm{F}}$ でなければならない．このことは，最初に存在した $\varepsilon_{\bm{k}-\bm{q}}$ と $\varepsilon_{\bm{p}+\bm{q}}$ の電子が $\varepsilon_{\bm{k}}$ と $\varepsilon_{\bm{p}}$ になったと考えられる（図 6.8 (b)）．これは $\varepsilon_{\bm{k}}$ のエネルギーをもつホールの寿命と解釈できる．実際，遅延グリーン関数の定義に戻ると，$-i\theta(t-t')\langle \hat{c}_{\mathrm{H},\bm{k}\alpha}(t) \hat{c}^\dagger_{\mathrm{H},\bm{k}\alpha}(t') \rangle$ とともに $i\theta(t-t')\langle \hat{c}^\dagger_{\mathrm{H},\bm{k}\alpha}(t') \hat{c}_{\mathrm{H},\bm{k}\alpha}(t) \rangle$ という期待値も含まれていた．前者は $\varepsilon_{\bm{k}}$ の電

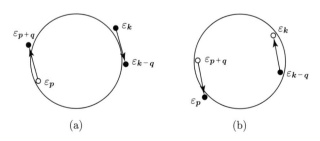

図 6.8

子が消滅することによる寿命（つまり (6.56) 式の第 1 項）を表すが，後者は $\varepsilon_{\boldsymbol{k}}$ の電子が始めの時刻 t で消されホールができ，それがその後消える過程を表しているといえる．

最後に $1/\tau^{\mathrm{RPA}}$ の値を評価しよう．図 6.8 (a) から予想されるように，$\varepsilon_{\boldsymbol{k}}$ が ε_{F} に近いとき（典型的には $\varepsilon_{\boldsymbol{k}} - \varepsilon_{\mathrm{F}} \sim k_{\mathrm{B}}T \ll \varepsilon_{\mathrm{F}}$ の場合）には，可能な散乱過程はかなり限られる．これを位相空間が少ないという．$\xi_{\boldsymbol{k}} \equiv \varepsilon_{\boldsymbol{k}} - \mu$ と定義し，$\boldsymbol{p}$ の和を $\xi_{\boldsymbol{p}} \equiv \xi$ の積分（ただし $\xi < 0$）で評価し，$\boldsymbol{q}$ の和を $\xi_{\boldsymbol{k}-\boldsymbol{q}} \equiv \xi'$ の積分（ただし $\xi' > 0$）で評価する．もう一つの $\xi_{\boldsymbol{p}+\boldsymbol{q}}$ はエネルギー保存則で自動的に $\xi_{\boldsymbol{p}+\boldsymbol{q}} = \xi_{\boldsymbol{k}} + \xi - \xi'$ と決まる．これらを考慮すると (6.56) 式の第 1 項は

$$\frac{1}{\tau^{\mathrm{RPA}}} \propto \int_{-\Lambda}^{0} d\xi \int_{0}^{\Lambda} d\xi' \theta(\xi_{\boldsymbol{k}} + \xi - \xi') \tag{6.57}$$

と評価できる（ここで Λ は適当なカットオフ・エネルギー）．しかし ξ' は階段関数のためにそれほど大きい値を取ることができず，積分範囲は $0 < \xi' < \xi_{\boldsymbol{k}} + \xi$ でしかない．これを考慮すると $1/\tau^{\mathrm{RPA}}$ は

$$\frac{1}{\tau^{\mathrm{RPA}}} \propto \int_{-\Lambda}^{0} d\xi (\xi_{\boldsymbol{k}} + \xi) \theta(\xi_{\boldsymbol{k}} + \xi) = \int_{-\xi_{\boldsymbol{k}}}^{0} d\xi (\xi_{\boldsymbol{k}} + \xi) = \frac{\xi_{\boldsymbol{k}}^2}{2} \tag{6.58}$$

と評価できる．この結果は電子の寿命は $\varepsilon_{\boldsymbol{k}}$ が ε_{F} に近いとき，$\tau^{\mathrm{RPA}} \propto (\varepsilon_{\boldsymbol{k}} - \varepsilon_{\mathrm{F}})^{-2}$ と非常に長くなることを意味している．同様に有限温度で考えると，低温では $\tau^{\mathrm{RPA}} \propto T^{-2}$ といえる．すなわち，フェルミ面のごく近傍，または非常に低温では，クーロン相互作用があっても電子の寿命は非常に長い．これが金属中の電子が自由電子に近いものとして理解できる原因である．

上の計算では (6.50) 式から出発している．この式では，自由電子ガスのグリーン関数 $\mathscr{G}^{(0)}$ を用い，かつ $\varepsilon_r^{\mathrm{RPA}}$ の中の分極関数も $\chi_0(\boldsymbol{q}, \omega)$ という自由電子ガスのものを用いている．より多くのファインマンダイアグラムを取り入れるため（望むらくは近似の精度を上げるため（近似が悪くなる可能性もある）），グリーン関数 $\mathscr{G}^{(0)}$ のところも相互作用による自己エネルギーを含めた $\mathscr{G}$ に置き換えることが考えられる．つまり，図 6.6 でのグリーン関数を太いもので置き換えるのである．この場合は，数値的に $\mathscr{G}(\boldsymbol{k}, i\varepsilon_n)$ を自己無撞着に決めなければならない．これを（電荷に関する）揺らぎ交換近似（FLuctuation EXchange: FLEX 近似）という．

演習問題

6.1 (6.20) 式のリンドハード関数の虚部について，有限の $\boldsymbol{q}$ を固定したときに，ω が小さい場合のテイラー展開を行い，

$$\mathrm{Im}\,\chi_0(\boldsymbol{q}, \omega) = \frac{m^2}{4\pi\hbar^3}\frac{\omega}{q} \qquad \left(\text{ただし } 0 < \omega < \frac{\hbar k_{\mathrm{F}}q}{m} - \frac{\hbar q^2}{2m}\right) \tag{6.59}$$

となることを示せ．

6.2 (6.35) 式の実部の主値積分で x 積分を行うと

$$-\frac{n}{2(2\pi)^2}\left(\frac{2\pi\hbar^2}{mk_\mathrm{B}T}\right)^{3/2}\mathscr{P}\int_0^\infty dke^{-\beta\varepsilon_{\boldsymbol{k}}}\frac{mk}{\hbar^2 q}$$

$$\times\ln\left|\frac{\hbar\omega-\frac{\hbar^2kq}{m}+\frac{\hbar^2q^2}{2m}}{\hbar\omega+\frac{\hbar^2kq}{m}+\frac{\hbar^2q^2}{2m}}\cdot\frac{\hbar\omega+\frac{\hbar^2kq}{m}-\frac{\hbar^2q^2}{2m}}{\hbar\omega-\frac{\hbar^2kq}{m}-\frac{\hbar^2q^2}{2m}}\right| \tag{6.60}$$

となることを示せ. さらにこの式を

$$\frac{d}{dk}e^{-\beta\varepsilon_{\boldsymbol{k}}}=-\beta\frac{\hbar^2k}{m}e^{-\beta\varepsilon_{\boldsymbol{k}}} \tag{6.61}$$

の関係を使って k について部分積分すると (6.36) 式が得られることを確かめよ.

一方, (6.35) 式の虚数部分は $\delta(ax)=\delta(x)/|a|$ であることを用いて

$$-\pi\frac{n}{2\hbar q}\sqrt{\frac{m}{2\pi k_\mathrm{B}T}}\left\{\exp\left[-\frac{\hbar^2}{2mk_\mathrm{B}T}\left(\frac{m\omega}{\hbar q}+\frac{q}{2}\right)^2\right]-\exp\left[-\frac{\hbar^2}{2mk_\mathrm{B}T}\left(\frac{m\omega}{\hbar q}-\frac{q}{2}\right)^2\right]\right\} \tag{6.62}$$

となることを確かめよ. さらに $\omega=\omega_p$ と置き, $\boldsymbol{q}$ が小さく, かつ高温のとき

$$\mathrm{Im}\chi_0(\boldsymbol{q},\omega_p)$$

$$\sim-\pi\frac{n}{2\hbar q}\sqrt{\frac{m}{2\pi k_\mathrm{B}T}}\exp\left(-\frac{m\omega_p^2}{2k_\mathrm{B}Tq^2}\right)\left\{\exp\left(-\frac{\hbar\omega_p}{2k_\mathrm{B}T}\right)-\exp\left(\frac{\hbar\omega_p}{2k_\mathrm{B}T}\right)\right\}$$

$$\sim\pi\frac{n\omega_p}{2qk_\mathrm{B}T}\sqrt{\frac{m}{2\pi k_\mathrm{B}T}}\exp\left(-\frac{m\omega_p^2}{2k_\mathrm{B}Tq^2}\right) \tag{6.63}$$

と近似できることを示せ. 最後の式を q_DH を用いて書き換えると (6.48) 式が得られる.

6.3 (6.37) 式の $\Phi(x)$ の定義の中で, $e^{-x^2}=1-x^2+\cdots$, $e^{2xy}-e^{-2xy}=4xy+\frac{8}{3}x^3y^3+\cdots$ を用いて, x が小さいとき $\Phi(x)=2x\sqrt{\pi}\left(1-\frac{2}{3}x^2+\cdots\right)$ となることを示せ.

6.4 (6.12) 式の $\chi_0(\boldsymbol{q},\omega)$ について, 有限の ω で $\boldsymbol{q}$ についてテイラー展開し

$$\chi_0(\boldsymbol{q},\omega)\sim-\frac{1}{V}\sum_{\boldsymbol{k}}\frac{1}{\hbar\omega}\left\{f'(\varepsilon_{\boldsymbol{k}})\Delta\varepsilon_{\boldsymbol{k}}+\frac{1}{2}f''(\varepsilon_{\boldsymbol{k}})(\Delta\varepsilon_{\boldsymbol{k}})^2\right\}-\frac{f'(\varepsilon_{\boldsymbol{k}})}{\hbar^2\omega^2}(\Delta\varepsilon_{\boldsymbol{k}})^2+O(q^3) \tag{6.64}$$

となることを示せ. ここで $\Delta\varepsilon_{\boldsymbol{k}}=\varepsilon_{\boldsymbol{k}-\boldsymbol{q}}-\varepsilon_{\boldsymbol{k}}=-\hbar^2\boldsymbol{k}\cdot\boldsymbol{q}/m+\hbar^2q^2/2m$ と置いた. この式の $\boldsymbol{k}$ の和を極座標を用いた積分に変更し,

$$\chi_0(\boldsymbol{q},\omega)=-\frac{1}{2\pi^2}\int_0^\infty k^2dk\frac{1}{\hbar\omega}\left\{\frac{\hbar^2q^2}{2m}f'(\varepsilon_{\boldsymbol{k}})+\frac{\hbar^4k^2q^2}{6m^2}f''(\varepsilon_{\boldsymbol{k}})\right\}-\frac{\hbar^2k^2q^2}{3m^2\omega^2}f'(\varepsilon_{\boldsymbol{k}}) \tag{6.65}$$

と書き換えることができることを示せ. さらに

$$\frac{d}{dk}f(\varepsilon_{\boldsymbol{k}})=\frac{\hbar^2k}{m}f'(\varepsilon_{\boldsymbol{k}}),\qquad\frac{d}{dk}f'(\varepsilon_{\boldsymbol{k}})=\frac{\hbar^2k}{m}f''(\varepsilon_{\boldsymbol{k}}) \tag{6.66}$$

を用いて k についての部分積分を行うことによって, (6.65) 式の第 1 項の中カッコが打ち消し, 最後の項は $-nq^2/2m\omega^2$ となることを示せ. ただし $\frac{2}{V}\sum_{\boldsymbol{k}}f(\varepsilon_{\boldsymbol{k}})=n$ を用いよ. この結果 (6.41) 式が得られる.

6.5 クーロン相互作用 $V(\boldsymbol{q})$ の 2 次の自己エネルギーは図 6.6 (b) で与えられる. これが (6.9) 式の $\Phi_0(\boldsymbol{q},i\omega_n)$ を用いて

118　第 6 章　線形応答理論の応用：電荷応答

$$\Sigma^{(2)}(\boldsymbol{k}, i\varepsilon_n) = \frac{2k_\mathrm{B}T}{V} \sum_{m,\boldsymbol{q}} V^2(\boldsymbol{q}) \mathscr{G}^{(0)}(\boldsymbol{k} - \boldsymbol{q}, i\varepsilon_n - i\omega_m) \Phi_0(\boldsymbol{q}, i\omega_m) \qquad (6.67)$$

となることを示せ（符号に注意）．さらに (6.11) 式の $\Phi_0(\boldsymbol{q}, i\omega_n)$ の形を用い，(6.51) 式と同じような $n(z)$ を用いた複素積分により

$$\Sigma^{(2)}(\boldsymbol{k}, i\varepsilon_n) = -\frac{2}{V^2} \sum_{\boldsymbol{q},\boldsymbol{p}} V(\boldsymbol{q})^2 \int_C \frac{dz}{2\pi i} n(z) \frac{1}{i\varepsilon_n - z - \varepsilon_{\boldsymbol{k}-\boldsymbol{q}} + \mu} \frac{f(\varepsilon_{\boldsymbol{p}}) - f(\varepsilon_{\boldsymbol{p}+\boldsymbol{q}})}{z + \varepsilon_{\boldsymbol{p}} - \varepsilon_{\boldsymbol{p}+\boldsymbol{q}}}$$
$$(6.68)$$

となることを示せ（(6.11) 式で $\boldsymbol{k} \to \boldsymbol{p} + \boldsymbol{q}$ とした）．さらに積分路を変更することによって，$\Sigma^{(2)}(\boldsymbol{k}, i\varepsilon_n)$ の虚部が (6.55) 式で形式的に $\tilde{V}(\boldsymbol{q})^2$ を $V(\boldsymbol{q})^2$ に置き換えたものになることを示せ．またハバードモデルにおいて同様に U^2 の次数の自己エネルギーを求めよ．

6.6 1 次元ハバードモデルについて U^2 の次数の自己エネルギー $\Sigma^{(2)}(k, i\varepsilon_n)$ を求め，k 積分を実行せよ（図 6.6 (b)）．どのような異常が生じるか調べよ[*6]．

[*6] これが 1 次元朝永・ラッティンジャー液体を生む．例えば，J. Solyom, Adv. Phys. **28**, 201 (1979).

第 7 章

帯磁率とハバードモデル

前章は電荷に対する応答であったが，本章ではスピンによる磁性の応答，つまり帯磁率を調べる．

7.1 スピン応答関数

電子ガスモデルに磁場がかかった場合のハミルトニアンは (2.9) 式で与えられる．磁場の効果は 2 つあって，ゼーマン項によるものと，$(\boldsymbol{p}-e\boldsymbol{A})^2$ の項からくる軌道運動に関係したもの（古典力学のローレンツ力によるもの）とがある．後者は後で扱うこととし，この章では前者のゼーマン項によるものを考える．

5.4 節で述べたように，この場合外場 $F(\boldsymbol{r},t)$ は磁場（磁束密度）$\boldsymbol{B}(\boldsymbol{r},t)$ であり，線形応答の演算子 $\hat{A}$ と $\hat{B}$ は (2.10) 式の磁気モーメント $\hat{\boldsymbol{M}}(\boldsymbol{r}) = (e\hbar/2m)\sum_{\alpha\beta}\hat{\psi}_\alpha^\dagger(\boldsymbol{r})(\boldsymbol{\sigma})_{\alpha\beta}\hat{\psi}_\beta(\boldsymbol{r})$ であるとして (5.30) 式の応答関数を調べればよい．ここでは系に並進対称性がある場合を考えることとし，第 5 章最後の一般的な式である (5.50) 式と (5.51) 式を使う．

まず (5.50) 式にしたがって，波数空間での虚時間応答関数

$$\Phi_{\mu\nu}(\boldsymbol{q},\tau,\tau') = \left\langle T_\tau\left[\hat{M}_{\mathrm{H},\boldsymbol{q}\mu}(\tau)\hat{M}_{\mathrm{H},-\boldsymbol{q}\nu}(\tau')\right]\right\rangle \tag{7.1}$$

をファインマンダイアグラムによって求める．ここで $\hat{M}_{\boldsymbol{q}\mu}$ は磁気モーメント $\hat{\boldsymbol{M}}(\boldsymbol{r})$ のフーリエ変換

$$\begin{aligned}
\hat{\boldsymbol{M}}_{\boldsymbol{q}} &= \frac{e\hbar}{2m}\sum_{\alpha\beta}\int d\boldsymbol{r}\,e^{-i\boldsymbol{q}\cdot\boldsymbol{r}}\hat{\psi}_\alpha^\dagger(\boldsymbol{r})(\boldsymbol{\sigma})_{\alpha\beta}\hat{\psi}_\beta(\boldsymbol{r}) \\
&= \frac{e\hbar}{2m}\sum_{\boldsymbol{k},\alpha\beta}\hat{c}_{\boldsymbol{k}-\boldsymbol{q},\alpha}^\dagger(\boldsymbol{\sigma})_{\alpha\beta}\hat{c}_{\boldsymbol{k},\beta} = -g\mu_{\mathrm{B}}\sum_{\boldsymbol{k},\alpha\beta}\hat{c}_{\boldsymbol{k}-\boldsymbol{q},\alpha}^\dagger(\boldsymbol{S})_{\alpha\beta}\hat{c}_{\boldsymbol{k},\beta}/\hbar \tag{7.2}
\end{aligned}$$

の $\mu(=x,y,z)$ 成分である．ここで g 因子は相対論的な補正を入れなければ $g = 2$，μ_{B} はボーア磁子で $\mu_{\mathrm{B}} = |e|\hbar/2m$ である．(7.1) 式では，磁場は $\nu = $

x, y, z 方向にかけられており，その応答は μ 方向の磁気モーメントとして表れる．$\Phi_{\mu\nu}(\boldsymbol{q}, \tau, \tau')$ をフーリエ変換して

$$\Phi_{\mu\nu}(\boldsymbol{q}, i\omega_n) = \int_0^\beta \Phi_{\mu\nu}(\boldsymbol{q}, \tau, 0) e^{i\omega_n \tau} d\tau \tag{7.3}$$

を求め，$\Phi_{\mu\nu}(\boldsymbol{q}, i\omega_n)$ から解析接続 $i\omega_n \to \hbar\omega + i\delta$ によって複素アドミッタンス $\chi_{\mu\nu}(\boldsymbol{q}, \omega)$（今の場合は帯磁率）が得られる．[(5.30) 式で付けていた磁化を示す M の添字は省略した．簡単な定義は $M = \chi B$ である．]

スピンの量子化軸を z 軸方向とすれば $\chi_{zz}(\boldsymbol{q}, \omega)$ を

$$\chi_{zz}(\boldsymbol{q}, \omega) = \frac{g^2 \mu_{\mathrm{B}}^2}{2} \left(\chi_{\uparrow\uparrow}(\boldsymbol{q}, \omega) - \chi_{\uparrow\downarrow}(\boldsymbol{q}, \omega) \right) \tag{7.4}$$

と書くことができる．ここで $\chi_{\uparrow\uparrow}(\boldsymbol{q}, \omega), \chi_{\uparrow\downarrow}(\boldsymbol{q}, \omega)$ は，虚時間の相関関数

$$\begin{aligned}
\Phi_{\uparrow\uparrow}(\boldsymbol{q}, \tau, \tau') &= \langle T_\tau \left[\hat{n}_{\mathrm{H}, \boldsymbol{q}\uparrow}(\tau) \hat{n}_{\mathrm{H}, -\boldsymbol{q}\uparrow}(\tau') \right] \rangle \\
\Phi_{\uparrow\downarrow}(\boldsymbol{q}, \tau, \tau') &= \langle T_\tau \left[\hat{n}_{\mathrm{H}, \boldsymbol{q}\uparrow}(\tau) \hat{n}_{\mathrm{H}, -\boldsymbol{q}\downarrow}(\tau') \right] \rangle
\end{aligned} \tag{7.5}$$

から解析接続で得られるものである．ただし，ここでは自発磁化などが存在せず，時間反転対称性が保たれているために $\chi_{\uparrow\uparrow}(\boldsymbol{q}, \omega) = \chi_{\downarrow\downarrow}(\boldsymbol{q}, \omega), \chi_{\uparrow\downarrow}(\boldsymbol{q}, \omega) = \chi_{\downarrow\uparrow}(\boldsymbol{q}, \omega)$ が成り立つとした．同じように $\chi_{xx}(\boldsymbol{q}, \omega), \chi_{yy}(\boldsymbol{q}, \omega)$ は，$\hat{S}_x = (\hat{S}_+ + \hat{S}_-)/2, \hat{S}_y = (\hat{S}_+ - \hat{S}_-)/2i$ を考慮して

$$\chi_{xx}(\boldsymbol{q}, \omega) = \chi_{yy}(\boldsymbol{q}, \omega) = \frac{g^2 \mu_{\mathrm{B}}^2}{4} \left(\chi_{+-}(\boldsymbol{q}, \omega) + \chi_{-+}(\boldsymbol{q}, \omega) \right) \tag{7.6}$$

を計算すればよいことがわかる．ここで $\chi_{+-}(\boldsymbol{q}, \omega), \chi_{-+}(\boldsymbol{q}, \omega)$ は，相関関数

$$\begin{aligned}
\Phi_{+-}(\boldsymbol{q}, \tau, \tau') &= \sum_{\boldsymbol{k}, \boldsymbol{k}'} \left\langle T_\tau \left[\hat{c}_{\mathrm{H}, \boldsymbol{k}-\boldsymbol{q}\uparrow}^+(\tau) \hat{c}_{\mathrm{H}, \boldsymbol{k}\downarrow}(\tau) \hat{c}_{\mathrm{H}, \boldsymbol{k}'+\boldsymbol{q}\downarrow}^+(\tau') \hat{c}_{\mathrm{H}, \boldsymbol{k}'\uparrow}(\tau') \right] \right\rangle, \\
\Phi_{-+}(\boldsymbol{q}, \tau, \tau') &= \sum_{\boldsymbol{k}, \boldsymbol{k}'} \left\langle T_\tau \left[\hat{c}_{\mathrm{H}, \boldsymbol{k}-\boldsymbol{q}\downarrow}^+(\tau) \hat{c}_{\mathrm{H}, \boldsymbol{k}\uparrow}(\tau) \hat{c}_{\mathrm{H}, \boldsymbol{k}'+\boldsymbol{q}\uparrow}^+(\tau') \hat{c}_{\mathrm{H}, \boldsymbol{k}'\downarrow}(\tau') \right] \right\rangle
\end{aligned} \tag{7.7}$$

から得られるものである．やはり時間反転対称性が保たれているために Φ_{++} や Φ_{--} の相関関数などは S^z が保存しないプロセスなので 0 である．

7.2 帯磁率の RPA 近似

まず (7.5) 式の $\Phi_{\uparrow\uparrow}(\boldsymbol{q}, \tau, \tau')$ と $\Phi_{\uparrow\downarrow}(\boldsymbol{q}, \tau, \tau')$ の最低次のダイアグラムを調べよう．6.1 節で電荷密度の応答関数を求めたが，$\Phi_{\uparrow\uparrow}(\boldsymbol{q}, \tau, \tau')$ の最低次は，スピンの和がないだけで (6.4) 式と同じであることがわかる（図 6.1 (a)）．したがって

$$\Phi_{\uparrow\uparrow}^{(0)}(\boldsymbol{q}, i\omega_n) = \frac{1}{2} \Phi_N^{(0)}(\boldsymbol{q}, i\omega_n) = \Phi_0(\boldsymbol{q}, i\omega_n) \tag{7.8}$$

である．一方 $\Phi_{\uparrow\downarrow}(\boldsymbol{q}, \tau, \tau')$ の最低次は，上向きスピンと下向きスピンを結ぶ最

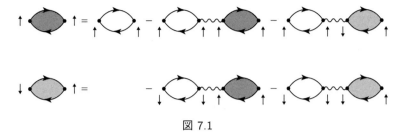

図 7.1

低次のグリーン関数は存在しないので $\Phi^{(0)}_{\uparrow\downarrow}(\boldsymbol{q}, i\omega_n) = 0$. これらを解析接続して得られるのが帯磁率なので，(6.12) 式で定義された $\chi_0(\boldsymbol{q}, \omega)$ を用いて

$$\chi^{(0)}_{\uparrow\uparrow}(\boldsymbol{q}, \omega) = \Phi_0(\boldsymbol{q}, i\omega_n \to \hbar\omega + i\delta) \equiv \chi_0(\boldsymbol{q}, \omega) \tag{7.9}$$

である．一方 $\chi^{(0)}_{\uparrow\downarrow}(\boldsymbol{q}, \omega) = 0$ なので，最低次では

$$\chi^{(0)}_{zz}(\boldsymbol{q}, \omega) = \frac{g^2 \mu_B^2}{2} \chi_0(\boldsymbol{q}, \omega) \tag{7.10}$$

であることがわかる．絶対零度では $\chi_0(\boldsymbol{q}, \omega)$ はリンドハード関数となり，(6.16) 式で調べたように $\omega = 0$ の静的な帯磁率は

$$\lim_{\boldsymbol{q} \to \boldsymbol{0}} \chi^{(0)}_{zz}(\boldsymbol{q}, 0) = \frac{g^2 \mu_B^2}{2} D(\varepsilon_F) \tag{7.11}$$

となる．これは相互作用のない電子ガスにおけるパウリの常磁性帯磁率である．

この結果から出発して，相互作用の効果を考えよう．前章の電荷応答のときは，分極関数に対するのと同じダイソン方程式を用いることができた．$\Phi_{\uparrow\uparrow}(\boldsymbol{q}, \tau, \tau')$ と $\Phi_{\uparrow\downarrow}(\boldsymbol{q}, \tau, \tau')$ に対しても同様に扱うことができるが，スピンの添字について注意する必要がある．相互作用として同じスピン間の相互作用 $V_{\uparrow\uparrow}(\boldsymbol{q})$ と違うスピン間の相互作用 $V_{\uparrow\downarrow}(\boldsymbol{q})$ を区別しておくと，ダイアグラムは図 7.1 のようになる．分極関数のときの RPA 近似と似ているので，RPA ダイアグラムという．2 種類の灰色のダイアグラム部分が total の応答関数で，proper な応答関数として (7.8) 式の $\Phi_0(\boldsymbol{q}, i\omega_n)$ だけを取ったものである．図 7.1 をダイソン方程式の形に書けば，total の応答関数 $\Phi_{\uparrow\uparrow}(\boldsymbol{q}, i\omega_n)$ と $\Phi_{\downarrow\uparrow}(\boldsymbol{q}, i\omega_n)$ の連立方程式

$$\Phi_{\uparrow\uparrow}(\boldsymbol{q}, i\omega_n) = \Phi_0(\boldsymbol{q}, i\omega_n) - \Phi_0(\boldsymbol{q}, i\omega_n) V_{\uparrow\uparrow}(\boldsymbol{q}) \Phi_{\uparrow\uparrow}(\boldsymbol{q}, i\omega_n)$$
$$\qquad - \Phi_0(\boldsymbol{q}, i\omega_n) V_{\uparrow\downarrow}(\boldsymbol{q}) \Phi_{\downarrow\uparrow}(\boldsymbol{q}, i\omega_n),$$
$$\Phi_{\downarrow\uparrow}(\boldsymbol{q}, i\omega_n) = -\Phi_0(\boldsymbol{q}, i\omega_n) V_{\uparrow\downarrow}(\boldsymbol{q}) \Phi_{\uparrow\uparrow}(\boldsymbol{q}, i\omega_n) - \Phi_0(\boldsymbol{q}, i\omega_n) V_{\uparrow\uparrow}(\boldsymbol{q}) \Phi_{\downarrow\uparrow}(\boldsymbol{q}, i\omega_n)$$
$$\tag{7.12}$$

が得られる．（マイナス符号が付くのは摂動が 1 次だけ高いからである．4.9 節の脚注（第 4 章，脚注 8）も参照．）また $\Phi_{\uparrow\uparrow}(\boldsymbol{q}, i\omega_n)$ と結合しているのは $\Phi_{\downarrow\uparrow}(\boldsymbol{q}, i\omega_n)$ なので，こちらを用いた．この連立方程式を解けば

$$\Phi_{\uparrow\uparrow}(\boldsymbol{q},i\omega_n) = \frac{[1+V_{\uparrow\uparrow}(\boldsymbol{q})\Phi_0(\boldsymbol{q},i\omega_n)]\,\Phi_0(\boldsymbol{q},i\omega_n)}{[1+V_{\uparrow\uparrow}(\boldsymbol{q})\Phi_0(\boldsymbol{q},i\omega_n)]^2 - V_{\uparrow\downarrow}^2(\boldsymbol{q})\Phi_0^2(\boldsymbol{q},i\omega_n)},$$
$$\Phi_{\downarrow\uparrow}(\boldsymbol{q},i\omega_n) = \frac{-V_{\uparrow\downarrow}(\boldsymbol{q})\Phi_0^2(\boldsymbol{q},i\omega_n)}{[1+V_{\uparrow\uparrow}(\boldsymbol{q})\Phi_0(\boldsymbol{q},i\omega_n)]^2 - V_{\uparrow\downarrow}^2(\boldsymbol{q})\Phi_0^2(\boldsymbol{q},i\omega_n)} \tag{7.13}$$

が得られる．これらを解析接続すれば

$$\chi_{\uparrow\uparrow}(\boldsymbol{q},\omega) = \frac{[1+V_{\uparrow\uparrow}(\boldsymbol{q})\chi_0(\boldsymbol{q},\omega)]\,\chi_0(\boldsymbol{q},\omega)}{[1+V_{\uparrow\uparrow}(\boldsymbol{q})\chi_0(\boldsymbol{q},\omega)]^2 - V_{\uparrow\downarrow}^2(\boldsymbol{q})\chi_0^2(\boldsymbol{q},\omega)},$$
$$\chi_{\downarrow\uparrow}(\boldsymbol{q},\omega) = \frac{-V_{\uparrow\downarrow}(\boldsymbol{q})\chi_0^2(\boldsymbol{q},\omega)}{[1+V_{\uparrow\uparrow}(\boldsymbol{q})\chi_0(\boldsymbol{q},\omega)]^2 - V_{\uparrow\downarrow}^2(\boldsymbol{q})\chi_0^2(\boldsymbol{q},\omega)} \tag{7.14}$$

となる．

最終的に帯磁率は，(7.4) 式にしたがって

$$\chi_{zz}(\boldsymbol{q},\omega) = \frac{g^2\mu_{\mathrm{B}}^2}{2}\frac{[1+V_{\uparrow\uparrow}(\boldsymbol{q})\chi_0(\boldsymbol{q},\omega)+V_{\uparrow\downarrow}(\boldsymbol{q})\chi_0(\boldsymbol{q},\omega)]\,\chi_0(\boldsymbol{q},\omega)}{[1+V_{\uparrow\uparrow}(\boldsymbol{q})\chi_0(\boldsymbol{q},\omega)]^2 - V_{\uparrow\downarrow}^2(\boldsymbol{q})\chi_0^2(\boldsymbol{q},\omega)} \tag{7.15}$$

と得られる．この結果を RPA 近似という．同じように計算すると，第 6 章で考えた電荷感受率は，$\chi_N(\boldsymbol{q},\omega) = 2(\chi_{\uparrow\uparrow}(\boldsymbol{q},\omega)+\chi_{\downarrow\uparrow}(\boldsymbol{q},\omega))$ なので

$$\chi_N(\boldsymbol{q},\omega) = \frac{2[1+V_{\uparrow\uparrow}(\boldsymbol{q})\chi_0(\boldsymbol{q},\omega)-V_{\uparrow\downarrow}(\boldsymbol{q})\chi_0(\boldsymbol{q},\omega)]\,\chi_0(\boldsymbol{q},\omega)}{[1+V_{\uparrow\uparrow}(\boldsymbol{q})\chi_0(\boldsymbol{q},\omega)]^2 - V_{\uparrow\downarrow}^2(\boldsymbol{q})\chi_0^2(\boldsymbol{q},\omega)} \tag{7.16}$$

であることがわかる．

まず第 6 章と同じ長距離クーロン斥力の場合を考えてみよう．この場合は $V_{\uparrow\uparrow}(\boldsymbol{q}) = V_{\uparrow\downarrow}(\boldsymbol{q}) = V(\boldsymbol{q})$ と置けばよい．そうすると

$$\chi_{zz}(\boldsymbol{q},\omega) = \frac{g^2\mu_{\mathrm{B}}^2}{2}\chi_0(\boldsymbol{q},\omega),$$
$$\chi_N(\boldsymbol{q},\omega) = \frac{2\chi_0(\boldsymbol{q},\omega)}{1+2V(\boldsymbol{q})\chi_0(\boldsymbol{q},\omega)} \tag{7.17}$$

となる．下の式は，6.2 節の結果 (6.13) 式と一致している．一方上の式は，帯磁率には長距離クーロン相互作用は効かず，最低次の $\chi_0(\boldsymbol{q},\omega)$ だけでよいことを意味している．クーロン相互作用はスピンによらない相互作用なので，スピン帯磁率には変化がないといえる（演習問題 7.1 参照）．

次に $V_{\uparrow\uparrow}(\boldsymbol{q}) = 0$ で $V_{\uparrow\downarrow}(\boldsymbol{q})$ のみがある場合を考えると，

$$\chi_{zz}(\boldsymbol{q},\omega) = \frac{g^2\mu_{\mathrm{B}}^2}{2}\frac{\chi_0(\boldsymbol{q},\omega)}{1-V_{\uparrow\downarrow}(\boldsymbol{q})\chi_0(\boldsymbol{q},\omega)},$$
$$\chi_N(\boldsymbol{q},\omega) = \frac{2\chi_0(\boldsymbol{q},\omega)}{1+V_{\uparrow\downarrow}(\boldsymbol{q})\chi_0(\boldsymbol{q},\omega)} \tag{7.18}$$

となる．この場合にも電荷感受率 $\chi_N(\boldsymbol{q},\omega)$ には遮蔽の効果が現れる．一方，帯磁率の分母に $1-V_{\uparrow\downarrow}(\boldsymbol{q})\chi_0(\boldsymbol{q},\omega)$ という因子が現れる．$V_{\uparrow\downarrow}(\boldsymbol{q})$ が斥力だとすると（つまり $V_{\uparrow\downarrow}(\boldsymbol{q})\mathrm{Re}\,\chi_0(\boldsymbol{q},\omega) > 0$ の場合），スピン帯磁率は $\chi_0(\boldsymbol{q},\omega)$ に比べて増加し，電荷感受率は減少することを意味している．

7.2 帯磁率の RPA 近似　123

さらに，2.7節で考えたハバードモデルはもう少し単純化したモデルで，遮蔽のためにクーロン斥力 U が同じ格子点のみで効くとしたモデルである．この場合，フーリエ変換後の $V_{\uparrow\downarrow}(\boldsymbol{q})$ は $\boldsymbol{q}$ によらず，$V_{\uparrow\uparrow}(\boldsymbol{q}) = 0, V_{\uparrow\downarrow}(\boldsymbol{q}) = U$ であり，(7.18) 式は

$$
\begin{aligned}
\chi_{zz}(\boldsymbol{q},\omega) &= \frac{g^2\mu_{\mathrm{B}}^2}{2}\frac{\chi_0(\boldsymbol{q},\omega)}{1-U\chi_0(\boldsymbol{q},\omega)}, \\
\chi_N(\boldsymbol{q},\omega) &= \frac{2\chi_0(\boldsymbol{q},\omega)}{1+U\chi_0(\boldsymbol{q},\omega)}
\end{aligned}
\tag{7.19}
$$

となる．

7.3　相転移

RPA 近似による (7.19) 式の帯磁率は，$1 - U\chi_0(\boldsymbol{q},\omega) = 0$ となるところで分母が 0 となって発散する．帯磁率は応答関数なので，これが発散するということは外場が微小量（または 0）であっても波数 $\boldsymbol{q}$，振動数 ω の物理量（この場合は磁気モーメント）が発生することを意味する．とくに $\omega = 0$ の場合にこれが起こると，静的な秩序が生じることになる．つまり相転移である．高温の状態から温度を下げていくと，一般的に $\chi_0(\boldsymbol{q},0)$ は増加していく．ある温度 T_c で $1 - U\chi_0(\boldsymbol{q},0) = 0$ となり帯磁率が発散すると，波数 $\boldsymbol{q}$ の磁気モーメントが自発的に発生する．温度を下げていくと，いろいろな波数の $\chi_0(\boldsymbol{q},0)$ が増加していくが，U は共通だから，$\chi_0(\boldsymbol{q},0)$ のうち最も速く（つまり最も高温で）$1 - U\chi_0(\boldsymbol{q},0) = 0$ を満たす波数 $\boldsymbol{q}$ が選ばれる．ひとたび波数 $\boldsymbol{q}$ の秩序ができてしまうと，その温度以下のグリーン関数や応答関数の値は，これまでの状態ではなく磁気秩序がある状態での値に変更しなければならないので事情が変わる．したがって (7.19) 式の帯磁率は，相転移が起こる温度 T_c より高い温度でしか使えない．

具体的な $\chi_0(\boldsymbol{q},\omega)$ の形は，6.3 節において 3 次元の電子ガスの場合にリンドハード関数として計算した．$\omega = 0$ の場合は (6.22) 式で与えられている．これを q の関数として図示すると図 7.2 のようになる．3 次元（3 dim）の場合 $\chi_0(\boldsymbol{q},0)$ は $q = 0$ のところで最大値（ε_{F} での状態密度 $D(\varepsilon_{\mathrm{F}})$ に等しい）を取るので，$q = 0$ つまり強磁性の秩序が立つ可能性がある．ただし，リンドハード関数は絶対零度での計算だったから，$UD(\varepsilon_{\mathrm{F}}) < 1$ の場合には絶対零度まで温度を下げても任意の $\boldsymbol{q}$ に対して $1 - U\chi_0(\boldsymbol{q},0) = 0$ となることはない．逆に $UD(\varepsilon_{\mathrm{F}}) > 1$ であれば，ある有限の温度で $1 - U\chi_0(\boldsymbol{0},0) = 0$ となるので，その温度で長距離秩序が立つ．

ただし上記は RPA 近似の範囲内での話である．実際にどのような温度で相転移が起こるかどうかなどは，数値計算等によって確かめた方がよい．RPA 近似は系の次元が下がるにつれて近似の精度が悪くなると考えられているが，以

124　第 7 章　帯磁率とハバードモデル

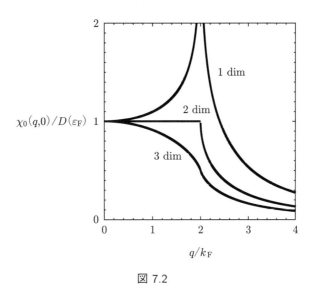

図 7.2

下, 1次元・2次元の場合も調べておこう. 1, 2次元の $\chi_0(\bm{q},\omega)$ も 6.3 節のリンドハード関数と同様の方法によって絶対零度で解析的に求めることができ（演習問題 7.2-3）, $\omega = 0$ の場合は

$$\chi_0(\bm{q},0) = \frac{m}{2\pi\hbar^2}\left(1 - \theta(q-2k_{\rm F})\sqrt{1-\frac{4k_{\rm F}^2}{q^2}}\right) \quad (2\,次元)$$
$$\chi_0(\bm{q},0) = \frac{m}{\pi\hbar^2 q}\ln\left|\frac{2k_{\rm F}+q}{2k_{\rm F}-q}\right| \quad (1\,次元) \tag{7.20}$$

となる. この場合も図 7.2 に一緒に図示した. 2次元の場合は $0 < q < 2k_{\rm F}$ の領域で $\chi_0(\bm{q},0)$ が一定値なので微妙であるが, 1次元の場合は $q = 2k_{\rm F}$ の位置で $\chi_0(\bm{q},0)$ は発散する. このことは任意の値の U に対して, ある有限の温度で磁気秩序が立ってしまうということを意味する. しかし, これは RPA 近似の範囲での話であり, 正しくない. 1次元ハバードモデルには厳密解があって, 有限の温度では相転移しないことがわかっている. また絶対零度では, スピン相関関数が距離 x に関して $x^{-K}e^{i2k_{\rm F}x}$ （K は U に依存するある臨界指数）であり, 振動しながら x のべき乗で減衰するという相転移の臨界状態的な振舞いをすることがわかっている. これが $q = 2k_{\rm F}$ 波数の異常に伴うもので, 1次元系特有の朝永・ラッティンジャー液体という状態が実現していることが知られている.

もう一つ例として 2 次元の正方格子上のハバードモデルを考えよう. 2.7 節では tight-binding モデルについて述べ, 2 次元正方格子では $\varepsilon_{\bm{k}}$ が $\varepsilon_{\bm{k}} = -2t(\cos k_x a + \cos k_y a)$ と書けることを説明した. これを用いて絶対零度での $\chi_0(\bm{q},0)$ を図示すると図 7.3 のようになる. 図 7.3 (a) は電子密度が $n = 0.5$ の場合であるが, ある波数に沿って $\chi_0(\bm{q},0)$ のピークがある. この波数はフェルミ面の差し渡しの波数に相当する. RPA 近似の範囲では, 温度を下げていくと, U が大きければ, ある温度でピーク位置での波数を持つ秩序状態が発生す

7.3 相転移

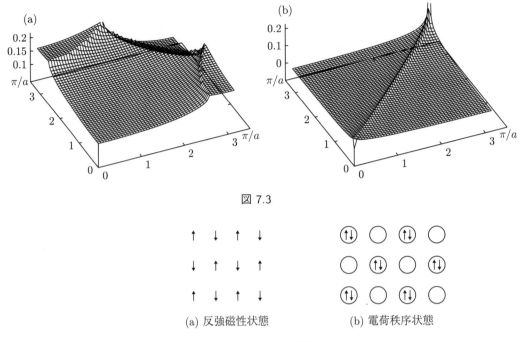

図 7.3

(a) 反強磁性状態   (b) 電荷秩序状態

図 7.4

る．これをスピン密度波と呼ぶ．一方，図 7.3(b) は電子密度が $n=1$ の場合で，バンドのちょうど半分まで詰まった場合（half-filling という）である．この場合，フェルミ面は 45 度傾いた正方形になるので，フェルミ面の一部を波数 $\bm{Q}_0 = (\pi/a, \pi/a)$ だけずらしたときに，反対側のフェルミ面に完全に重なることがわかる．これをフェルミ面のネスティング (nesting) という．このために，$\chi_0(\bm{q}, 0)$ は $\bm{q} = \bm{Q}_0$ のところで発散する．このことは無限小の U であっても，ある温度で波数 $\bm{Q}_0$ を持つ磁気秩序が発生することを意味する．この場合の実空間でのスピンの配置は，波数が $(\pi/a, \pi/a)$ なので図 7.4(a) のようになり，反強磁性状態である[*1]．

ついでにいうと，もし U が負であるような引力ハバードモデルを考えると，(7.19) 式の形から，この場合は $\chi_{zz}(\bm{q}, 0)$ ではなく $\chi_N(\bm{q}, 0)$ が増強されることがわかる．例えば上と同じ 2 次元正方格子での $n = 1$ (half-filling) を考えると，今度は波数 $\bm{Q}_0$ を持つ電荷秩序状態が発生することになる．実空間では図 7.4(b) のような状態である．

以上の議論は相互作用に $\bm{q}$ 依存性がないハバードモデルの場合だが，もう少し一般的には $V_{\uparrow\downarrow}(\bm{q})$ を用いた (7.18) 式の帯磁率となる．この場合，温度を下げていくと，最も高温で $1 - V_{\uparrow\downarrow}(\bm{q})\chi_0(\bm{q}, 0) = 0$ が成り立つ波数 $\bm{q}$ の秩序が立つことになる．したがって，$V_{\uparrow\downarrow}(\bm{q})$ の $\bm{q}$ 依存性と $\chi_0(\bm{q}, 0)$ の $\bm{q}$ 依存性の両方

---

*1) これも再び RPA 近似の範囲であり，厳密には 2 次元系・有限温度ではこの相転移は起こらない．少しでも 3 次元性があれば相転移すると考えられている．

の兼ね合いによって秩序が立つ波数が決まる.

7.4　RPA近似と平均場近似

前節のハバードモデルの結果を，平均場近似による相転移の議論と比べてみよう．2.9節で示したように平均場近似では $U \sum_i \hat{n}_{i\uparrow} \hat{n}_{i\downarrow}$ の相互作用の項を

$$U \sum_i \hat{n}_{i\uparrow} \hat{n}_{i\downarrow} \rightarrow U \sum_i \left(\hat{n}_{i\uparrow} \langle \hat{n}_{i\downarrow} \rangle + \langle \hat{n}_{i\uparrow} \rangle \hat{n}_{i\downarrow} - \langle \hat{n}_{i\uparrow} \rangle \langle \hat{n}_{i\downarrow} \rangle \right) \tag{7.21}$$

と置き換える（右辺最後の項は，全エネルギーの計算には重要だが，以下の議論では使わない）．まず，$\boldsymbol{q} = 0$ という空間的に一様な磁気モーメント（つまり強磁性）への相転移を考えよう．n, m をそれぞれ電子の密度とスピンの期待値として $\langle \hat{n}_{i\uparrow} \rangle = n/2 + m, \langle \hat{n}_{i\downarrow} \rangle = n/2 - m$ と置く（$\langle \hat{n}_{i\uparrow} + \hat{n}_{i\downarrow} \rangle = n, \langle \hat{n}_{i\uparrow} - \hat{n}_{i\downarrow} \rangle / 2 = m$ となるように仮定した）．そうすると平均場近似でのハミルトニアンは

$$\hat{\mathscr{H}}_{\mathrm{MF}} = -t \sum_{(i,j)\sigma} \left(\hat{c}_{i\sigma}^{\dagger} \hat{c}_{j\sigma} + \mathrm{h.c.} \right) + U \sum_i \left[\frac{n}{2} \left(\hat{n}_{i\uparrow} + \hat{n}_{i\downarrow} \right) - m \left(\hat{n}_{i\uparrow} - \hat{n}_{i\downarrow} \right) \right] \tag{7.22}$$

となる．U の項の第1項は全粒子数が一定なので定数を与えるが，第2項は z 軸方向に空間的に一様な磁場がかけられた場合のハミルトニアンと同じ形をしている．実際に，有効磁場を $g\mu_{\mathrm{B}} \sum_i \hat{S}_i^z / \hbar \times B_{\mathrm{eff}}^z$ の形になるように決めると $B_{\mathrm{eff}}^z = -2Um/g\mu_{\mathrm{B}}$ と取ればよいことがわかる．静的な（有効）磁場がかかった場合の磁気モーメントは，6.2節で述べたような $\omega = 0$ としてから $\boldsymbol{q} \to \boldsymbol{0}$ とする q-limit によって得られる．つまり $\chi_{zz} = \lim_{\boldsymbol{q} \to \boldsymbol{0}} \chi_{zz}(\boldsymbol{q}, 0)$ と書けば，有効磁場によって励起される磁気モーメントの期待値は

$$\langle \hat{M}^z \rangle \equiv -g\mu_{\mathrm{B}} \sum_i \langle \hat{S}_i^z \rangle / \hbar = \chi_{zz} B_{\mathrm{eff}}^z \tag{7.23}$$

である．

平均場近似では，こうして得られる磁気モーメントの期待値と，最初に仮定した m から得られる磁気モーメント $-g\mu_{\mathrm{B}} m$ が一致しなければならないという自己無撞着方程式を考える．これは今の場合

$$g\mu_{\mathrm{B}} m = \chi_{zz} \frac{2Um}{g\mu_{\mathrm{B}}} \tag{7.24}$$

である．平均場近似では相互作用を近似的に消してしまったので，χ_{zz} として相互作用のない場合の式 $\frac{g^2 \mu_{\mathrm{B}}^2}{2} \lim_{\boldsymbol{q} \to \boldsymbol{0}} \chi_0(\boldsymbol{q}, 0)$ を代入すればよい．その結果，

$$m = U \lim_{\boldsymbol{q} \to \boldsymbol{0}} \chi_0(\boldsymbol{q}, 0) m \tag{7.25}$$

となる．高温で $U \lim_{\boldsymbol{q} \to \boldsymbol{0}} \chi_0(\boldsymbol{q}, 0) < 1$ が成り立つ範囲では $m = 0$ が自己無撞着の解であるが，ちょうど $U \lim_{\boldsymbol{q} \to \boldsymbol{0}} \chi_0(\boldsymbol{q}, 0) = 1$ が成り立つ温度で m がゼ

ロでない解が始まるといえる．これが平均場近似での相転移であるが，前節のRPA近似と同じ結果を与えることがわかる．

7.5 SU(2) 対称性

前節までは $\chi_{zz}(\boldsymbol{q},\omega)$ を議論してきたが，(7.6) 式のように $\chi_{xx}(\boldsymbol{q},\omega), \chi_{yy}(\boldsymbol{q},\omega)$ も線形応答で議論できる．もしハミルトニアンが，スピン空間の回転である SU(2) 対称性を持つ場合 $\chi_{xx}(\boldsymbol{q},\omega) = \chi_{yy}(\boldsymbol{q},\omega) = \chi_{zz}(\boldsymbol{q},\omega)$ が期待される．実際にハバードモデルの場合にこの対称性があることを示そう．

電子スピンの演算子を電子の演算子で表せば

$$(\hat{S}_i^x)^2 + (\hat{S}_i^y)^2 = \left(\frac{\hat{S}_i^+ + \hat{S}_i^-}{2}\right)^2 + \left(\frac{\hat{S}_i^+ - \hat{S}_i^-}{2i}\right)^2 = \frac{1}{2}(\hat{S}_i^+ \hat{S}_i^- + \hat{S}_i^- \hat{S}_i^+)$$

$$= \frac{1}{2}(\hat{c}_{i\uparrow}^\dagger \hat{c}_{i\downarrow} \hat{c}_{i\downarrow}^\dagger \hat{c}_{i\uparrow} + \hat{c}_{i\downarrow}^\dagger \hat{c}_{i\uparrow} \hat{c}_{i\uparrow}^\dagger \hat{c}_{i\downarrow}) = \frac{1}{2}(\hat{n}_{i\uparrow} + \hat{n}_{i\downarrow}) - \hat{n}_{i\uparrow}\hat{n}_{i\downarrow},$$

$$(\hat{S}_i^z)^2 = \left(\frac{\hat{n}_{i\uparrow} - \hat{n}_{i\downarrow}}{2}\right)^2 = \frac{1}{4}(\hat{n}_{i\uparrow} + \hat{n}_{i\downarrow}) - \frac{1}{2}\hat{n}_{i\uparrow}\hat{n}_{i\downarrow} \tag{7.26}$$

と書き換えることができる．これを考慮すると，ハバードモデルの相互作用は

$$U\sum_i \hat{n}_{i\uparrow}\hat{n}_{i\downarrow} = U\sum_i \left[\frac{1}{2}(\hat{n}_{i\uparrow} + \hat{n}_{i\downarrow}) - \frac{2}{3}\{(\hat{S}_i^x)^2 + (\hat{S}_i^y)^2 + (\hat{S}_i^z)^2\}\right] \tag{7.27}$$

と書くこともできる．右辺第 1 項は全電子数を表すので一定値である．第 2 項はこの相互作用がスピン空間の回転に対して対称であることを意味する．この事情は，スピン系のハイゼンベルグモデル $\mathcal{H} = J\sum_{i,j}\hat{\boldsymbol{S}}_i \cdot \hat{\boldsymbol{S}}_j$ がスピン空間の回転に対して対称的であることと同じである．

この対称性をファインマンダイアグラムで確かめよう．$\chi_{zz}(\boldsymbol{q},\omega)$ に対しては図 7.1 の RPA ダイアグラムを取ったが，これに対応して $\chi_{+-}(\boldsymbol{q},\omega)$ に対しては図 7.5 のような梯子ダイアグラム（ladder diagram）を取る．図 7.1 のダイアグラムと形は違うが，摂動が 1 つずつ上がるとともに，ちょうど同じ $\chi_0(\boldsymbol{q},\omega)$

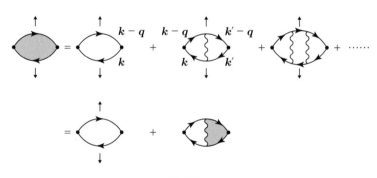

図 7.5

が 1 つずつ増えていくことがわかる[*2]. 結局 $\chi_{+-}(\boldsymbol{q},\omega)$ に対するダイソン方程式は

$$\chi_{+-}(\boldsymbol{q},\omega) = \chi_0(\boldsymbol{q},\omega) + \chi_0(\boldsymbol{q},\omega)U\chi_{+-}(\boldsymbol{q},\omega) \tag{7.28}$$

となって, 結果として

$$\begin{aligned}
\chi_{+-}(\boldsymbol{q},\omega) &= \frac{\chi_0(\boldsymbol{q},\omega)}{1-U\chi_0(\boldsymbol{q},\omega)}, \\
\chi_{xx}(\boldsymbol{q},\omega) &= \chi_{yy}(\boldsymbol{q},\omega) = \frac{g^2\mu_{\mathrm{B}}^2}{2}\frac{\chi_0(\boldsymbol{q},\omega)}{1-U\chi_0(\boldsymbol{q},\omega)}
\end{aligned} \tag{7.29}$$

を得る [(7.6) 式を用いた]. これは $\chi_{zz}(\boldsymbol{q},\omega)$ に対する (7.19) 式と同じ結果であり, $\chi_{xx}(\boldsymbol{q},\omega) = \chi_{yy}(\boldsymbol{q},\omega) = \chi_{zz}(\boldsymbol{q},\omega)$ が成り立つ.

6.6 節で行ったように, 上記のスピン揺らぎを用いて電子の自己エネルギーを求めることができる. さらに $\chi_0(\boldsymbol{q},\omega)$ の中の自由電子ガスのグリーン関数を, 相互作用による自己エネルギーを含めたグリーン関数 $\mathscr{G}(\boldsymbol{k},i\varepsilon_n)$ に置き換えることが考えられる. このようなダイアグラムの足し合わせを用いた近似を揺らぎ交換近似 (FLuctuation EXchange: FLEX 近似) という. 6.6 節は電荷揺らぎに関するものであったが, FLEX 近似はもともとスピン揺らぎについて考えられたものである[*3]. 主にハバードモデル等に対して研究されている. 相互作用の入った自己エネルギーによって準粒子は寿命を持つようになるので, グリーン関数の準粒子ピークは幅をもって弱められる. その結果, 帯磁率の nesting による鋭いピークも弱められ, 相転移が起こりづらくなる. 結果として, スピン揺らぎの大きな金属状態が得られることになり, その揺らぎを用いて超伝導など他の秩序が生じるというメカニズムが調べられている.

演習問題

7.1 7.2 節で考えたクーロン相互作用の場合に, $\chi_{zz}(\boldsymbol{q},\omega)$ に対する相互作用の 2 次までのファインマンダイアグラムを具体的に描き, なぜ $\chi_{zz}(\boldsymbol{q},\omega)$ は (7.17) 式のように最低次の $\chi_0(\boldsymbol{q},\omega)$ だけで書き表され, 相互作用の高次の項が現れないのか理解せよ.

7.2 3 次元のリンドハード関数に対応する 2 次元電子ガスの $\chi_0(\boldsymbol{q},\omega)$ を考える. (6.18) 式の 2 次元版は

$$\begin{aligned}
\chi_0(\boldsymbol{q},\omega) = \frac{1}{4\pi^2}\int_0^{k_{\mathrm{F}}} k\,dk \int_0^{2\pi} d\theta \Bigg(&\frac{1}{\hbar\omega - \frac{\hbar^2 kq\cos\theta}{m} + \frac{\hbar^2 q^2}{2m} + i\delta} \\
&- \frac{1}{\hbar\omega + \frac{\hbar^2 kq\cos\theta}{m} - \frac{\hbar^2 q^2}{2m} + i\delta} \Bigg)
\end{aligned} \tag{7.30}$$

であるが, (3.65) 式を使って実部と虚部の積分を実行し,

[*2]　さらに, 図 7.1 ではマイナス符号が付いたが, 図 7.5 ではすべてプラスという違いがある. 摂動が 1 次上がるごとにマイナス符号が付くが, 同時に χ_0 を作る際にハバードモデルの相互作用の中の演算子の奇置換が必要となるので合わせてプラス符号となる.

[*3]　N. E. Bickers and D. J. Scalapino, Annals of Phys. **193**, 206 (1989).

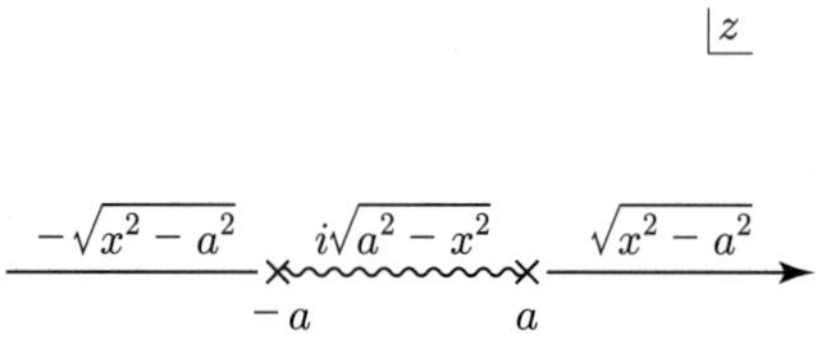

$$\underset{-a}{\times} \overset{i\sqrt{a^2-x^2}}{\underset{a}{\times}} \underline{|z}$$

$$\overline{} \; -\sqrt{x^2-a^2} \quad \underset{-a}{\times} \quad i\sqrt{a^2-x^2} \quad \underset{a}{\times} \quad \sqrt{x^2-a^2} \longrightarrow$$

図 7.6 $(z^2 - a^2)^{1/2}$ の分岐線と，各々の位置での値．

$\mathrm{Re}\chi_0(\boldsymbol{q},\omega)$

$$= \frac{m^2}{2\pi\hbar^4 q^2}\left[\frac{\hbar^2 q^2}{m} - \sqrt{\left(\hbar\omega + \frac{\hbar^2 q^2}{2m}\right)^2 - \left(\frac{\hbar^2 k_{\mathrm{F}} q}{m}\right)^2}\,\theta\!\left(\hbar\omega + \frac{\hbar^2 q^2}{2m} - \frac{\hbar^2 k_{\mathrm{F}} q}{m}\right)\right.$$

$$\left. + \mathrm{sign}\!\left(\hbar\omega - \frac{\hbar^2 q^2}{2m}\right)\sqrt{\left(\hbar\omega - \frac{\hbar^2 q^2}{2m}\right)^2 - \left(\frac{\hbar^2 k_{\mathrm{F}} q}{m}\right)^2}\,\theta\!\left(\left|\hbar\omega - \frac{\hbar^2 q^2}{2m}\right| - \frac{\hbar^2 k_{\mathrm{F}} q}{m}\right)\right],$$

$\mathrm{Im}\chi_0(\boldsymbol{q},\omega)$

$$= \frac{m^2}{2\pi\hbar^4 q^2}\left[-\sqrt{\left(\frac{\hbar^2 k_{\mathrm{F}} q}{m}\right)^2 - \left(\hbar\omega + \frac{\hbar^2 q^2}{2m}\right)^2}\,\theta\!\left(\frac{\hbar^2 k_{\mathrm{F}} q}{m} - \hbar\omega - \frac{\hbar^2 q^2}{2m}\right)\right.$$

$$\left. + \sqrt{\left(\frac{\hbar^2 k_{\mathrm{F}} q}{m}\right)^2 - \left(\hbar\omega - \frac{\hbar^2 q^2}{2m}\right)^2}\,\theta\!\left(\frac{\hbar^2 k_{\mathrm{F}} q}{m} - \left|\hbar\omega - \frac{\hbar^2 q^2}{2m}\right|\right)\right]$$

$$\tag{7.31}$$

であることを示せ．ここで実部の主値積分は，公式

$$\int_0^{2\pi} d\theta\, \frac{\mathscr{P}}{a \pm b\cos\theta} = \mathrm{sign}(a)\frac{2\pi}{\sqrt{a^2 - b^2}}\theta(a^2 - b^2) \tag{7.32}$$

を用いてよい．さらに，複素関数の $(z^2 - a^2)^{1/2}$ の分岐線 (branch cut) を図 7.6 のように取れば，上記の実部と虚部はひとまとめに書けて

$$\chi_0(\boldsymbol{q},\omega) = \frac{m^2}{2\pi\hbar^4 q^2}\left[\frac{\hbar^2 q^2}{m} - \left\{\left(\hbar\omega + i\delta + \frac{\hbar^2 q^2}{2m}\right)^2 - \left(\frac{\hbar^2 k_{\mathrm{F}} q}{m}\right)^2\right\}^{1/2}\right.$$

$$\left. + \left\{\left(\hbar\omega + i\delta - \frac{\hbar^2 q^2}{2m}\right)^2 - \left(\frac{\hbar^2 k_{\mathrm{F}} q}{m}\right)^2\right\}^{1/2}\right]$$

$$\tag{7.33}$$

（δ は正の微小量）と書けることを確かめよ．$\omega = 0$ と置くと (7.20) 式が得られる．さらに $\boldsymbol{q} \to \boldsymbol{0}$ の極限（q-limit）では $\lim_{\boldsymbol{q}\to\boldsymbol{0}}\chi_0(\boldsymbol{q},0) = m/2\pi\hbar^2$ となり，これはちょうど 2 次元自由電子の状態密度（ε_{F} に依存しない）である．

7.3 7.2 の問題と同じように 1 次元電子ガスの $\chi_0(\boldsymbol{q},\omega)$

$$\chi_0(\boldsymbol{q},\omega) = \frac{1}{2\pi}\int_{-k_{\mathrm{F}}}^{k_{\mathrm{F}}} dk\left(\frac{1}{\hbar\omega - \frac{\hbar^2 kq}{m} + \frac{\hbar^2 q^2}{2m} + i\delta} - \frac{1}{\hbar\omega + \frac{\hbar^2 kq}{m} - \frac{\hbar^2 q^2}{2m} + i\delta}\right) \tag{7.34}$$

を計算し，(6.21) 式および図 6.3 の分岐線と同じ定義を用いて

$$\chi_0(\boldsymbol{q},\omega) = -\frac{m}{2\pi\hbar^2 q}\ln\!\left(\frac{\hbar\omega - \frac{\hbar^2 k_{\mathrm{F}} q}{m} + \frac{\hbar^2 q^2}{2m} + i\delta}{\hbar\omega + \frac{\hbar^2 k_{\mathrm{F}} q}{m} + \frac{\hbar^2 q^2}{2m} + i\delta} \cdot \frac{\hbar\omega + \frac{\hbar^2 k_{\mathrm{F}} q}{m} - \frac{\hbar^2 q^2}{2m} + i\delta}{\hbar\omega - \frac{\hbar^2 k_{\mathrm{F}} q}{m} - \frac{\hbar^2 q^2}{2m} + i\delta}\right) \tag{7.35}$$

130 第 7 章 帯磁率とハバードモデル

となることを示せ. $\omega = 0$ と置くと (7.20) 式が得られる. さらに $q \to 0$ の極限 (q-limit) では $\lim_{q \to 0} \chi_0(\boldsymbol{q}, 0) = m/\pi\hbar^2 k_\mathrm{F}$ となり, これはちょうど 1 次元自由電子の ε_F における状態密度である.

第 8 章

電気伝導度

電気抵抗は非常になじみのある物理量であるが，理論的に扱うのはスピン帯磁率等と比べて少し複雑である．それは以下の理由からである．物質に電場をかけると電流が流れるが，その際ジュール熱が発生するので，系は非平衡定常状態になっている．非平衡状態を統計力学で扱う一般的手法は確立していない．しかし線形応答理論（久保理論）は非平衡を直接問題にすることなく，線形の範囲でならば，電気伝導度を平衡状態の情報から微視的に計算できる手法を与えてくれると考えられている．ここではグリーン関数を用いた典型的な計算方法を示す．さらに，物理系には全運動量保存則があるが，これと電気抵抗とがどのように折り合いを付けるのかという観点にも注意しながら議論する．

8.1 電流−電流相関関数

この章では，ハミルトニアンが並進対称性を持つ場合を考える．電気伝導度の場合の外場は電場のフーリエ変換 $E_\nu(\boldsymbol{q},\omega)$ $(\nu = x, y, z)$ である．一方，応答として得られる物理量は電流密度 $\hat{\boldsymbol{j}}(\boldsymbol{r})$ のフーリエ成分 $\hat{\boldsymbol{j}}_{\boldsymbol{q}}$ である．電子ガスの場合，$\hat{\boldsymbol{j}}_{\boldsymbol{q}}$ は 2.9 節の (2.65) 式で与えられ，

$$
\begin{aligned}
\hat{\boldsymbol{j}}_{\boldsymbol{q}} &\equiv \int d\boldsymbol{r} e^{-i\boldsymbol{q}\cdot\boldsymbol{r}} \hat{\boldsymbol{j}}(\boldsymbol{r}) \\
&= \sum_{\boldsymbol{k},\alpha} \frac{e\hbar\boldsymbol{k}}{m} \hat{c}^\dagger_{\boldsymbol{k}-\frac{\boldsymbol{q}}{2},\alpha} \hat{c}_{\boldsymbol{k}+\frac{\boldsymbol{q}}{2},\alpha} - \frac{1}{V}\sum_{\boldsymbol{k}} \frac{e^2}{m} \boldsymbol{A}_{\boldsymbol{q}-\boldsymbol{k}} \hat{\rho}_{\boldsymbol{k}} \\
&\equiv \hat{\boldsymbol{j}}^{\mathrm{para}}_{\boldsymbol{q}} + \hat{\boldsymbol{j}}^{\mathrm{dia}}_{\boldsymbol{q}}
\end{aligned}
\tag{8.1}
$$

という形をしている．右辺第 1 項は常磁性電流，第 2 項は反磁性電流を表す．ベクトルポテンシャル $\boldsymbol{A}(\boldsymbol{r})$ が入ったハミルトニアンの場合の電流密度演算子を用いなければならないことに注意．通常の場合，電場は一様にかかるので $\boldsymbol{q} = \boldsymbol{0}$ 成分を見る．電気伝導度 $\sigma_{\mu\nu}$ は $j_\mu = \sigma_{\mu\nu} E_\nu$ として定義される．

一方，電磁場の入ったハミルトニアンは (2.9) 式で与えられ，電場は $\boldsymbol{E}(\boldsymbol{r},t) = -\boldsymbol{\nabla}\phi(\boldsymbol{r},t) - \partial\boldsymbol{A}(\boldsymbol{r},t)/\partial t$ である．そのため電気伝導度を線形応答理論で求めるためには，$\boldsymbol{A}(\boldsymbol{r},t) = 0$ として $\boldsymbol{E}(\boldsymbol{r},t) = -\boldsymbol{\nabla}\phi(\boldsymbol{r})$ を用いるか，または $\phi(\boldsymbol{r},t) = 0$ として $\boldsymbol{E}(\boldsymbol{r},t) = -\partial\boldsymbol{A}(\boldsymbol{r},t)/\partial t$ を用いるかの 2 通り考えられる．どちらを用いても同じ結果を与えるが，ここでは磁場を含めることができる後者を用いる[*1)]．

さらに電気伝導度の場合は少し特殊な事情がある．(8.1) 式の第 2 項の反磁性電流は，すでにベクトルポテンシャル $\boldsymbol{A}$ に比例した項である．このため反磁性電流の期待値

$$\langle \hat{\boldsymbol{j}}_{\boldsymbol{q}}^{\mathrm{dia}} \rangle = -\frac{1}{V}\sum_{\boldsymbol{k}}\frac{e^2}{m}\boldsymbol{A}_{\boldsymbol{q}-\boldsymbol{k}}\langle\hat{\rho}_{\boldsymbol{k}}\rangle = -\frac{ne^2}{m}\boldsymbol{A}_{\boldsymbol{q}} \tag{8.2}$$

自体が線形応答の一部となっている．(8.2) 式では，外場のないハミルトニアンでは密度演算子 $\hat{\rho}_{\boldsymbol{k}}$ の期待値は $\boldsymbol{k} = \boldsymbol{0}$ しか残らず，また $\langle\hat{\rho}_{\boldsymbol{k}=0}\rangle = \int\rho(\boldsymbol{r})d\boldsymbol{r}$ は全電子数 N であることを用いた（(5.47) 式参照：n は電子の平均密度 $n = N/V$）．

一方，常磁性電流 $\hat{\boldsymbol{j}}^{\mathrm{para}}$ に対しては，5.7 節でまとめた線形応答理論を適用する．外場のハミルトニアンは (2.66) 式の $-\int d\boldsymbol{r}\hat{\boldsymbol{j}}^{\mathrm{para}}(\boldsymbol{r})\cdot\boldsymbol{A}(\boldsymbol{r},t)$ であるから，波数空間での線形応答理論の一般論である (5.48) 式を参考に，

$$\Phi_{\mu\nu}(\boldsymbol{q},\omega) = \frac{1}{V}\frac{i}{\hbar}\int_0^\infty dt\langle[\hat{j}_{\mathrm{H},\boldsymbol{q}\mu}^{\mathrm{para}}(t),\hat{j}_{\mathrm{H},-\boldsymbol{q}\nu}^{\mathrm{para}}(0)]\rangle e^{i\omega t-\delta t} \tag{8.3}$$

と書けば（$\chi_{BA}(\boldsymbol{q},\omega)$ の代わりに電気伝導度では $\Phi_{\mu\nu}(\boldsymbol{q},\omega)$ と書くことにする），線形応答として

$$\langle\hat{j}_\mu^{\mathrm{para}}\rangle(\boldsymbol{q},\omega) = \sum_{\nu=x,y,z}\Phi_{\mu\nu}(\boldsymbol{q},\omega)A_{\nu,\boldsymbol{q},\omega} \tag{8.4}$$

が得られる [(5.46) 式参照]．ここで $A_{\nu,\boldsymbol{q},\omega}$ は (5.41) 式のように

$$A_\nu(\boldsymbol{r},t) = \frac{1}{V}\sum_{\boldsymbol{q}}\int_{-\infty}^\infty\frac{d\omega}{2\pi}e^{i\boldsymbol{q}\cdot\boldsymbol{r}-i\omega t+\delta t}A_{\nu,\boldsymbol{q},\omega} \tag{8.5}$$

として定義したものである．さらに虚時間を用いて [(5.50) 式と (5.51) 式参照]

$$\Phi_{\mu\nu}(\boldsymbol{q},\tau,\tau') = \frac{1}{V}\left\langle T_\tau\left[\hat{j}_{\mathrm{H},\boldsymbol{q}\mu}^{\mathrm{para}}(\tau)\hat{j}_{\mathrm{H},-\boldsymbol{q}\nu}^{\mathrm{para}}(\tau')\right]\right\rangle \tag{8.6}$$

と，そのフーリエ変換

$$\Phi_{\mu\nu}(\boldsymbol{q},i\omega_n) = \int_0^\beta\Phi_{\mu\nu}(\boldsymbol{q},\tau,0)e^{i\omega_n\tau}d\tau \tag{8.7}$$

を考えれば，その解析接続 $i\omega_n \to \hbar\omega + i\delta$ したものが $\Phi_{\mu\nu}(\boldsymbol{q},\omega)$ となる．結局，全電流演算子 (8.1) 式の線形応答の結果は，反磁性電流 (8.2) 式と合わせて

[*1)] 前者の場合には，静電ポテンシャル $\phi(\boldsymbol{r}) = -\boldsymbol{E}\cdot\boldsymbol{r}$ を用いることになるが，このような座標 $\boldsymbol{r}$ 演算子は ill-defined の場合があるので，取扱いに十分注意する必要がある．

$$\langle \hat{j}_\mu \rangle (\boldsymbol{q}, \omega) = \sum_{\nu=x,y,z} \left\{ \Phi_{\mu\nu}(\boldsymbol{q}, \omega) - \frac{ne^2}{m} \delta_{\mu\nu} \right\} A_{\nu, \boldsymbol{q}, \omega} \qquad (8.8)$$

となることがわかる（この式は超伝導状態でのマイスナー効果を調べるときにも用いられる）.

最後に電場に対する応答として，電気伝導度を求める式に変形する．電場の波数・周波数分解 $E_{\nu, \boldsymbol{q}, \omega}$ は，$\boldsymbol{E}(\boldsymbol{r}, t) = -\partial \boldsymbol{A}(\boldsymbol{r}, t)/\partial t$ という関係と (8.5) 式を比べて $E_{\nu, \boldsymbol{q}, \omega} = i(\omega + i\delta) A_{\nu, \boldsymbol{q}, \omega}$ であることがわかるので，電気伝導度は

$$\sigma_{\mu\nu}(\boldsymbol{q}, \omega) = \frac{\Phi_{\mu\nu}(\boldsymbol{q}, \omega) - \frac{ne^2}{m} \delta_{\mu\nu}}{i(\omega + i\delta)} \qquad (8.9)$$

として求めればよい．さらに電場 $\boldsymbol{E}$ は一様にかかるので，$\boldsymbol{q} \to \boldsymbol{0}$ の極限を取る．(8.9) 式の分子の第 2 項は $\Phi_{\mu\nu}(\boldsymbol{q}, \omega = 0)$ と書かれることも多い．（演習問題 8.1〜8.4 参照．$\sigma_{\mu\nu}$ の別の求め方は演習問題 8.5 も参照.)

これまでの応答関数と同じように，$\sigma_{\mu\nu}(\boldsymbol{q}, \omega)$ は複素平面 ω の上半面で解析的である．また

$$\sigma_{\mu\nu}(-\boldsymbol{q}, -\omega) = \sigma_{\mu\nu}^*(\boldsymbol{q}, \omega) \qquad (8.10)$$

という対称性を持つ．これは (8.3) 式からわかる．もし系が空間反転対称性を持てば $\boldsymbol{q} \to -\boldsymbol{q}$ の変換に対して対称なので $\sigma_{\mu\nu}(\boldsymbol{q}, -\omega) = \sigma_{\mu\nu}^*(\boldsymbol{q}, \omega)$ が成り立つ.

8.2 自由電子ガスの場合

まず電子ガスの場合の電気伝導度を調べよう．(8.6) 式は添字が増えてしまっているので簡略化して

$$\Phi_{\mu\nu}(\boldsymbol{q}, \tau, \tau') = \frac{1}{V} \left\langle T_\tau \left[\hat{j}_{\boldsymbol{q}\mu}(\tau) \hat{j}_{-\boldsymbol{q}\nu}(\tau') \right] \right\rangle \qquad (8.11)$$

と書かれることも多い．(8.1) 式の $\hat{j}_{\boldsymbol{q}}^{\mathrm{para}}$ を代入すると

$$\Phi_{\mu\nu}(\boldsymbol{q}, \tau, \tau')$$
$$= \frac{1}{V} \sum_{\boldsymbol{k}, \boldsymbol{k}', \alpha, \beta} \left\langle T_\tau \left[\frac{e\hbar k_\mu}{m} \hat{c}_{\boldsymbol{k}-\frac{\boldsymbol{q}}{2}, \alpha}^+(\tau) \hat{c}_{\boldsymbol{k}+\frac{\boldsymbol{q}}{2}, \alpha}(\tau) \frac{e\hbar k'_\nu}{m} \hat{c}_{\boldsymbol{k}'+\frac{\boldsymbol{q}}{2}, \beta}^+(\tau') \hat{c}_{\boldsymbol{k}'-\frac{\boldsymbol{q}}{2}, \beta}(\tau') \right] \right\rangle$$
$$(8.12)$$

となる．電荷の場合の相関関数 (6.6) 式と似ているが，今度は電流であるために係数 $e\hbar k_\mu/m$ と $e\hbar k'_\nu/m$ が付いていることが特徴である．

(8.12) 式の相互作用に関しての最低次を考え，ブロック・ドゥドミニシスの定理を用いて温度グリーン関数で表すと，

$$\Phi_{\mu\nu}^{(0)}(\boldsymbol{q}, \tau, \tau')$$
$$= -\frac{2}{V} \sum_{\boldsymbol{k}} \frac{e\hbar k_\mu}{m} \mathscr{G}^{(0)}\left(\boldsymbol{k} - \frac{\boldsymbol{q}}{2}, \tau' - \tau\right) \frac{e\hbar k_\nu}{m} \mathscr{G}^{(0)}\left(\boldsymbol{k} + \frac{\boldsymbol{q}}{2}, \tau - \tau'\right) \quad (8.13)$$

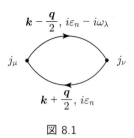

図 8.1

となる ($\bm{k}=\bm{k}',\alpha=\beta$ の項のみが残る). 係数の 2 はスピンに関する和からきたものであり, マイナス符号はフェルミ粒子のループによるものである. 次に (8.7) 式のように τ に関してフーリエ変換すると

$$\Phi^{(0)}_{\mu\nu}(\bm{q},i\omega_\lambda)$$
$$=-\frac{2k_\mathrm{B}T}{V}\sum_{n,\bm{k}}\frac{e\hbar k_\mu}{m}\mathscr{G}^{(0)}\left(\bm{k}-\frac{\bm{q}}{2},i\varepsilon_n-i\omega_\lambda\right)\frac{e\hbar k_\nu}{m}\mathscr{G}^{(0)}\left(\bm{k}+\frac{\bm{q}}{2},i\varepsilon_n\right)$$
(8.14)

が得られる[*2]. この式に対応するファインマンダイアグラムは図 8.1 である.

図 8.1 では, グリーン関数の両端に電流の行列要素が付いているという意味で j_μ と j_ν を表示している. このような結節点 (vertex) を current vertex と呼ぶ. 上式では $e\hbar k_\mu/m$ と $e\hbar k_\nu/m$ に対応する. 通常は, このようにフーリエ成分で書かれたファインマンダイアグラムを描いて, 最初から (8.14) 式を書き下してしまう. 図の右端が外場 $A_{\nu,\bm{q},\omega}$ と結合した部分であるが, 外場から波数 $\bm{q}$, 振動数 $i\omega_\lambda$ が注入され, 波数 $\bm{k}-\bm{q}/2$, 振動数 $i\varepsilon_n-i\omega_\lambda$ の電子が波数 $\bm{k}+\bm{q}/2$, 振動数 $i\varepsilon_n$ の電子に変換されたと見ることができる.

松原振動数の和は, 6.2 節で典型的な分極関数 $\Phi_0(\bm{q},i\omega_n)$ に対して実行したのと全く同じように行うことができる. その結果は (6.11) 式を参考にして

$$\Phi^{(0)}_{\mu\nu}(\bm{q},i\omega_\lambda)=-\frac{2}{V}\frac{e^2\hbar^2}{m^2}\sum_{\bm{k}}k_\mu k_\nu\frac{f(\varepsilon_{\bm{k}-\frac{\bm{q}}{2}})-f(\varepsilon_{\bm{k}+\frac{\bm{q}}{2}})}{i\omega_\lambda+\varepsilon_{\bm{k}-\frac{\bm{q}}{2}}-\varepsilon_{\bm{k}+\frac{\bm{q}}{2}}} \quad (8.15)$$

である ($f(\varepsilon)$ はフェルミ分布関数). 最後に解析接続 $i\omega_\lambda\to\hbar\omega+i\delta$ をすれば

$$\Phi^{(0)}_{\mu\nu}(\bm{q},\omega)=-\frac{2}{V}\frac{e^2\hbar^2}{m^2}\sum_{\bm{k}}k_\mu k_\nu\frac{f(\varepsilon_{\bm{k}-\frac{\bm{q}}{2}})-f(\varepsilon_{\bm{k}+\frac{\bm{q}}{2}})}{\hbar\omega+\varepsilon_{\bm{k}-\frac{\bm{q}}{2}}-\varepsilon_{\bm{k}+\frac{\bm{q}}{2}}+i\delta} \quad (8.16)$$

を得る.

電気伝導度は (8.9) 式に上式を代入して得られるが, 前に述べたように, 電場は一様にかかるので波数 $\bm{q}=\bm{0}$ の応答を見る. しかし (8.16) 式に $\bm{q}=\bm{0}$ を代入すると, $\Phi^{(0)}_{\mu\nu}(\bm{q}=\bm{0},\omega)=0$ になってしまう. これは 5.7 節の最後に注意したことと同じ事情である. つまり $\hat{\bm{j}}_{\bm{q}=\bm{0}}$ は全電流すなわち電子系の全運動量

[*2] (8.7) 式では $i\omega_n$ を用いていたが, $i\varepsilon_n$ と区別するために $i\omega_\lambda$ とした. 以下, 外場からくる松原振動数を, 一貫して $i\omega_\lambda$ と書く.

に比例する量なので，並進対称性を持つ自由電子ガスモデルでは保存量となる．このため応答は 0 となる．結局，自由電子ガスの場合 (8.9) 式は $q = 0$ で

$$\sigma_{\mu\nu}(\boldsymbol{q} = \boldsymbol{0}, \omega) = \frac{ine^2}{m(\omega + i\delta)}\delta_{\mu\nu} \tag{8.17}$$

となる．これは自由電子ガスに対するドゥルーデ (Drude) モデルの結果と同じである．$\omega \to 0$ の極限で電気伝導度が発散するが，これは不純物などがない場合，電子は電場によっていくらでも加速されることに対応する．

8.3 不純物散乱の場合のファインマンルール

系に不純物があれば，系の並進対称性は破れる．この場合，全電流（または電子系の全運動量）は保存量ではなくなるので，電気伝導度が有限になり得る．これを調べる前に，不純物との相互作用の場合のファインマンダイアグラムやファインマンルールを考えておこう．

不純物との相互作用は 2.3 節の (2.19) 式で与えられ，その相互作用表示は

$$\hat{\mathscr{H}}_{\mathrm{imp}}(\tau) = \frac{1}{V}\sum_{\boldsymbol{k},\boldsymbol{q},\alpha} \rho_{\mathrm{imp}}(\boldsymbol{q})v_{\mathrm{imp}}(\boldsymbol{q})\hat{c}^+_{\mathrm{H},\boldsymbol{k}+\boldsymbol{q},\alpha}(\tau)\hat{c}_{\mathrm{H},\boldsymbol{k},\alpha}(\tau) \tag{8.18}$$

である．ファインマンルールは以前のクーロン相互作用の場合と同じように作ることができる．先に結果を示すと，グリーン関数は図 8.2 のようになる[3]．4.6 節（波数空間）でのファインマンルールを参考にすると，×印は不純物を表し，(8.18) 式の $\rho_{\mathrm{imp}}(\boldsymbol{q})v_{\mathrm{imp}}(\boldsymbol{q})$ を付随させればよいことがわかる．さらに，電子線と点線の結節点では電子の波数が (8.18) 式に従って，$\boldsymbol{k}$ から $\boldsymbol{k}+\boldsymbol{q}$ に変更される．また，ファインマンルールのうち，全体の比例係数が以前のクーロン相互作用の場合と異なる．不純物相互作用に関して n 次の摂動項は，4.1 節の (4.11) 式の指数関数の展開からわかるように，$-\hat{\mathscr{H}}_{\mathrm{int}}(\tau)$ のマイナス符号のために $-(-1)^n$ が付く（最初のマイナス符号は元の温度グリーン関数の定義から由来する）．さらに n 摂動では温度グリーン関数 $\mathscr{G}^{(0)}$ が $n+1$ 本あり，各々の定義にマイナス符号が付いているので $(-1)^{n+1}$ が付く．これを合わせると全体符号として常に $+1$ であると考えればよいことがわかる．

このファインマンルールを元にグリーン関数の摂動の低次から順に調べてい

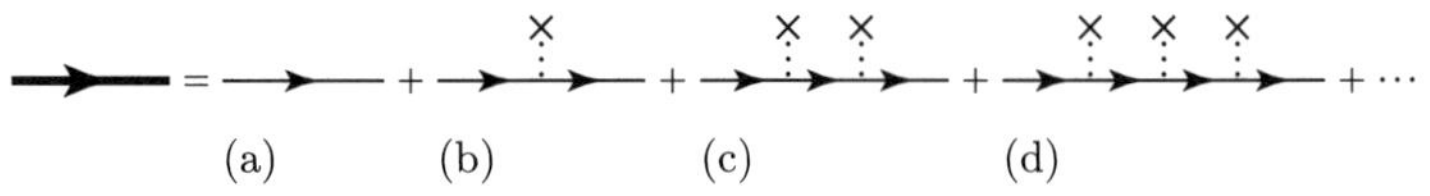

図 8.2

---

[3]　最初に不純物を×印で表し，ランダム平均を議論したのは，S. F. Edwards, Phil. Mag. **3**, 1020 (1958).

136　第 8 章　電気伝導度

こう．まず1次摂動のダイアグラムは図 8.2 (b) であり，式では

$$\frac{1}{V} \int_0^\beta d\tau_1 \mathscr{G}^{(0)}(\boldsymbol{k}+\boldsymbol{q},\tau-\tau_1)\rho_{\mathrm{imp}}(\boldsymbol{q})v_{\mathrm{imp}}(\boldsymbol{q})\mathscr{G}^{(0)}(\boldsymbol{k},\tau_1-\tau') \quad (8.19)$$

となる（相互作用からくる虚時間を τ_1 とした）．温度グリーン関数を松原振動数で表し，(8.7) 式のように τ に関してフーリエ変換し，最後に τ_1 積分をすると，

$$(k_{\mathrm{B}}T)^2 \sum_{m,\ell} \int_0^\beta e^{i\varepsilon_n\tau}d\tau \int_0^\beta d\tau_1 e^{-i\varepsilon_m(\tau-\tau_1)}\mathscr{G}^{(0)}(\boldsymbol{k}+\boldsymbol{q},i\varepsilon_m)e^{-i\varepsilon_\ell\tau_1}\mathscr{G}^{(0)}(\boldsymbol{k},i\varepsilon_\ell)$$

$$= \mathscr{G}^{(0)}(\boldsymbol{k}+\boldsymbol{q},i\varepsilon_n)\mathscr{G}^{(0)}(\boldsymbol{k},i\varepsilon_n) \quad (8.20)$$

となる．2つのグリーン関数の中の $i\varepsilon_n$ は同じになることがわかる．高次のダイアグラムでも同様であり，不純物散乱は $i\varepsilon_n$ を変えないことが示される．これは不純物散乱がエネルギーのやり取りがない弾性散乱であることに対応している．

2次摂動のダイアグラムは図 8.2 (c) であり，式で書くと

$$\frac{1}{V^2} \sum_{\boldsymbol{q}'} \mathscr{G}^{(0)}(\boldsymbol{k}+\boldsymbol{q}+\boldsymbol{q}',i\varepsilon_n)\rho_{\mathrm{imp}}(\boldsymbol{q}')v_{\mathrm{imp}}(\boldsymbol{q}')$$

$$\times \mathscr{G}^{(0)}(\boldsymbol{k}+\boldsymbol{q},i\varepsilon_n)\rho_{\mathrm{imp}}(\boldsymbol{q})v_{\mathrm{imp}}(\boldsymbol{q})\mathscr{G}^{(0)}(\boldsymbol{k},i\varepsilon_n) \quad (8.21)$$

となることがわかる．高次のダイアグラムも同様に計算できる．

8.4　不純物平均と電子の寿命

前節でグリーン関数を書き下すことができるようになったが，不純物サイトはランダムなのでこのままでは役に立たない．そこで不純物のランダム平均を取る必要がある．(2.20) 式で示したように，$\rho_{\mathrm{imp}}(\boldsymbol{q})$ は不純物サイト $\boldsymbol{R}_i$ の和

$$\rho_{\mathrm{imp}}(\boldsymbol{q}) = \sum_i e^{-i\boldsymbol{q}\cdot\boldsymbol{R}_i} \quad (8.22)$$

で与えられる．$\boldsymbol{R}_i$ は十分ランダムだとして，この和は $\boldsymbol{q} = \boldsymbol{0}$ の場合を除いて指数関数の位相がバラバラなために平均で0になってしまうと考えよう．これを

$$\langle \rho_{\mathrm{imp}}(\boldsymbol{q}) \rangle_{\mathrm{ave}} = N_i \delta_{\boldsymbol{q},\boldsymbol{0}} \quad (8.23)$$

と書く．$\langle \cdots \rangle_{\mathrm{ave}}$ は不純物のランダムな分布についての平均，N_i は不純物の総数である．しかし相互作用 (8.18) 式で $\boldsymbol{q} = \boldsymbol{0}$ の成分は，単に全体のエネルギーを一様に変化させるだけなので無視してよい．または同じことであるが $v_{\mathrm{imp}}(\boldsymbol{q} = \boldsymbol{0}) = 0$ と仮定してよい．このため，図 8.2 (b) の1次摂動の項は0となる．

2次摂動の結果は (8.21) 式であるが，×印が2つあり，2つの $\rho_{\mathrm{imp}}(\boldsymbol{q}')\rho_{\mathrm{imp}}(\boldsymbol{q})$

8.4　不純物平均と電子の寿命　**137**

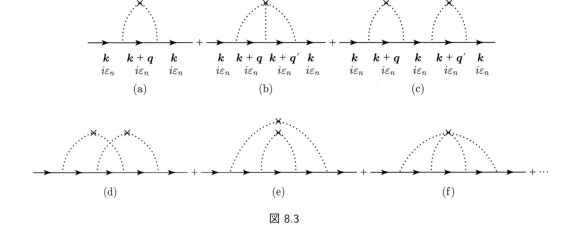

図 8.3

を含んでいる．このランダム平均は

$$\langle \rho_{\mathrm{imp}}(\boldsymbol{q}')\rho_{\mathrm{imp}}(\boldsymbol{q})\rangle_{\mathrm{ave}} = \left\langle \sum_j e^{-i\boldsymbol{q}'\cdot\boldsymbol{R}_j} \sum_i e^{-i\boldsymbol{q}\cdot\boldsymbol{R}_i} \right\rangle_{\mathrm{ave}} \quad (8.24)$$

であるが，$i=j$ の場合と $i \neq j$ の場合に分けて評価すると

$$\langle \rho_{\mathrm{imp}}(\boldsymbol{q}')\rho_{\mathrm{imp}}(\boldsymbol{q})\rangle_{\mathrm{ave}} = \sum_{i\neq j}\langle e^{-i\boldsymbol{q}'\cdot\boldsymbol{R}_j}e^{-i\boldsymbol{q}\cdot\boldsymbol{R}_i}\rangle_{\mathrm{ave}} + \sum_i \langle e^{-i(\boldsymbol{q}+\boldsymbol{q}')\cdot\boldsymbol{R}_j}\rangle_{\mathrm{ave}}$$

$$\sim N_i \delta_{\boldsymbol{q}+\boldsymbol{q}',\boldsymbol{0}} \quad (8.25)$$

となる．第 1 項は，再び指数関数の位相がバラバラなために平均で 0 になると仮定した．結局，2 次摂動の結果 (8.21) 式は，

$$\frac{N_i}{V^2}\sum_{\boldsymbol{q}} \mathscr{G}^{(0)}(\boldsymbol{k},i\varepsilon_n)|v_{\mathrm{imp}}(\boldsymbol{q})|^2 \mathscr{G}^{(0)}(\boldsymbol{k}+\boldsymbol{q},i\varepsilon_n)\mathscr{G}^{(0)}(\boldsymbol{k},i\varepsilon_n) \quad (8.26)$$

となる．このように $\boldsymbol{R}_i$ と $\boldsymbol{R}_j$ の和のうち，$i=j$ というように同じ不純物からの寄与を取り出す場合を図 8.3 (a) のように書くことにする．そうすると，3 次・4 次摂動のダイアグラムは図 8.3 (b) 以下のように書けることがわかる（図 8.2 (b) のタイプのダイアグラムは上で議論したように考えなくてよい）．図からわかるように，ランダム平均の結果，右端のグリーン関数と左端のグリーン関数の中の引数はどのダイアグラムでも $(\boldsymbol{k},i\varepsilon_n)$ となる．これは，ランダム平均の結果，系の並進対称性が回復していることを意味する．したがって，4.7 節のダイソン方程式の議論が再び使え，この場合の自己エネルギーは図 8.4 のようにまとめることができる．

最も簡単な自己エネルギーは図 8.4 (a) である[*4]．これ以外の自己エネルギー

[*4] A. A. Abrikosov and L. P. Gor'kov, J. Explt. Theoret. Phys. (U.S.S.R.) **35**, 1558 (1958) [Sov. Phys. JETP **8**, 1090 (1959)]．有限温度については，A. A. Abrikosov and L. P. Gor'kov, J. Explt. Theoret. Phys. (U.S.S.R.) **36**, 319 (1959) [Sov. Phys. JETP **9**, 220 (1959)]．

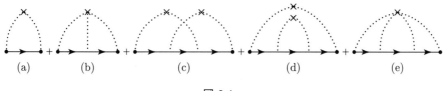

図 8.4

については演習問題 8.7 を参照（例えば t-matrix 近似と呼ばれる近似がある）．
(8.26) 式から，自己エネルギーは

$$\Sigma_{\mathrm{imp}}^{(0)}(\bm{k}, i\varepsilon_n) = \frac{N_i}{V^2} \sum_{\bm{q}} |v_{\mathrm{imp}}(\bm{q})|^2 \mathscr{G}^{(0)}(\bm{k}+\bm{q}, i\varepsilon_n)$$
$$= n_i \int \frac{d\bm{q}}{(2\pi)^3} |v_{\mathrm{imp}}(\bm{q}-\bm{k})|^2 \mathscr{G}^{(0)}(\bm{q}, i\varepsilon_n) \quad (8.27)$$

である（$n_i = N_i/V$ は不純物密度）．自由電子の場合，温度グリーン関数は $\bm{q}$ の絶対値にしかよらないので $\bm{q}$ 積分のうち，角度に依存する積分は $|v_{\mathrm{imp}}(\bm{q}-\bm{k})|^2$ だけに効いてくる．そこで $\bm{q}$ の絶対値が q のものだけを取り出して

$$\langle v_{\mathrm{imp}}^2 \rangle_{k,q} \equiv \int \frac{d\Omega_{\bm{q}}}{4\pi} |v_{\mathrm{imp}}(\bm{q}-\bm{k})|^2 \bigg|_{|\bm{q}|=q} \quad (8.28)$$

という角度平均の値を考える．ここで $d\Omega_{\bm{q}}$ とは $d\bm{q}$ 積分を極座標積分に変更したときの角度積分の部分，つまり $\sin\theta d\theta d\phi$ のことを表す[*5]．さらに波数ベクトル $\bm{k}$ の方向を z 軸とするように角度積分の座標軸を変更すれば，(8.28) 式は $\bm{k}$ の絶対値 k にのみ依存することがわかる．

このようにすると，(8.27) 式の積分は

$$\Sigma_{\mathrm{imp}}^{(0)}(\bm{k}, i\varepsilon_n) = n_i \int \frac{d\bm{q}}{(2\pi)^3} \frac{\langle v_{\mathrm{imp}}^2 \rangle_{k,q}}{i\varepsilon_n - \varepsilon_{\bm{q}} + \mu} = n_i \int_{-\infty}^{\infty} N(\varepsilon) d\varepsilon \frac{\langle v_{\mathrm{imp}}^2 \rangle_{k,q}}{i\varepsilon_n - \varepsilon + \mu}$$
$$\sim n_i \langle v_{\mathrm{imp}}^2 \rangle_{k,k_{\mathrm{F}}} N(\varepsilon_{\mathrm{F}}) \int_{-\infty}^{\infty} d\varepsilon \frac{1}{i\varepsilon_n - \varepsilon + \mu}$$
$$= -n_i \langle v_{\mathrm{imp}}^2 \rangle_{k,k_{\mathrm{F}}} N(\varepsilon_{\mathrm{F}}) \int_{-\infty}^{\infty} d\varepsilon \frac{\varepsilon + i\varepsilon_n}{\varepsilon^2 + \varepsilon_n^2}$$
$$= -i\pi n_i \langle v_{\mathrm{imp}}^2 \rangle_{k,k_{\mathrm{F}}} N(\varepsilon_{\mathrm{F}}) \frac{\varepsilon_n}{|\varepsilon_n|} \equiv -\frac{i\hbar}{2\tau} \mathrm{sign}(\varepsilon_n) \quad (8.29)$$

と評価できる．ここで $\bm{q}$ 積分は状態密度 $N(\varepsilon)$ を用いてエネルギー積分とし，かつフェルミエネルギー付近の積分が重要ということで，一部を $q=k_{\mathrm{F}}$ として積分の外に出した．また，sign は符号関数 $\mathrm{sign}(x) = x/|x| = \pm 1$ であり，τ は

$$\frac{\hbar}{\tau} = 2\pi n_i \langle v_{\mathrm{imp}}^2 \rangle_{k,k_{\mathrm{F}}} N(\varepsilon_{\mathrm{F}}) \quad (8.30)$$

として定義したものである（虚時間と混乱しないように）．τ は k や k_{F} に依存

[*5] 第2章で考えたように，もし不純物ポテンシャル $v_{\mathrm{imp}}(\bm{r})$ がデルタ関数だったら，$v_{\mathrm{imp}}(\bm{q})$ は $\bm{q}$ に依存しない．この場合，$\langle v_{\mathrm{imp}}^2 \rangle_{k,q}$ は近似なしで $\langle v_{\mathrm{imp}}^2 \rangle_{k,q} = |v_{\mathrm{imp}}|^2$ となる．

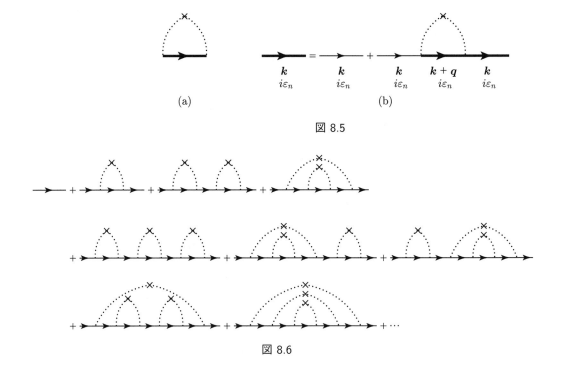

図 8.5

図 8.6

するが，ここでは重要でないので無視する（後の章で重要になる場合もある）．

自己エネルギーが求められたので，グリーン関数はこの近似のもとで

$$\mathscr{G}(\bm{k}, i\varepsilon_n) = \frac{1}{i\varepsilon_n - \varepsilon_{\bm{k}} + \mu + \frac{i\hbar}{2\tau}\mathrm{sign}(\varepsilon_n)} \tag{8.31}$$

となる．今の場合，自己エネルギーは純虚数であり，4.8 節の議論から 2τ は電子の寿命を表す．また，(8.30) 式からわかるように τ は不純物密度 n_i と不純物散乱ポテンシャルの絶対値の 2 乗に反比例する．つまり不純物散乱の効果が小さければ寿命は長い．この電子の寿命は，シュレーディンガー方程式における摂動論を使ったフェルミの golden rule によって得られるものと一致する（演習問題 8.6）．

4.7 節ではハートレー・フォック近似を行ったが，それと同じ精神で，図 8.5 (a) のように自己エネルギーの中のグリーン関数を $\mathscr{G}^{(0)}(\bm{k}+\bm{q}, i\varepsilon_n)$ ではなく，自己無撞着に決めるべき $\mathscr{G}(\bm{k}+\bm{q}, i\varepsilon_n)$ に置き換えたもの

$$\Sigma_{\mathrm{imp}}(\bm{k}, i\varepsilon_n) = \frac{N_i}{V^2}\sum_{\bm{q}}|v_{\mathrm{imp}}(\bm{q})|^2 \mathscr{G}(\bm{k}+\bm{q}, i\varepsilon_n) \tag{8.32}$$

を考えよう．この場合のダイソン方程式に対応するファインマンダイアグラムは図 8.5 (b) のようになり，図 8.6 のようなダイアグラムを取り入れていることになる．自己無撞着な解は複雑になるように思われるが，驚くべきことに (8.29) 式の自己エネルギーを持つグリーン関数が自己無撞着な解であることがわかる．実際，(8.29) 式を (8.32) 式の $\mathscr{G}(\bm{k}+\bm{q}, i\varepsilon_n)$ の中に用いて，(8.29) 式と同様に

変形すると

$$\Sigma_{\mathrm{imp}}(\boldsymbol{k}, i\varepsilon_n) \sim n_i \langle v_{\mathrm{imp}}^2 \rangle_{k, k_{\mathrm{F}}} N(\varepsilon_{\mathrm{F}}) \int_{-\infty}^{\infty} d\varepsilon \frac{1}{i\varepsilon_n - \varepsilon + \mu + \frac{i\hbar}{2\tau}\mathrm{sign}(\varepsilon_n)}$$

$$= -i\pi n_i \langle v_{\mathrm{imp}}^2 \rangle_{k, k_{\mathrm{F}}} N(\varepsilon_{\mathrm{F}}) \frac{\varepsilon_n + \frac{\hbar}{2\tau}\mathrm{sign}(\varepsilon_n)}{|\varepsilon_n + \frac{\hbar}{2\tau}\mathrm{sign}(\varepsilon_n)|} = -\frac{i\hbar}{2\tau}\mathrm{sign}(\varepsilon_n) \tag{8.33}$$

となり，結果は全く変わらないことがわかる．

こうして不純物散乱があるときの温度グリーン関数 (8.31) 式が求まった．これは $\mathrm{sign}(\varepsilon_n)$ のために，$z = i\varepsilon_n$ の複素関数として上半面（$\varepsilon_n > 0$）と下半面（$\varepsilon_n < 0$）との間で不連続になっている．これは 3.7 節の最後で説明したことに対応し，温度グリーン関数は実軸上に分岐線を持っている．解析接続によって温度グリーン関数と遅延グリーン関数両方に繋がっている複素関数は

$$G(\boldsymbol{k}, z) = \frac{1}{z - \varepsilon_{\boldsymbol{k}} + \mu + \frac{i\hbar}{2\tau}\mathrm{sign}(\mathrm{Im}\, z)} \tag{8.34}$$

であるといえる．確かに z の複素関数として実軸上で解析的でない $\mathrm{Im}\, z$ という関数を持ち，実軸上に分岐線があることがわかる[6]．これから遅延グリーン関数は

$$G^R(\boldsymbol{k}, \omega) = \frac{1}{\hbar\omega - \varepsilon_{\boldsymbol{k}} + \mu + \frac{i\hbar}{2\tau}} \tag{8.35}$$

であり，先進グリーン関数は $G^A(\boldsymbol{k}, \omega) = G^R(\boldsymbol{k}, \omega)^*$ であることがわかる．

4.8 節では準粒子のグリーン関数を議論したが，今の場合は単純に粒子の寿命が付いただけであり，分散関係は $\varepsilon_{\boldsymbol{k}}$ のまま変化しない．(8.35) 式の $G^R(\boldsymbol{k}, \omega)$ から (3.66) 式のスペクトル関数を計算すると，

$$\rho(\boldsymbol{k}, \omega) = \frac{\hbar}{\pi} \frac{\frac{\hbar}{2\tau}}{(\hbar\omega - \varepsilon_{\boldsymbol{k}} + \mu)^2 + \frac{\hbar^2}{4\tau^2}} \tag{8.36}$$

というローレンツ型になる（図 3.3 参照）．

8.5 電気伝導度におけるヴァーテックス補正

前節でグリーン関数が求まったので，電気伝導度の計算に移る．(8.14) 式で示したようなバブルの形のダイアグラムを考え，外場から波数 $\boldsymbol{q}$，振動数 $i\omega_\lambda$ が流入してくると考えればよい．以下，一様な電場がかかるとして $\boldsymbol{q} = \boldsymbol{0}$ の場合を考える．温度グリーン関数 (8.31) 式を用いて，最も単純な寄与は

$$-\frac{2k_{\mathrm{B}}T}{V} \sum_{n, \boldsymbol{k}} \frac{e\hbar k_\mu}{m} \mathscr{G}(\boldsymbol{k}, i\varepsilon_n - i\omega_\lambda) \frac{e\hbar k_\nu}{m} \mathscr{G}(\boldsymbol{k}, i\varepsilon_n) \tag{8.37}$$

である．これは図 8.7 (a) に対応する．しかし図 8.7 (b), (c), … 以下のタイプの

---

[6] 複素関数論の教科書として，例えば「物理数学 I」福山秀敏・小形正男（朝倉書店）．

8.5 電気伝導度におけるヴァーテックス補正 **141**

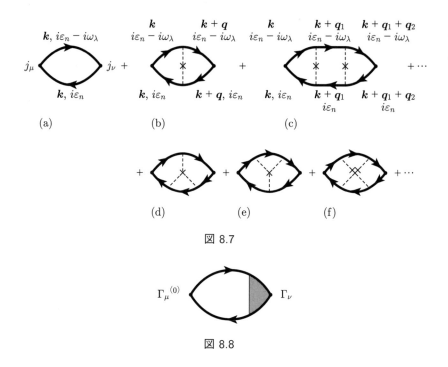

図 8.7

図 8.8

ファインマンダイアグラムは，この式に含まれていない．これらはまとめて各図右端の結節点での補正といえるので（図 8.8），ヴァーテックス補正と呼ばれる．電流演算子の係数 $e\hbar k_\nu/m$ がヴァーテックス補正の結果，形が変わるとみなすことができる．ヴァーテックス補正はグリーン関数に現れる寿命とは違うもので，輸送係数に対して後で重要な役割を果たす．

補正なしのヴァーテックスを $\Gamma_\mu^{(0)}(\boldsymbol{k})(= e\hbar k_\mu/m)$，補正を加えたヴァーテックスを $\Gamma_\mu(\boldsymbol{k})$ と書くと，最も一般的で完全な形は

$$\Phi_{\mu\nu}(\boldsymbol{0}, i\omega_\lambda) = -\frac{2k_\mathrm{B}T}{V} \sum_{n,\boldsymbol{k}} \Gamma_\mu^{(0)}(\boldsymbol{k}) \mathscr{G}(\boldsymbol{k}, i\varepsilon_n - i\omega_\lambda) \Gamma_\nu(\boldsymbol{k}) \mathscr{G}(\boldsymbol{k}, i\varepsilon_n) \tag{8.38}$$

である（図 8.8）．$\Gamma_\mu(\boldsymbol{k})$ をヴァーテックス関数と呼ぶ．とくに電流についてのヴァーテックスなので電流ヴァーテックス（current vertex）と呼ばれることも多い．左側のヴァーテックスに $\Gamma_\mu^{(0)}(\boldsymbol{k})$ を用いているのは，同じファインマンダイアグラムを 2 回数えないためである（$\Gamma_\mu(\boldsymbol{k})$ は $i\varepsilon_n$ と $i\omega_\lambda$ にも依存するが，煩雑なので，しばらくの間あからさまに表記しないことにする）．

ここでは，近似として図 8.7 (a), (b), (c) のシリーズを足し上げることを考える[*7]．このようなダイアグラムを梯子ダイアグラム（ladder diagrams）という．それ以外の (d), (e), (f) 等はここでは無視する．後で述べるように，自己エネルギーとヴァーテックス関数の間にはワード恒等式という厳密に成り立つ

[*7] A. A. Abrikosov and L. P. Gor'kov, 前掲書（脚注 4）．

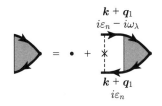

図 8.9

関係式があり，近似として自己エネルギーにある種のダイアグラムを足し上げた場合，それに対応するダイアグラムをヴァーテックス関数の方でも考慮しなければならない[*8]．今の場合は，これが梯子ダイアグラムとなる．

図 8.7 において，不純物の点線のところでは松原振動数が変化しないこと，不純物のランダム平均によって，(8.25) 式のような $N_i \delta_{q+q',0}$ が現れることを考慮すると，$\Gamma_\nu(k)$ に対するダイソン方程式類似の式

$$\Gamma_\nu(k) = \Gamma_\nu^{(0)}(k) + \frac{N_i}{V^2} \sum_{q_1} |v_{\text{imp}}(q_1)|^2 \mathscr{G}(k+q_1, i\varepsilon_n - i\omega_\lambda)$$
$$\times \Gamma_\nu(k+q_1) \mathscr{G}(k+q_1, i\varepsilon_n) \qquad (8.39)$$

が得られる．これを図示したものが図 8.9 である．実際，左辺の $\Gamma_\nu(k)$ を $k \to k+q_1$ と置き換えた上で右辺に代入すると，高次の項が順次得られることがわかる（逐次代入法）．実際，図 8.7(c) のような高次の項は，梯子の段が 1 つずつ増えるにしたがって，波数が k から $k+q_1, k+q_1+q_2, \cdots$ というように系統的に増加していくが，これが逐次代入法によって再現できる．

(8.39) 式を解こう．$\Gamma_\nu^{(0)}(k)$ は k_ν に比例したベクトル成分を持っているが，それが相互作用によって変更を受けた $\Gamma_\nu(k)$ も $\Gamma_\nu(k) = (e\hbar k_\nu/m) a(k)$ と仮定する（厳密には $|v_{\text{imp}}(q_1)|^2$ の形によっては k_ν に比例しない成分は出現し得る）．これを (8.39) 式に代入して，積分の変数変換 $q_1 \to q - k$ を行うと

$$a(k) k_\nu = k_\nu + \frac{N_i}{V^2} \sum_q |v_{\text{imp}}(q-k)|^2 \mathscr{G}(q, i\varepsilon_n - i\omega_\lambda)$$
$$\times a(q) q_\nu \mathscr{G}(q, i\varepsilon_n) \qquad (8.40)$$

となる．ここで両辺に k_ν をかけてから $\sum_{\nu=x,y,z}$ という和（ベクトルの内積）を取り，$|k|^2 \equiv k^2$ で割ると

$$a(k) = 1 + n_i \int \frac{dq}{(2\pi)^3} |v_{\text{imp}}(q-k)|^2 a(q)$$
$$\times \frac{k \cdot q}{k^2} \mathscr{G}(q, i\varepsilon_n - i\omega_\lambda) \mathscr{G}(q, i\varepsilon_n) \qquad (8.41)$$

となる．さらに，(8.27) 式以下の議論と同じように考えて，$|v_{\text{imp}}(q-k)|^2 \frac{k \cdot q}{k^2}$

[*8] Y. Nambu, Phys. Rev. **117**, 648 (1960).

の中の q について，絶対値が q のものだけ取り出して

$$\int \frac{d\Omega_q}{4\pi}|v_{\rm imp}(\boldsymbol{q}-\boldsymbol{k})|^2\frac{\boldsymbol{k}\cdot\boldsymbol{q}}{k^2}\bigg|_{|\boldsymbol{q}|=q} = \frac{q}{k}\int\frac{d\Omega_q}{4\pi}|v_{\rm imp}(\boldsymbol{q}-\boldsymbol{k})|^2\cos\theta\bigg|_{|\boldsymbol{q}|=q}$$

$$\equiv \langle \tilde{v}_{\rm imp}^2\rangle_{k,q} \tag{8.42}$$

を考える．(8.28) 式に比べて $\cos\theta$ が余分に付く[*9]．この定義を用いて，前節の (8.29) 式と同様に (8.41) 式の中の積分を評価すると

$$n_i\langle\tilde{v}_{\rm imp}^2\rangle_{k,k_{\rm F}}N(\varepsilon_{\rm F})a(k_{\rm F})\int_{-\infty}^{\infty}d\varepsilon\frac{1}{i\varepsilon_n-i\omega_\lambda-\varepsilon+\mu+\frac{i\hbar}{2\tau}{\rm sign}(\varepsilon_n-\omega_\lambda)}$$

$$\times\frac{1}{i\varepsilon_n-\varepsilon+\mu+\frac{i\hbar}{2\tau}{\rm sign}(\varepsilon_n)}$$

$$=n_i\langle\tilde{v}_{\rm imp}^2\rangle_{k,k_{\rm F}}N(\varepsilon_{\rm F})a(k_{\rm F})\frac{2\pi i}{i\omega_\lambda+\frac{i\hbar}{\tau}}\theta(\varepsilon_n)\theta(\omega_\lambda-\varepsilon_n)$$

$$=\frac{i\hbar}{\tau_1}a(k_{\rm F})\frac{1}{i\omega_\lambda+\frac{i\hbar}{\tau}}\theta(\varepsilon_n)\theta(\omega_\lambda-\varepsilon_n) \tag{8.43}$$

となる．ここで，ε 積分は上半面または下半面に含まれる留数積分によって行い（$\omega_\lambda>0$ とした），τ_1 は (8.30) 式の τ と同様に

$$\frac{\hbar}{\tau_1}=2\pi n_i\langle\tilde{v}_{\rm imp}^2\rangle_{k,k_{\rm F}}N(\varepsilon_{\rm F}) \tag{8.44}$$

として定義した．この評価式を (8.41) 式に代入すると

$$a(k)=1+\frac{i\hbar}{\tau_1}a(k_{\rm F})\frac{1}{i\omega_\lambda+\frac{i\hbar}{\tau}}\theta(\varepsilon_n)\theta(\omega_\lambda-\varepsilon_n) \tag{8.45}$$

となるが，左辺の $a(k)$ も $a(k_{\rm F})$ で代表させて，$a(k_{\rm F})$ を求めると

$$a(k_{\rm F})=\begin{cases}1, & \theta(\varepsilon_n)\theta(\omega_\lambda-\varepsilon_n)=0 \text{ のとき,}\\ \dfrac{i\omega_\lambda+\frac{i\hbar}{\tau}}{i\omega_\lambda+\frac{i\hbar}{\tau}-\frac{i\hbar}{\tau_1}}=\dfrac{i\omega_\lambda+\frac{i\hbar}{\tau}}{i\omega_\lambda+\frac{i\hbar}{\tau_{\rm tr}}}, & \theta(\varepsilon_n)\theta(\omega_\lambda-\varepsilon_n)=1 \text{ のとき}\end{cases} \tag{8.46}$$

となる．ここで

$$\frac{\hbar}{\tau}-\frac{\hbar}{\tau_1}=\frac{\hbar}{\tau_{\rm tr}} \tag{8.47}$$

と置いた．添字の tr は transport という意味である．τ と τ_1 の定義式，(8.28)，(8.30) と (8.42) 式を用いれば

$$\frac{\hbar}{\tau_{\rm tr}}=2\pi n_iN(\varepsilon_{\rm F})\int\frac{d\Omega_q}{4\pi}|v_{\rm imp}(\boldsymbol{q}-\boldsymbol{k})|^2(1-\cos\theta)\bigg|_{|\boldsymbol{q}|=k_{\rm F}} \tag{8.48}$$

が得られるが，この意味は後で明らかになる（$k=k_{\rm F}$ とした）．

[*9]　もし不純物ポテンシャル $v_{\rm imp}(\boldsymbol{r})$ がデルタ関数だったら，$v_{\rm imp}(\boldsymbol{q})$ は $\boldsymbol{q}$ に依存しなくなり，(8.42) 式は $\cos\theta$ の積分のために 0 となる．つまりこの場合は，ヴァーテックス補正はない．

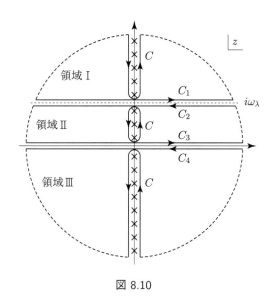

図 8.10

8.6 有限の松原振動数 ω_λ を持つときの松原和

前節で得られたヴァーテックス補正を含めて，電気伝導度の一般式 (8.38) 式の計算を行おう．電気伝導度の場合は有限の松原振動数 ω_λ を残しながら，松原振動数 ε_n の和を取る必要がある[*10]．(8.38) 式を，4.6 節や 6.2 節で行ったのと同様に，松原振動数に関する和を積分路 C に沿った複素積分に置き換えると

$$\Phi_{\mu\nu}(\mathbf{0}, i\omega_\lambda) = \frac{2}{V} \sum_{\mathbf{k}} \int_C \frac{dz}{2\pi i} F(z) \frac{e\hbar k_\mu}{m} \frac{1}{z - i\omega_\lambda - \varepsilon_{\mathbf{k}} + \mu + \frac{i\hbar}{2\tau}\mathrm{sign}(\varepsilon_n - \omega_\lambda)}$$
$$\times \frac{e\hbar k_\nu}{m} a(k) \frac{1}{z - \varepsilon_{\mathbf{k}} + \mu + \frac{i\hbar}{2\tau}\mathrm{sign}(\varepsilon_n)} \quad (8.49)$$

となる（$F(z) = 1/(e^{\beta z} + 1)$）（図 8.10）．ここで積分路を図のように変更する．$|z| \to \infty$ の大きな弧の部分は，いつものように寄与が 0 となるが，$\mathrm{Im}\, z = \omega_\lambda$ の直線上と $\mathrm{Im}\, z = 0$ の直線上にグリーン関数の分岐線があることに注意しなければならない．例えば領域 I ($\mathrm{Im}\, z > \omega_\lambda$) では，sign 関数が両方とも正であり，

$$G^R(\mathbf{k}, z) = \frac{1}{z - \varepsilon_{\mathbf{k}} + \mu + \frac{i\hbar}{2\tau}} \quad (8.50)$$

を用いて (8.49) 式の被積分関数は $G^R(\mathbf{k}, z - i\omega_\lambda) G^R(\mathbf{k}, z)$ で表される．したがって領域 I の積分路 C_1 では $G^R(\mathbf{k}, \varepsilon - i\omega_\lambda) G^R(\mathbf{k}, \varepsilon)$ を積分しなければならない[*11]．一方領域 II ($0 < \mathrm{Im}\, z < \omega_\lambda$) では，1 番目の sign 関数は負になるの

[*10] G. M. Éliashberg, J. Explt. Theoret. Phys. (U.S.S.R.) **41**, 1241 (1961) [Sov. Phys. JETP **14**, 886 (1962)]. 調べたかぎりでは，はじめてこの形で記述したのは K. Baumann, Annals of Phys. **23**, 221 (1963). 他に，阿部龍蔵「統計力学」（東京大学出版会：初版は 1966 年）．H. Fukuyama, H. Ebisawa, and Y. Wada, Prog. Theor. Phys. **42**, 494 (1969).

[*11] 今までの $G^R(\mathbf{k}, \omega)$ の定義に従うと，正確には $G^R(\mathbf{k}, \varepsilon/\hbar)$ と書くべきだが，煩雑なの

で $G^A = (G^R)^*$ を用いて $G^A(\boldsymbol{k}, z - i\omega_\lambda)G^R(\boldsymbol{k}, z)$ で表される（以下同様）．最後に，積分路 C_1, C_2 で $\varepsilon \to \varepsilon + i\omega_\lambda$ と変数変換し，(8.46) 式の $a(k)$ を考慮すると，(8.49) 式は

$$
\begin{aligned}
\Phi_{\mu\nu}(\boldsymbol{0}, i\omega_\lambda) = &\frac{2}{V}\frac{e^2\hbar^2}{m^2}\sum_{\boldsymbol{k}} k_\mu k_\nu \int_{-\infty}^{\infty}\frac{d\varepsilon}{2\pi i}F(\varepsilon) \\
&\times \big[G^R(\boldsymbol{k}, \varepsilon)G^R(\boldsymbol{k}, \varepsilon + i\omega_\lambda) - aG^A(\boldsymbol{k}, \varepsilon)G^R(\boldsymbol{k}, \varepsilon + i\omega_\lambda) \\
&+ aG^A(\boldsymbol{k}, \varepsilon - i\omega_\lambda)G^R(\boldsymbol{k}, \varepsilon) - G^A(\boldsymbol{k}, \varepsilon - i\omega_\lambda)G^A(\boldsymbol{k}, \varepsilon) \big]
\end{aligned}
$$
(8.51)

となる．[ ] の中のグリーン関数はそれぞれ積分路 $C_1 \sim C_4$ からの寄与であり，a は (8.46) 式の結果で $a = (i\omega_\lambda + \frac{i\hbar}{\tau})/(i\omega_\lambda + \frac{i\hbar}{\tau_{\mathrm{tr}}})$ と置いたものである[*12]．

8.7 不純物による電気伝導度

(8.51) 式から $i\omega_\lambda \to \hbar\omega + i\delta$ と解析接続すれば，

$$
\begin{aligned}
\Phi_{\mu\nu}(\boldsymbol{0}, \omega) = &\frac{2}{V}\frac{e^2\hbar^2}{m^2}\sum_{\boldsymbol{k}} k_\mu k_\nu \int_{-\infty}^{\infty}\frac{d\varepsilon}{2\pi i}F(\varepsilon) \\
&\times \big[G^R(\boldsymbol{k}, \varepsilon)G^R(\boldsymbol{k}, \varepsilon + \hbar\omega) - aG^A(\boldsymbol{k}, \varepsilon)G^R(\boldsymbol{k}, \varepsilon + \hbar\omega) \\
&+ aG^A(\boldsymbol{k}, \varepsilon - \hbar\omega)G^R(\boldsymbol{k}, \varepsilon) - G^A(\boldsymbol{k}, \varepsilon - \hbar\omega)G^A(\boldsymbol{k}, \varepsilon) \big]
\end{aligned}
$$
(8.52)

が得られる．これが典型的な電流–電流相関関数の形である．微小量 $i\delta$ はグリーン関数の中の $\pm i\hbar/2\tau$ に吸収されている．(8.52) 式のうち，$G^R G^R$ と $G^A G^A$ を持つ第 1, 4 項は，複素関数としての極が上半面か下半面に偏っており，かつ $\omega = 0$ の極限でも有限に残る．このためこれらを熱力学的な寄与 (thermodynamic contribution) と呼ぶことがある．一方，残りの第 2, 3 項は図の領域 II からの寄与であり，$G^A G^R$ という形をしている．これらの項の極は上半面と下半面に 1 つずつあり，かつ $\omega = 0$ の極限では消えるという特徴がある．このため第 2, 3 項を輸送現象への寄与（transport contribution）と呼ぶことがある．

まず $\omega = 0$ の極限の場合を考えると，第 1, 4 項のみが残り

$$
\begin{aligned}
&\Phi_{\mu\nu}(\boldsymbol{0}, \omega = 0) \\
&= \frac{2}{V}\frac{e^2\hbar^2}{m^2}\sum_{\boldsymbol{k}} k_\mu k_\nu \int_{-\infty}^{\infty}\frac{d\varepsilon}{2\pi i}F(\varepsilon)\big[G^R(\boldsymbol{k}, \varepsilon)G^R(\boldsymbol{k}, \varepsilon) - G^A(\boldsymbol{k}, \varepsilon)G^A(\boldsymbol{k}, \varepsilon) \big] \\
&= -\frac{2}{V}\frac{e^2\hbar^2}{m^2}\sum_{\boldsymbol{k}} k_\mu k_\nu \int_{-\infty}^{\infty}\frac{d\varepsilon}{2\pi i}f(\varepsilon)\frac{2\frac{i\hbar}{\tau}(\varepsilon - \varepsilon_{\boldsymbol{k}})}{\{(\varepsilon - \varepsilon_{\boldsymbol{k}})^2 + \frac{\hbar^2}{4\tau^2}\}^2}
\end{aligned}
$$

でこの章では単に $G^R(\boldsymbol{k}, \varepsilon)$ と表記する．

[*12] これまで脚注で述べているように，不純物ポテンシャルがデルタ関数であれば $a = 1$ である．この場合は (8.51) 式の [ ] 内の項の係数がすべて 1 であり，しばしばこのヴァーテックス補正を無視した形も用いられる．

146 第 8 章 電気伝導度

$$
= \frac{2}{V}\frac{e^2}{m}\sum_{\boldsymbol{k}}\delta_{\mu\nu}\int_{-\infty}^{\infty}\frac{d\varepsilon}{2\pi i}f(\varepsilon)\frac{\frac{i\hbar}{\tau}}{(\varepsilon-\varepsilon_{\boldsymbol{k}})^2+\frac{\hbar^2}{4\tau^2}}
$$

$$
= \frac{2}{V}\frac{e^2}{m}\delta_{\mu\nu}\sum_{\boldsymbol{k}}f(\varepsilon_{\boldsymbol{k}})=\frac{ne^2}{m}\delta_{\mu\nu} \tag{8.53}
$$

となる．ここで $\frac{2\hbar^2 k_\nu(\varepsilon-\varepsilon_{\boldsymbol{k}})}{m}/\{(\varepsilon-\varepsilon_{\boldsymbol{k}})^2+\frac{\hbar^2}{4\tau^2}\}^2 = \frac{\partial}{\partial k_\nu}[1/\{(\varepsilon-\varepsilon_{\boldsymbol{k}})^2+\frac{\hbar^2}{4\tau^2}\}]$ を用いて k_ν について部分積分し，また正の微小量 η に対して $\eta/(x^2+\eta^2)\sim\pi\delta(x)$ であることを用いた（$\hbar/\tau$ は典型的な $(\varepsilon-\varepsilon_{\boldsymbol{k}})$ の値に比べて十分小さいとした）．また化学ポテンシャル μ は，積分変数 ε をずらして $f(\varepsilon)=1/(e^{\beta(\varepsilon-\mu)}+1)$ の中に含め，さらに $\frac{2}{V}\sum_{\boldsymbol{k}}f(\varepsilon_{\boldsymbol{k}})=n$ を用いた．この結果を電気伝導度の式 (8.9) 式に代入すると，$\sigma_{\mu\nu}(\boldsymbol{q}=\boldsymbol{0},\omega)$ の分子が $\omega\to 0$ で 0 となるので，$\lim_{\omega\to 0}\sigma_{\mu\nu}(\boldsymbol{q}=\boldsymbol{0},\omega)$ が有限に残ることを保証する．

最後に (8.52) 式の $\hbar\omega$ に関する 1 次の項を取り出して，電気伝導度の式 (8.9) 式に代入して $\omega\to 0$ の極限を取ると

$$
\lim_{\omega\to 0}\sigma_{\mu\nu}(\boldsymbol{0},\omega)
$$

$$
= -\frac{2}{V}\frac{e^2\hbar^3}{m^2}\sum_{\boldsymbol{k}}k_\mu k_\nu\int_{-\infty}^{\infty}\frac{d\varepsilon}{2\pi}F(\varepsilon)
$$

$$
\times\left[G^R(\boldsymbol{k},\varepsilon)\frac{\partial}{\partial\varepsilon}G^R(\boldsymbol{k},\varepsilon)-aG^A(\boldsymbol{k},\varepsilon)\frac{\partial}{\partial\varepsilon}G^R(\boldsymbol{k},\varepsilon)\right.
$$

$$
\left.-a\frac{\partial}{\partial\varepsilon}G^A(\boldsymbol{k},\varepsilon)G^R(\boldsymbol{k},\varepsilon)+\frac{\partial}{\partial\varepsilon}G^A(\boldsymbol{k},\varepsilon)G^A(\boldsymbol{k},\varepsilon)\right]
$$

$$
= \frac{2}{V}\frac{e^2\hbar^3}{m^2}\sum_{\boldsymbol{k}}k_\mu k_\nu\int_{-\infty}^{\infty}\frac{d\varepsilon}{2\pi}F'(\varepsilon)\left[\mathrm{Re}\{G^R(\boldsymbol{k},\varepsilon)\}^2-aG^A(\boldsymbol{k},\varepsilon)G^R(\boldsymbol{k},\varepsilon)\right] \tag{8.54}
$$

となる[13]．第 1 項を無視し，第 2 項に再び $\eta/(x^2+\eta^2)\sim\pi\delta(x)$ を用いると

$$
\lim_{\omega\to 0}\sigma_{\mu\nu}(\boldsymbol{0},\omega)=\frac{2}{V}\frac{e^2\hbar^3}{m^2}\sum_{\boldsymbol{k}}k_\mu k_\nu\int_{-\infty}^{\infty}\frac{d\varepsilon}{2\pi}(-f'(\varepsilon))\frac{a}{(\varepsilon-\varepsilon_{\boldsymbol{k}})^2+\frac{\hbar^2}{4\tau^2}}
$$

$$
= \frac{2}{V}\frac{e^2\hbar^2}{m^2}\sum_{\boldsymbol{k}}k_\mu k_\nu a\tau(-f'(\varepsilon_{\boldsymbol{k}}))
$$

$$
= \frac{2}{V}\frac{e^2}{m}\sum_{\boldsymbol{k}}\delta_{\mu\nu}\tau_{\mathrm{tr}}f(\varepsilon_{\boldsymbol{k}})=\frac{ne^2\tau_{\mathrm{tr}}}{m}\delta_{\mu\nu} \tag{8.55}
$$

が得られる．ここで $\frac{\hbar^2 k_\nu}{m}f'(\varepsilon_{\boldsymbol{k}})=\frac{\partial}{\partial k_\nu}f(\varepsilon_{\boldsymbol{k}})$ を用いて部分積分し，また (8.46) 式から，a は $\omega\to 0$ の極限で $a=\tau_{\mathrm{tr}}/\tau$ であることを用いた．

---

[13]　類似の結果として，Bastin 公式，Streda 公式（または Kubo–Streda 公式）と呼ばれる式が知られているが，これらは始めから独立した電子という近似を仮定して得られた結果なので，適用範囲に十分注意すべきである．A. Bastin, C. Lewiner, O. Betbeder-Matibet, and P. Nozières, J. Phys. Chem. Solids **32**, 1811 (1971), P. Streda, J. Phys. C **15**, L717 (1982).

8.7 不純物による電気伝導度　**147**

(8.55) 式の電気伝導度は，ドゥルーデの形であり，他の励起がない絶対零度での残留抵抗を与える．$\ell_{\rm imp} = v_{\rm F}\tau_{\rm tr}$ を（不純物による）電子の平均自由行程という．また，もしヴァーテックス補正を考えないとすると，$a = 1$ となり電気伝導度は電子の寿命 τ に比例する[*14]．しかし正しくはヴァーテックス補正の係数 a が現れ，このために τ ではなく $\tau_{\rm tr}$ が現れるのである．τ が電子の寿命であるのに対して，$\tau_{\rm tr}$ は輸送現象に現れる寿命と解釈できる．実際 (8.48) 式を見るとわかるように，$\tau_{\rm tr}$ には $1 - \cos\theta$ という因子が含まれている．このことは，不純物散乱のうち $\theta \sim 0$ の前方散乱は輸送現象に対する $\tau_{\rm tr}$ には効かず，$\theta \sim \pi$ の後方散乱が $\tau_{\rm tr}$ に効いてくる（つまり電気抵抗となる）ということに対応している．

これに対してグリーン関数の中の電子の寿命 τ には，$1 - \cos\theta$ という散乱方向依存性は付かない．これは不純物に衝突して電子の波数 $\boldsymbol{k}$ が変更を受ければ，それがどの方向に散乱されても波数 $\boldsymbol{k}$ の電子は消滅したことになるからである．

以上で，久保公式とグリーン関数の方法を用いてシンプルな場合の電気伝導度を導出した．ただしこれはボルツマン方程式による結果を再現しただけである．実際の研究では，これを基礎に，ボルツマン方程式を超えた新しい現象を追及する．例えばキャリアが非常に少なく $\varepsilon_{\rm F}\tau < 1$ が成立する場合だとか，電子相関・多体効果が効く場合，モット絶縁体など様々な問題がある．

8.8　アンダーソン局在

これまでの計算では，不純物による散乱はそれぞれ独立なものとして粒子の寿命や伝導度に寄与していた（ボルン散乱または t-matrix 近似）．しかし，低温の領域などでは異なる不純物による散乱の間に，量子力学的干渉効果が生じることも期待される．このうち最も重要な散乱は図 8.11 に示したものであり，これがアンダーソン局在を引き起こすことが知られている．以下これを考えよう．

図 8.11 (b) は (a) の散乱プロセスを時間反転したものであり，複数の不純物に逆順で散乱されるプロセスである．(a) の散乱によって，電子の位相が ϕ_A の

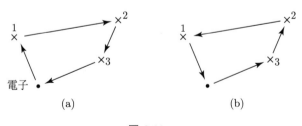

図 8.11

[*14]　グリーン関数の分母には (8.34) 式のように $i\hbar/2\tau$ という形で入ることに注意．電子の寿命を 2τ だと考えると，電気伝導度にはその半分の τ が現れる．

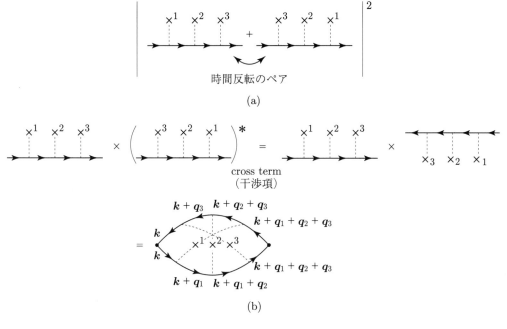

図 8.12

変化を受けるとすると，その時間反転プロセスである (b) の散乱でも全く同じ位相の変化 $\phi_B = \phi_A$ を受ける．このため，2 つの散乱プロセスは，常に（どのような不純物配置であっても）コヒーレントな重ね合わせとなり，干渉効果が起こる．とくに両者は同じ位相なので，このプロセスは増強されることになる．その結果，電子が同じ場所に戻ってくる確率が大きくなり，電気伝導には不利に働いて局在が起こるといえる．概念的に図で示すと図 8.12 (a) のようになり，グリーン関数では (b) のようなファインマンダイアグラムに対応する．

このような量子コヒーレンスが生じるためには，2 回の不純物散乱の間で電子の位相が保持されなければならない．高温になるにつれて，電子間のクーロン相互作用や電子格子相互作用による散乱が強くなるが，これらの散乱では電子のエネルギーが変化し得る（非弾性散乱）ので，この場合は時間発展の位相 ($e^{-iEt/\hbar}$) が変化してしまい，波動関数の位相が乱れる．この効果を dephasing といい，特徴的な長さを位相コヒーレンス長 ℓ_ϕ と呼ぶ．6.6 節で見たように，低温では電子間相互作用による寿命は T^{-2} に比例して長くなるので，$\ell_\phi \propto T^{-2}$ といえる．低温で ℓ_ϕ が長くなり，$\ell_\phi \gg \ell_{\mathrm{imp}}$ の領域でアンダーソン局在が見られる．

また，この現象は図 8.11 のように 2 つの周回軌道の重ね合わせから生じるものなので，軌道に垂直な磁場をかけると 2 つの軌道の位相差が生じて量子コヒーレンスが破れる．その結果，局在が弱まるので電気抵抗が下がる．これを負の磁気抵抗と呼び，アンダーソン局在の大きな特徴となっている．

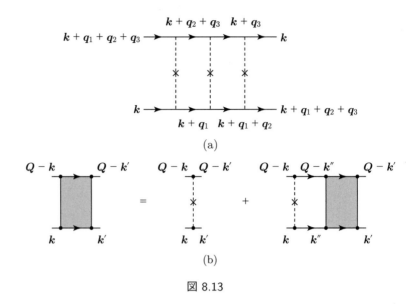

図 8.13

　図 8.12 (b) のダイアグラムは，すべての不純物散乱の線が交差していて複雑そうであるが，上側の電子線を 1 回ひねって見れば図 8.13 (a) のようになっていることがわかる．これを見ると，左から右へ進む 2 つの電子線の合計の運動量が常に一定であることがわかる．合計の運動量を $\boldsymbol{Q}$ として書き直すと，ダイソン方程式は図 8.13 (b) のようになり，これを式で書くと，

$$C(\boldsymbol{Q}, i\varepsilon_n, i\varepsilon_n - i\omega_\lambda) = \frac{n_i}{V}|v_{\text{imp}}|^2 \\ + \frac{n_i}{V}|v_{\text{imp}}|^2 \sum_{\boldsymbol{k}''} \mathscr{G}(\boldsymbol{k}'', i\varepsilon_n)\mathscr{G}(\boldsymbol{Q}-\boldsymbol{k}'', i\varepsilon_n - i\omega_\lambda) C(\boldsymbol{Q}, i\varepsilon_n, i\varepsilon_n - i\omega_\lambda) \tag{8.56}$$

となる．ここで図 8.13 (b) の斜線部分を $C(\boldsymbol{Q}, i\varepsilon_n, i\varepsilon_n - i\omega_\lambda)$ とした．また，不純物ポテンシャル v_{imp} に波数依存性があると解けなくなるが，ここではデルタ関数ポテンシャルを仮定して波数に依存しないとして積分の外に出した．(8.56) 式は合計の運動量 $\boldsymbol{Q}$ を保持したまま 2 つの電子が伝播するので，ちょうど超伝導の場合のクーパー対と同じである（クーパー対の場合は $\boldsymbol{Q} = 0$）．そのためこのようなダイアグラムをクーパーチャンネル（またはクーペロン）という．

　(8.56) 式の右辺の $\boldsymbol{k}''$ 積分は独立に行えるので，C を求めることができて

$$C(\boldsymbol{Q}, i\varepsilon_n, i\varepsilon_n - i\omega_\lambda) = \frac{\frac{n_i}{V}|v_{\text{imp}}|^2}{1 - \Pi^{\text{Cooper}}(\boldsymbol{Q}, i\varepsilon_n, i\varepsilon_n - i\omega_\lambda)}, \\ \Pi^{\text{Cooper}}(\boldsymbol{Q}, i\varepsilon_n, i\varepsilon_n - i\omega_\lambda) = \frac{n_i}{V}|v_{\text{imp}}|^2 \sum_{\boldsymbol{k}} \mathscr{G}(\boldsymbol{k}, i\varepsilon_n)\mathscr{G}(\boldsymbol{Q}-\boldsymbol{k}, i\varepsilon_n - i\omega_\lambda) \tag{8.57}$$

を得る．少し様子は違うが，Π^{Cooper} は 8.5 節のヴァーテックス関数を解くの

と同じように計算できる．とくに $Q = 0$ 付近が重要なので，Q についてテイラー展開して

$$\Pi^{\text{Cooper}}(Q, i\varepsilon_n, i\varepsilon_n - i\omega_\lambda)$$
$$= \frac{n_i}{V}|v_{\text{imp}}|^2 \sum_{k} \frac{1}{i\varepsilon_n - \varepsilon_{k} + \mu + \frac{i\hbar}{2\tau}\text{sign}(\varepsilon_n)}$$
$$\times \frac{1}{i\varepsilon_n - i\omega_\lambda - \varepsilon_{Q-k} + \mu + \frac{i\hbar}{2\tau}\text{sign}(\varepsilon_n - \omega_\lambda)}$$
$$= n_i|v_{\text{imp}}|^2 N(\varepsilon_{\text{F}}) \int d\varepsilon \frac{1}{i\varepsilon_n - \varepsilon + \mu + \frac{i\hbar}{2\tau}\text{sign}(\varepsilon_n)}$$
$$\times \left[\frac{1}{\Delta} + \frac{\frac{\hbar^2 Q^2}{2m}}{\Delta^2} + \frac{\frac{\hbar^4(k\cdot Q)^2}{m^2}}{\Delta^3} + \cdots \right]$$
$$\sim 2\pi i n_i |v_{\text{imp}}|^2 N(\varepsilon_{\text{F}}) \theta(\varepsilon_n)\theta(\omega_\lambda - \varepsilon_n)$$
$$\times \left[\frac{1}{i\omega_\lambda + \frac{i\hbar}{\tau}} - \frac{\frac{\hbar^2 Q^2}{2m}}{(i\omega_\lambda + \frac{i\hbar}{\tau})^2} + \frac{\varepsilon_{\text{F}}\frac{2\hbar^2 Q^2}{3m}}{(i\omega_\lambda + \frac{i\hbar}{\tau})^3}\right]$$
$$\sim \theta(\varepsilon_n)\theta(\omega_\lambda - \varepsilon_n)\frac{\hbar}{\tau}\left[\frac{1}{\omega_\lambda + \frac{\hbar}{\tau}} + \frac{\tau^2}{\hbar^2}\left\{i\frac{\hbar^2 Q^2}{2m} - \frac{2\hbar^2 Q^2}{3m}\frac{\varepsilon_{\text{F}}\tau}{\hbar}\right\}\right]$$
$$\sim \theta(\varepsilon_n)\theta(\omega_\lambda - \varepsilon_n)\left[1 - \frac{\omega_\lambda \tau}{\hbar} - D_0 \tau Q^2\right] \tag{8.58}$$

と計算できる．ここで Δ は $\Delta = i\varepsilon_n - i\omega_\lambda - \varepsilon + \mu + \frac{i\hbar}{2\tau}\text{sign}(\varepsilon_n - \omega_\lambda)$ と定義したものであり，第2式の $(k\cdot Q)^2$ は $\frac{1}{3}k_{\text{F}}^2 Q^2$ として計算した（$\langle k_x^2 \rangle \sim \frac{k_{\text{F}}^2}{3}$ など）．また ω_λ についてもテイラー展開し，$\varepsilon_{\text{F}}\tau/\hbar \gg 1$ とした．また $D_0 = 2\varepsilon_{\text{F}}\tau/3m = v_{\text{F}}^2 \tau/3$ は「拡散係数」と呼ばれるパラメータである．

これを用いると

$$C(Q, i\varepsilon_n, i\varepsilon_n - i\omega_\lambda) = \begin{cases} \frac{\frac{n_i}{V}|v_{\text{imp}}|^2}{\frac{\omega_\lambda \tau}{\hbar} + D_0 \tau Q^2}, & \theta(\varepsilon_n)\theta(\omega_\lambda - \varepsilon_n) = 1 \text{ のとき,} \\ \frac{n_i}{V}|v_{\text{imp}}|^2, & \theta(\varepsilon_n)\theta(\omega_\lambda - \varepsilon_n) = 0 \text{ のとき} \end{cases} \tag{8.59}$$

となることがわかる．とくに輸送係数で重要になる $\theta(\varepsilon_n)\theta(\omega_\lambda - \varepsilon_n) = 1$，つまり $0 < \varepsilon_n < \omega_\lambda$ のときに分母が小さくなるという特異な形をしている（これは超伝導の不安定性と同じものであるが，それは後の章で述べる）．

結局，図 8.12 (b) に相当する電気伝導度への寄与は，図 8.14 を参考に

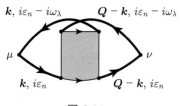

図 8.14

$$\Delta\Phi_{\mu\nu}(\mathbf{0}, i\omega_\lambda) = -\frac{2k_{\mathrm{B}}T}{V} \sum_{n,\mathbf{k},\mathbf{Q}} \Gamma_\mu^{(0)}(\mathbf{k}) \mathscr{G}(\mathbf{k}, i\varepsilon_n) \mathscr{G}(\mathbf{k}, i\varepsilon_n - i\omega_\lambda)$$

$$\times C(\mathbf{Q}, i\varepsilon_n, i\varepsilon_n - i\omega_\lambda) \Gamma_\nu^{(0)}(\mathbf{Q} - \mathbf{k}) \mathscr{G}(\mathbf{Q} - \mathbf{k}, i\varepsilon_n) \mathscr{G}(\mathbf{Q} - \mathbf{k}, i\varepsilon_n - i\omega_\lambda)$$

$$(8.60)$$

となることがわかる．ここで，不純物ポテンシャルはデルタ関数型と仮定しているので，電流ヴァーテックスの補正は不要である．また，C の中の第 1 項の $\frac{n_i}{V}|v_{\mathrm{imp}}|^2$ の項は，ヴァーテックス関数と二重に数えていることになるが，やはりデルタ関数型ポテンシャルのためにその項も消えるので問題はない．C は計算の結果 ε_n によらなかったので，(8.60) 式の ε_n の和は，これまでと同様に実行できる．和のうち輸送現象に重要な $G^R G^A$ が現れる部分（領域 II）を取り出せば

$$k_{\mathrm{B}}T \sum_n \mathscr{G}(\mathbf{k}, i\varepsilon_n) \mathscr{G}(\mathbf{k}, i\varepsilon_n - i\omega_\lambda) \mathscr{G}(\mathbf{Q} - \mathbf{k}, i\varepsilon_n) \mathscr{G}(\mathbf{Q} - \mathbf{k}, i\varepsilon_n - i\omega_\lambda)$$

$$= -\int \frac{dz}{2\pi i} F(z)$$

$$\times \frac{1}{z - \varepsilon_{\mathbf{k}} + \mu + \frac{i\hbar}{2\tau}\mathrm{sign}(\varepsilon_n)} \frac{1}{z - i\omega_\lambda - \varepsilon_{\mathbf{k}} + \mu + \frac{i\hbar}{2\tau}\mathrm{sign}(\varepsilon_n - \omega_\lambda)}$$

$$\times \frac{1}{z - \varepsilon_{\mathbf{Q}-\mathbf{k}} + \mu + \frac{i\hbar}{2\tau}\mathrm{sign}(\varepsilon_n)} \frac{1}{z - i\omega_\lambda - \varepsilon_{\mathbf{Q}-\mathbf{k}} + \mu + \frac{i\hbar}{2\tau}\mathrm{sign}(\varepsilon_n - \omega_\lambda)}$$

$$= \int_{-\infty}^{\infty} \frac{d\varepsilon}{2\pi i} F(\varepsilon) \Big[G^R(\mathbf{k}, \varepsilon + i\omega_\lambda) G^A(\mathbf{k}, \varepsilon) G^R(\mathbf{Q} - \mathbf{k}, \varepsilon + i\omega_\lambda) G^A(\mathbf{Q} - \mathbf{k}, \varepsilon)$$

$$- G^R(\mathbf{k}, \varepsilon) G^A(\mathbf{k}, \varepsilon - i\omega_\lambda) G^R(\mathbf{Q} - \mathbf{k}, \varepsilon) G^A(\mathbf{Q} - \mathbf{k}, \varepsilon - i\omega_\lambda) \Big]$$

$$(8.61)$$

を用いればよい．これを (8.60) 式に代入し，さらに $i\omega_\lambda \to \hbar\omega + i\delta$ と解析接続して ω の 1 次を取り出せば，電気伝導度の補正として

$$\lim_{\omega \to 0} \Delta\sigma_{\mu\nu}(\mathbf{0}, \omega)$$

$$= -\frac{2}{V} \frac{e^2 \hbar^3}{m^2} \sum_{\mathbf{k},\mathbf{Q}} k_\mu (Q_\nu - k_\nu)$$

$$\times \int_{-\infty}^{\infty} \frac{d\varepsilon}{2\pi} f'(\varepsilon) \frac{\frac{n_i}{V}|v_{\mathrm{imp}}|^2}{D_0 \tau Q^2} \frac{1}{(\varepsilon - \varepsilon_{\mathbf{k}})^2 + \frac{\hbar^2}{4\tau^2}} \frac{1}{(\varepsilon - \varepsilon_{\mathbf{Q}-\mathbf{k}})^2 + \frac{\hbar^2}{4\tau^2}}$$

$$= \frac{2e^2 \hbar^3}{m^2} \frac{n_i}{V^2} |v_{\mathrm{imp}}|^2 \sum_{\mathbf{k},\mathbf{Q}} k_\mu k_\nu$$

$$\times \int_{-\infty}^{\infty} \frac{d\varepsilon}{2\pi} f'(\varepsilon) \frac{1}{D_0 \tau Q^2} \left[\frac{1}{\left\{ (\varepsilon - \varepsilon_{\mathbf{k}})^2 + \frac{\hbar^2}{4\tau^2} \right\}^2} + O(Q^2) \right]$$

$$\sim \frac{2e^2 \hbar^3}{m^2} \frac{n_i}{V^2} |v_{\mathrm{imp}}|^2 \sum_{\mathbf{k},\mathbf{Q}} k_\mu k_\nu \frac{f'(\varepsilon_{\mathbf{k}})}{4(\hbar/2\tau)^3} \frac{1}{D_0 \tau Q^2}$$

152　第 8 章　電気伝導度

$$\sim -\frac{e^2\hbar}{3m}\frac{n_i}{V}|v_{\text{imp}}|^2\varepsilon_{\text{F}}N(\varepsilon_{\text{F}})\delta_{\mu\nu}\sum_{\boldsymbol{Q}}\frac{1}{(\hbar/2\tau)^3}\frac{1}{D_0\tau Q^2}$$

$$\sim -\frac{2e^2}{\pi\hbar}\delta_{\mu\nu}\frac{1}{V}\sum_{\boldsymbol{Q}}\frac{1}{Q^2} \tag{8.62}$$

を得る．最後の式の $\boldsymbol{Q}$ 積分は 3 次元なら収束するが，1 次元・2 次元では発散する（1 次元・2 次元では係数の数因子が若干異なる）．この結果は，電気伝導度が負に発散するということなので，局在ということを意味する．この発散はアンダーソン局在のスケーリングに結び付くのだが，ここではこれ以上深入りしない．

8.9 ホール伝導度

ホール伝導度は電流を運ぶ粒子が，電子であるかホールであるかを決める重要な輸送係数である．しかし系に電場・磁場を同時にかけた場合の線形応答理論なので，多少複雑になる．電場・磁場の効果はハミルトニアンにはベクトルポテンシャル $\boldsymbol{A}(\boldsymbol{r},t)$ として入るので，ホール伝導度を調べる場合，2 通りのベクトルポテンシャル $\boldsymbol{A}(\boldsymbol{r})$ と $\tilde{\boldsymbol{A}}(t)$ を導入して

$$\boldsymbol{E}(t) = -\frac{\partial}{\partial t}\tilde{\boldsymbol{A}}(t), \qquad \boldsymbol{B}(\boldsymbol{r}) = \text{rot}\,\boldsymbol{A}(\boldsymbol{r}) \tag{8.63}$$

と考えることにする．電流演算子は (2.64) 式のように書けるので，今の場合

$$\hat{\boldsymbol{j}}(\boldsymbol{r}) = \hat{\boldsymbol{j}}^{\text{para}}(\boldsymbol{r}) - \frac{e^2}{m}\tilde{\boldsymbol{A}}(t)\hat{\rho}(\boldsymbol{r}) - \frac{e^2}{m}\boldsymbol{A}(\boldsymbol{r})\hat{\rho}(\boldsymbol{r}) \tag{8.64}$$

と書ける．まずは時間に依存する $\tilde{\boldsymbol{A}}(t)$ について線形応答理論を適用すれば

$$\langle j_\mu(\boldsymbol{r})\rangle_\omega = \sum_\nu \int \Phi_{\mu\nu}(\boldsymbol{r},\boldsymbol{r}',\omega)\tilde{A}_\nu(\omega)d\boldsymbol{r}' - \frac{e^2}{m}\langle\hat{\rho}(\boldsymbol{r})\rangle\tilde{A}_\mu(\omega), \tag{8.65}$$

$$\Phi_{\mu\nu}(\boldsymbol{r},\boldsymbol{r}',i\omega_\lambda) = \int_0^\beta d\tau e^{i\omega_\lambda\tau}\left\langle T_\tau\left\{\hat{j}_\mu^{\text{para}}(\boldsymbol{r},\tau) - \frac{e^2}{m}A_\mu(\boldsymbol{r})\hat{\rho}(\boldsymbol{r},\tau)\right\}\right.$$
$$\left. \times\left\{\hat{j}_\nu^{\text{para}}(\boldsymbol{r}',0) - \frac{e^2}{m}A_\nu(\boldsymbol{r}')\hat{\rho}(\boldsymbol{r}',0)\right\}\right\rangle \tag{8.66}$$

となる．これが電場に対して 1 次の線形応答であるが，この各項について磁場に関して 1 次摂動まで計算すればホール伝導度が得られる．

ただし磁場に対しては注意が必要である．一様な磁場をかけるのだが $\boldsymbol{B}(\boldsymbol{r}) = \text{rot}\,\boldsymbol{A}(\boldsymbol{r})$ の式のために，どのようなゲージを取っても $\boldsymbol{A}(\boldsymbol{r})$ があからさまに座標演算子 $\boldsymbol{r}$ に比例した成分を持ってしまう．この場合，この章の最初の脚注でも述べたように，$\boldsymbol{r}$ は ill-defined な演算子であり，そのまま扱うと非常に危険である．その代わりに，あえて $\boldsymbol{A}(\boldsymbol{r})$ を $\boldsymbol{A}_{\boldsymbol{q}}e^{i\boldsymbol{q}\cdot\boldsymbol{r}}$ の形として，すべての計算の

8.9 ホール伝導度　**153**

後で $\boldsymbol{q} \to \boldsymbol{0}$ の極限を取ることにする[*15]．このようにすると，得られた結果は必ず

$$(q_\mu A_{\boldsymbol{q},\nu} - q_\nu A_{\boldsymbol{q},\mu}) \quad (\mu,\nu = x,y,z) \tag{8.67}$$

に比例したものになるはずである．この形が求まれば，結果がゲージ不変であることが保証される．このように，いったんフーリエ空間に移ってから $\boldsymbol{q} \to 0$ の摂動の最低次項を取ることにより，座標演算子 $\hat{\boldsymbol{r}}$ の困難を克服するのである．

(8.66) 式の磁場についての 1 次の項は，

$$\Phi_{\mu\nu}(\boldsymbol{r},\boldsymbol{r}',i\omega_\lambda) =$$

$$\sum_\alpha \int_0^\beta d\tau e^{i\omega_\lambda \tau} \int d\boldsymbol{r}'' \int_0^\beta d\tau'' \langle T_\tau \hat{j}_\mu^{\mathrm{para}}(\boldsymbol{r},\tau)\hat{j}_\nu^{\mathrm{para}}(\boldsymbol{r}',0)\hat{j}_\alpha^{\mathrm{para}}(\boldsymbol{r}'',\tau'')\rangle A_\alpha(\boldsymbol{r}'')$$

$$-\frac{e^2}{m}\int_0^\beta d\tau e^{i\omega_\lambda \tau}\Big[\langle T_\tau \hat{\rho}(\boldsymbol{r},\tau)\hat{j}_\nu^{\mathrm{para}}(\boldsymbol{r}',0)\rangle A_\mu(\boldsymbol{r})$$

$$+ \langle T_\tau \hat{j}_\mu^{\mathrm{para}}(\boldsymbol{r},\tau)\hat{\rho}(\boldsymbol{r}',0)\rangle A_\nu(\boldsymbol{r}')\Big] \tag{8.68}$$

である．この式に $\boldsymbol{A}(\boldsymbol{r}) = \boldsymbol{A}_{\boldsymbol{q}}e^{i\boldsymbol{q}\cdot\boldsymbol{r}}$ を代入し，それぞれの演算子をフーリエ成分で表す．さらに (8.65) 式で $\boldsymbol{r}'$ 積分があることを考慮すると，$\int d\boldsymbol{r}'\Phi_{\mu\nu}(\boldsymbol{r},\boldsymbol{r}',i\omega_\lambda)$ は $e^{i\boldsymbol{q}\cdot\boldsymbol{r}}$ に比例することがわかる．これはベクトルポテンシャル $\boldsymbol{A}(\boldsymbol{r})$ が波数 $\boldsymbol{q}$ を持つからである．結局，求めるフーリエ成分は

$$\Phi_{\mu\nu}(\boldsymbol{q},i\omega_\lambda) \equiv \frac{1}{V}\iint e^{-i\boldsymbol{q}\cdot\boldsymbol{r}}\Phi_{\mu\nu}(\boldsymbol{r},\boldsymbol{r}',i\omega_\lambda)d\boldsymbol{r}d\boldsymbol{r}'$$

$$= \frac{1}{V}\sum_\alpha \int_0^\beta d\tau e^{i\omega_\lambda \tau}\int_0^\beta d\tau'' \langle T_\tau \hat{j}_{\boldsymbol{q},\mu}^{\mathrm{para}}(\tau)\hat{j}_{\boldsymbol{0},\nu}^{\mathrm{para}}(0)\hat{j}_{-\boldsymbol{q},\alpha}^{\mathrm{para}}(\tau'')\rangle A_{\boldsymbol{q},\alpha}$$

$$-\frac{e^2}{mV}\int_0^\beta d\tau e^{i\omega_\lambda \tau}\Big[\langle T_\tau \hat{\rho}_{\boldsymbol{0}}(\tau)\hat{j}_{\boldsymbol{0},\nu}^{\mathrm{para}}(0)\rangle A_{\boldsymbol{q},\mu} + \langle T_\tau \hat{j}_{\boldsymbol{q},\mu}^{\mathrm{para}}(\tau)\hat{\rho}_{-\boldsymbol{q}}(0)\rangle A_{\boldsymbol{q},\nu}\Big] \tag{8.69}$$

と得られる．それぞれの項はこれまでの方法と同様に温度グリーン関数を用いて

$$\Phi_{\mu\nu}^{3J}(\boldsymbol{q},i\omega_\lambda) = \frac{2k_{\mathrm{B}}T}{V}\sum_{n,\boldsymbol{k},\alpha}\Big[$$

$$+ \Gamma_\mu\Big(\boldsymbol{k}+\frac{\boldsymbol{q}}{2},\boldsymbol{k}-\frac{\boldsymbol{q}}{2},i\varepsilon_n,i\varepsilon_{n-}\Big)\mathscr{G}\Big(\boldsymbol{k}+\frac{\boldsymbol{q}}{2},i\varepsilon_n\Big)\mathscr{G}\Big(\boldsymbol{k}-\frac{\boldsymbol{q}}{2},i\varepsilon_{n-}\Big)$$

$$\times \Gamma_\alpha\Big(\boldsymbol{k}-\frac{\boldsymbol{q}}{2},\boldsymbol{k}+\frac{\boldsymbol{q}}{2},i\varepsilon_{n-},i\varepsilon_{n-}\Big)\mathscr{G}\Big(\boldsymbol{k}+\frac{\boldsymbol{q}}{2},i\varepsilon_{n-}\Big)$$

$$\times \Gamma_\nu\Big(\boldsymbol{k}+\frac{\boldsymbol{q}}{2},\boldsymbol{k}+\frac{\boldsymbol{q}}{2},i\varepsilon_{n-},i\varepsilon_n\Big)$$

[*15] 波数 $\boldsymbol{q}$ を用いた最初は J. E. Hebborn, J. M. Luttinger, E. H. Sondheimer, and P. J. Stiles, J. Phys. Chem. Solids **25**, 741 (1964)．$\boldsymbol{q}$ を使ってゲージ不変性を初めて示したのは H. Fukuyama, H. Ebisawa, and Y. Wada, 前掲書（脚注 10）．ベクトルポテンシャル $\boldsymbol{A}(t)$ は実でなければならないが，計算の最後で $\boldsymbol{q}$ の結果と $-\boldsymbol{q}$ の結果を合わせて 2 で割ればよい．結果は単一の $\boldsymbol{q}$ で計算したものと変わらない．

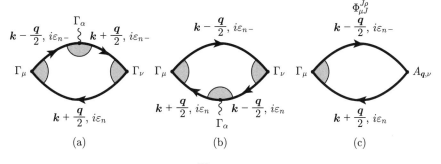

図 8.15

$$+ \Gamma_\mu \left(\bm{k}+\frac{\bm{q}}{2}, \bm{k}-\frac{\bm{q}}{2}, i\varepsilon_n, i\varepsilon_{n-}\right) \mathscr{G}\left(\bm{k}+\frac{\bm{q}}{2}, i\varepsilon_n\right) \mathscr{G}\left(\bm{k}-\frac{\bm{q}}{2}, i\varepsilon_{n-}\right)$$
$$\times \Gamma_\nu \left(\bm{k}-\frac{\bm{q}}{2}, \bm{k}-\frac{\bm{q}}{2}, i\varepsilon_{n-}, i\varepsilon_n\right) \mathscr{G}\left(\bm{k}-\frac{\bm{q}}{2}, i\varepsilon_n\right)$$
$$\times \Gamma_\alpha \left(\bm{k}-\frac{\bm{q}}{2}, \bm{k}+\frac{\bm{q}}{2}, i\varepsilon_n, i\varepsilon_n\right) \Big] A_{\bm{q},\alpha}, \tag{8.70}$$

$$\Phi^{\rho J}_{\mu\nu}(\bm{q}, i\omega_\lambda) = 0,$$
$$\Phi^{J\rho}_{\mu\nu}(\bm{q}, i\omega_\lambda) = \frac{2e^2 k_B T}{mV} \sum_{n,\bm{k}} \Gamma_\mu\left(\bm{k}+\frac{\bm{q}}{2}, \bm{k}-\frac{\bm{q}}{2}, i\varepsilon_n, i\varepsilon_{n-}\right)$$
$$\times \mathscr{G}\left(\bm{k}+\frac{\bm{q}}{2}, i\varepsilon_n\right) \mathscr{G}\left(\bm{k}-\frac{\bm{q}}{2}, i\varepsilon_{n-}\right) A_{\bm{q},\nu} \tag{8.71}$$

と書ける（$i\varepsilon_{n-}$ は $i\varepsilon_n - i\omega_\lambda$ の省略である）．0 以外の項を，それぞれ図 8.15 に図示した．(8.69) 式の第 2 項の $\Phi^{\rho J}_{\mu\nu}(\bm{q}, i\omega_\lambda)$ は，$\hat{j}^{\text{para}}_{0,\nu}(0)$ が一般に $\bm{k}$ の奇関数なので $\bm{k}$ 積分の結果 0 となる．最後に，(8.65) 式の第 2 項からも 1 次摂動で

$$\frac{e^2}{mV} \int_0^\beta d\tau \langle T_\tau \hat{\rho}_{\bm{q}} j^{\text{para}}_{-\bm{q},\alpha}(\tau) \rangle A_{\bm{q},\alpha}$$
$$= -\frac{2e^2 k_B T}{mV} \sum_{n,\bm{k},\alpha} \mathscr{G}\left(\bm{k}+\frac{\bm{q}}{2}, i\varepsilon_n\right) \mathscr{G}\left(\bm{k}-\frac{\bm{q}}{2}, i\varepsilon_n\right)$$
$$\times \Gamma_\alpha\left(\bm{k}+\frac{\bm{q}}{2}, \bm{k}-\frac{\bm{q}}{2}, i\varepsilon_n, i\varepsilon_n\right) A_{\bm{q},\alpha} \tag{8.72}$$

という項が現れるが，これは $\bm{q}$ の 1 次のオーダーで 0 なので考えなくてよい．

ここまではグリーン関数を用いた厳密な表式である．これをもとに，後で述べるワード恒等式を用いると，非常にコンパクトなホール伝導度に対する表式が得られる[*16]．ここでは自由電子ガスモデルで，かつ不純物散乱ポテンシャルがデルタ関数型で，ヴァーテックス補正がない簡単な場合について計算しよう．

[*16] H. Fukuyama, H. Ebisawa, and Y. Wada, Prog. Theor. Phys. **42**, 494 (1969). これは一般のヴァーテックス関数について厳密な σ_{xy} の形を導出している．さらに，バンド間効果を含めて多バンドの場合のグリーン関数を用いた厳密な形は H. Fukuyama, Prog. Theor. Phys. **42**, 1284 (1969) によって得られた．現在，福山公式と呼ばれている．

$\boldsymbol{q}$ の 1 次を取り出すと，それぞれの項は

$$
\begin{aligned}
\Phi_{\mu\nu}^{3J}(\boldsymbol{q},i\omega_\lambda) = \frac{2e^3\hbar^3 k_{\mathrm{B}}T}{m^3 V}\sum_{n,\boldsymbol{k},\alpha}\Bigg[& k_\mu k_\nu k_\alpha \frac{\boldsymbol{q}}{2}\cdot\boldsymbol{\nabla}\mathscr{G}(\boldsymbol{k},i\varepsilon_n)\mathscr{G}^2(\boldsymbol{k},i\varepsilon_{n-}) \\
& + k_\mu k_\alpha \frac{q_\nu}{2}\{\mathscr{G}(\boldsymbol{k},i\varepsilon_n)\mathscr{G}^2(\boldsymbol{k},i\varepsilon_{n-}) - \mathscr{G}^2(\boldsymbol{k},i\varepsilon_n)\mathscr{G}(\boldsymbol{k},i\varepsilon_{n-})\} \\
& - k_\mu k_\nu k_\alpha \mathscr{G}^2(\boldsymbol{k},i\varepsilon_n)\frac{\boldsymbol{q}}{2}\cdot\boldsymbol{\nabla}\mathscr{G}(\boldsymbol{k},i\varepsilon_{n-})\Bigg]A_{\boldsymbol{q},\alpha},
\end{aligned}
$$

$$
\begin{aligned}
\Phi_{\mu\nu}^{J\rho}(\boldsymbol{q},i\omega_\lambda) = \frac{2e^3\hbar k_{\mathrm{B}}T}{m^2 V}\sum_{n,\boldsymbol{k}}k_\mu\Bigg\{ & \frac{\boldsymbol{q}}{2}\cdot\boldsymbol{\nabla}\mathscr{G}(\boldsymbol{k},i\varepsilon_n)\mathscr{G}(\boldsymbol{k},i\varepsilon_{n-}) \\
& - \mathscr{G}(\boldsymbol{k},i\varepsilon_n)\frac{\boldsymbol{q}}{2}\cdot\boldsymbol{\nabla}\mathscr{G}(\boldsymbol{k},i\varepsilon_{n-})\Bigg\}A_{\boldsymbol{q},\nu}
\end{aligned}
\tag{8.73}
$$

を得る．2 つの項を合計し，$\frac{\hbar^2 k_\alpha}{m}\mathscr{G}^2(\boldsymbol{k},i\varepsilon_{n-}) = \frac{\partial}{\partial k_\alpha}\mathscr{G}(\boldsymbol{k},i\varepsilon_{n-})$ という関係式（これは，12.4 節で示すようにワード恒等式から導出できる）を用いて整理すると

$$
\begin{aligned}
& \Phi_{\mu\nu}^{\mathrm{tot}}(\boldsymbol{q},i\omega_\lambda) \\
& = \frac{e^3\hbar k_{\mathrm{B}}T}{m^2 V}\sum_{n,\boldsymbol{k},\alpha\beta}k_\mu k_\nu \frac{\partial}{\partial k_\alpha}\mathscr{G}(\boldsymbol{k},i\varepsilon_n)\frac{\partial}{\partial k_\beta}\mathscr{G}(\boldsymbol{k},i\varepsilon_{n-})(q_\alpha A_{\boldsymbol{q},\beta} - q_\beta A_{\boldsymbol{q},\alpha}) \\
& \quad + \sum_{n,\boldsymbol{k},\alpha}k_\mu\Bigg\{\mathscr{G}(\boldsymbol{k},i\varepsilon_n)\frac{\partial}{\partial k_\alpha}\mathscr{G}(\boldsymbol{k},i\varepsilon_{n-}) - \frac{\partial}{\partial k_\alpha}\mathscr{G}(\boldsymbol{k},i\varepsilon_n)\mathscr{G}(\boldsymbol{k},i\varepsilon_{n-})\Bigg\} \\
& \qquad\qquad \times (q_\nu A_{\boldsymbol{q},\alpha} - q_\alpha A_{\boldsymbol{q},\nu})
\end{aligned}
\tag{8.74}
$$

が得られる．この式はちょうど (8.67) 式の形をしており，結果がゲージ不変であることを保証している．この式をもう少し整理する．第 1 項は α と β の入れ替えに対して反対称であることを使って，部分積分する．さらに温度グリーン関数は $|\boldsymbol{k}|$ にしかよらないので，例えば k_α 微分は k_α に比例する．また，波数 k の添字が揃っていないと，積分が 0 になってしまうことを考慮すると

$$
\begin{aligned}
& \Phi_{\mu\nu}^{\mathrm{tot}}(\boldsymbol{q},i\omega_\lambda) = \frac{e^3\hbar k_{\mathrm{B}}T}{2m^2 V}\sum_{n,\boldsymbol{k}}(q_\mu A_{\boldsymbol{q},\nu} - q_\nu A_{\boldsymbol{q},\mu}) \\
& \times \Bigg[k_\mu\Big\{\frac{\partial}{\partial k_\mu}\mathscr{G}(\boldsymbol{k},i\varepsilon_n)\mathscr{G}(\boldsymbol{k},i\varepsilon_{n-}) - \mathscr{G}(\boldsymbol{k},i\varepsilon_n)\frac{\partial}{\partial k_\mu}\mathscr{G}(\boldsymbol{k},i\varepsilon_{n-})\Big\} \\
& \quad + k_\nu\Big\{\frac{\partial}{\partial k_\nu}\mathscr{G}(\boldsymbol{k},i\varepsilon_n)\mathscr{G}(\boldsymbol{k},i\varepsilon_{n-}) - \mathscr{G}(\boldsymbol{k},i\varepsilon_n)\frac{\partial}{\partial k_\nu}\mathscr{G}(\boldsymbol{k},i\varepsilon_{n-})\Big\}\Bigg].
\end{aligned}
\tag{8.75}
$$

ここで具体的に $\mu = x, \nu = y$ と置き，xy の対称性などを用いて変形すると

$$
\begin{aligned}
& \Phi_{xy}^{\mathrm{tot}}(\boldsymbol{q},i\omega_\lambda) \\
& = \frac{e^3\hbar k_{\mathrm{B}}T B_z}{im^2 V}\sum_{n,\boldsymbol{k}}k_x\frac{\partial\varepsilon_{\boldsymbol{k}}}{\partial k_x}\{\mathscr{G}^2(\boldsymbol{k},i\varepsilon_n)\mathscr{G}(\boldsymbol{k},i\varepsilon_{n-}) - \mathscr{G}(\boldsymbol{k},i\varepsilon_n)\mathscr{G}^2(\boldsymbol{k},i\varepsilon_{n-})\}
\end{aligned}
$$

156　第 8 章　電気伝導度

$$
\begin{aligned}
&= -\frac{e^3\hbar B_z}{im^2 V}\sum_{\boldsymbol{k}} k_x \frac{\partial \varepsilon_{\boldsymbol{k}}}{\partial k_x}\int \frac{dz}{2\pi i}F(z)\\
&\quad \times \Bigg\{\frac{1}{(z-\varepsilon_{\boldsymbol{k}}+\mu+\frac{i\hbar}{2\tau}\mathrm{sign}(\varepsilon_n))^2}\frac{1}{z-i\omega_\lambda-\varepsilon_{\boldsymbol{k}}+\mu+\frac{i\hbar}{2\tau}\mathrm{sign}(\varepsilon_n-\omega_\lambda)}\\
&\quad -\frac{1}{z-\varepsilon_{\boldsymbol{k}}+\mu+\frac{i\hbar}{2\tau}\mathrm{sign}(\varepsilon_n)}\frac{1}{(z-i\omega_\lambda-\varepsilon_{\boldsymbol{k}}+\mu+\frac{i\hbar}{2\tau}\mathrm{sign}(\varepsilon_n-\omega_\lambda))^2}\Bigg\}\\
&= \frac{e^3\hbar B_z}{im^2 V}\sum_{\boldsymbol{k}} k_x \frac{\partial \varepsilon_{\boldsymbol{k}}}{\partial k_x}\\
&\quad \times \int \frac{d\varepsilon}{2\pi i}f(\varepsilon)\Big\{G^{R2}(\boldsymbol{k},\varepsilon+i\omega_\lambda)G^A(\boldsymbol{k},\varepsilon)-G^R(\boldsymbol{k},\varepsilon)G^{A2}(\boldsymbol{k},\varepsilon-i\omega_\lambda)\Big\}
\end{aligned}
$$
$$(8.76)$$

と得られる．さらに $i\omega_\lambda$ について解析接続し，その後 ω の１次までテイラー展開すれば，電気伝導度の非対角成分は

$$
\begin{aligned}
\sigma_{xy} &= \frac{e^3\hbar^2 B_z}{im^2 V}\sum_{\boldsymbol{k}} k_x \frac{\partial \varepsilon_{\boldsymbol{k}}}{\partial k_x}\int \frac{d\varepsilon}{2\pi}f'(\varepsilon)\Big\{G^{R2}(\boldsymbol{k},\varepsilon)G^A(\boldsymbol{k},\varepsilon)-G^R(\boldsymbol{k},\varepsilon)G^{A2}(\boldsymbol{k},\varepsilon)\Big\}\\
&= -\frac{e^3\hbar^2 B_z}{m^2 V}\sum_{\boldsymbol{k}} k_x \frac{\partial \varepsilon_{\boldsymbol{k}}}{\partial k_x}\int \frac{d\varepsilon}{2(\hbar/2\tau)^2}f'(\varepsilon)\delta(\varepsilon-\varepsilon_{\boldsymbol{k}})\\
&= -\frac{2e^3\tau^2 B_z}{m^2 V}\sum_{\boldsymbol{k}} k_x \frac{\partial \varepsilon_{\boldsymbol{k}}}{\partial k_x}f'(\varepsilon_{\boldsymbol{k}})=\frac{ne^3\tau^2 B_z}{m^2}
\end{aligned}
$$
$$(8.77)$$

となる．これを用いれば，ホール抵抗は

$$
R_{\mathrm{H}} = \frac{\sigma_{xy}}{\sigma_{xx}^2 B_z}=\frac{1}{ne} \tag{8.78}
$$

と得られる．今電子の電荷は $e<0$ なので，電子の場合のホール係数は負である．

　以上のように久保公式からホール係数が計算できることになった．ただしこれもボルツマン方程式（またはドゥルーデの結果）を再現しただけである．実際には多体効果などのためにホール係数が強い温度依存性を示すような場合もあり，温度によって正負の符号が変わることすらある．これらは明らかにボルツマン方程式を超えた現象であり，ミクロな手法によって明らかにすべき問題であるといえる．

8.10　異常ホール効果

　一般的なブロッホバンドの場合のハミルトニアンについて 2.6 節で説明した．とくにスピン軌道相互作用は (2.40) 式で与えられ，電流演算子は (2.68) 式で与えられることを見た．長い伏線であったが，ここで初めて多バンドの場合の電流演算子を用いることにする．異常ホール効果とは，前節のホール効果とは違い，x 軸にかけた電場のみで y 方向の電流が流れる効果である．もちろん通常

はそんなことは起こらないが，系が時間反転対称性を破って自発磁化を持っているような場合（例えば，鉄やニッケルの強磁性体）に異常ホール効果が生じる．ホール効果は磁場によるローレンツ力（つまり軌道運動に対する効果）によって生じるが，強磁性体のように電子のスピン磁気モーメントによってホール効果が生じるかどうかは自明ではない．しかし Karplus–Luttinger[*17]は，自発磁化とスピン軌道相互作用の両方があれば，不純物なしでも異常ホール効果が生じることを示した．これを内因的（intrinsic）異常ホール効果という．以下これを見よう．

不純物散乱もなく，電子間相互作用も考えなければ $\sigma_{\mu\nu}$ は単純に $\hat{j}_{\mu}$ と $\hat{j}_{\nu}$ の相関で計算できる．この $\hat{j}_{\mu}$ のところに多バンドの電流演算子 (2.68) 式を代入すれば (8.14) 式と同じようにして

$$
\begin{aligned}
\Phi_{\mu\nu}(\boldsymbol{q}=\boldsymbol{0}, i\omega_\lambda) = & -\frac{e^2}{\hbar^2}\frac{k_{\mathrm{B}}T}{V}\sum_{n,\boldsymbol{k}}\sum_{\ell}\frac{\partial\varepsilon_\ell}{\partial k_\mu}\frac{\partial\varepsilon_\ell}{\partial k_\nu}\mathscr{G}_\ell^{(0)}(\boldsymbol{k}, i\varepsilon_n)\mathscr{G}_\ell^{(0)}(\boldsymbol{k}, i\varepsilon_n - i\omega_\lambda) \\
& +\frac{e^2}{\hbar^2}\frac{k_{\mathrm{B}}T}{V}\sum_{n,\boldsymbol{k}}\sum_{\ell\neq\ell'}(\varepsilon_\ell(\boldsymbol{k})-\varepsilon_{\ell'}(\boldsymbol{k}))^2\int d\boldsymbol{r}u_{\ell'\boldsymbol{k}}^\dagger(\boldsymbol{r})\frac{\partial u_{\ell\boldsymbol{k}}(\boldsymbol{r})}{\partial k_\mu} \\
& \times\int d\boldsymbol{r}u_{\ell\boldsymbol{k}}^\dagger(\boldsymbol{r})\frac{\partial u_{\ell'\boldsymbol{k}}(\boldsymbol{r})}{\partial k_\nu}\mathscr{G}_\ell^{(0)}(\boldsymbol{k}, i\varepsilon_n)\mathscr{G}_{\ell'}^{(0)}(\boldsymbol{k}, i\varepsilon_n - i\omega_\lambda)
\end{aligned}
\tag{8.79}
$$

を得る．ここで $u_{\ell\boldsymbol{k}}(\boldsymbol{r})$ は (2.41) 式で与えられるような，スピン軌道相互作用を含んだ 2 行 1 列のブロッホの波動関数の周期関数部分を表し，ℓ はバンドの番号およびスピンの自由度に関する和を含むとする．また，$\mathscr{G}_\ell^{(0)}(\boldsymbol{k}, i\varepsilon_n)$ は ℓ 番目の温度グリーン関数で $\mathscr{G}_\ell^{(0)}(\boldsymbol{k}, i\varepsilon_n) = 1/(i\varepsilon_n - \varepsilon_\ell(\boldsymbol{k}) + \mu)$ である．

松原振動数についての和を $F(z)$ を用いた複素積分で評価し，グリーン関数の極を拾えば，(8.79) 式の第 1 項は $\boldsymbol{q} = \boldsymbol{0}$ なので消えてしまい，第 2 項だけ残って

$$
\begin{aligned}
\Phi_{\mu\nu}(\boldsymbol{q}=\boldsymbol{0}, i\omega_\lambda) = & \frac{e^2}{\hbar^2}\frac{1}{V}\sum_{\boldsymbol{k}}\sum_{\ell\neq\ell'}(\varepsilon_\ell(\boldsymbol{k})-\varepsilon_{\ell'}(\boldsymbol{k}))^2\int d\boldsymbol{r}u_{\ell'\boldsymbol{k}}^\dagger(\boldsymbol{r})\frac{\partial u_{\ell\boldsymbol{k}}(\boldsymbol{r})}{\partial k_\mu} \\
& \times\int d\boldsymbol{r}u_{\ell\boldsymbol{k}}^\dagger(\boldsymbol{r})\frac{\partial u_{\ell'\boldsymbol{k}}(\boldsymbol{r})}{\partial k_\nu}\frac{f(\varepsilon_{\ell'}(\boldsymbol{k}))-f(\varepsilon_\ell(\boldsymbol{k}))}{i\omega_\lambda-\varepsilon_\ell(\boldsymbol{k})+\varepsilon_{\ell'}(\boldsymbol{k})}
\end{aligned}
\tag{8.80}
$$

となる．ここで $i\omega_\lambda \to \hbar\omega + i\delta$ と解析接続し，ω の 1 次を取り出して電気伝導度の形にすれば

$$
\begin{aligned}
\sigma_{\mu\nu} = & \frac{ie^2}{\hbar}\frac{1}{V}\sum_{\boldsymbol{k}}\sum_{\ell\neq\ell'}\int d\boldsymbol{r}u_{\ell'\boldsymbol{k}}^\dagger(\boldsymbol{r})\frac{\partial u_{\ell\boldsymbol{k}}(\boldsymbol{r})}{\partial k_\mu} \\
& \times\int d\boldsymbol{r}u_{\ell\boldsymbol{k}}^\dagger(\boldsymbol{r})\frac{\partial u_{\ell'\boldsymbol{k}}(\boldsymbol{r})}{\partial k_\nu}\{f(\varepsilon_{\ell'}(\boldsymbol{k}))-f(\varepsilon_\ell(\boldsymbol{k}))\}
\end{aligned}
\tag{8.81}
$$

[*17]　R. Karplus, J. M. Luttinger, Phys. Rev. **95**, 1154 (1954). 線形応答の久保理論（1957 年）よりも前である．

が得られる．さらに第 1 項の $f(\varepsilon_{\ell'}(\boldsymbol{k}))$ を持つ項に対して $\ell \leftrightarrow \ell'$ という変数変換を行い，$\int d\boldsymbol{r} u_{\ell\boldsymbol{k}}^{\dagger}(\partial u_{\ell'\boldsymbol{k}}/\partial k_{\mu}) = -\int d\boldsymbol{r}(\partial u_{\ell\boldsymbol{k}}^{\dagger}/\partial k_{\mu})u_{\ell'\boldsymbol{k}}$（規格化条件 $\int d\boldsymbol{r} u_{\ell\boldsymbol{k}}^{\dagger} u_{\ell'\boldsymbol{k}} = \delta_{\ell\ell'}$ の k_{μ} 微分から得られる関係式）などを用いて変形すると，

$$
\sigma_{\mu\nu} = -\frac{ie^2}{\hbar}\frac{1}{V}\sum_{\boldsymbol{k}}\sum_{\ell\neq\ell'} f(\varepsilon_{\ell}(\boldsymbol{k}))\int d\boldsymbol{r}\frac{\partial u_{\ell\boldsymbol{k}}^{\dagger}(\boldsymbol{r})}{\partial k_{\mu}}u_{\ell'\boldsymbol{k}}(\boldsymbol{r})\int d\boldsymbol{r}' u_{\ell'\boldsymbol{k}}^{\dagger}(\boldsymbol{r}')\frac{\partial u_{\ell\boldsymbol{k}}(\boldsymbol{r}')}{\partial k_{\nu}}
$$
$$
\qquad -(\mu\leftrightarrow\nu)
$$
$$
= -\frac{ie^2}{\hbar}\frac{1}{V}\sum_{\boldsymbol{k}}\sum_{\ell} f(\varepsilon_{\ell}(\boldsymbol{k}))\Bigg[\int d\boldsymbol{r}\frac{\partial u_{\ell\boldsymbol{k}}^{\dagger}(\boldsymbol{r})}{\partial k_{\mu}}\frac{\partial u_{\ell\boldsymbol{k}}(\boldsymbol{r})}{\partial k_{\nu}}
$$
$$
\qquad -\int d\boldsymbol{r}\frac{\partial u_{\ell\boldsymbol{k}}^{\dagger}(\boldsymbol{r})}{\partial k_{\mu}}u_{\ell\boldsymbol{k}}(\boldsymbol{r})\int d\boldsymbol{r}' u_{\ell\boldsymbol{k}}^{\dagger}(\boldsymbol{r}')\frac{\partial u_{\ell\boldsymbol{k}}(\boldsymbol{r}')}{\partial k_{\nu}}\Bigg]-(\mu\leftrightarrow\nu)
$$
$$
= -\frac{ie^2}{\hbar}\frac{1}{V}\sum_{\boldsymbol{k}}\sum_{\ell} f(\varepsilon_{\ell}(\boldsymbol{k}))\int d\boldsymbol{r}\left[\frac{\partial u_{\ell\boldsymbol{k}}^{\dagger}(\boldsymbol{r})}{\partial k_{\mu}}\frac{\partial u_{\ell\boldsymbol{k}}(\boldsymbol{r})}{\partial k_{\nu}}-\frac{\partial u_{\ell\boldsymbol{k}}^{\dagger}(\boldsymbol{r})}{\partial k_{\nu}}\frac{\partial u_{\ell\boldsymbol{k}}(\boldsymbol{r})}{\partial k_{\mu}}\right]
$$
$$
= -\frac{e^2}{\hbar}\frac{1}{V}\sum_{\boldsymbol{k}}\sum_{\ell} f(\varepsilon_{\ell}(\boldsymbol{k}))\Omega_{\ell,\mu\nu}(\boldsymbol{k}) \tag{8.82}
$$

を得る[*18]．最後の表式が 0 でなければ，これが異常ホール効果の値となる．ここで，$-(\mu\leftrightarrow\nu)$ とは μ と ν を入れ替えた式を引くという意味である．1 行目から 2 行目への変形は関数系の完全性

$$
\sum_{\ell'} u_{\ell'\boldsymbol{k}}(\boldsymbol{r})u_{\ell'\boldsymbol{k}}^{\dagger}(\boldsymbol{r}') = \delta(\boldsymbol{r}-\boldsymbol{r}')
$$

を用いた[*19]．ただし $\sum_{\ell'\neq\ell}$ の和の中で $\ell'=\ell$ の項は除かれているので，4 行目の補正が付いた（しかし $\mu\leftrightarrow\nu$ の入れ替えの項のために，この補正は結局残らない）．この導出の仕方からわかるように，異常ホール効果を引き起こすこの項は，明らかにバンド間（$\ell'\neq\ell$）の寄与である．

(8.82) 式の最後に現れているのが，最近の言葉では，いわゆる "ベリー (Berry) 曲率"

$$
\Omega_{\ell,\mu\nu}(\boldsymbol{k}) = i\int d\boldsymbol{r}\left[\frac{\partial u_{\ell\boldsymbol{k}}^{\dagger}(\boldsymbol{r})}{\partial k_{\mu}}\frac{\partial u_{\ell\boldsymbol{k}}(\boldsymbol{r})}{\partial k_{\nu}}-\frac{\partial u_{\ell\boldsymbol{k}}^{\dagger}(\boldsymbol{r})}{\partial k_{\nu}}\frac{\partial u_{\ell\boldsymbol{k}}(\boldsymbol{r})}{\partial k_{\mu}}\right] \tag{8.83}
$$

として定義されたものである．いわゆる "ベリー接続" $a_{\ell,\mu}(\boldsymbol{k})$ を

$$
a_{\ell,\mu}(\boldsymbol{k}) = i\int d\boldsymbol{r} u_{\ell\boldsymbol{k}}^{\dagger}(\boldsymbol{r})\frac{\partial u_{\ell\boldsymbol{k}}(\boldsymbol{r})}{\partial k_{\mu}} \tag{8.84}
$$

として定義すると，この rot は

[*18] Karplus–Luttinger の論文では $\hat{x}$ 演算子を用いているので，一部打ち消す項が生じてしまい，この結果とは少し異なる．

[*19] このような完全系を用いた変形は，現在でも重宝して使われている．例えば M. Ogata and H. Fukuyama, J. Phys. Soc. Jpn. **84**, 124708 (2015), M. Ogata, J. Phys. Soc. Jpn. **86**, 044713 (2017).

8.10 異常ホール効果 **159**

$$B_{\ell,z} = (\text{rot } \boldsymbol{a}_\ell(\boldsymbol{k}))_z = \frac{\partial}{\partial k_x} a_{\ell,y}(\boldsymbol{k}) - \frac{\partial}{\partial k_y} a_{\ell,x}(\boldsymbol{k}) = \Omega_{\ell,,xy}(\boldsymbol{k}) \quad (8.85)$$

となるので $\Omega_{\ell,xy}(\boldsymbol{k})$ と等しい.$B_{\ell,z}$ を仮想磁場と考えれば (8.82) 式は

$$\sigma_{xy} = -\frac{e^2}{\hbar}\frac{1}{V}\sum_{\boldsymbol{k}}\sum_{\ell} f(\varepsilon_\ell(\boldsymbol{k}))B_{\ell,z} \quad (8.86)$$

とも書ける.1954 年の Karplus–Luttinger の論文の段階で,このような現代的な意味でのトポロジカルな物理量 "ベリー曲率" がすでに得られていたことは驚きである.

　2 次元の場合,$\Omega_{\ell,\mu\nu}(\boldsymbol{k})$ をブリルアンゾーン中で積分すれば,チャーン数ということになり,整数値を取る.整数量子ホール効果の場合には,σ_{xy} がこの形となるために $e^2/\hbar$ の整数倍という量子化が得られる.これと同様のことが異常量子ホール効果の結果に表れる.ただし今の場合はフェルミ面がある場合も含んでおり,積分は $f(\varepsilon_\ell(\boldsymbol{k}))$ に依存するので量子化はされない.

　(8.82) 式は磁場 0 でも σ_{xy} が生じ得るという結果であるが,もちろん通常の場合はこのようなことは起こらない.演習問題 8.10 で示すように,系が空間反転対称性および時間反転対称性を持つ場合には "ベリー曲率" は 0 である.Karplus–Luttinger は,鉄やニッケルの強磁性体を念頭に,時間反転対称性が破れた場合を考えた.さらにスピン軌道相互作用が重要であると見抜き,(2.40) 式のスピン軌道相互作用を考慮し,かつ自発磁化 $\boldsymbol{M}$ が生じて時間反転対称性が破れた場合のハミルトニアンとして

$$\mathscr{H}_{\text{so}} = \frac{\hbar}{4m^2c^2}\,\frac{\boldsymbol{M}}{|\boldsymbol{M}|}\cdot\boldsymbol{\nabla}V(\boldsymbol{r})\times\hat{\boldsymbol{p}} \quad (8.87)$$

を摂動として扱った.

　まず摂動の 0 次では時間反転・空間反転対称性があるので,ブロッホの波動関数を $\psi_{\ell\boldsymbol{k}}(\boldsymbol{r}) = e^{i\boldsymbol{k}\cdot\boldsymbol{r}}u_{\ell\boldsymbol{k}}^{(0)}(\boldsymbol{r})$ としたとき,$\psi_{\ell\boldsymbol{k}}^*(\boldsymbol{r}) = \psi_{\ell\boldsymbol{k}}(-\boldsymbol{r})$ が成り立つように $\psi_{\ell\boldsymbol{k}}(\boldsymbol{r})$ の位相を取ることができる(時間反転対称性により $\psi_{\ell\boldsymbol{k}}^*(\boldsymbol{r}) = \psi_{\ell,-\boldsymbol{k}}(\boldsymbol{r})$,空間反転対称性により $\psi_{\ell\boldsymbol{k}}(\boldsymbol{r}) = \psi_{\ell,-\boldsymbol{k}}(-\boldsymbol{r})$ がそれぞれ成り立つため).これを用いて,$\mathscr{H}_{\text{so}}$ の行列要素を計算すると,途中 $\boldsymbol{r} \to -\boldsymbol{r}$ という変数変換を行って

$$\begin{aligned}
\langle \ell'\boldsymbol{k}|\mathscr{H}_{\text{so}}|\ell\boldsymbol{k}\rangle &= \int d\boldsymbol{r}\,\psi_{\ell'\boldsymbol{k}}^*(\boldsymbol{r})\frac{\hbar}{4m^2c^2}\,\frac{\boldsymbol{M}}{|\boldsymbol{M}|}\cdot\boldsymbol{\nabla}V(\boldsymbol{r})\times\hat{\boldsymbol{p}}\psi_{\ell\boldsymbol{k}}(\boldsymbol{r}) \\
&= \int d\boldsymbol{r}\,\psi_{\ell'\boldsymbol{k}}^*(-\boldsymbol{r})\frac{\hbar}{4m^2c^2}\,\frac{\boldsymbol{M}}{|\boldsymbol{M}|}\cdot\boldsymbol{\nabla}V(\boldsymbol{r})\times\hat{\boldsymbol{p}}\psi_{\ell\boldsymbol{k}}(-\boldsymbol{r}) \\
&= \frac{\hbar}{4m^2c^2}\int d\boldsymbol{r}\,\frac{\boldsymbol{M}}{|\boldsymbol{M}|}\cdot\boldsymbol{\nabla}V(\boldsymbol{r})\times\hat{\boldsymbol{p}}(\psi_{\ell\boldsymbol{k}}^*(\boldsymbol{r}))\cdot\psi_{\ell'\boldsymbol{k}}(\boldsymbol{r}) \\
&= -\frac{\hbar}{4m^2c^2}\int d\boldsymbol{r}\,\psi_{\ell\boldsymbol{k}}^*(\boldsymbol{r})\,\frac{\boldsymbol{M}}{|\boldsymbol{M}|}\cdot\boldsymbol{\nabla}V(\boldsymbol{r})\times\hat{\boldsymbol{p}}\psi_{\ell'\boldsymbol{k}}(\boldsymbol{r}) \\
&= -\langle \ell\boldsymbol{k}|\mathscr{H}_{\text{so}}|\ell'\boldsymbol{k}\rangle \quad (8.88)
\end{aligned}$$

と変形できる($V(\boldsymbol{r}) = V(-\boldsymbol{r})$ と仮定した).このことは,$\ell = \ell'$ の行列の対

160 第 8 章　電気伝導度

角成分 $\langle \ell \boldsymbol{k} | \mathscr{H}_{\mathrm{so}} | \ell \boldsymbol{k} \rangle$ が 0 であることを意味する．これは $\mathscr{H}_{\mathrm{so}}$ が時間反転対称性を破っているのに対して，状態 $|\ell \boldsymbol{k}\rangle$ が時間反転に対して対称なので，当然である．

このことから，スピン軌道相互作用を摂動として考えると 1 次摂動のエネルギー変化は 0 となる．一方，波動関数の 1 次摂動による変化は

$$w_{\ell \boldsymbol{k}}(\boldsymbol{r}) = u_{\ell \boldsymbol{k}}^{(0)}(\boldsymbol{r}) + \sum_{\ell'(\neq \ell)} \frac{\langle \ell' \boldsymbol{k} | \mathscr{H}_{\mathrm{so}} | \ell \boldsymbol{k} \rangle}{\varepsilon_\ell(\boldsymbol{k}) - \varepsilon_{\ell'}(\boldsymbol{k})} u_{\ell' \boldsymbol{k}}^{(0)}(\boldsymbol{r}) \tag{8.89}$$

となる．この式を (8.82) 式に代入すれば，スピン軌道相互作用による σ_{xy} が得られる．Karplus–Luttinger に従って少し変形すると

$$\begin{aligned}
\sigma_{\mu\nu} &= \frac{2ie^2}{\hbar} \frac{1}{V} \sum_{\boldsymbol{k}} \sum_\ell f'(\varepsilon_\ell(\boldsymbol{k})) \frac{\partial \varepsilon_\ell(\boldsymbol{k})}{\partial k_\mu} \int d\boldsymbol{r} \, w_{\ell \boldsymbol{k}}^\dagger(\boldsymbol{r}) \frac{\partial w_{\ell \boldsymbol{k}}(\boldsymbol{r})}{\partial k_\nu} - (\mu \leftrightarrow \nu) \\
&= \frac{2ie^2}{\hbar} \frac{1}{V} \sum_{\boldsymbol{k}} \sum_{\ell, \ell' \neq \ell} f'(\varepsilon_\ell(\boldsymbol{k})) \frac{\partial \varepsilon_\ell(\boldsymbol{k})}{\partial k_\mu} \left[\frac{\langle \ell \boldsymbol{k} | \mathscr{H}_{\mathrm{so}} | \ell' \boldsymbol{k} \rangle}{\varepsilon_\ell(\boldsymbol{k}) - \varepsilon_{\ell'}(\boldsymbol{k})} \int d\boldsymbol{r} \, u_{\ell' \boldsymbol{k}}^{(0)*}(\boldsymbol{r}) \frac{\partial u_{\ell \boldsymbol{k}}^{(0)}(\boldsymbol{r})}{\partial k_\nu} \right. \\
&\qquad \left. + \frac{\langle \ell' \boldsymbol{k} | \mathscr{H}_{\mathrm{so}} | \ell \boldsymbol{k} \rangle}{\varepsilon_\ell(\boldsymbol{k}) - \varepsilon_{\ell'}(\boldsymbol{k})} \int d\boldsymbol{r} \, u_{\ell \boldsymbol{k}}^{(0)*}(\boldsymbol{r}) \frac{\partial u_{\ell' \boldsymbol{k}}^{(0)}(\boldsymbol{r})}{\partial k_\nu} \right] - (\mu \leftrightarrow \nu) \\
&= \frac{2ie^2}{m} \frac{1}{V} \sum_{\boldsymbol{k}} \sum_{\ell, \ell' \neq \ell} f'(\varepsilon_\ell(\boldsymbol{k})) \frac{\partial \varepsilon_\ell(\boldsymbol{k})}{\partial k_\mu} \frac{1}{(\varepsilon_\ell(\boldsymbol{k}) - \varepsilon_{\ell'}(\boldsymbol{k}))^2} \\
&\quad \times \left[\langle \ell \boldsymbol{k} | \mathscr{H}_{\mathrm{so}} | \ell' \boldsymbol{k} \rangle \langle \ell' \boldsymbol{k} | \hat{p}_\nu | \ell \boldsymbol{k} \rangle - \langle \ell' \boldsymbol{k} | \mathscr{H}_{\mathrm{so}} | \ell \boldsymbol{k} \rangle \langle \ell \boldsymbol{k} | \hat{p}_\nu | \ell' \boldsymbol{k} \rangle \right] - (\mu \leftrightarrow \nu).
\end{aligned} \tag{8.90}$$

ここで $w_{\ell \boldsymbol{k}}(\boldsymbol{r})$ と $u_{\ell \boldsymbol{k}}^{(0)}(\boldsymbol{r})$ はスピンによらない 1 行 1 列の波動関数とし，スピンの和を取った．また，(2.68) 式を参考に運動量演算子 $\hat{p}_\nu$ の行列要素が

$$\frac{\hbar}{m} \langle \ell' \boldsymbol{k} | \hat{p}_\nu | \ell \boldsymbol{k} \rangle = (\varepsilon_\ell(\boldsymbol{k}) - \varepsilon_{\ell'}(\boldsymbol{k})) \int d\boldsymbol{r} \, u_{\ell' \boldsymbol{k}}^{(0)*}(\boldsymbol{r}) \frac{\partial u_{\ell \boldsymbol{k}}^{(0)}(\boldsymbol{r})}{\partial k_\nu} \tag{8.91}$$

となることを用いている．

さらに近似として，バンド間エネルギー差 $\varepsilon_\ell(\boldsymbol{k}) - \varepsilon_{\ell'}(\boldsymbol{k})$ を Δ という一定値だと仮定して和の外に出すことができるとすれば，ℓ' の和を取ることができて

$$\begin{aligned}
\sigma_{\mu\nu} &\sim \frac{2ie^2}{m\Delta^2} \frac{1}{V} \sum_{\boldsymbol{k}} \sum_\ell f'(\varepsilon_\ell(\boldsymbol{k})) \frac{\partial \varepsilon_\ell(\boldsymbol{k})}{\partial k_\mu} \langle \ell \boldsymbol{k} | [\mathscr{H}_{\mathrm{so}}, \hat{p}_\nu] | \ell \boldsymbol{k} \rangle - (\mu \leftrightarrow \nu) \\
&\sim \frac{2ie^2}{m\Delta^2} \frac{1}{V} \sum_{\boldsymbol{k}} \sum_\ell f'(\varepsilon_\ell(\boldsymbol{k})) \frac{\partial \varepsilon_\ell(\boldsymbol{k})}{\partial k_\mu} \frac{\hbar}{i} F_{\ell\nu} - (\mu \leftrightarrow \nu) \\
&\sim \frac{2\hbar^2 e^3}{m\Delta^2} \frac{1}{V} \sum_{\boldsymbol{k}} \sum_\ell f'(\varepsilon_\ell(\boldsymbol{k})) v_{\ell,\mu} (\boldsymbol{v}_\ell \times \boldsymbol{B}_{\mathrm{so}})_\nu - (\mu \leftrightarrow \nu) \\
&\sim -\frac{4\hbar^2 e^3}{m\Delta^2} \sum_\ell \langle v_{\ell,\mu}^2 \rangle \varepsilon_{\mu\nu j} B_{\mathrm{so},j}
\end{aligned} \tag{8.92}$$

と書ける．ここで $\mathscr{H}_{\mathrm{so}}$ と $\hat{p}_\nu$ の交換関係 $[\mathscr{H}_{\mathrm{so}}, \hat{p}_\nu]$ は $\hat{p}_\nu$ の時間微分の $\hbar/i$ 倍と

等しいので，仮想的な力 $F_{\ell\nu}$ を仮定して $\langle\ell\boldsymbol{k}|[\mathscr{H}_{\mathrm{so}},\hat{p}_\nu]|\ell\boldsymbol{k}\rangle = \frac{\hbar}{i}F_{\ell\nu}$ と置いた．さらに力 $F_{\ell\nu}$ はスピン軌道相互作用 $\mathscr{H}_{\mathrm{so}}$ から生じるものなので，磁化 $\boldsymbol{M}$ に比例する実効的な磁場 $\boldsymbol{B}_{\mathrm{so}}$ を仮定して，ローレンツ力 $e(\boldsymbol{v}_\ell\times\boldsymbol{B}_{\mathrm{so}})_\nu$ であるかのように記述した．実際，交換関係を計算すると

$$
\begin{aligned}
[\mathscr{H}_{\mathrm{so}},\hat{p}_\nu] &= \frac{\hbar}{4m^2c^2}\frac{\boldsymbol{M}}{|\boldsymbol{M}|}\cdot[\boldsymbol{\nabla}V(\boldsymbol{r})\times\hat{\boldsymbol{p}},\hat{p}_\nu] = \frac{\hbar}{4m^2c^2}\varepsilon_{ij\ell}\frac{M_i}{|\boldsymbol{M}|}\left[\frac{\partial V(\boldsymbol{r})}{\partial x_j}\hat{p}_\ell,\hat{p}_\nu\right]\\
&= \frac{i\hbar^2}{4m^2c^2}\varepsilon_{ij\ell}\frac{M_i}{|\boldsymbol{M}|}\frac{\partial^2 V(\boldsymbol{r})}{\partial x_j\partial x_\nu}\hat{p}_\ell \sim \frac{i\hbar^2}{4mc^2}\varepsilon_{i\nu\ell}\frac{M_i}{|\boldsymbol{M}|}\frac{\partial^2 V(\boldsymbol{r})}{\partial x_\nu^2}\hat{v}_\ell\\
&\sim \frac{i\hbar^2}{4mc^2}\frac{\partial^2 V(\boldsymbol{r})}{\partial x_\nu^2}\left(\hat{\boldsymbol{v}}\times\frac{\boldsymbol{M}}{|\boldsymbol{M}|}\right)_\nu \sim \frac{\hbar}{i}e(\hat{\boldsymbol{v}}\times\boldsymbol{B}_{\mathrm{so}})_\nu
\end{aligned}\tag{8.93}
$$

と書けることがわかる．したがって実効的な磁場 $\boldsymbol{B}_{\mathrm{so}}$ は $\boldsymbol{M}$ に比例するといえる．ここで速度演算子 $\hat{v}_\nu$ として $\hat{p}_\nu = m\hat{v}_\nu$ によって定義したものを用いている．(8.92) 式の形は，μ 方向の電流は ν 方向の電場と，実効的な磁場 $\boldsymbol{B}_{\mathrm{so}}\propto\boldsymbol{M}$ の両方に垂直であることを意味している．実効的な磁場の大きさは，上向きスピンと下向きスピンのエネルギー分裂から評価することができる．それによると物質内で 100 T 以上の大きい磁場となっているといわれている．以上は内因的異常ホール効果であるが，不純物散乱による外因的 (extrinsic) 異常ホール効果というものも考えられている．これはサイドジャンプのメカニズム，スキュー散乱などが考えられている．

演習問題

8.1 電気伝導度の定式化として，本文の $\boldsymbol{A}(t)$ を用いるのと別に，スカラーポテンシャル $\phi(\boldsymbol{r})$ を用いた定式化を行う．8.1 節の脚注に書いたような問題があるので，$\phi(\boldsymbol{r})$ をフーリエ成分 $e^{i\boldsymbol{q}\cdot\boldsymbol{r}}\phi_{\boldsymbol{q}}$ を持つとして計算しておいて，最後に $\boldsymbol{E} = -\boldsymbol{\nabla}\phi(\boldsymbol{r}) = -i\boldsymbol{q}e^{i\boldsymbol{q}\cdot\boldsymbol{r}}\phi_{\boldsymbol{q}}$ として $\boldsymbol{q}\to\boldsymbol{0}$ の極限で一様電場の応答を求める[20]．外場のハミルトニアンは (2.9) 式から $e\int d\boldsymbol{r}\hat{\rho}(\boldsymbol{r})\phi(\boldsymbol{r})$ だから，$\hat{A}_{\mathrm{H},-\boldsymbol{q}}(t) = -e\hat{\rho}_{\mathrm{H},-\boldsymbol{q}}(t)$ とすればよい．（またこの場合は $\hat{j}^{\mathrm{dia}}$ 項は考えなくてよい．）まず，一般論の (5.48) 式を部分積分して

$$
\begin{aligned}
&\frac{1}{V}\frac{i}{\hbar}\int_0^\infty dt\langle[\hat{B}_{\mathrm{H},\boldsymbol{q}}(t),\hat{A}_{\mathrm{H},-\boldsymbol{q}}(0)]\rangle e^{i\omega t-\delta t}\\
&= \frac{1}{i(\omega+i\delta)}\frac{i}{V\hbar}\left[-\int_0^\infty dt\langle[\dot{\hat{B}}_{\mathrm{H},\boldsymbol{q}}(t),\hat{A}_{\mathrm{H},-\boldsymbol{q}}(0)]\rangle e^{i\omega t-\delta t} - \langle[\hat{B}_{\mathrm{H},\boldsymbol{q}}(0),\hat{A}_{\mathrm{H},-\boldsymbol{q}}(0)]\rangle\right]\\
&= \frac{1}{i(\omega+i\delta)}\frac{i}{V\hbar}\left[\int_0^\infty dt\langle[\hat{B}_{\mathrm{H},\boldsymbol{q}}(t),\dot{\hat{A}}_{\mathrm{H},-\boldsymbol{q}}(0)]\rangle e^{i\omega t-\delta t} - \langle[\hat{B}_{\mathrm{H},\boldsymbol{q}}(0),\hat{A}_{\mathrm{H},-\boldsymbol{q}}(0)]\rangle\right]
\end{aligned}\tag{8.94}
$$

となることを示せ．ここで $\dot{\hat{B}}_{\mathrm{H},\boldsymbol{q}}(t) = -\frac{i}{\hbar}[\hat{B}_{\mathrm{H},\boldsymbol{q}}(t),\mathscr{H}-\mu\mathscr{N}]$ であり，最後の変形では Tr の循環性を用いて，$\dot{\hat{A}}_{\mathrm{H},\boldsymbol{q}}(t) = -\frac{i}{\hbar}[\hat{A}_{\mathrm{H},\boldsymbol{q}}(t),\mathscr{H}-\mu\mathscr{N}]$ の形に持ち込め．次に連続の方程式 $e\dot{\hat{\rho}}(\boldsymbol{r})+\mathrm{div}\hat{\boldsymbol{j}}(\boldsymbol{r}) = 0$ をフーリエ変換することにより，$\dot{\hat{A}}_{\mathrm{H},-\boldsymbol{q}}(0) = -i\boldsymbol{q}\cdot\hat{\boldsymbol{j}}_{\mathrm{H},-\boldsymbol{q}}^{\mathrm{para}}(0)$

---

[20] $\phi(\boldsymbol{r})$ を実にしたければ，$-\boldsymbol{q}$ の応答関数も考えて $\phi(\boldsymbol{r}) = \sin(\boldsymbol{q}\cdot\boldsymbol{r})$ に対する応答を考えればよい．

を示せ. さらに, これを用いれば (8.94) 式が (8.3) 式の $\Phi_{\mu\nu}(\boldsymbol{q}, \omega)$ を用いて

$$\frac{1}{i(\omega + i\delta)} \sum_{\nu} (-iq_\nu) \left[\Phi_{\mu\nu}(\boldsymbol{q}, \omega) - \Phi_{\mu\nu}(\boldsymbol{q}, 0)\right] \tag{8.95}$$

となることを示せ. ここで第 2 項に対しては,

$$\sum_{\nu} (-iq_\nu)\Phi_{\mu\nu}(\boldsymbol{q}, 0) = -\frac{i}{V\hbar} \int_0^\infty dt \langle [\hat{B}_{\mathrm{H},\boldsymbol{q}}(t), \hat{A}_{\mathrm{H},-\boldsymbol{q}}(0)]\rangle e^{-\delta t}$$

$$= \frac{i}{V\hbar} \langle [\hat{B}_{\mathrm{H},\boldsymbol{q}}(0), \hat{A}_{\mathrm{H},-\boldsymbol{q}}(0)]\rangle + O(\delta) \tag{8.96}$$

を用いよ. 最後に $\boldsymbol{E} = -i\boldsymbol{q}e^{i\boldsymbol{q}\cdot\boldsymbol{r}}\phi_{\boldsymbol{q}}$ に立ち戻れば, 電気伝導度は

$$\sigma_{\mu\nu}(\boldsymbol{q}, \omega) = \frac{\Phi_{\mu\nu}(\boldsymbol{q}, \omega) - \Phi_{\mu\nu}(\boldsymbol{q}, 0)}{i(\omega + i\delta)} \tag{8.97}$$

であることを示せ. これは (8.9) 式と等価な式である.

8.2 外場のハミルトニアンが $\mathscr{H}'(t) = -e\sum_i \boldsymbol{r}_i \cdot \boldsymbol{E}e^{-i\omega t + \delta t}$ と考えることもできる. ここで $\boldsymbol{r}_i$ は i 番目の電子の位置ベクトルである. この場合, 外場に共役な演算子は $\hat{A} = e\sum_i \boldsymbol{r}_i$ である. $\hat{B} = \hat{j}_\mu$, $\hat{A} = e\sum_i \boldsymbol{v}_i = \hat{j}$ であることと (8.94) 式の $\boldsymbol{q} = \boldsymbol{0}$ の場合の式を用いて (8.97) の $\boldsymbol{q} = \boldsymbol{0}$ の場合を導け[*21)].

8.3 自由電子ガスの場合

$$\Phi_{\mu\nu}^{(0)}(\boldsymbol{q}, \omega) = -\frac{2}{V}\frac{e^2\hbar^2}{m^2} \sum_{\boldsymbol{k}} k_\mu k_\nu \frac{f(\varepsilon_{\boldsymbol{k}-\frac{\boldsymbol{q}}{2}}) - f(\varepsilon_{\boldsymbol{k}+\frac{\boldsymbol{q}}{2}})}{\hbar\omega + \varepsilon_{\boldsymbol{k}-\frac{\boldsymbol{q}}{2}} - \varepsilon_{\boldsymbol{k}+\frac{\boldsymbol{q}}{2}} + i\delta} \tag{8.98}$$

であるが, 先に $\omega = 0$ と置いてから $\boldsymbol{q} \to \boldsymbol{0}$ の極限を取り, $\lim_{\boldsymbol{q}\to\boldsymbol{0}} \Phi_{\mu\nu}^{(0)}(\boldsymbol{q}, 0) = \frac{ne^2}{m}\delta_{\mu\nu}$ となることを示せ. これは (8.97) 式の分子の第 2 項である.

8.4 (8.94) 式の最後の項 $\frac{i}{V\hbar}\langle[\hat{B}_{\mathrm{H},\boldsymbol{q}}(0), \hat{A}_{\mathrm{H},-\boldsymbol{q}}(0)]\rangle = -\frac{i}{V\hbar}\langle[\hat{j}_{\mathrm{H},\boldsymbol{q}\mu}^{\mathrm{para}}, e\hat{\rho}_{\mathrm{H},-\boldsymbol{q}}]\rangle$ を, $\hat{j}_{\mathrm{H},\boldsymbol{q}\mu}^{\mathrm{para}}$ と $e\hat{\rho}_{\mathrm{H},-\boldsymbol{q}}$ の交換関係と期待値を用いて直接計算し, $-ine^2/m \times q_\mu$ となることを示せ.

8.5 線形応答の別の表現 (5.72) 式によっても電気伝導度を作ることができる. 演習問題 8.1 と同様に $\hat{A}_{\mathrm{H},-\boldsymbol{q}}(t) = -e\hat{\rho}_{\mathrm{H},-\boldsymbol{q}}(t)$ とし, $\dot{\hat{A}}_{\mathrm{H},-\boldsymbol{q}}(0) = -i\boldsymbol{q}\cdot\hat{j}_{\mathrm{H},-\boldsymbol{q}}^{\mathrm{para}}(0)$ を用いると

$$\sigma_{\mu\nu}(\boldsymbol{q}, \omega) = \frac{1}{V} \int_0^\infty dt \int_0^\beta d\lambda \langle \hat{j}_{\mathrm{H},-\boldsymbol{q}\nu}^{\mathrm{para}}(-i\hbar\lambda)\hat{j}_{\mathrm{H},\boldsymbol{q}\mu}^{\mathrm{para}}(t)\rangle e^{i\omega t - \delta t} \tag{8.99}$$

と表現できることを示せ. またレーマン表示を行うことによって, これまでの $\sigma_{\mu\nu}(\boldsymbol{q}, \omega)$ の表式と等価であることを示せ.

8.6 (2.19) 式の不純物ハミルトニアンを摂動と考えると, 波数 $\boldsymbol{k}$ の電子は $\boldsymbol{k} + \boldsymbol{q}$ の電子に散乱され, そのときの係数は $\frac{1}{V}\rho_{\mathrm{imp}}(\boldsymbol{q})v_{\mathrm{imp}}(\boldsymbol{q})$ である. このことから, フェルミの golden rule による電子の遷移確率は $\frac{2\pi}{\hbar}\frac{1}{V^2}\sum_{\boldsymbol{q}} |\rho_{\mathrm{imp}}(\boldsymbol{q})v_{\mathrm{imp}}(\boldsymbol{q})|^2 \delta(\varepsilon_{\boldsymbol{k}} - \varepsilon_{\boldsymbol{k}+\boldsymbol{q}})$ となるが, これを変形して $k = k_{\mathrm{F}}$ で代表した場合に, (8.30) 式の $1/\tau$ と同じになることを示せ.

8.7 t-matrix 近似を考える. 図 8.16 のダイアグラムに対応してダイソン方程式は

$$\Sigma_{t-\mathrm{matrix}}(\boldsymbol{k}, i\varepsilon_n) = \frac{N_i}{V}v_{\mathrm{imp}} + \frac{1}{V}\sum_{\boldsymbol{q}} \mathscr{G}(\boldsymbol{k}+\boldsymbol{q}, i\varepsilon_n)v_{\mathrm{imp}}\Sigma_{t-\mathrm{matrix}}(\boldsymbol{k}, i\varepsilon_n) \tag{8.100}$$

[*21)] 久保論文ではこのやり方を用いていて, 多くの教科書でこの方式を採っているが, 本書での第二量子化での定式化とは整合性が少し悪い.

演習問題 **163**

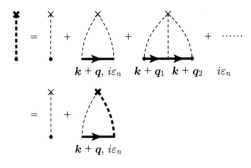

図 8.16

と書けることを示せ．ここで不純物ポテンシャル $v_{\text{imp}}(q)$ は q に依存しないとした．こうすると，右辺の q 積分は実行できて，自己エネルギー $\Sigma_{t-\text{matrix}}(k, i\varepsilon_n)$ は波数 k に依存しないことがわかり，

$$\Sigma_{t-\text{matrix}}(i\varepsilon_n) = \frac{n_i v_{\text{imp}}}{1 - X(i\varepsilon_n)},$$
$$X(i\varepsilon_n) = \frac{v_{\text{imp}}}{V} \sum_q \mathscr{G}(q, i\varepsilon_n) = \frac{v_{\text{imp}}}{V} \sum_q \frac{1}{i\varepsilon_n - \varepsilon_q + \mu - \Sigma_{t-\text{matrix}}(i\varepsilon_n)}$$
(8.101)

となることを示せ．$\Sigma_{t-\text{matrix}}(i\varepsilon_n)$ の式で $X(i\varepsilon_n)$ の 1 次まで取った場合が，8.4 節の自己エネルギーに相当する．t-matrix 近似では $\Sigma_{t-\text{matrix}}(i\varepsilon_n)$ を数値計算によって自己無撞着に決めなければならない．

8.8 1 次元の場合のバリスティックな伝導の結果がランダウアー公式となることを示そう．有限の長さ L の 1 次元自由電子ガスの場合，$\Phi(\omega) = ie^2 \omega L/\pi\hbar$ となることを示せ[*22]．この結果から，1 次元のコンダクタンスが $g = e^2/\pi\hbar$ となることを示せ．

8.9 グラフェンの場合のグリーン関数は (3.80) 式の 2×2 行列で与えられる．また電流演算子は (3.78) 式のハミルトニアンから $\hat{j}_x = e\gamma\sigma_x$ である．これらを用いて，不純物を考えないときの電気伝導度を求めよ．とくに $\mu \to 0$ の極限ではどうなるか調べよ．グラフェンは典型的な 2 バンドのモデルであり，バンド間効果が顕著な例である．

8.10 系が空間反転対称性および時間反転対称性を持つ場合，$u_{\ell k}^*(r) = u_{\ell k}(-r)$ が成り立つように $u_{\ell k}(r)$ の位相を取ることができる．これを用いて，

$$\int dr u_{\ell k}^*(r) \frac{\partial u_{\ell k}(r)}{\partial k_\mu} = \int dr \frac{\partial u_{\ell k}^*(r)}{\partial k_\mu} u_{\ell k}(r) \tag{8.102}$$

であることを示せ．さらに規格化条件 $\int dr u_{\ell k}^*(r) u_{\ell k}(r) = 1$ の両辺を k_μ で偏微分した式と合わせて，$\int dr u_{\ell k}^*(r) \frac{\partial u_{\ell k}(r)}{\partial k_\mu} = 0$ となることを示せ．結局，系が空間反転対称性および時間反転対称性を持つ場合には，(8.84) 式で定義される "ベリー接続" は 0 となる．さらにこれの rot であるベリー曲率 $\Omega_{\ell,\mu\nu}(k)$ も 0 となることを示せ．

[*22] M. Ogata and H. Fukuyama, Phys. Rev. Lett. **73**, 468 (1994).

第 9 章
電子格子系

電子格子相互作用は 2.5 節で説明したが，これは電子の有効質量の変化，電子比熱，電気抵抗，超伝導を引き起こす引力相互作用など様々な効果を持つ．

9.1 電子格子相互作用のファインマンルールとグリーン関数

電子格子相互作用のハミルトニアンは (2.34) 式で与えられ，その相互作用表示は

$$\hat{\mathscr{H}}_{\text{el-ph}}(\tau) = \frac{1}{\sqrt{V}} \sum_{\boldsymbol{k},\boldsymbol{q},\alpha} g_{\boldsymbol{q}} \hat{c}^+_{\text{H},\boldsymbol{k}+\boldsymbol{q},\alpha}(\tau) \hat{c}_{\text{H},\boldsymbol{k},\alpha}(\tau) \left[\hat{a}_{\text{H},\boldsymbol{q}}(\tau) + \hat{a}^+_{\text{H},-\boldsymbol{q}}(\tau) \right]$$
(9.1)

である．ここで $g_{\boldsymbol{q}}$ は (2.35) 式で定義された結合定数で，$\hat{a}_{\text{H},\boldsymbol{q}}(\tau)$ は格子振動を量子化したフォノンの消滅演算子のハイゼンベルグ描像による演算子である．この場合のファインマンルールは，これまでのクーロン相互作用や不純物との相互作用と同じように考えることができる．ただしフォノン演算子の数が偶数ないと期待値が残らないので，摂動の次数 n も偶数のみを考えればよい．

最低次のダイアグラムは図 9.1 のようになる．フォノンは点線で表されている．図からわかるように，今までのクーロン相互作用 $V(\boldsymbol{q})$ のところが，今度は点線で表されるフォノンのグリーン関数に置き換えられる（フォノンのグリーン関数は後で示す）．また電子線とフォノンの点線の結節点には，(9.1) 式の結

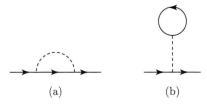

図 9.1

合定数 $g_{\boldsymbol{q}}$ を付随させる．$g_{\boldsymbol{q}}$ は (2.35) の定義式からわかるように，$\boldsymbol{q} = \boldsymbol{0}$ のときは $g_{\boldsymbol{q}} = 0$ となる．これは電子格子相互作用が，格子変位を $\boldsymbol{u}$ として $\mathrm{div}\,\boldsymbol{u}$ に比例するものだからである．したがって，図 9.1 (b) の「tadpole（おたまじゃくし）」ダイアグラムは $g_{\boldsymbol{q}=\boldsymbol{0}}$ のために 0 である．

以上のことから，電子格子相互作用の場合のファインマンルールは，以前のクーロン相互作用の場合とほぼ同じであることがわかる．ただし，全体の比例係数が以前の場合と異なる．n（偶数）次摂動項は，$-\hat{\mathscr{H}}_{\mathrm{int}}(\tau)$ 由来のマイナス符号による $-(-1)^n$ が付く（最初のマイナス符号は元の温度グリーン関数の定義からくる）．n 次摂動では電子の温度グリーン関数は $n+1$ 本，フォノンのグリーン関数は $n/2$ 本あり，各々の定義に (-1) が付いているので $(-1)^{3n/2+1}$ が付く．これらを合わせて $(-1)^{n/2+F}$ が比例係数である．

一方，フォノンのグリーン関数に対するファインマンダイアグラムも現れる．まず n（偶数）次摂動項には上と同じように $-(-1)^n$ の因子がある．またフォノンのグリーン関数は $n/2+1$ 本，電子のグリーン関数は n 本あるので，やはり全体の比例係数は $(-1)^{n/2+F}$ である．

相互作用のない場合のフォノンの 0 次の温度グリーン関数を求めよう．(9.1) 式には $\hat{a}_{\mathrm{H},\boldsymbol{q}}(\tau) + \hat{a}^+_{\mathrm{H},-\boldsymbol{q}}(\tau)$ という形でフォノンの演算子が入っているので，温度グリーン関数として

$$\mathscr{D}(\boldsymbol{q}, \tau - \tau') = -\langle T_\tau (\hat{a}_{\mathrm{H},\boldsymbol{q}}(\tau) + \hat{a}^+_{\mathrm{H},-\boldsymbol{q}}(\tau))(\hat{a}_{\mathrm{H},-\boldsymbol{q}}(\tau') + \hat{a}^+_{\mathrm{H},\boldsymbol{q}}(\tau'))\rangle \quad (9.2)$$

を考えればよい[*1]．ここで電子の温度グリーン関数の場合と同じ一般論から，$\mathscr{D}$ が $\tau - \tau'$ にしかよらないこと，および系に並進対称性があって波数 $\boldsymbol{q}$ がよい量子数になっていることを用いた．フォノンのハミルトニアンは (2.29) 式で与えられるとすると，波数 $\boldsymbol{q}$ のフォノンは $\hbar\omega_{\boldsymbol{q}}$ のエネルギーを持つ．したがって，ハイゼンベルグ描像のフォノン演算子は，電子の場合と同じように

$$\hat{a}_{\mathrm{H},\boldsymbol{q}}(\tau) = e^{-\hbar\omega_{\boldsymbol{q}}\tau}\hat{a}_{\boldsymbol{q}}, \qquad \hat{a}^+_{\mathrm{H},-\boldsymbol{q}}(\tau) = e^{\hbar\omega_{\boldsymbol{q}}\tau}\hat{a}^\dagger_{-\boldsymbol{q}} \qquad (9.3)$$

であることがわかる．これを用いて，0 次のフォノンの温度グリーン関数は

$$\mathscr{D}^{(0)}(\boldsymbol{q}, \tau - \tau') = -\langle T_\tau \hat{a}_{\mathrm{H},\boldsymbol{q}}(\tau)\hat{a}^+_{\mathrm{H},\boldsymbol{q}}(\tau')\rangle - \langle T_\tau \hat{a}^+_{\mathrm{H},-\boldsymbol{q}}(\tau))\hat{a}_{\mathrm{H},-\boldsymbol{q}}(\tau')\rangle$$

$$= -e^{-\hbar\omega_{\boldsymbol{q}}(\tau-\tau')}[\theta(\tau-\tau')\{1 + n(\hbar\omega_{\boldsymbol{q}})\} + \theta(\tau'-\tau)n(\hbar\omega_{\boldsymbol{q}})]$$

$$\quad - e^{\hbar\omega_{\boldsymbol{q}}(\tau-\tau')}[\theta(\tau-\tau')n(\hbar\omega_{\boldsymbol{q}}) + \theta(\tau'-\tau)\{1 + n(\hbar\omega_{\boldsymbol{q}})\}] \qquad (9.4)$$

と求まる．フーリエ変換して松原振動数 $\omega_m = 2\pi m k_{\mathrm{B}} T$（$m$ は整数）で表せば

$$\mathscr{D}^{(0)}(\boldsymbol{q}, i\omega_m) = \int_0^\beta d\tau\, e^{i\omega_m \tau} \mathscr{D}(\boldsymbol{q}, \tau)$$

[*1] 教科書によってはフォノンのグリーン関数 $\mathscr{D}$ の定義の中に $\hbar\omega_{\boldsymbol{q}}$ を含める場合があるので注意．ここでは電子のグリーン関数と同じ次元を持つように定義した．

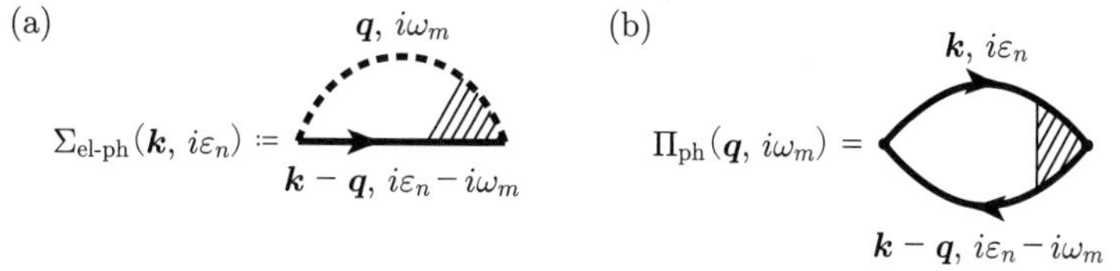

(a)

$$\Sigma_{\text{el-ph}}(\boldsymbol{k}, i\varepsilon_n) :=$$ $\boldsymbol{q}, i\omega_m$ $\boldsymbol{k} - \boldsymbol{q}, i\varepsilon_n - i\omega_m$

(b)

$$\Pi_{\text{ph}}(\boldsymbol{q}, i\omega_m) =$$ $\boldsymbol{k}, i\varepsilon_n$ $\boldsymbol{k} - \boldsymbol{q}, i\varepsilon_n - i\omega_m$

図 9.2

$$= -\frac{e^{-\beta\hbar\omega_q} - 1}{i\omega_m - \hbar\omega_q}\{1 + n(\hbar\omega_q)\} - \frac{e^{\beta\hbar\omega_q} - 1}{i\omega_m + \hbar\omega_q}n(\hbar\omega_q)$$

$$= \frac{1}{i\omega_m - \hbar\omega_q} - \frac{1}{i\omega_m + \hbar\omega_q} = \frac{2\hbar\omega_q}{(i\omega_m)^2 - (\hbar\omega_q)^2} \qquad (9.5)$$

となる．電子の温度グリーン関数とは異なり，$\hbar\omega_q$ と $-\hbar\omega_q$ の 2 つのグリーン関数の和の形をしていることに注意．また化学ポテンシャル μ は現れない．

始めに，電子格子相互作用によるすべてのダイアグラムを含んだ厳密な自己エネルギーを書き下しておこう（図 9.2）．まず，電子の自己エネルギーは図 9.2 (a) で表される．ここで太い実線は，自己エネルギーを完全に含んだ電子のグリーン関数 $\mathscr{G}$，太い点線は自己エネルギーを完全に含んだフォノンのグリーン関数 $\mathscr{D}$，斜線の三角部分はヴァーテックス関数 Γ である．式で書けば

$$\Sigma_{\text{el-ph}}(\boldsymbol{k}, i\varepsilon_n) = -\frac{k_{\text{B}}T}{V}\sum_{m,\boldsymbol{q}} g_{\boldsymbol{q}}^2 \mathscr{D}(\boldsymbol{q}, i\omega_m)\mathscr{G}(\boldsymbol{k} - \boldsymbol{q}, i\varepsilon_n - i\omega_m)$$

$$\times \Gamma(\boldsymbol{k} - \boldsymbol{q}, \boldsymbol{q}, i\varepsilon_n - i\omega_m, i\omega_m) \qquad (9.6)$$

である．一方，フォノンの自己エネルギーは図 9.2 (b) で表され，式では

$$\Pi_{\text{ph}}(\boldsymbol{q}, i\omega_m) = \frac{2k_{\text{B}}T}{V}\sum_{m,\boldsymbol{q}} g_{\boldsymbol{q}}^2 \mathscr{G}(\boldsymbol{k}, i\varepsilon_n)\mathscr{G}(\boldsymbol{k} - \boldsymbol{q}, i\varepsilon_n - i\omega_m)\Gamma(\boldsymbol{k}, \boldsymbol{q}, i\varepsilon_n, i\omega_m)$$

$$(9.7)$$

である．係数の 2 は電子のスピンの和，また符号は電子格子相互作用について 2 次であり，かつフェルミ粒子のループがあるので + となっている．これらの自己エネルギーは，それぞれ $\mathscr{G}$ と $\mathscr{D}$ の中に再帰的に含まれている．このことを考慮して自己無撞着にグリーン関数が決まればよい．

9.2 電子格子相互作用による引力メカニズム

前節のようにファインマンルールを書き下してみると，電子格子相互作用によるファインマンダイアグラムは，クーロン相互作用によるものとほとんど同じものになることがわかる．クーロン相互作用のときの $V(\boldsymbol{q})$ のところに，代わりにフォノンのグリーン関数 $\mathscr{D}(\boldsymbol{q}, i\omega_m)$ と 2 つの結節点 $g_{\boldsymbol{q}}^2$ が現れているといえる[*2]．$V(\boldsymbol{q})$ との違いは，フォノングリーン関数が松原振動数 $i\omega_m$ に依存

[*2] H. Fröhlich, Phys. Rev. **79**, 845 (1950).

するという点である．ファインマンルールも電子格子相互作用の $2n$ 次のダイアグラムに対して $(-1)^{n+F}$ の符号が付くが，これは対応する n 次のクーロン相互作用のダイアグラムの場合のルール $(-1)^{n+F}$ と全く同じである．

自由なフォノンのグリーン関数 (9.5) 式を用いると，有効相互作用として

$$V_{\mathrm{eff}}(\boldsymbol{q}, i\omega_m) = g_{\boldsymbol{q}}^2 \mathscr{D}^{(0)}(\boldsymbol{q}, i\omega_m) = g_{\boldsymbol{q}}^2 \frac{2\hbar\omega_{\boldsymbol{q}}}{(i\omega_m)^2 - (\hbar\omega_{\boldsymbol{q}})^2} \tag{9.8}$$

があると考えればよいことを意味している．とくに $i\omega_m$ が小さいとき，この有効相互作用は負，つまり引力であることになる．これを用いたのが BCS による BCS 理論になる．また後で議論するが，エネルギーが $\hbar\omega_{\boldsymbol{q}}$ の最大値つまりデバイ振動数より大きくなると，この有効相互作用は正になり，引力が効かなくなる．

9.3　電子格子相互作用による電子の自己エネルギー

以下の節では，最低次のダイアグラムを調べよう．9.7 節で議論するが，電子格子相互作用によるヴァーテックス補正を考慮すると $g_{\boldsymbol{q}}$ が $g_{\boldsymbol{q}}(1 + C\sqrt{\frac{m}{M}})$ と変更されることが示される（m, M はそれぞれ電子の質量とイオンの質量）．補正によって生じる項は $\sqrt{\frac{m}{M}}$ に比例するので，ほぼ無視できる．これをミグダル (Migdal) の定理という[*3]．このため図 9.2 におけるヴァーテックス補正は無視することにしよう．

これを認めれば，電子のグリーン関数に対する最低次の補正（電子格子相互作用の 2 次：$n = 2$）は図 9.1 (a) であり，

$$\Sigma_{\mathrm{el-ph}}^{(1)}(\boldsymbol{k}, i\varepsilon_n) = -\frac{k_{\mathrm{B}}T}{V} \sum_{m, \boldsymbol{q}} g_{\boldsymbol{q}}^2 \mathscr{D}^{(0)}(\boldsymbol{q}, i\omega_m) \mathscr{G}^{(0)}(\boldsymbol{k} - \boldsymbol{q}, i\varepsilon_n - i\omega_m) \tag{9.9}$$

となる．これは 4.7 節のクーロン相互作用によるハートレー・フォック近似の場合のフォック項に相当する．松原振動数を $\tilde{\varepsilon}_n = \varepsilon_n - \omega_m$ と変換して，$\tilde{\varepsilon}_n$ に関する和を取る．4.6 節や 6.2 節で行ったのと同様に松原振動数に関する和を $F(z) = 1/(e^{\beta z} + 1)$ を使って積分路 C に沿った複素積分に置き換えると

$$\Sigma_{\mathrm{el-ph}}^{(1)}(\boldsymbol{k}, i\varepsilon_n) = \frac{1}{V} \sum_{\boldsymbol{q}} \int_C \frac{dz}{2\pi i} F(z) g_{\boldsymbol{q}}^2 \frac{2\hbar\omega_{\boldsymbol{q}}}{(i\varepsilon_n - z)^2 - (\hbar\omega_{\boldsymbol{q}})^2} \frac{1}{z - \varepsilon_{\boldsymbol{k}-\boldsymbol{q}} + \mu} \tag{9.10}$$

と書ける．次に複素積分の経路 C を変更する．いつものように $|z| \to \infty$ の大きな弧の部分の寄与は 0 となるので，電子とフォノンのグリーン関数の極を拾えばよい．その結果

$$\Sigma_{\mathrm{el-ph}}^{(1)}(\boldsymbol{k}, i\varepsilon_n)$$

[*3]　A. B. Migdal, J. Explt. Theoret. Phys. (U.S.S.R.) **34**, 1438 (1958) [Sov. Phys. JETP **7**, 996 (1958)].

$$
= -\frac{1}{V} \sum_{\boldsymbol{q}} g_{\boldsymbol{q}}^2 \left[\frac{f(\varepsilon_{\boldsymbol{k}-\boldsymbol{q}}) - F(i\varepsilon_n - \hbar\omega_{\boldsymbol{q}})}{i\varepsilon_n - \varepsilon_{\boldsymbol{k}-\boldsymbol{q}} + \mu - \hbar\omega_{\boldsymbol{q}}} - \frac{f(\varepsilon_{\boldsymbol{k}-\boldsymbol{q}}) - F(i\varepsilon_n + \hbar\omega_{\boldsymbol{q}})}{i\varepsilon_n - \varepsilon_{\boldsymbol{k}-\boldsymbol{q}} + \mu + \hbar\omega_{\boldsymbol{q}}} \right]
$$

$$
= -\frac{1}{V} \sum_{\boldsymbol{q}} g_{\boldsymbol{q}}^2 \left[\frac{f(\varepsilon_{\boldsymbol{k}-\boldsymbol{q}}) - 1 - n(\hbar\omega_{\boldsymbol{q}})}{i\varepsilon_n - \varepsilon_{\boldsymbol{k}-\boldsymbol{q}} + \mu - \hbar\omega_{\boldsymbol{q}}} - \frac{f(\varepsilon_{\boldsymbol{k}-\boldsymbol{q}}) + n(\hbar\omega_{\boldsymbol{q}})}{i\varepsilon_n - \varepsilon_{\boldsymbol{k}-\boldsymbol{q}} + \mu + \hbar\omega_{\boldsymbol{q}}} \right] \quad (9.11)
$$

となる．ここで $F(i\varepsilon_n - \hbar\omega_{\boldsymbol{q}}) = -n(-\hbar\omega_{\boldsymbol{q}}) = 1 + n(\hbar\omega_{\boldsymbol{q}})$ 等を用いた．

　この自己エネルギーを用いれば，温度グリーン関数は

$$
\mathscr{G}^{(1)}(\boldsymbol{k}, i\varepsilon_n) = \frac{1}{i\varepsilon_n - \varepsilon_{\boldsymbol{k}} + \mu - \Sigma_{\mathrm{el-ph}}^{(1)}(\boldsymbol{k}, i\varepsilon_n)} \quad (9.12)
$$

と書ける．一般論から $i\varepsilon_n \to \hbar\omega + i\delta$ と解析接続すれば遅延グリーン関数 $G^{R(1)}(\boldsymbol{k}, \omega)$ が得られる．クーロン相互作用によるハートレー・フォック近似の場合と異なり，自己エネルギーに ω 依存性が残り，$\Sigma_{\mathrm{el-ph}}^{(1)}(\boldsymbol{k}, \hbar\omega + i\delta)$ は実部虚部両方を持つ．

　自己エネルギーの虚部は，(9.11) 式から

$$
\mathrm{Im}\Sigma_{\mathrm{el-ph}}^{(1)}(\boldsymbol{k}, \hbar\omega + i\delta)
$$
$$
= \frac{\pi}{V} \sum_{\boldsymbol{q}} g_{\boldsymbol{q}}^2 \big[\{f(\varepsilon_{\boldsymbol{k}-\boldsymbol{q}}) - 1 - n(\hbar\omega_{\boldsymbol{q}})\}\delta(\hbar\omega - \varepsilon_{\boldsymbol{k}-\boldsymbol{q}} + \mu - \hbar\omega_{\boldsymbol{q}})
$$
$$
- \{f(\varepsilon_{\boldsymbol{k}-\boldsymbol{q}}) + n(\hbar\omega_{\boldsymbol{q}})\}\delta(\hbar\omega - \varepsilon_{\boldsymbol{k}-\boldsymbol{q}} + \mu + \hbar\omega_{\boldsymbol{q}}) \big] \quad (9.13)
$$

である．今電子のグリーン関数の分母で最も重要なのは，分母が 0 になる $\hbar\omega = \varepsilon_{\boldsymbol{k}} - \mu$ 付近と考えれば，(9.13) 式のデルタ関数部分はエネルギー保存則 $\delta(\varepsilon_{\boldsymbol{k}} - \varepsilon_{\boldsymbol{k}-\boldsymbol{q}} \mp \hbar\omega_{\boldsymbol{q}})$ となる．さらに，不純物散乱のときの類推から $\mathrm{Im}\Sigma_{\mathrm{el-ph}}^{(1)}(\boldsymbol{k}, \varepsilon_{\boldsymbol{k}} - \mu + i\delta) \equiv -\hbar/2\tau_{\mathrm{el-ph}}$ と置いて，(9.13) 式を少し変形すると

$$
\frac{\hbar}{2\tau_{\mathrm{el-ph}}} = \frac{\pi}{V} \sum_{\boldsymbol{q}} g_{\boldsymbol{q}}^2
$$
$$
\times \big(\big[\{1 - f(\varepsilon_{\boldsymbol{k}-\boldsymbol{q}})\}\{1 + n(\hbar\omega_{\boldsymbol{q}})\} + f(\varepsilon_{\boldsymbol{k}-\boldsymbol{q}})n(\hbar\omega_{\boldsymbol{q}}) \big]\delta(\varepsilon_{\boldsymbol{k}} - \varepsilon_{\boldsymbol{k}-\boldsymbol{q}} - \hbar\omega_{\boldsymbol{q}})
$$
$$
+ \big[\{1 - f(\varepsilon_{\boldsymbol{k}-\boldsymbol{q}})\}n(\hbar\omega_{\boldsymbol{q}}) + f(\varepsilon_{\boldsymbol{k}-\boldsymbol{q}})\{1 + n(\hbar\omega_{\boldsymbol{q}})\} \big]\delta(\varepsilon_{\boldsymbol{k}} - \varepsilon_{\boldsymbol{k}-\boldsymbol{q}} + \hbar\omega_{\boldsymbol{q}}) \big)
$$
$$
(9.14)
$$

と得られる．この各項はフェルミの golden rule によって以下のように理解される．

　電子の遷移確率 $1/\tau_{\mathrm{el-ph}}$ は $\frac{2\pi}{\hbar} \times (\mathrm{matrix\ element})^2$ で与えられるが，電子格子相互作用の場合には $(\mathrm{matrix\ element})^2 = g_{\boldsymbol{q}}^2/V$ なので，(9.14) 式の全体の係数が理解できる．それ以外の項は，電子やフォノンの占有状態とエネルギー保存則を表す．まず，(9.14) 式の第 1 項と第 3 項は，$\{1 - f(\varepsilon_{\boldsymbol{k}-\boldsymbol{q}})\}$ という因子を持っているので，$\varepsilon_{\boldsymbol{k}-\boldsymbol{q}}$ の電子が「いなかった」ということを意味する．したがって，$\varepsilon_{\boldsymbol{k}}$ の電子が $\varepsilon_{\boldsymbol{k}-\boldsymbol{q}}$ の電子に変化し，それと同時に，エネルギー保存則を表す δ 関数の中身からわかるように，第 1 項ではフォノンを放出し，第 3 項で

9.3　電子格子相互作用による電子の自己エネルギー　**169**

はフォノンを吸収したということを意味する. 例えば, 第 1 項の $\{1+n(\hbar\omega_{\boldsymbol{q}})\}$ の因子は $\hbar\omega_{\boldsymbol{q}}$ のフォノンが始めに存在しなかったという条件である (ボース粒子の場合は $\langle \hat{a}\,\hat{a}^{\dagger}\rangle = 1+n(\hbar\omega_{\boldsymbol{q}})$ となることに注意).

(9.14) 式の第 2 項と第 4 項は, $f(\varepsilon_{\boldsymbol{k}-\boldsymbol{q}})$ という因子を持つので $\varepsilon_{\boldsymbol{k}-\boldsymbol{q}}$ の電子が「いた」ということだから, $\varepsilon_{\boldsymbol{k}-\boldsymbol{q}}$ の電子が $\varepsilon_{\boldsymbol{k}}$ の電子になるというプロセスだといえる. つまり, 6.6 節で考えたのと同じように, $\varepsilon_{\boldsymbol{k}}$ のところに開いた「ホール」の寿命を表しているといえる.

不純物散乱の場合は, 絶対零度で自己エネルギーの虚部は有限に残り, 電子の寿命を与えたが, 電子格子相互作用の場合には絶対零度では寿命を与えない. これは以下のように考えることができる. $\varepsilon_{\boldsymbol{k}}$ の電子が $\varepsilon_{\boldsymbol{k}-\boldsymbol{q}}$ の電子に変化する場合, 同じフェルミ面上で移動することができるのでエネルギー 0 ですむ. しかし, $\hbar\omega_{\boldsymbol{q}}$ のフォノンを生成するには有限のエネルギーが必要である ($\boldsymbol{q} \neq \boldsymbol{0}$ であることに注意). また, 上記第 3 項の場合のように, $\hbar\omega_{\boldsymbol{q}}$ のフォノンを吸収しつつ $\varepsilon_{\boldsymbol{k}-\boldsymbol{q}}$ の電子に移ることも可能であるが, 絶対零度ではフォノンは励起されていないのでこの過程も許されない. 結局, 電子格子相互作用による電子の寿命は有限温度になって初めて生じるものであることがわかる. この温度依存性は低温で T^3 に比例することを 9.5 節で示す.

ここで電子格子相互作用における, 波数とエネルギーのやり取りの大きさについてコメントしておこう. フォノンの波数 $\boldsymbol{q}$ はブリルアンゾーンの中のどのような値も取り得る. 一方の電子の波数は, フェルミ面が極端に小さい場合 (low carrier の場合) 等を除いて, やはりブリルアンゾーンの大きさ程度となるので, $\boldsymbol{k}$ と $\boldsymbol{q}$ は同じオーダーになり得る. ただし, 低温で $\boldsymbol{q} \sim \boldsymbol{0}$ のフォノンしか励起されていない場合は, $\boldsymbol{q}$ の絶対値は小さい. 一方, フォノンの最大のエネルギーはデバイ温度を用いて $k_{\mathrm{B}}\theta_{\mathrm{D}}$ 程度までである. これは通常数百度のオーダーである. これに対して電子のエネルギーは通常 $1\,\mathrm{eV}$ つまり約 $10^4\,\mathrm{K}$ のオーダーなので, 電子がフォノンを放出したり吸収したりしても, もともとのフェルミエネルギーに比べてエネルギー変化分は非常に小さいといえる. つまり, フェルミ面付近の電子を考えれば, 散乱後もフェルミ面付近にいると考えてよい.

9.4 格子の衣を着た電子

次に電子格子相互作用による電子の自己エネルギーの実部を調べよう. この部分は電子の有効質量を変更させる効果を持つ. このために, 自己エネルギー $\Sigma_{\mathrm{el-ph}}^{R(1)}(\boldsymbol{k}, \hbar\omega + i\delta)$ を絶対零度で $(\boldsymbol{k}, \omega)$ の関数として評価しよう. (9.11) 式から解析接続し, $T=0$ では

$$\Sigma_{\mathrm{el-ph}}^{R(1)}(\boldsymbol{k}, \hbar\omega + i\delta) = \frac{1}{V}\sum_{\boldsymbol{q}} g_{\boldsymbol{q}}^2 \left[\frac{\theta(\varepsilon_{\boldsymbol{k}-\boldsymbol{q}} - \varepsilon_{\mathrm{F}})}{\hbar\omega - \varepsilon_{\boldsymbol{k}-\boldsymbol{q}} + \varepsilon_{\mathrm{F}} - \hbar\omega_{\boldsymbol{q}} + i\delta} \right.$$

$$+ \frac{\theta(\varepsilon_{\mathrm{F}} - \varepsilon_{\boldsymbol{k}-\boldsymbol{q}})}{\hbar\omega - \varepsilon_{\boldsymbol{k}-\boldsymbol{q}} + \varepsilon_{\mathrm{F}} + \hbar\omega_{\boldsymbol{q}} + i\delta} \Biggr] \quad (9.15)$$

である．ここで $T = 0$ で $\boldsymbol{q} \neq \boldsymbol{0}$ のフォノンは励起されず，$n(\hbar\omega_{\boldsymbol{q}}) = 0$ であることを用いた．(9.15) 式で $\varepsilon_{\boldsymbol{k}-\boldsymbol{q}}$ として自由電子ガスのエネルギーを代入し，波数ベクトル $\boldsymbol{k}$ の方向を q_z の方向として極座標表示を用いると

$$\Sigma_{\mathrm{el-ph}}^{R(1)}(\boldsymbol{k}, \hbar\omega + i\delta) = \frac{1}{(2\pi)^2} \int_0^{q_{\mathrm{D}}} q^2 dq g_{\boldsymbol{q}}^2 \int_0^\pi \sin\theta d\theta$$

$$\times \Biggl[\frac{\theta(\Delta - \frac{\hbar^2 kq\cos\theta}{m})}{\hbar\omega - \Delta + \frac{\hbar^2 kq\cos\theta}{m} - \hbar\omega_{\boldsymbol{q}} + i\delta} + \frac{\theta(\frac{\hbar^2 kq\cos\theta}{m} - \Delta)}{\hbar\omega - \Delta + \frac{\hbar^2 kq\cos\theta}{m} + \hbar\omega_{\boldsymbol{q}} + i\delta} \Biggr]$$
$$(9.16)$$

となる．ここで q_{D} は 2.4 章で与えられたデバイ波長で，考えているフォノンの上限の波数を表している．また Δ は

$$\Delta = \frac{\hbar^2 q^2}{2m} + \frac{\hbar^2 k^2}{2m} - \varepsilon_{\mathrm{F}} \quad (9.17)$$

であり，$k \sim k_{\mathrm{F}}$ の場合には，$\Delta \sim \hbar^2 q^2 / 2m$ である．このことを考慮すると (9.16) 式の θ 関数は $\theta(q/2k - \cos\theta)$ と $\theta(\cos\theta - q/2k)$ と近似できることがわかる．$0 < q < q_{\mathrm{D}} < 2k \sim 2k_{\mathrm{F}}$，つまり $q/2k < 1$ であることを考慮して θ 積分を実行すると，$\Sigma_{\mathrm{el-ph}}^{R(1)}(\boldsymbol{k}, \hbar\omega + i\delta)$ の実部は（主値積分であることを考慮して）

$$\mathrm{Re}\Sigma_{\mathrm{el-ph}}^{R(1)}(\boldsymbol{k}, \hbar\omega + i\delta)$$
$$= \frac{1}{4\pi^2} \int_0^{q_{\mathrm{D}}} dq \frac{mq}{\hbar^2 k} g_{\boldsymbol{q}}^2 \ln \left| \frac{\hbar\omega - \hbar\omega_{\boldsymbol{q}}}{\hbar\omega + \hbar\omega_{\boldsymbol{q}}} \cdot \frac{\hbar\omega - \Delta + \frac{\hbar^2 kq}{m} + \hbar\omega_{\boldsymbol{q}}}{\hbar\omega - \Delta - \frac{\hbar^2 kq}{m} - \hbar\omega_{\boldsymbol{q}}} \right| \quad (9.18)$$

となる．ここで少し近似をする．$\hbar\omega_{\boldsymbol{q}} = \hbar cq$ であり $\hbar^2 kq/m \sim \hbar v_{\mathrm{F}} q$ なので（$k \sim k_{\mathrm{F}}$ と $v_{\mathrm{F}} = \hbar k_{\mathrm{F}}/m$ を用いた），音速 c はフェルミ速度 v_{F} よりずっと遅いとして $\hbar\omega_{\boldsymbol{q}} \ll \hbar^2 kq/m$ と考え，(9.18) 式の $\ln$ の中の最後の $\hbar\omega_{\boldsymbol{q}}$ は無視する．また $\Delta \sim \hbar^2 q^2/2m$ の項は，$q < q_{\mathrm{D}} < 2k$ ということを考慮して $\hbar^2 q^2/2m < \hbar^2 kq/m$ として無視する．このように近似し，$g_{\boldsymbol{q}}^2$ が q に比例することを考慮して $g_{\boldsymbol{q}}^2 = \alpha q$ としておけば，(9.18) 式の積分は実行できて

$$\mathrm{Re}\Sigma_{\mathrm{el-ph}}^{R(1)}(\boldsymbol{k}, \hbar\omega + i\delta) \sim \frac{\alpha m}{4\pi^2 \hbar^2 k} \Biggl[\frac{q_{\mathrm{D}}^3}{3} \ln \left| \frac{\omega - cq_{\mathrm{D}}}{\omega + cq_{\mathrm{D}}} \cdot \frac{\omega + v_{\mathrm{F}} q_{\mathrm{D}}}{\omega - v_{\mathrm{F}} q_{\mathrm{D}}} \right|$$
$$- \frac{\omega}{3c} q_{\mathrm{D}}^2 + \frac{\omega}{3v_{\mathrm{F}}} q_{\mathrm{D}}^2 - \frac{\omega^3}{3c^3} \ln \left| \frac{\omega^2 - c^2 q_{\mathrm{D}}^2}{\omega^2} \right| + \frac{\omega^3}{3v_{\mathrm{F}}^3} \ln \left| \frac{\omega^2 - v_{\mathrm{F}}^2 q_{\mathrm{D}}^2}{\omega^2} \right| \Biggr]$$
$$(9.19)$$

となる．最後に $c \ll v_{\mathrm{F}}$ を考慮して値を評価すると，$\omega \ll cq_{\mathrm{D}}$ のとき

$$\mathrm{Re}\Sigma_{\mathrm{el-ph}}^{R(1)}(\boldsymbol{k}, \hbar\omega + i\delta) \sim -\frac{\alpha m q_{\mathrm{D}}^2}{4\pi^2 c\hbar^2 k} \omega \equiv -\lambda\hbar\omega \quad (9.20)$$

であることがわかる．また，$\omega \gg cq_{\mathrm{D}}$ のときは $\mathrm{Re}\Sigma_{\mathrm{el-ph}}^{R(1)}(\boldsymbol{k}, \hbar\omega + i\delta) \sim 1/\omega$

9.4 格子の衣を着た電子 **171**

で減衰することがわかる．(2.35) 式から $g_{\boldsymbol{q}}$ の定義式を代入して整理すると

$$\lambda = \frac{m q_{\mathrm{D}}^2 n V_{\boldsymbol{q}_0}^2}{8\pi^2 M c^2 \hbar^2 k_{\mathrm{F}}} \tag{9.21}$$

となる．ここで $n = N/V$ であり $V_{\boldsymbol{q}_0}$ は遮蔽されたクーロン相互作用である．具体的な数値を入れると $\lambda \sim 0.2$ 程度といわれている．

　ここで電子格子相互作用の結合定数 $g_{\boldsymbol{q}}$ の大きさ，とくに m/M 依存性について調べておこう．まず，遮蔽されたクーロン相互作用 $V_{\boldsymbol{q}_0}$ を (6.32) 式のトーマス・フェルミ遮蔽で評価すると，フェルミ面での状態密度 $D(\varepsilon_{\mathrm{F}}) = \frac{m k_{\mathrm{F}}}{2\pi^2 \hbar^2} = \frac{3n}{4\varepsilon_{\mathrm{F}}}$ （ただし $n = k_{\mathrm{F}}^3/3\pi^2$）を用いて

$$V_{\boldsymbol{q}_0} \sim \frac{e^2}{\varepsilon_0 q_{\mathrm{TF}}^2} = \frac{1}{2D(\varepsilon_{\mathrm{F}})} = \frac{2\varepsilon_{\mathrm{F}}}{3n} \propto \frac{1}{m} \tag{9.22}$$

となる．また音速 c の評価が難しいが，自由電子ガスの bulk modulus, B を用いると

$$c = \sqrt{\frac{B}{Mn}} \sim \sqrt{\frac{\varepsilon_{\mathrm{F}}}{M}} \equiv a v_{\mathrm{F}} \sqrt{\frac{m}{M}} \propto \frac{1}{\sqrt{mM}} \tag{9.23}$$

と評価できる．ここで a は 1 程度の定数である．v_{F} は $1/m$ に比例するが，この m 依存性は他の部分からくる寄与と打ち消すことが多く，結局 c の中の $\sqrt{\frac{m}{M}}$ 依存性が最後まで残ることがわかる．これらの評価を使えば，(2.35) 式の $g_{\boldsymbol{q}}$ は

$$g_{\boldsymbol{q}} = \frac{1}{c}\sqrt{\frac{\hbar\omega_{\boldsymbol{q}} n}{2M}} V_{\boldsymbol{q}_0}$$

$$\sim \sqrt{\frac{n}{4a^2 m v_{\mathrm{F}}^2 D(\varepsilon_{\mathrm{F}})^2} \frac{\hbar\omega_{\boldsymbol{q}}}{2}} = \sqrt{\frac{1}{6a^2 D(\varepsilon_{\mathrm{F}})} \frac{\hbar\omega_{\boldsymbol{q}}}{2}} = \sqrt{\frac{\hbar v_{\mathrm{F}} \sqrt{\frac{m}{M}} q}{12 a D(\varepsilon_{\mathrm{F}})}} \tag{9.24}$$

と書ける．一方，(9.20) 式で定義される λ は，状態密度 $D(\varepsilon_{\mathrm{F}}) = \frac{m k_{\mathrm{F}}}{2\pi^2 \hbar^2}$ を用いて

$$\lambda = \frac{g_{\boldsymbol{q}}^2 m q_{\mathrm{D}}^2}{4\pi^2 c \hbar^3 k_{\mathrm{F}} q} = \frac{g_{\boldsymbol{q}}^2 D(\varepsilon_{\mathrm{F}})}{2\hbar\omega_{\boldsymbol{q}}} \cdot \frac{q_{\mathrm{D}}^2}{k_{\mathrm{F}}^2} \tag{9.25}$$

と書けるので，(9.24) 式の $g_{\boldsymbol{q}}^2$ を代入すれば

$$\lambda \sim \frac{q_{\mathrm{D}}^2}{24 a^2 k_{\mathrm{F}}^2} \tag{9.26}$$

となり，m/M によらない定数になることがわかる．

　最後に (9.20) 式の自己エネルギーを電子のグリーン関数に代入すれば

$$G^R(\boldsymbol{k}, \omega) = \frac{1}{\hbar\omega - \varepsilon_{\boldsymbol{k}} + \mu + \lambda\hbar\omega - i\mathrm{Im}\Sigma} = \frac{\frac{1}{1+\lambda}}{\hbar\omega - \frac{\varepsilon_{\boldsymbol{k}} - \mu + i\mathrm{Im}\Sigma}{1+\lambda}} \tag{9.27}$$

と得られる．この式は電子の有効質量が $m^* = m(1 + \lambda)$ となっていることを意味する．つまり電子はフォノンの着物を着て元の質量よりも $1 + \lambda$ 倍だけ重くなる．その結果として，電子比熱が増大する．以上は最低次のファインマンダイアグラムによるものだが，グリーン関数の自己エネルギーを考慮した計算

172　第 9 章　電子格子系

によってもほぼ同じ結論が得られている[*4].

9.5 電子の寿命と電子格子相互作用による電気伝導度

まず $T = 0$ で有限の $\omega > 0$ の場合の自己エネルギーの虚数部分を調べよう. (9.16) 式の虚数部分は, $\delta\left(\hbar\omega - \Delta + \frac{\hbar^2 kq\cos\theta}{m} \mp \hbar\omega_{\boldsymbol{q}}\right)$ というデルタ関数を持つが, $\delta(ax) = \delta(x)/|a|$ であることを用い, θ 積分を行うと

$$
\mathrm{Im}\Sigma_{\mathrm{el-ph}}^{R(1)}(\boldsymbol{k}, \hbar\omega + i\delta)
$$
$$
= -\frac{\pi}{4\pi^2} \int_0^{q_{\mathrm{D}}} dq \frac{mq}{\hbar^2 k} g_{\boldsymbol{q}}^2 \left[\theta\left(\hbar\omega - \hbar\omega_{\boldsymbol{q}}\right)\theta\left(\left\{\frac{\hbar^2 kq}{m}\right\}^2 - \{\hbar\omega - \Delta - \hbar\omega_{\boldsymbol{q}}\}^2\right) \right.
$$
$$
\left. + \theta\left(-\hbar\omega - \hbar\omega_{\boldsymbol{q}}\right)\theta\left(\left\{\frac{\hbar^2 kq}{m}\right\}^2 - \{\hbar\omega - \Delta + \hbar\omega_{\boldsymbol{q}}\}^2\right) \right] \quad (9.28)
$$

となることがわかる. さらに実部の場合と同じ近似を行うと,

$$
-\frac{\alpha m}{4\pi\hbar^2 k} \int_0^{q_{\mathrm{D}}} dq\, q^2 \theta\left(\omega - cq\right)\theta\left(v_{\mathrm{F}}q - \omega\right) \sim -\frac{\alpha m}{12\pi c^3 \hbar^2 k}\omega^3 \quad (9.29)
$$

となり, $\mathrm{Im}\Sigma_{\mathrm{el-ph}}^{R(1)}(\boldsymbol{k}, \hbar\omega + i\delta)$ は ω^3 に比例して小さいという結果が得られる.

一方, 有限温度の場合は (9.13) 式からフェルミ分布関数とボース分布関数を残して計算すればよい. 上と同じように極座標にしてから θ 積分を実行すると

$$
\mathrm{Im}\Sigma_{\mathrm{el-ph}}^{R(1)}(\boldsymbol{k}, \hbar\omega + i\delta) = -\frac{1}{4\pi} \int_0^{q_{\mathrm{D}}} dq \frac{mq}{\hbar^2 k} g_{\boldsymbol{q}}^2
$$
$$
\times \left[\{1 - f(\hbar\omega + \mu - \hbar\omega_{\boldsymbol{q}}) + n(\hbar\omega_{\boldsymbol{q}})\}\theta\left(\left\{\frac{\hbar^2 kq}{m}\right\}^2 - \{\hbar\omega - \Delta - \hbar\omega_{\boldsymbol{q}}\}^2\right) \right.
$$
$$
\left. + \{f(\hbar\omega + \mu + \hbar\omega_{\boldsymbol{q}}) + n(\hbar\omega_{\boldsymbol{q}})\}\theta\left(\left\{\frac{\hbar^2 kq}{m}\right\}^2 - \{\hbar\omega - \Delta + \hbar\omega_{\boldsymbol{q}}\}^2\right) \right]
$$
$$
(9.30)
$$

が得られる. さらに $|\boldsymbol{k}| = k_{\mathrm{F}}$ だとすると $\Delta = \hbar^2 q^2/2m$ となって, 前節と同じ近似で $\hbar^2 kq/m$ に比べて無視できるとする. さらに ω が小さい場合を調べると,

$$
\mathrm{Im}\Sigma_{\mathrm{el-ph}}^{R(1)}(k_{\mathrm{F}}, \omega)
$$
$$
= -\frac{\alpha m}{4\pi\hbar^2 k_{\mathrm{F}}} \int_0^{q_{\mathrm{D}}} dq\, q^2 \left\{1 - f(\hbar\omega + \mu - \hbar\omega_{\boldsymbol{q}}) + f(\hbar\omega + \mu + \hbar\omega_{\boldsymbol{q}}) + 2n(\hbar\omega_{\boldsymbol{q}})\right\}
$$
$$
= -\frac{\alpha m}{4\pi c^3 \hbar^5 k_{\mathrm{F}}} (k_{\mathrm{B}}T)^3 F_1\left(\frac{\hbar\omega}{k_{\mathrm{B}}T}\right) \quad (9.31)
$$

となることがわかる. ここで $F_1(z)$ は

[*4]　A. B. Migdal, 前掲書（脚注 3）および G. M. Éliashberg, J. Explt. Theoret. Phys. (U.S.S.R.) **39**, 1437 (1960) [Sov. Phys. JETP **12**, 1000 (1961)].

$$F_1(z) = \int_0^{\hbar\omega_{\mathrm{D}}/k_{\mathrm{B}}T} x^2 dx \left\{ 1 - \frac{1}{e^{z-x}+1} + \frac{1}{e^{x+z}+1} + \frac{2}{e^x - 1} \right\} \quad (9.32)$$

という関数である．(9.31) 式を見ると，$\mathrm{Im}\Sigma_{\mathrm{el-ph}}^{R(1)}(k_{\mathrm{F}}, \omega = 0)$ は低温で T^3 に比例して小さくなることがわかる．一方高温では $F_1(z \to 0) \sim (\hbar\omega_{\mathrm{D}}/k_{\mathrm{B}}T)^2$ になることがわかるので，$\mathrm{Im}\Sigma_{\mathrm{el-ph}}^{R(1)}(k_{\mathrm{F}}, \omega = 0)$ は T に比例する．これが電子格子相互作用による電子の寿命である．実部の計算のときと同じように，グリーン関数の自己エネルギーを考慮した計算によってもほぼ同じ結論が得られる．

電気伝導度の計算の場合には（ここでは具体的な計算をしないが），不純物散乱の場合のヴァーテックス補正を参考にすると，前方散乱と後方散乱の違いを考慮した $1 - \cos\theta$ の因子を付ける必要があると考えられる．低温では波数 q の小さいフォノンしか励起されないので，電子の散乱角 θ も小さくなる．$\boldsymbol{k}$ の電子が $\boldsymbol{k}+\boldsymbol{q}$ の電子に散乱されるとして q が小さければ，近似として $k_{\mathrm{F}}\sin\theta = q$ が成り立つ．したがって $1 - \cos\theta \sim \theta^2/2 \propto (q/k_{\mathrm{F}})^2$ が成り立つ．この結果，(9.31) 式の積分に，q^2 の因子が追加され，結局電気伝導度に効く寿命としては低温で T^{-5} に比例したものとなる．これが電子格子相互作用による電気抵抗が T^5 に比例する原因となる．一方高温では，波数 q の大きなフォノンを使うことができるので，このような制限がなくなり，電気抵抗は電子の寿命と同じで T に比例するようになる．

9.6　フォノンの自己エネルギー

次に図 9.2 (b) のフォノンの自己エネルギーを調べよう．再びヴァーテックス補正は考えなくてよく，さらに最低次では

$$\Pi_{\mathrm{ph}}(\boldsymbol{q}, i\omega_m) = \frac{2k_{\mathrm{B}}T}{V} \sum_{n,\boldsymbol{q}} g_{\boldsymbol{q}}^2 \mathscr{G}^{(0)}(\boldsymbol{k}, i\varepsilon_n) \mathscr{G}^{(0)}(\boldsymbol{k} - \boldsymbol{q}, i\varepsilon_n - i\omega_m) \quad (9.33)$$

となる．これは実は 6.1 節で考えた電荷応答関数（または分極関数）と比べて，逆符号でかつ $g_{\boldsymbol{q}}^2$ が付いているだけで全く同じものであることがわかる．さらに最低次のこの式は，(6.4) や (6.9) 式で考えた $\Phi_0(\boldsymbol{q}, i\omega_n)$ を用いて

$$\Pi_{\mathrm{ph}}(\boldsymbol{q}, i\omega_m) = -2g_{\boldsymbol{q}}^2 \Phi_0(\boldsymbol{q}, i\omega_m) \quad (9.34)$$

と書ける．$i\omega_m \to \hbar\omega + i\delta$ と解析接続すれば遅延自己エネルギーが得られるが，これは 6.3 節で用いたリンドハード関数 $\chi_0(\boldsymbol{q}, \omega)$ そのものとなるので

$$\Pi_{\mathrm{ph}}^R(\boldsymbol{q}, \omega) = -2g_{\boldsymbol{q}}^2 \chi_0(\boldsymbol{q}, \omega) \quad (9.35)$$

といえる．

実部を調べると，フォノンの ω はデバイ振動数 ω_{D} より小さいので，$\chi_0(\boldsymbol{q}, \omega)$ の中で特徴的に現れる $v_{\mathrm{F}}q$ に比べて十分小さいと考えられる．したがって，(6.22)

174　第 9 章　電子格子系

式または (6.23) 式のリンドハード関数の $\omega = 0$ の結果を使って

$$\mathrm{Re}\Pi_{\mathrm{ph}}^{R}(\boldsymbol{q},\omega) \sim -g_{\mathrm{q}}^2 \frac{mk_{\mathrm{F}}}{\pi^2\hbar^2} g\left(\frac{q}{k_{\mathrm{F}}}\right), \quad g(x) = \frac{1}{2}\left[1 - \frac{1}{x}\left(1 - \frac{x^2}{4}\right)\ln\left|\frac{x-2}{x+2}\right|\right]$$
(9.36)

と評価できる. また虚部は演習問題 6.1 の解の (6.61) 式を用いればよいので, ω の 1 次までで

$$\mathrm{Im}\Pi_{\mathrm{ph}}^{R}(\boldsymbol{q},\omega) \sim -\frac{m^2 g_{\boldsymbol{q}}^2}{2\pi\hbar^3}\frac{\omega}{q}\theta(2k_{\mathrm{F}} - q)$$
(9.37)

となる. これらの結果は, 再びグリーン関数の自己エネルギーを考慮した計算によってもほぼ同じ結論が得られる.

ダイソン方程式に代入すると, 自己エネルギーを含めたフォノンのグリーン関数は

$$
\begin{aligned}
(D^R(\boldsymbol{q},\omega))^{-1} &= (D^{(0)R}(\boldsymbol{q},\omega))^{-1} - \Pi_{\mathrm{ph}}^R(\boldsymbol{q},\omega) \\
&= \frac{1}{2\hbar\omega_{\boldsymbol{q}}}\Bigg[(\hbar\omega)^2 - (\hbar\omega_{\boldsymbol{q}})^2 \\
&\quad + 2\hbar\omega_{\boldsymbol{q}}\left\{g_{\mathrm{q}}^2 \frac{mk_{\mathrm{F}}}{\pi^2\hbar^2}g\left(\frac{q}{k_{\mathrm{F}}}\right) + i\frac{m^2 g_{\boldsymbol{q}}^2}{2\pi\hbar^3}\frac{\omega}{q}\theta(2k_{\mathrm{F}} - q)\right\}\Bigg] \\
&= \frac{1}{2\hbar\omega_{\boldsymbol{q}}}\Bigg[(\hbar\omega)^2 - (\hbar\omega_{\boldsymbol{q}})^2\left\{1 - 2\eta g\left(\frac{q}{k_{\mathrm{F}}}\right) - i\eta\frac{m\pi}{k_{\mathrm{F}}\hbar}\frac{\omega}{q}\theta(2k_{\mathrm{F}} - q)\right\}\Bigg]
\end{aligned}
$$
(9.38)

と得られる. ここで η は

$$\eta = \frac{\alpha mk_{\mathrm{F}}}{\pi^2\hbar^3 c} = \frac{4k_{\mathrm{F}}^2}{q_{\mathrm{D}}^2}\lambda \sim \frac{1}{6a^2}$$
(9.39)

として定義された量で, λ とともに 1 程度の値である. $D^R(\boldsymbol{q},\omega)$ の極がフォノンの分散関係を表すので,

$$\tilde{\omega}_{\boldsymbol{q}} = \omega_{\boldsymbol{q}}\sqrt{1 - 2\eta g\left(\frac{q}{k_{\mathrm{F}}}\right)}$$
(9.40)

がくりこまれたフォノンの分散関係であるといえる. $q \to 0$ の極限では $g(0) = 1$ なので, 音速が $\sqrt{1 - 2\eta}$ ほど遅くなる.

また, $q \sim 2k_{\mathrm{F}}$ では (9.36) 式の log の特異性があるために, 分散関係の傾きが

$$\frac{d\tilde{\omega}(q)}{dq} = \frac{\eta}{\sqrt{1-\eta}}\frac{\omega_{2k_{\mathrm{F}}}}{4k_{\mathrm{F}}}\ln\frac{4k_{\mathrm{F}}}{|2k_{\mathrm{F}} - q|}, \qquad q \sim 2k_{\mathrm{F}}$$
(9.41)

となって発散してしまう[*5]. これは 3 次元の場合であるが, この傾きの特異性は近似のためと考えられる. しかし, Kohn は 1 次元の場合には $\tilde{\omega}_{\boldsymbol{q}}$ 自体が $q \to 2k_{\mathrm{F}}$ のところで $\tilde{\omega}_{\boldsymbol{q}} \to 0$ となることを指摘した. これは波数 $q = 2k_{\mathrm{F}}$ の

[*5]　W. Kohn, Phys. Rev. Lett. **2**, 393 (1959).

フォノンがソフト化することを意味し，その結果として格子が自発的に変形して波数 $2k_F$ のパターンを形成するというパイエルス転移が起こることを意味する．

9.7 電子格子相互作用のヴァーテックス補正とミグダル近似

この章の最後にミグダル近似を調べよう[*6]．ここでは最低次のヴァーテックス補正を計算して，それが $\sqrt{m/M}$ のオーダーの補正しか与えないことを見ることにする．図 9.3 が最低次のヴァーテックス補正であるが，これを書き下すと

$$-\frac{k_B T}{V} \sum_{\bm{k}',\nu} g_{\bm{k}-\bm{k}'}^2 \mathscr{G}^{(0)}(\bm{k}', i\varepsilon_\nu') \mathscr{G}^{(0)}(\bm{k}'-\bm{q}, i\varepsilon_\nu' - i\omega_m) \mathscr{D}^{(0)}(\bm{k}-\bm{k}', i\varepsilon_n - i\varepsilon_\nu') \quad (9.42)$$

である．これを今までと同じように $i\varepsilon_\nu'$ の和を取り，グリーン関数の極を拾うと

$$\frac{1}{V} \sum_{\bm{k}'} g_{\bm{k}-\bm{k}'}^2 \int \frac{dz}{2\pi i} F(z) \frac{1}{z - \varepsilon_{\bm{k}'} + \mu} \frac{1}{z - i\omega_m - \varepsilon_{\bm{k}'-\bm{q}} + \mu}$$
$$\times \frac{2\hbar\omega_{\bm{k}-\bm{k}'}}{(i\varepsilon_n - z)^2 - (\hbar\omega_{\bm{k}-\bm{k}'})^2}$$

$$= -\frac{1}{V} \sum_{\bm{k}'} \frac{g_{\bm{k}-\bm{k}'}^2}{i\omega_m - \varepsilon_{\bm{k}'} + \varepsilon_{\bm{k}'-\bm{q}}}$$
$$\times \left[\frac{f(\varepsilon_{\bm{k}'}) + n(\hbar\omega_{\bm{k}-\bm{k}'})}{i\varepsilon_n - \varepsilon_{\bm{k}'} + \mu + \hbar\omega_{\bm{k}-\bm{k}'}} + \frac{1 - f(\varepsilon_{\bm{k}'}) + n(\hbar\omega_{\bm{k}-\bm{k}'})}{i\varepsilon_n - \varepsilon_{\bm{k}'} + \mu - \hbar\omega_{\bm{k}-\bm{k}'}} \right.$$
$$\left. - \frac{f(\varepsilon_{\bm{k}'-\bm{q}}) + n(\hbar\omega_{\bm{k}-\bm{k}'})}{i\varepsilon_n - i\omega_m - \varepsilon_{\bm{k}'-\bm{q}} + \mu + \hbar\omega_{\bm{k}-\bm{k}'}} - \frac{1 - f(\varepsilon_{\bm{k}'-\bm{q}}) + n(\hbar\omega_{\bm{k}-\bm{k}'})}{i\varepsilon_n - i\omega_m - \varepsilon_{\bm{k}'-\bm{q}} + \mu - \hbar\omega_{\bm{k}-\bm{k}'}} \right] \quad (9.43)$$

となる．ここで $n(\varepsilon) = 1/(e^{\beta\varepsilon} - 1)$ はボース分布関数で，$F(i\varepsilon_n + \hbar\omega_{\bm{k}-\bm{k}'}) = -n(\hbar\omega_{\bm{k}-\bm{k}'})$, $F(i\varepsilon_n - \hbar\omega_{\bm{k}-\bm{k}'}) = 1 + n(\hbar\omega_{\bm{k}-\bm{k}'})$ を用いた．

ミグダルは係数以外の積分の部分が特異性を持たなければ，ヴァーテックス補正は $\sqrt{m/M}$ のオーダーの小さい量であると議論した．とくに積分が発散しそうなところを調べるために，$T \to 0$ で考えると，$\bm{k} - \bm{k}' \neq \bm{0}$ のために $n(\hbar\omega_{\bm{k}-\bm{k}'}) \to 0$ となることを考慮して，(9.43) 式は

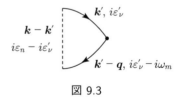

図 9.3

[*6] A. B. Migdal, 前掲書（脚注 3）．ミグダルの定理と呼ばれることもあるが，厳密に証明されているわけではないので，ここでは近似と呼ぶことにした．

$$
-\frac{1}{V}\sum_{\boldsymbol{k}'}\frac{g_{\boldsymbol{k}-\boldsymbol{k}'}^2}{i\omega_m-\varepsilon_{\boldsymbol{k}'}+\varepsilon_{\boldsymbol{k}'-\boldsymbol{q}}}\Bigg[\frac{1}{i\varepsilon_n-\varepsilon_{\boldsymbol{k}'}+\mu-\hbar\omega_{\boldsymbol{k}-\boldsymbol{k}'}\mathrm{sign}(\varepsilon_{\boldsymbol{k}}'-\mu)}
$$
$$
-\frac{1}{i\varepsilon_n-i\omega_m-\varepsilon_{\boldsymbol{k}'-\boldsymbol{q}}+\mu-\hbar\omega_{\boldsymbol{k}-\boldsymbol{k}'}\mathrm{sign}(\varepsilon_{\boldsymbol{k}'-\boldsymbol{q}}-\mu)}\Bigg] \tag{9.44}
$$

となる．積分の分母に $\hbar\omega_{\boldsymbol{k}-\boldsymbol{k}'}$ が入っているが，$\hbar\omega_{\boldsymbol{k}-\boldsymbol{k}'}$ はすでに $c\propto\sqrt{\frac{m}{M}}$ のオーダーの量なので，$\hbar\omega_{\boldsymbol{k}-\boldsymbol{k}'}=0$ として積分し，その結果が発散するかどうかを調べる．$\hbar\omega_{\boldsymbol{k}-\boldsymbol{k}'}\neq0$ の寄与は $\sqrt{\frac{m}{M}}$ の高次の項となると考えられる．この議論をもとに (9.44) 式で $\hbar\omega_{\boldsymbol{k}-\boldsymbol{k}'}=0$ とし，かつ $i\varepsilon_n\to\varepsilon+i\delta$ と解析接続して，とくに危険そうな $\boldsymbol{q}$ の小さいところを調べると

$$
-\frac{1}{V}\sum_{\boldsymbol{k}'}\frac{g_{\boldsymbol{k}-\boldsymbol{k}'}^2}{\hbar\omega-\varepsilon_{\boldsymbol{k}'}+\varepsilon_{\boldsymbol{k}'-\boldsymbol{q}}}\left[\frac{1}{\varepsilon-\varepsilon_{\boldsymbol{k}'}+\mu+i\delta}-\frac{1}{\varepsilon-\hbar\omega-\varepsilon_{\boldsymbol{k}'-\boldsymbol{q}}+\mu+i\delta}\right]
$$
$$
=\frac{1}{V}\sum_{\boldsymbol{k}'}g_{\boldsymbol{k}-\boldsymbol{k}'}^2\frac{1}{\varepsilon-\varepsilon_{\boldsymbol{k}'}+\mu+i\delta}\cdot\frac{1}{\varepsilon-\hbar\omega-\varepsilon_{\boldsymbol{k}'-\boldsymbol{q}}+\mu+i\delta}
$$
$$
\sim\frac{1}{4\pi^2}\int_0^\infty k'^2dk'\int_0^\pi\sin\theta d\theta\frac{\theta(\omega_{\mathrm{D}}-\hbar\omega_{\boldsymbol{k}-\boldsymbol{k}'})}{\varepsilon-\varepsilon_{\boldsymbol{k}'}+\mu+i\delta}
$$
$$
\times\frac{g_{\boldsymbol{k}-\boldsymbol{k}'}^2}{\varepsilon-\hbar\omega-\varepsilon_{\boldsymbol{k}'}+\frac{\hbar^2k'q\cos\theta}{m}+\mu+i\delta}
$$
$$
\sim\frac{1}{4\pi^2}\int_0^\infty k'dk'\frac{mg_{\boldsymbol{k}-\boldsymbol{k}'}^2}{\hbar^2q}\frac{\theta(\omega_{\mathrm{D}}-\hbar\omega_{\boldsymbol{k}-\boldsymbol{k}'})}{\varepsilon-\varepsilon_{\boldsymbol{k}'}+\mu+i\delta}
$$
$$
\times\ln\left|\frac{\varepsilon-\hbar\omega-\varepsilon_{\boldsymbol{k}'}+\frac{\hbar^2k'q}{m}+\mu+i\delta}{\varepsilon-\hbar\omega-\varepsilon_{\boldsymbol{k}'}-\frac{\hbar^2k'q}{m}+\mu+i\delta}\right| \tag{9.45}
$$

となる．さらに $\ln$ の中の $\boldsymbol{k}'$ の値を，$\varepsilon-\varepsilon_{\boldsymbol{k}'}+\mu=0$ となるような k_0' に代表させ，階段関数の制限は厳しくないものとして，k' 積分の代わりに $\zeta=\varepsilon_{\boldsymbol{k}'}-\mu-\varepsilon$ の ζ 積分とすれば

$$
-\frac{1}{4\pi^2}\frac{m^2g_{\boldsymbol{k}-k_0'}^2}{\hbar^4q}\int_0^\infty\frac{d\zeta}{\zeta-i\delta}\ln\left|\frac{\zeta+\hbar\omega-\frac{\hbar^2k_0'q}{m}-i\delta}{\zeta+\hbar\omega+\frac{\hbar^2k_0'q}{m}-i\delta}\right| \tag{9.46}
$$

となる．ζ 積分は $\zeta=0$ 付近が重要となり，そのときに $\hbar\omega=\pm\frac{\hbar^2k_0'q}{m}$ のところに $\log$ の特異性が残る可能性がある．しかし一般に $\log$ の入った積分は可能であり発散しないし，さらに $k_0'\sim k_{\mathrm{F}}$ と考えれば，$\hbar\omega=\pm\hbar v_{\mathrm{F}}q$ となるので，$\hbar\omega\sim\hbar c|\boldsymbol{q}|\ll\hbar v_{\mathrm{F}}|\boldsymbol{q}|$ だと考えると，$\hbar\omega=\pm\frac{\hbar^2k_0'q}{m}$ のところの特異性は重要ではないことがわかる．

最後に (9.46) 式の全体の係数であるが，(2.35) 式の $g_{\boldsymbol{q}}$ の形，および (9.24) 式の近似的な評価を代入すると，全体の係数は

$$
\frac{m^2g_{\boldsymbol{k}-k_0'}^2}{\hbar^4q}=\frac{m^2v_{\mathrm{F}}|\boldsymbol{k}-\boldsymbol{k}_0'|}{12aD(\varepsilon_{\mathrm{F}})\hbar^3q}\sqrt{\frac{m}{M}}=\frac{\pi^2|\boldsymbol{k}-\boldsymbol{k}_0'|}{6aq}\sqrt{\frac{m}{M}} \tag{9.47}
$$

であり，始めに述べたように $\sqrt{\frac{m}{M}}$ に比例することがわかった（状態密度が $D(\varepsilon_{\mathrm{F}})=\frac{mk_{\mathrm{F}}}{2\pi^2\hbar^2}$ であることを用いた）．以上は，最低次のヴァーテックス補正

9.7 電子格子相互作用のヴァーテックス補正とミグダル近似 **177**

だったが，高次の項も同様に評価できて特異性は現れないと考えられている．

　ミグダル近似は，電子と格子の質量比が効いて，ヴァーテックス補正を無視してよいということを意味している．一方，9.4 節や 9.6 節で見たように，電子やフォノンの自己エネルギーについては，m/M に依存しない補正がある．つまり一概に電子格子相互作用の効果が $\sqrt{\frac{m}{M}}$ というように小さいわけではないことに注意．また次章で見るように，電子格子相互作用について摂動では得られない効果が超伝導を引き起こす．

第 10 章

超伝導

　超伝導とはある温度以下で物質の電気抵抗がゼロになるという現象であるが，本質的に重要なのは，磁束密度が超伝導体内部に侵入できなくなるという現象である．これをマイスナー効果という．マイスナー効果から自然に電気抵抗がゼロの永久電流が流れることが導かれる．マイスナー効果を理解するためには固体中の電磁場の応答関数を調べる必要があるが，これは後の章で説明する．この章では金属状態から温度を下げていって，ある温度（転移温度）で超伝導状態に相転移するメカニズムについて説明する．9.2 節で見たように，電子格子相互作用はデバイ周波数より小さいエネルギーで電子間引力を与える．これをモデル化したのが 2.8 節の引力相互作用である．ここでは出発点として自由電子ガスを考えるが，実際の物質はバンドを形成し電子の運動エネルギーも異方的になっている．また相互作用も単純ではなく，波数空間での異方性やエネルギー依存性を持つ．これらの場合についてもグリーン関数の方法を用いた数値計算によって超伝導の転移温度，超伝導秩序変数・ギャップ関数 $\Delta(\boldsymbol{k})$ の角度依存性など盛んに研究されている．

10.1　クーパー問題

　超伝導をひとことでいうと，高温でバラバラに運動していた電子が，転移温度以下で 2 つずつの電子対（クーパー対）を組み，さらにすべての電子対の位相が完全に揃った状態になる．これが超伝導である．永久電流が流れている状態も，位相が揃った電子の全体集合が位相を揃えたまま運動している状態として理解できる．つまり巨視的な量の電子全体が 1 つの巨大な剛体のように振る舞っているのである．そのため剛体中の個別の電子が不純物やフォノンに散乱されてエネルギーを失うということは起こらない．

　まずこの節では，グリーン関数から離れて，クーパーが考えたクーパー対の問

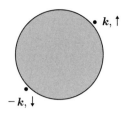

図 10.1

題を調べる[*1]．クーパーはフェルミ球の外側に付け加えられた上向きスピンと下向きスピンの2つの電子間に引力相互作用がある場合の問題を解析した（図10.1）．その結果，引力相互作用が微小であっても，2つの電子の束縛状態が生じることを示した．これがクーパー対である．この結果は超伝導に対する BCS 理論の基礎である．以下のような特徴がある．

1. 波数 k と $-k$ の対が形成される．
2. フェルミ面上に有限の状態密度があれば，無限小の引力相互作用によって束縛状態が必ず生じる．
3. 引力相互作用に関する摂動論では得られない束縛状態である．

以下，このクーパー問題を詳しく調べる．まずエネルギー $\hbar^2 k^2/2m$ を持つ自由電子によるフェルミ球があったとしよう．さらにその外側に2つの電子を導入し，その2つの電子間に引力相互作用が働いているという問題を考える．このような状況は2体のシュレーディンガー方程式で表され，方程式は

$$\left[-\frac{\hbar^2}{2m}\left(\boldsymbol{\nabla}_1^2 + \boldsymbol{\nabla}_2^2\right) + U(\boldsymbol{r}_1 - \boldsymbol{r}_2)\right]\Psi(\boldsymbol{r}_1, \boldsymbol{r}_2) = E\Psi(\boldsymbol{r}_1, \boldsymbol{r}_2) \qquad (10.1)$$

となる．ここで $\boldsymbol{\nabla}_1$ とは電子1に対する偏微分 $(\partial/\partial x_1, \partial/\partial y_1, \partial/\partial z_1)$ を表す．左辺第1項は電子1と電子2の運動エネルギーで，第2項は電子間相互作用を表す引力であると仮定する．右辺の E は求めたいエネルギー固有値であり，$\Psi(\boldsymbol{r}_1, \boldsymbol{r}_2)$ は求めたい2つの電子の波動関数である．

2体問題なので基本的に解けると信じて計算を進めよう．引力 U 以外は自由電子と同じなので，2つの電子の波動関数を平面波で展開し

$$\Psi(\boldsymbol{r}_1, \boldsymbol{r}_2) = \sum_{\boldsymbol{k}_1, \boldsymbol{k}_2} g(\boldsymbol{k}_1, \boldsymbol{k}_2) e^{i\boldsymbol{k}_1 \cdot \boldsymbol{r}_1} e^{i\boldsymbol{k}_2 \cdot \boldsymbol{r}_2} \qquad (10.2)$$

とおこう．ここで係数 $g(\boldsymbol{k}_1, \boldsymbol{k}_2)$ が求まれば，シュレーディンガー方程式の解が得られたことになる（規格化は考えていない）．ただし，フェルミ球が既に存在しているために $|\boldsymbol{k}_1| > k_\mathrm{F}, |\boldsymbol{k}_2| > k_\mathrm{F}$ という条件が付いている点がクーパー問題の特徴である．この波動関数を式 (10.1) に代入すると，

[*1] L. N. Cooper, Phys. Rev. **104**, 1189 (1956).

$$(\varepsilon_{\boldsymbol{k}_1} + \varepsilon_{\boldsymbol{k}_2})\Psi(\boldsymbol{r}_1, \boldsymbol{r}_2) + U(\boldsymbol{r}_1 - \boldsymbol{r}_2)\sum_{\boldsymbol{k}_1, \boldsymbol{k}_2} g(\boldsymbol{k}_1, \boldsymbol{k}_2)e^{i\boldsymbol{k}_1 \cdot \boldsymbol{r}_1}e^{i\boldsymbol{k}_2 \cdot \boldsymbol{r}_2} = E\Psi(\boldsymbol{r}_1, \boldsymbol{r}_2)$$

$$(10.3)$$

となる．ここで $\varepsilon_{\boldsymbol{k}} = \hbar^2 k^2 / 2m$ である．

次に 2 体問題の常套手段として重心と相対座標に分離することを考えよう．重心は $\boldsymbol{R} = (\boldsymbol{r}_1 + \boldsymbol{r}_2)/2$，相対座標は $\boldsymbol{r} = \boldsymbol{r}_1 - \boldsymbol{r}_2$ とすれば，指数関数の肩は書き直せて $e^{i\boldsymbol{k}_1 \cdot \boldsymbol{r}_1 + i\boldsymbol{k}_2 \cdot \boldsymbol{r}_2} = e^{i\boldsymbol{K} \cdot \boldsymbol{R} + i\boldsymbol{k} \cdot \boldsymbol{r}}$ と書ける．ここで $\boldsymbol{K}$ は波数の合計 $\boldsymbol{K} = \boldsymbol{k}_1 + \boldsymbol{k}_2$ であり，$\boldsymbol{k}$ は $(\boldsymbol{k}_1 - \boldsymbol{k}_2)/2$ である．一方，運動エネルギーは $\varepsilon_{\boldsymbol{k}_1} + \varepsilon_{\boldsymbol{k}_2} = \frac{\hbar^2 K^2}{4m} + \frac{\hbar^2 k^2}{m}$ と書き直すことができる．さらに，$g(\boldsymbol{k}_1, \boldsymbol{k}_2)$ も $\boldsymbol{K}$ と $\boldsymbol{k}$ を用いた $\tilde{g}(\boldsymbol{K}, \boldsymbol{k})$ に置き換えると，求めたい波動関数は $\Psi(\boldsymbol{r}_1, \boldsymbol{r}_2) = \sum_{\boldsymbol{K}, \boldsymbol{k}} \tilde{g}(\boldsymbol{K}, \boldsymbol{k})e^{i\boldsymbol{K} \cdot \boldsymbol{R} + i\boldsymbol{k} \cdot \boldsymbol{r}}$ となる．これらの結果を (10.3) 式に代入し相互作用項についてフーリエ変換を行うと

$$\left(\frac{\hbar^2 K^2}{4m} + \frac{\hbar^2 k^2}{m}\right)\tilde{g}(\boldsymbol{K}, \boldsymbol{k}) + \frac{1}{V}\sum_{\boldsymbol{k}'} \tilde{U}(\boldsymbol{k} - \boldsymbol{k}')\tilde{g}(\boldsymbol{K}, \boldsymbol{k}') = E\tilde{g}(\boldsymbol{K}, \boldsymbol{k}) \quad (10.4)$$

が得られる．この式変形に際し，$\boldsymbol{k}$ は離散的な値を取るとして $\int d\boldsymbol{r} e^{-i(\boldsymbol{k} - \boldsymbol{k}') \cdot \boldsymbol{r}} = V\delta_{\boldsymbol{k}, \boldsymbol{k}'}$ の関係を用いた．また $\tilde{U}(\boldsymbol{k} - \boldsymbol{k}')$ は $U(\boldsymbol{r}_1 - \boldsymbol{r}_2)$ のフーリエ変換

$$\tilde{U}(\boldsymbol{k} - \boldsymbol{k}') := \int d\boldsymbol{r} U(\boldsymbol{r})e^{-i(\boldsymbol{k} - \boldsymbol{k}') \cdot \boldsymbol{r}} \quad (10.5)$$

である．(10.4) 式から簡単にわかるように重心が静止した状態（$\boldsymbol{K} = \boldsymbol{0}$）が最もエネルギーが低いので，以下この場合を考える（波数の合計 $\boldsymbol{K}$ が有限のクーパー対というのも面白い対象であり，これが重要な役割を果たす場合もあるが，ここでは深入りしない）．

波数の合計が 0 ということは，2 つの電子の波数はそれぞれ $\boldsymbol{k}$ と $-\boldsymbol{k}$ ということになる．これまで電子のスピンは考えてこなかったが，$\boldsymbol{k}$ の電子が上向きスピン，$-\boldsymbol{k}$ の電子が下向きスピンと考えておこう．後で BCS 波動関数を考える時には自動的にスピン一重項の対となる（シュレーディンガー方程式を解いた後，波動関数 $\Psi(\boldsymbol{r}_1, \boldsymbol{r}_2)$ は 2 つの電子の入れ替えに対して反対称になっている必要がある）．

$\tilde{g}(\boldsymbol{K} = \boldsymbol{0}, \boldsymbol{k})$ を新たに $f(\boldsymbol{k})$ と置くと，上記の方程式は

$$2\varepsilon_{\boldsymbol{k}} f(\boldsymbol{k}) + \frac{1}{V}\sum_{\boldsymbol{k}'} \tilde{U}(\boldsymbol{k} - \boldsymbol{k}')f(\boldsymbol{k}') = Ef(\boldsymbol{k}) \quad (10.6)$$

となる．引力 $\tilde{U}$ の形を適当に仮定して解こう．引力の起源はフォノンを媒介したものだとすると，$\boldsymbol{k}$ と $\boldsymbol{k}'$ がフェルミ面に近いところのみで引力相互作用が働くと考えられる．このことを簡単なモデルとするために

$$\tilde{U}(\boldsymbol{k} - \boldsymbol{k}') = \begin{cases} -g, & \varepsilon_{\mathrm{F}} < \varepsilon_{\boldsymbol{k}}, \varepsilon_{\boldsymbol{k}'} < \varepsilon_{\mathrm{F}} + \hbar\omega_{\mathrm{D}}, \\ 0, & \text{それ以外} \end{cases} \quad (10.7)$$

と仮定する．ここで $\hbar\omega_{\mathrm{D}}$ はフォノンのデバイエネルギーを想定している（2.4

10.1 クーパー問題 **181**

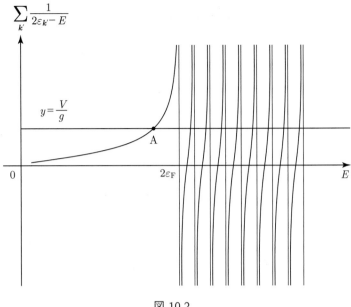

図 10.2

節参照).第 8 章でも述べたように,原子核は電子に比べて重いので通常は $\hbar\omega_D \ll \varepsilon_F$ と考えてよい.つまり図 10.1 のように,フェルミ球の外側の非常に薄い部分でのみ引力が働いていると仮定したことになる.

まず,$\varepsilon_k > \varepsilon_F + \hbar\omega_D$ を満たす $\bm{k}$ に対しては,引力が効かないので $E = 2\varepsilon_k$ が解である.これは普通の 2 電子状態.一方,$\varepsilon_F < \varepsilon_k < \varepsilon_F + \hbar\omega_D$ を満たす $\bm{k}$ に対しては

$$2\varepsilon_k f(\bm{k}) - \frac{g}{V}\sum_{\bm{k}'\,(\varepsilon_F<\varepsilon_{\bm{k}'}<\varepsilon_F+\hbar\omega_D)} f(\bm{k}') = E f(\bm{k}) \tag{10.8}$$

である.左辺第 2 項は $\bm{k}$ に依存しない定数になるので C と置くと,解は

$$f(\bm{k}) = \frac{C}{2\varepsilon_{\bm{k}} - E} \tag{10.9}$$

という簡単な形となる.C はそれ自体の定義式に今得られた (10.9) 式を代入して

$$C = \frac{g}{V}\sum_{\bm{k}'(\varepsilon_F<\varepsilon_{\bm{k}'}<\varepsilon_F+\hbar\omega_D)} f(\bm{k}') = \frac{g}{V}\sum_{\bm{k}'(\varepsilon_F<\varepsilon_{\bm{k}'}<\varepsilon_F+\hbar\omega_D)} \frac{C}{2\varepsilon_{\bm{k}'} - E} \tag{10.10}$$

を満たさなければならない.$C = 0$ という解は排除すると,両辺を C で割って得られる

$$1 = \frac{g}{V}\sum_{\bm{k}'(\varepsilon_F<\varepsilon_{\bm{k}'}<\varepsilon_F+\hbar\omega_D)} \frac{1}{2\varepsilon_{\bm{k}'} - E} \tag{10.11}$$

が,エネルギー固有値 E を求める式であると言える.

E の解をグラフを用いて求めよう.波数 $\bm{k}'$ はとびとびの値を持つので,右辺の和の部分を求めたいエネルギー E 固有値の関数として書くと図 10.2 のよう

になる．このグラフと $y = V/g$ との交点が解である[2]．E の解は無数にあるが，右側の密集しているところの解は，相互作用があるために $2\varepsilon_{\mathbf{k}'}$ から少しだけずれたエネルギーを持つ解となる．これらは引力の影響を受けた散乱状態の固有エネルギーである．これ以外に，図 10.2 の A 点のように 1 つだけ離れたところに解が存在する．これが束縛状態を表す．この図からわかるように必ず 1 つだけ束縛状態がある．これがクーパーが見出した 2 電子の束縛状態である．

系が十分大きいとすると，$\mathbf{k}'$ の分布は $(1/L)$ のオーダーで密集している．そのため，A 点のエネルギーを求めるときに $\mathbf{k}'$ の和を積分として近似することができる．状態密度 $D(\varepsilon)$ を用いて積分の形にすると (10.11) 式は

$$1 = g \int_{\varepsilon_{\mathrm{F}}}^{\varepsilon_{\mathrm{F}} + \hbar\omega_{\mathrm{D}}} d\varepsilon' \frac{D(\varepsilon')}{2\varepsilon' - E} \tag{10.12}$$

となる．すでに述べたように積分はほとんどフェルミ球の近傍のみなので，状態密度 $D(\varepsilon')$ は $D(\varepsilon_{\mathrm{F}})$ と近似してよいだろう．すると積分は実行できて

$$1 = \frac{gD(\varepsilon_{\mathrm{F}})}{2} \ln \left(\frac{2\varepsilon_{\mathrm{F}} + 2\hbar\omega_{\mathrm{D}} - E}{2\varepsilon_{\mathrm{F}} - E} \right) \tag{10.13}$$

となる．束縛エネルギーは $\Delta = 2\varepsilon_{\mathrm{F}} - E$ なので，これについて解くと，

$$\Delta = \frac{2\hbar\omega_{\mathrm{D}}}{e^{\frac{2}{gD(\varepsilon_{\mathrm{F}})}} + 1} \sim 2\hbar\omega_{\mathrm{D}} e^{-\frac{2}{gD(\varepsilon_{\mathrm{F}})}} \tag{10.14}$$

と評価できる．ここで最後の変形は $gD(\varepsilon_{\mathrm{F}}) \ll 1$ を仮定した．こうして束縛エネルギーが求められた．

クーパーが求めた束縛状態にはいくつかの特徴がある．

(1) 図 10.2 からわかるように $g(> 0)$ の引力が少しでもあれば束縛状態が必ず存在する．

(2) 得られた束縛エネルギー Δ はデバイエネルギー $\hbar\omega_{\mathrm{D}}$ より指数関数の分だけ小さい．

(3) 束縛エネルギーの指数関数を展開すると $2\hbar\omega_{\mathrm{D}}(1 - \frac{2}{gD(\varepsilon_{\mathrm{F}})} + \frac{2}{(gD(\varepsilon_{\mathrm{F}}))^2} + \cdots)$ となるが，これからわかるように，引力の強さ g が小さいときの摂動展開になっていない．物理数学でいうと $g = 0$ は真性特異点ということになる．別の言い方をすると，この束縛状態は引力 g の摂動計算では決して得られないものである．

(4) 式 (10.12) 以降の式変形からわかるように，状態密度 $D(\varepsilon_{\mathrm{F}})$ が有限であることが重要である．$D(\varepsilon_{\mathrm{F}}) \to 0$ という極限を考えると，(10.14) 式の束縛エネルギーは 0 となり束縛状態は存在しない．比較として 3 次元井戸型ポテンシャルの場合を思い起こそう．この問題は真空中に 2 つの電子があって引力相互作用を持つ問題と等価であるが，有限の大きさのポテンシャルがないと束縛状態

---

[2]　引力が全くない場合は $V/g = \infty$ となるので，このときの解は期待通りに $E = 2\varepsilon_{\mathbf{k}'}$ である．

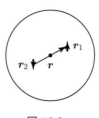

図 10.3

ができなかった．これは，真空の場合はフェルミ面がなく，状態密度が 0 の場合に相当するからである*3)．つまりクーパー問題はフェルミ面の存在が重要である．これをフェルミ面の（引力相互作用による）不安定性という．

(5) 得られた束縛状態を実空間で表現すると図 10.3 のようになる．式でこれを示すのは複雑なのでここでは行わないが，束縛状態（以下，クーパー対と呼ぶ）の広がりは不確定性関係から大まかに評価できる．ハイゼンベルグの不確定性関係 $\Delta p \Delta x \geq \hbar/2$ のように厳密ではないが，イメージとして $\Delta E \Delta t \geq \hbar/2$ という不等式が成立する．ΔE として束縛エネルギー Δ を用い，時間としてクーパー対の大きさ（ξ とする）に相当する距離をフェルミ速度 v_F で通過する時間 ξ/v_F とすると，$\xi \sim \hbar v_\mathrm{F}/\Delta$ となる（数因子 2 などは無視した）．これは超伝導のコヒーレンス長と呼ばれるものと同程度の長さである．

(6) 図 10.3 のクーパー対の波動関数は中心（$r = 0$）に対して球対称なので，s 波のクーパー対と呼ばれる．2 つの電子の座標の入れ替えは，相対座標 $\boldsymbol{r}$ を $-\boldsymbol{r}$ に変換するものなので，図 10.3 の s 波は電子の座標の交換に関して偶関数である．一方，2 電子波動関数は電子の入れ替えに対して全体として奇関数にならなければいけないので，スピンの方がスピン一重項（シングレット＝スピンの入れ替えに関して奇関数）でなければならない．このような s 波シングレットで構成される超伝導を s 波超伝導と呼ぶ．

フォノンを媒介とした引力による超伝導は，ここに示したような束縛状態が生じて s 波超伝導になると考えられている．しかしここで考えた単純な場合以外の状況では，別種の超伝導も考えられる．例えば 2 つの電子がスピン三重項（トリプレット）を組む場合はスピンの入れ替えに関して偶関数なので，代わりに相対座標については奇関数つまり p 波対称性や f 波対称性のものが考えられる．液体ヘリウム 3 は p 波超伝導（He3 は電荷をもたないので電流は流れず超伝導ではないが，超流動状態が実現する）と考えられている．またスピン一重項の場合でも，ここで考慮しなかった要素，つまりフェルミ面の形状，引力相互作用の波数依存性，電子間斥力の効果などの要因によって s 波以外の d 波（$\mathrm{d}_{x^2-y^2}$ 波，d_{xy} 波など）や，さらに s+d 波など複合した超伝導状態も考えら

---

*3) 実際 3 次元なら $\varepsilon \to 0$ のとき状態密度は $D(\varepsilon) \propto \sqrt{\varepsilon}$ という形で 0 に近づくが，これが上記の真空中（フェルミ球がない場合）の 2 つの電子の問題に対応する．

れる[*4].

　実験的に新しい超伝導物質が見つかった時にまず興味が持たれて調べられる点は，超伝導状態の対称性が s 波であるか p 波であるか d 波であるか，またスピン一重項であるか三重項であるかということになる．これらを元に超伝導メカニズムが考察される．

10.2　BCS 波動関数

　クーパー対のアイデアを元に，1957 年 Barden, Cooper, Schriefler は超伝導を理解するための波動関数

$$|\Psi\rangle_{\mathrm{BCS}} = \prod_{\boldsymbol{k}}(u_{\boldsymbol{k}} + v_{\boldsymbol{k}}\hat{c}^{\dagger}_{\boldsymbol{k},\uparrow}\hat{c}^{\dagger}_{-\boldsymbol{k},\downarrow})|0\rangle \qquad (10.15)$$

を提唱した[*5]．これを BCS 波動関数という．ここで $|0\rangle$ は真空であり，$u_{\boldsymbol{k}}$ と $v_{\boldsymbol{k}}$ は仮定したハミルトニアンのもとで，この波動関数によるエネルギー期待値が最小になるように決める．実際 $|\Psi\rangle_{\mathrm{BCS}}$ を変分関数として調べると，これが引力相互作用があるときの基底状態に近いことが示される．さらに彼らは，この状態を元に様々な物理量を計算し，超伝導転移温度やギャップの大きさ，相転移温度における比熱のとびなどの物理量の間に，物質固有のパラメータの詳細によらない普遍的な関係式が成り立つことを具体的に示した．それらは驚くほど実験結果（典型的な s 波超伝導体）と合うことがわかったのである．

　この BCS 波動関数は原子核に対する波動関数からの類推で作られたものとも言われているが，非常に美しい形の波動関数であり，物性物理学の華である．この波動関数の形からだけでも，多くのことが得られる．まず $\prod_{\boldsymbol{k}}$ という積で書かれているので，この中のカッコの掛け算の各項を展開すると，BCS 波動関数の中には電子が 0 個の状態，2 個の状態，$\cdots$，$2n$ 個の状態と様々なものが含まれていることがわかる．本来固体中の電子の総数は固定されているが，その制限を外して，グランドカノニカル分布で考えていると言える．実際，$u_{\boldsymbol{k}}, v_{\boldsymbol{k}}$ の中に化学ポテンシャル μ が含まれており，電子数の期待値が N になるように化学ポテンシャル μ が調整される．

　また第二量子化の演算子で書かれているので，クーパー問題のときに議論した電子の入れ替えに対する波動関数の対称性はクリアしている．

　またこの BCS 波動関数は通常のフェルミ球の状態も記述できる．つまり

[*4]　ここで s,p,d という名前を使っているのは，水素原子などの電子の波動関数の対称性をもとにしている．より正確には，結晶の対称性による分類（群論）に従わなければならない．ただし，多くの場合近似的に s 波（的），p 波（的），d 波（的）超伝導と呼ぶ．

[*5]　J. Bardeen, L. N. Cooper, and J. R. Schrieffer, Phys. Rev. **108**, 1175 (1957).

$$
\begin{cases}
u_{\boldsymbol{k}} = 0, \ v_{\boldsymbol{k}} = 1, \quad |\boldsymbol{k}| < k_{\mathrm{F}}, \\
u_{\boldsymbol{k}} = 1, \ v_{\boldsymbol{k}} = 0, \quad |\boldsymbol{k}| > k_{\mathrm{F}}
\end{cases}
\tag{10.16}
$$

とすると, BCS 波動関数は $|\Psi\rangle_{\mathrm{metal}} = \prod_{|\boldsymbol{k}| < k_{\mathrm{F}}} \hat{c}^{\dagger}_{\boldsymbol{k},\uparrow} \hat{c}^{\dagger}_{-\boldsymbol{k},\downarrow} |0\rangle$ となり, これはまさに電子が $|\boldsymbol{k}| < k_{\mathrm{F}}$ までつまったフェルミ球を表している. この場合は $\hat{c}^{\dagger}_{\boldsymbol{k},\uparrow} \hat{c}^{\dagger}_{-\boldsymbol{k},\downarrow}$ の係数の位相を任意に選ぶことができる. そのため, 異なる波数を持つ電子間にはコヒーレンスがないといえる. 一方, (10.15) 式の BCS 波動関数では, 異なる波数の $\hat{c}^{\dagger}_{\boldsymbol{k},\uparrow} \hat{c}^{\dagger}_{-\boldsymbol{k},\downarrow}$ の係数の間には $u_{\boldsymbol{k}}$ と $v_{\boldsymbol{k}}$ を通して確定した関係があることが大事である. このため, すべての電子がコヒーレントを保ち, その結果, 散逸のない超伝導電流が可能となる.

ここでクーパー問題で考えたような比較的簡単な引力相互作用の場合に平均場近似によってどのように BCS 波動関数が得られるのかを見ておこう. 引力相互作用が上向きスピンの電子と下向きスピンの間に働くとして

$$
\hat{\mathscr{H}}_{\mathrm{BCS}} = -\frac{g}{V} \sum_{\boldsymbol{k},\boldsymbol{q}}{}' \hat{c}^{\dagger}_{\boldsymbol{k}+\boldsymbol{q},\uparrow} \hat{c}^{\dagger}_{-\boldsymbol{k}-\boldsymbol{q},\downarrow} \hat{c}_{-\boldsymbol{k},\downarrow} \hat{c}_{\boldsymbol{k},\uparrow}
\tag{10.17}
$$

というものを考える (2.8 節参照). 波数の和 $\sum'$ は引力がフェルミ球のまわりの薄皮 $\varepsilon_{\mathrm{F}} - \hbar\omega_{\mathrm{D}} < \varepsilon_{\boldsymbol{k}}, \varepsilon_{-\boldsymbol{k}}, \varepsilon_{\boldsymbol{k}+\boldsymbol{q}}, \varepsilon_{-\boldsymbol{k}-\boldsymbol{q}} < \varepsilon_{\mathrm{F}} + \hbar\omega_{\mathrm{D}}$ の間にのみ働いているとする. この引力相互作用に関して, 第 2.9 節の考え方に従って平均場近似を行なおう. (10.17) 式右辺の 4 つの演算子のうち, まん中の 2 つを期待値とする $\langle \hat{c}^{\dagger}_{-\boldsymbol{k}-\boldsymbol{q},\downarrow} \hat{c}_{-\boldsymbol{k},\downarrow} \rangle$ を取るのがハートレー近似だが (特に $\boldsymbol{q} = 0$ を選ぶ), エネルギーの原点を変えるだけなのでとりあえず考えない. (10.17) 式の 2 番目と 4 番目の演算子の期待値を残すことも考えられるが, これは上向きスピンが消えて下向きスピンになるという項になってしまうので考えないことにする. また, 同じスピンどうしの相互作用を考えていないので, 2.9 節で現れたようなフォック項は存在しない.

超伝導特有の期待値として, (10.17) 式右辺のはじめの 2 つの演算子や最後の 2 つの演算子の期待値 $\langle \hat{c}^{\dagger}_{\boldsymbol{k}+\boldsymbol{q},\uparrow} \hat{c}^{\dagger}_{-\boldsymbol{k}-\boldsymbol{q},\downarrow} \rangle$ や $\langle \hat{c}_{-\boldsymbol{k},\downarrow} \hat{c}_{\boldsymbol{k},\uparrow} \rangle$ を仮定する. これらは, 前節で考えたクーパー対の期待値とみなせる形である. ただし, この期待値は電子を 2 つ生成したり, 2 つ消したりする演算子の期待値なので, 電子数が固定された波動関数で期待値を取ると 0 になってしまう. 今は BCS 波動関数のように電子数が固定されていない状態での期待値であると考える.

このような期待値を残す平均場近似として, (10.17) 式のハミルトニアンを

$$
\begin{aligned}
\hat{\mathscr{H}}_{\mathrm{BCS-MF}} = -\frac{g}{V} \sum_{\boldsymbol{k},\boldsymbol{q}}{}' \Big[&\langle \hat{c}^{\dagger}_{\boldsymbol{k}+\boldsymbol{q},\uparrow} \hat{c}^{\dagger}_{-\boldsymbol{k}-\boldsymbol{q},\downarrow} \rangle \hat{c}_{-\boldsymbol{k},\downarrow} \hat{c}_{\boldsymbol{k},\uparrow} + \hat{c}^{\dagger}_{\boldsymbol{k}+\boldsymbol{q},\uparrow} \hat{c}^{\dagger}_{-\boldsymbol{k}-\boldsymbol{q},\downarrow} \langle \hat{c}_{-\boldsymbol{k},\downarrow} \hat{c}_{\boldsymbol{k},\uparrow} \rangle \\
&- \langle \hat{c}^{\dagger}_{\boldsymbol{k}+\boldsymbol{q},\uparrow} \hat{c}^{\dagger}_{-\boldsymbol{k}-\boldsymbol{q},\downarrow} \rangle \langle \hat{c}_{-\boldsymbol{k},\downarrow} \hat{c}_{\boldsymbol{k},\uparrow} \rangle \Big]
\end{aligned}
\tag{10.18}
$$

と近似する. ここで右辺最後の項は, 期待値 $\langle \hat{\mathscr{H}}_{\mathrm{BCS-MF}} \rangle$ をとったときにシン

プルに $\langle \hat{\mathscr{H}}_{\text{BCS-MF}} \rangle = -\frac{g}{V} \sum'_{\boldsymbol{k},\boldsymbol{q}} \langle \hat{c}^\dagger_{\boldsymbol{k}+\boldsymbol{q},\uparrow} \hat{c}^\dagger_{-\boldsymbol{k}-\boldsymbol{q},\downarrow} \rangle \langle \hat{c}_{-\boldsymbol{k},\downarrow} \hat{c}_{\boldsymbol{k},\uparrow} \rangle$ となるようにするために加えてある。さらに新しく $\boldsymbol{q}' = \boldsymbol{q} + \boldsymbol{k}$ という変数を導入し和を $\boldsymbol{k}$ と $\boldsymbol{q}'$ の和に書き変える。そうすると波数 $\boldsymbol{k}$ と $\boldsymbol{q}'$ の和は分離できて

$$\Delta = \frac{g}{V} \sum_{\boldsymbol{k}}{}' \langle \hat{c}_{-\boldsymbol{k},\downarrow} \hat{c}_{\boldsymbol{k},\uparrow} \rangle, \quad \Delta^* = \frac{g}{V} \sum_{\boldsymbol{q}'}{}' \langle \hat{c}^\dagger_{\boldsymbol{q}',\uparrow} \hat{c}^\dagger_{-\boldsymbol{q}',\downarrow} \rangle \tag{10.19}$$

と置くと便利であることがわかる。(10.18) 式の引力相互作用と元々の運動エネルギーと化学ポテンシャルの項を加えて，モデルハミルトニアンとして

$$\hat{\mathscr{H}} = \sum_{\boldsymbol{k},\sigma} (\varepsilon_{\boldsymbol{k}} - \mu) \hat{c}^\dagger_{\boldsymbol{k},\sigma} \hat{c}_{\boldsymbol{k},\sigma} - \sum_{\boldsymbol{k}}{}' \left[\Delta^* \hat{c}_{-\boldsymbol{k},\downarrow} \hat{c}_{\boldsymbol{k},\uparrow} + \Delta \hat{c}^\dagger_{\boldsymbol{k},\uparrow} \hat{c}^\dagger_{-\boldsymbol{k},\downarrow} \right] + \frac{V}{g} |\Delta|^2$$
$$\tag{10.20}$$

を考えることにしよう（一部，波数の文字を変更した）。

この平均場ハミルトニアンは電子の演算子について 2 次形式になっているので対角化して固有値，固有エネルギーを求めることができる。具体的に 2 行 2 列の行列を用いて (10.20) 式を書き変えると（フェルミ面近傍の波数 $\boldsymbol{k}$ のみを考える）

$$\hat{\mathscr{H}} = \sum_{\boldsymbol{k}}{}' \left(\hat{c}^\dagger_{\boldsymbol{k},\uparrow} \ \hat{c}_{-\boldsymbol{k},\downarrow} \right) \begin{pmatrix} \xi_{\boldsymbol{k}} & -\Delta \\ -\Delta^* & -\xi_{\boldsymbol{k}} \end{pmatrix} \begin{pmatrix} \hat{c}_{\boldsymbol{k},\uparrow} \\ \hat{c}^\dagger_{-\boldsymbol{k},\downarrow} \end{pmatrix} + \text{定数} \tag{10.21}$$

となる。ここで $\xi_{\boldsymbol{k}} = \varepsilon_{\boldsymbol{k}} - \mu$ であり，また行列の右下の $-\xi_{\boldsymbol{k}}$ のところは少し工夫がしてある。もともと下向きスピンの電子の運動エネルギーと化学ポテンシャルの項は $\sum_{\boldsymbol{k}} (\varepsilon_{\boldsymbol{k}} - \mu) c^\dagger_{\boldsymbol{k},\downarrow} c_{\boldsymbol{k},\downarrow}$ であるが，左側に消滅演算子がくるように $\sum_{\boldsymbol{k}} (\varepsilon_{\boldsymbol{k}} - \mu) (1 - c_{\boldsymbol{k},\downarrow} c^\dagger_{\boldsymbol{k},\downarrow})$ と変更した（そのため下向きスピンの電子に対して $-\xi_{\boldsymbol{k}}$ が現れる。また $\varepsilon_{-\boldsymbol{k}} = \varepsilon_{\boldsymbol{k}}$ を仮定した）。(10.21) 式の行列の固有値はすぐに求められて $\pm E_{\boldsymbol{k}}$，ただし $E_{\boldsymbol{k}} := \sqrt{\xi_{\boldsymbol{k}}^2 + |\Delta|^2}$ である。このエネルギー固有値はフェルミ面のところ，つまり $\xi_{\boldsymbol{k}} = 0$ のところで $\pm|\Delta|$ となるので，エネルギーギャップが開いていることを示している。

固有関数は少し工夫すると

$$\begin{pmatrix} u_{\boldsymbol{k}} \\ -v_{\boldsymbol{k}}^* \end{pmatrix} \quad \text{と} \quad \begin{pmatrix} v_{\boldsymbol{k}} \\ u_{\boldsymbol{k}} \end{pmatrix},$$
$$u_{\boldsymbol{k}} = \sqrt{\frac{1}{2} \left(1 + \frac{\xi_{\boldsymbol{k}}}{E_{\boldsymbol{k}}} \right)}, \quad v_{\boldsymbol{k}} = \frac{\Delta}{|\Delta|} \sqrt{\frac{1}{2} \left(1 - \frac{\xi_{\boldsymbol{k}}}{E_{\boldsymbol{k}}} \right)} \tag{10.22}$$

と求められる。さらに固有ベクトルを横に並べて作ったユニタリー行列

$$U = \begin{pmatrix} u_{\boldsymbol{k}} & v_{\boldsymbol{k}} \\ -v_{\boldsymbol{k}}^* & u_{\boldsymbol{k}} \end{pmatrix} \tag{10.23}$$

を用いると，ハミルトニアンの行列は $U^\dagger \hat{\mathscr{H}} U = \begin{pmatrix} E_{\boldsymbol{k}} & 0 \\ 0 & -E_{\boldsymbol{k}} \end{pmatrix}$ というように

10.2 BCS 波動関数 **187**

対角化されることがわかる. 演算子のユニタリー変換としては, 元の $\hat{c}_{\boldsymbol{k},\uparrow}$ と $\hat{c}^{\dagger}_{-\boldsymbol{k},\downarrow}$ を

$$\begin{pmatrix} \hat{c}_{\boldsymbol{k},\uparrow} \\ \hat{c}^{\dagger}_{-\boldsymbol{k},\downarrow} \end{pmatrix} = U \begin{pmatrix} \hat{\alpha}_{\boldsymbol{k}} \\ \hat{\beta}^{\dagger}_{-\boldsymbol{k}} \end{pmatrix} \tag{10.24}$$

によって新しく $\hat{\alpha}_{\boldsymbol{k}}$ と $\hat{\beta}^{\dagger}_{-\boldsymbol{k}}$ を定義すると, ハミルトニアンは

$$\begin{aligned} \hat{\mathscr{H}} &= \sum_{\boldsymbol{k}}{}' \left(E_{\boldsymbol{k}} \hat{\alpha}^{\dagger}_{\boldsymbol{k}} \hat{\alpha}_{\boldsymbol{k}} - E_{\boldsymbol{k}} \hat{\beta}_{-\boldsymbol{k}} \hat{\beta}^{\dagger}_{-\boldsymbol{k}} \right) + \text{定数} \\ &= \sum_{\boldsymbol{k}}{}' E_{\boldsymbol{k}} \left(\hat{\alpha}^{\dagger}_{\boldsymbol{k}} \hat{\alpha}_{\boldsymbol{k}} + \hat{\beta}^{\dagger}_{-\boldsymbol{k}} \hat{\beta}_{-\boldsymbol{k}} - 1 \right) + \text{定数} \end{aligned} \tag{10.25}$$

となる. こうしてハミルトニアンは $\hat{\alpha}_{\boldsymbol{k}}$ と $\hat{\beta}_{-\boldsymbol{k}}$ の数演算子で書けることとなった. $\hat{\alpha}_{\boldsymbol{k}}$ と $\hat{\beta}_{-\boldsymbol{k}}$ をボゴリウボフ準粒子の演算子と呼ぶ[*6]. (10.24) 式の逆変換を考えると ($U^{-1} = U^{\dagger}$ を用いて)

$$\hat{\alpha}_{\boldsymbol{k}} = u_{\boldsymbol{k}} \hat{c}_{\boldsymbol{k},\uparrow} - v_{\boldsymbol{k}} \hat{c}^{\dagger}_{-\boldsymbol{k},\downarrow}, \quad \hat{\beta}_{-\boldsymbol{k}} = v_{\boldsymbol{k}} \hat{c}^{\dagger}_{\boldsymbol{k},\uparrow} + u_{\boldsymbol{k}} \hat{c}_{-\boldsymbol{k},\downarrow} \tag{10.26}$$

である. これらはフェルミ粒子の交換関係を持つことが示される (演習問題 10.1).

平均場 Δ がまだ決まっていないが, これは自己無撞着方程式によって決定する. Δ の定義式 (10.19) に関係式 (10.24) を代入して期待値を計算すると

$$\begin{aligned} \Delta &= \frac{g}{V} \sum_{\boldsymbol{k}}{}' \langle (-v_{\boldsymbol{k}} \hat{\alpha}^{\dagger}_{\boldsymbol{k}} + u_{\boldsymbol{k}} \hat{\beta}_{-\boldsymbol{k}})(u_{\boldsymbol{k}} \hat{\alpha}_{\boldsymbol{k}} + v_{\boldsymbol{k}} \hat{\beta}^{\dagger}_{-\boldsymbol{k}}) \rangle \\ &= \frac{g}{V} \sum_{\boldsymbol{k}}{}' u_{\boldsymbol{k}} v_{\boldsymbol{k}} \langle -\hat{\alpha}^{\dagger}_{\boldsymbol{k}} \hat{\alpha}_{\boldsymbol{k}} + \hat{\beta}_{-\boldsymbol{k}} \hat{\beta}^{\dagger}_{-\boldsymbol{k}} \rangle \end{aligned} \tag{10.27}$$

となる. ここでボゴリウボフ準粒子はそれぞれエネルギー $E_{\boldsymbol{k}}$ を持つので, フェルミ分布関数を用いて $\langle \hat{\alpha}^{\dagger}_{\boldsymbol{k}} \hat{\alpha}_{\boldsymbol{k}} \rangle = f(E_{\boldsymbol{k}})$, $\langle \hat{\beta}_{-\boldsymbol{k}} \hat{\beta}^{\dagger}_{-\boldsymbol{k}} \rangle = 1 - f(E_{\boldsymbol{k}})$ と書ける (ただし $f(E_{\boldsymbol{k}}) = 1/[e^{\beta E_{\boldsymbol{k}}} + 1]$). また (10.22) 式から $u_{\boldsymbol{k}} v_{\boldsymbol{k}} = \Delta/2E_{\boldsymbol{k}}$ を用いると

$$\Delta = \frac{g}{V} \sum_{\boldsymbol{k}}{}' \frac{\Delta}{2E_{\boldsymbol{k}}} (1 - 2f(E_{\boldsymbol{k}})) = \frac{g}{V} \sum_{\boldsymbol{k}}{}' \frac{\Delta}{2E_{\boldsymbol{k}}} \tanh \left(\frac{\beta E_{\boldsymbol{k}}}{2} \right) \tag{10.28}$$

となる. $E_{\boldsymbol{k}}$ は Δ の関数であるが, この自己無撞着方程式を満たす Δ が求めたい平均場 Δ である.

絶対零度では $f(E_{\boldsymbol{k}}) = 0$ となり, $\boldsymbol{k}$ 積分を状態密度を使った積分に直して計算するとクーパー問題のときと同じように実行できて, (10.28) 式は

$$\begin{aligned} \Delta &= g D(\varepsilon_{\mathrm{F}}) \int_{-\hbar\omega_{\mathrm{D}}}^{\hbar\omega_{\mathrm{D}}} d\xi \frac{\Delta}{2\sqrt{\xi^2 + |\Delta|^2}} \\ &= \frac{g D(\varepsilon_{\mathrm{F}}) \Delta}{2} \ln \left(\xi + \sqrt{\xi^2 + |\Delta|^2} \right) \Big|_{-\hbar\omega_{\mathrm{D}}}^{\hbar\omega_{\mathrm{D}}} \end{aligned}$$

[*6] N. N. Bogoliubov, J. Explt. Theoret. Phys. (U.S.S.R.) **34**, 58 (1958)[Sov. Phys. JETP **7**, 41 (1958)]; J. G. Valatin, Nuovo Cimento **7**, 843 (1958).

$$= \frac{gD(\varepsilon_{\mathrm{F}})\Delta}{2} \ln \frac{\hbar\omega_{\mathrm{D}} + \sqrt{(\hbar\omega_{\mathrm{D}})^2 + |\Delta|^2}}{-\hbar\omega_{\mathrm{D}} + \sqrt{(\hbar\omega_{\mathrm{D}})^2 + |\Delta|^2}} \tag{10.29}$$

となる．この式から絶対零度での Δ が求められるが，$\Delta = 0$ という自明な解は捨てると，$\Delta = 2\hbar\omega_{\mathrm{D}}/[e^{1/gD(\varepsilon_{\mathrm{F}})} - e^{-1/gD(\varepsilon_{\mathrm{F}})}] \sim 2\hbar\omega_{\mathrm{D}}e^{-1/gD(\varepsilon_{\mathrm{F}})}$ が得られる．これはクーパーが得た束縛エネルギーに非常に近いものである．

最後に BCS 波動関数との関係を見ておこう．(10.25) 式のハミルトニアンの形からわかるように，エネルギーの最も低い状態（基底状態）はボゴリウボフ準粒子が 1 つもいないような "真空" である．この真空は $\hat{\alpha}_{\boldsymbol{k}}|0\rangle_{\mathrm{BCS}} = 0$ と $\hat{\beta}_{-\boldsymbol{k}}|0\rangle_{\mathrm{BCS}} = 0$ の両方を満たさなければならない．このためには，真空として $|0\rangle_{\mathrm{BCS}} = \prod_{\boldsymbol{k}} \hat{\alpha}_{\boldsymbol{k}}\hat{\beta}_{-\boldsymbol{k}}|0\rangle$ としておけばよい（$\hat{\alpha}_{\boldsymbol{k}}, \hat{\beta}_{-\boldsymbol{k}}$ はフェルミ粒子の演算子なので $(\hat{\alpha}_{\boldsymbol{k}})^2 = (\hat{\beta}_{-\boldsymbol{k}})^2 = 0$ であることに注意）．(10.26) 式を用いて変形すると

$$\begin{aligned}
|0\rangle_{\mathrm{BCS}} &= \prod_{\text{すべての } \boldsymbol{k}} \hat{\alpha}_{\boldsymbol{k}}\hat{\beta}_{-\boldsymbol{k}}|0\rangle \\
&= \prod_{\boldsymbol{k}} (u_{\boldsymbol{k}}\hat{c}_{\boldsymbol{k},\uparrow} - v_{\boldsymbol{k}}\hat{c}^{\dagger}_{-\boldsymbol{k},\downarrow})(v_{\boldsymbol{k}}\hat{c}^{\dagger}_{\boldsymbol{k},\uparrow} + u_{\boldsymbol{k}}\hat{c}_{-\boldsymbol{k},\downarrow})|0\rangle \\
&= \prod_{\boldsymbol{k}} (u_{\boldsymbol{k}}\hat{c}_{\boldsymbol{k},\uparrow} - v_{\boldsymbol{k}}\hat{c}^{\dagger}_{-\boldsymbol{k},\downarrow})v_{\boldsymbol{k}}\hat{c}^{\dagger}_{\boldsymbol{k},\uparrow}|0\rangle \\
&= \left(\prod_{\boldsymbol{k}} v_{\boldsymbol{k}}\right) \times \prod_{\boldsymbol{k}} (u_{\boldsymbol{k}}\hat{c}_{\boldsymbol{k},\uparrow}\hat{c}^{\dagger}_{\boldsymbol{k},\uparrow} - v_{\boldsymbol{k}}\hat{c}^{\dagger}_{-\boldsymbol{k},\downarrow}\hat{c}^{\dagger}_{\boldsymbol{k},\uparrow})|0\rangle \\
&= \left(\prod_{\boldsymbol{k}} v_{\boldsymbol{k}}\right) \times \prod_{\boldsymbol{k}} (u_{\boldsymbol{k}} + v_{\boldsymbol{k}}\hat{c}^{\dagger}_{\boldsymbol{k},\uparrow}\hat{c}^{\dagger}_{-\boldsymbol{k},\downarrow})|0\rangle \tag{10.30}
\end{aligned}$$

となる（ここで $\hat{c}_{\boldsymbol{k},\uparrow}\hat{c}^{\dagger}_{\boldsymbol{k},\uparrow} = 1 - \hat{c}^{\dagger}_{\boldsymbol{k},\uparrow}\hat{c}_{\boldsymbol{k},\uparrow}$ であることと $\hat{c}_{\boldsymbol{k},\uparrow}|0\rangle = 0$ を用いた）．最後の式は定数の係数 $(\prod_{\boldsymbol{k}} v_{\boldsymbol{k}})$ がついているが，それ以外の部分はこの節の最初に示した BCS の波動関数，(10.15) 式と同じである．

以上は平均場近似による BCS 理論であるが，以下の節ではグリーン関数による超伝導の定式化を行い，さらにそれを用いて各種の物理量を計算しよう[*7]．

10.3　南部表示とハートレー・フォック近似としての超伝導

8.8 節のアンダーソン局在のところで，クーパーチャンネルのダイアグラムを考えた．このダイアグラムは，まさに波数 $\boldsymbol{k}$ と $-\boldsymbol{k}$ の電子の間に特異性が生じることを示している．このことを取り入れるために，図 10.4 のようなダイアグラムを考慮することにする．このために，新たなグリーン関数として

[*7]　L. P. Gor'kov, J. Explt. Theoret. Phys. (U.S.S.R.) **34**, 735 (1958)[Sov. Phys. JETP **7**, 505 (1958)] による．ゴルコフ方程式と呼ばれるものは $(\boldsymbol{r}, t)$ で書かれたもので，磁場や不純物の問題を扱えるのだが（演習問題 10.6 参照），ここでは波数空間で扱う．

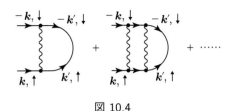

図 10.4

$\mathscr{G}_{\downarrow\uparrow}(\boldsymbol{k},\tau,\tau') = -\langle T_\tau \hat{c}^+_{-\boldsymbol{k},\downarrow}(\tau)\hat{c}^+_{\boldsymbol{k},\uparrow}(\tau')\rangle$ を考える．このような期待値は相互作用がないときは 0 であるが，ある相転移温度以下では自発的に有限の値を持つ可能性がある．以下，一般的な相互作用（演習問題 10.2 参照）

$$\begin{aligned}\hat{\mathscr{H}}_{\text{int}} &= \frac{1}{2}\sum_\sigma \iint d\boldsymbol{r}d\boldsymbol{r}'\hat{c}^\dagger_\sigma(\boldsymbol{r})\hat{c}^\dagger_\sigma(\boldsymbol{r}')V_\parallel(\boldsymbol{r}-\boldsymbol{r}')\hat{c}_\sigma(\boldsymbol{r}')\hat{c}_\sigma(\boldsymbol{r})\\ &\quad + \iint d\boldsymbol{r}d\boldsymbol{r}'\hat{c}^\dagger_\downarrow(\boldsymbol{r})\hat{c}^\dagger_\uparrow(\boldsymbol{r}')V_{\uparrow\downarrow}(\boldsymbol{r}-\boldsymbol{r}')\hat{c}_\uparrow(\boldsymbol{r}')\hat{c}_\downarrow(\boldsymbol{r})\\ &= \frac{1}{2V}\sum_{\boldsymbol{k},\boldsymbol{k}',\boldsymbol{q},\sigma}\hat{c}^\dagger_{\boldsymbol{k}+\boldsymbol{q},\sigma}\hat{c}^\dagger_{\boldsymbol{k}'-\boldsymbol{q},\sigma}V_\parallel(\boldsymbol{q})\hat{c}_{\boldsymbol{k}',\sigma}\hat{c}_{\boldsymbol{k},\sigma}\\ &\quad + \frac{1}{V}\sum_{\boldsymbol{k},\boldsymbol{k}',\boldsymbol{q}}\hat{c}^\dagger_{-\boldsymbol{k}'-\boldsymbol{q},\downarrow}\hat{c}^\dagger_{\boldsymbol{k}+\boldsymbol{q},\uparrow}V_{\uparrow\downarrow}(\boldsymbol{q})\hat{c}_{\boldsymbol{k},\uparrow}\hat{c}_{-\boldsymbol{k}',\downarrow}\end{aligned} \quad (10.31)$$

を用いて，4.7 節のハートレー・フォック近似と同じ精神で超伝導を議論しよう．

まず，対称的に議論するために，南部による 4 種類のグリーン関数を[*8)]

$$\begin{pmatrix}\mathscr{G}_{\uparrow\uparrow}(\boldsymbol{k},\tau,\tau') & \mathscr{G}_{\uparrow\downarrow}(\boldsymbol{k},\tau,\tau')\\ \mathscr{G}_{\downarrow\uparrow}(\boldsymbol{k},\tau,\tau') & \mathscr{G}_{\downarrow\downarrow}(\boldsymbol{k},\tau,\tau')\end{pmatrix}\\ =\begin{pmatrix}-\langle T_\tau \hat{c}_{\boldsymbol{k},\uparrow}(\tau)\hat{c}^+_{\boldsymbol{k},\uparrow}(\tau')\rangle & -\langle T_\tau \hat{c}_{\boldsymbol{k},\uparrow}(\tau)\hat{c}_{-\boldsymbol{k},\downarrow}(\tau')\rangle\\ -\langle T_\tau \hat{c}^+_{-\boldsymbol{k},\downarrow}(\tau)\hat{c}^+_{\boldsymbol{k},\uparrow}(\tau')\rangle & -\langle T_\tau \hat{c}^+_{-\boldsymbol{k},\downarrow}(\tau)\hat{c}_{-\boldsymbol{k},\downarrow}(\tau')\rangle\end{pmatrix} \quad (10.32)$$

のように定義する[*9)]．$\hat{c}^+_{-\boldsymbol{k},\downarrow}(\tau)$ を先に持ってくる必要性から，$\mathscr{G}_{\downarrow\downarrow}$ の定義がこれまでと違っていることに注意[*10)]．0 次のグリーン関数は $\mathscr{G}^{(0)}_{\downarrow\downarrow}(\boldsymbol{k},i\varepsilon_n) = 1/(i\varepsilon_n + \varepsilon_{\boldsymbol{k}} - \mu)$ である．行列で書くならば

$$\hat{\Psi}_{\boldsymbol{k}} = \begin{pmatrix}\hat{c}_{\boldsymbol{k},\uparrow}\\ \hat{c}^\dagger_{-\boldsymbol{k},\downarrow}\end{pmatrix},\qquad \hat{\Psi}^\dagger_{\boldsymbol{k}} = \begin{pmatrix}\hat{c}^\dagger_{\boldsymbol{k},\uparrow}, & \hat{c}_{-\boldsymbol{k},\downarrow}\end{pmatrix} \quad (10.33)$$

を用いて，2×2 行列の $\boldsymbol{G}(\boldsymbol{k},\tau) = -\langle T_\tau \hat{\Psi}_{\boldsymbol{k}}(\tau)\hat{\Psi}^+_{\boldsymbol{k}}(\tau')\rangle$ を考えていることになる．

4.7 節のハートレー・フォック近似と同じように，図 10.5 のようなダイソン方程式を考える．符号を考慮して丁寧に式を立てると

$$\mathscr{G}_{\uparrow\uparrow}(\boldsymbol{k},i\varepsilon_n) = \mathscr{G}^{(0)}_{\uparrow\uparrow}(\boldsymbol{k},i\varepsilon_n) + \mathscr{G}^{(0)}_{\uparrow\uparrow}(\boldsymbol{k},i\varepsilon_n)\frac{k_{\mathrm{B}}T}{V}$$

[*8)] Y. Nambu, Phys. Rev. **117**, 648 (1960).
[*9)] $\mathscr{G}_{\uparrow\downarrow}$ は $\mathscr{F}$，$\mathscr{G}_{\downarrow\uparrow}$ は $\mathscr{F}^+$ と書かれることも多い．ここでは定義がわかるようにしてみた．
[*10)] これまでのグリーン関数との関係は $\mathscr{G}_{\downarrow\downarrow}(\boldsymbol{k},\tau,\tau') = -\mathscr{G}_\downarrow(-\boldsymbol{k},\tau',\tau)$ である．

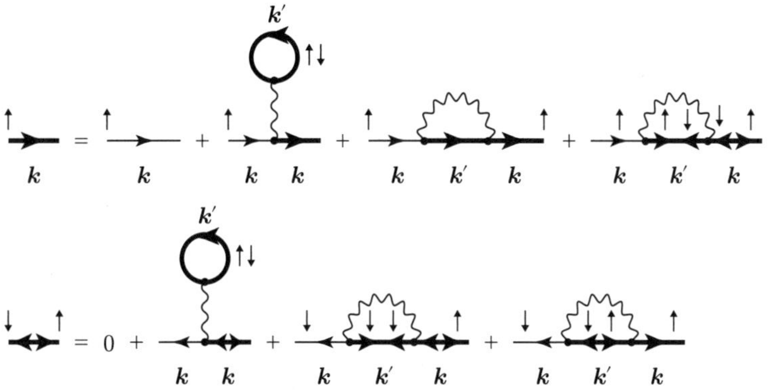

図 10.5

$$
\begin{aligned}
&\times \sum_{m,\boldsymbol{k}'} \Big[\{ V_{\parallel}(\boldsymbol{0}) e^{i\omega_m \eta} \mathscr{G}_{\uparrow\uparrow}(\boldsymbol{k}', i\omega_m) - V_{\uparrow\downarrow}(\boldsymbol{0}) e^{-i\omega_m \eta} \mathscr{G}_{\downarrow\downarrow}(\boldsymbol{k}', i\omega_m) \} \mathscr{G}_{\uparrow\uparrow}(\boldsymbol{k}, i\varepsilon_n) \\
&\qquad - V_{\parallel}(\boldsymbol{k}-\boldsymbol{k}') e^{i\omega_m \eta} \mathscr{G}_{\uparrow\uparrow}(\boldsymbol{k}', i\omega_m) \mathscr{G}_{\uparrow\uparrow}(\boldsymbol{k}, i\varepsilon_n) \\
&\qquad + V_{\uparrow\downarrow}(\boldsymbol{k}-\boldsymbol{k}') e^{-i\omega_m \eta} \mathscr{G}_{\downarrow\uparrow}(\boldsymbol{k}', i\omega_m) \mathscr{G}_{\uparrow\downarrow}(\boldsymbol{k}, i\varepsilon_n) \Big], \\
&\mathscr{G}_{\uparrow\downarrow}(\boldsymbol{k}, i\varepsilon_n) = 0 + \mathscr{G}^{(0)}_{\downarrow\downarrow}(\boldsymbol{k}, i\varepsilon_n) \frac{k_{\mathrm{B}}T}{V} \\
&\times \sum_{m,\boldsymbol{k}'} \Big[\{ V_{\parallel}(\boldsymbol{0}) e^{-i\omega_m \eta} \mathscr{G}_{\downarrow\downarrow}(\boldsymbol{k}', i\omega_m) - V_{\uparrow\downarrow}(\boldsymbol{0}) e^{i\omega_m \eta} \mathscr{G}_{\uparrow\uparrow}(\boldsymbol{k}', i\omega_m) \} \mathscr{G}_{\uparrow\downarrow}(\boldsymbol{k}, i\varepsilon_n) \\
&\qquad - V_{\parallel}(\boldsymbol{k}-\boldsymbol{k}') e^{-i\omega_m \eta} \mathscr{G}_{\downarrow\downarrow}(\boldsymbol{k}', i\omega_m) \mathscr{G}_{\uparrow\downarrow}(\boldsymbol{k}, i\varepsilon_n) \\
&\qquad + V_{\uparrow\downarrow}(\boldsymbol{k}-\boldsymbol{k}') e^{-i\omega_m \eta} \mathscr{G}_{\uparrow\downarrow}(\boldsymbol{k}', i\omega_m) \mathscr{G}_{\uparrow\uparrow}(\boldsymbol{k}, i\varepsilon_n) \Big] \quad (\eta \text{は正の微小量})
\end{aligned}
\tag{10.34}
$$

となる．同様に $\mathscr{G}_{\downarrow\uparrow}(\boldsymbol{k}, i\varepsilon_n)$ と $\mathscr{G}_{\downarrow\downarrow}(\boldsymbol{k}, i\varepsilon_n)$ のペアに対してもダイソン方程式が立てられる．ここで $e^{\pm i\omega_m \eta}$ は，同じ相互作用に両端が繋がっている場合のファインマンルールによるものである［(4.63) 式］．つまり，同じ τ のとき $\mathscr{G}_{\uparrow\uparrow}(\boldsymbol{k}', i\omega_m)$ に対しては今までと同じように $\mathscr{G}_{\uparrow\uparrow}(\boldsymbol{k}', \tau, \tau_+) = \langle \hat{c}^+_{\boldsymbol{k}',\uparrow}(\tau)\hat{c}_{\boldsymbol{k}',\uparrow}(\tau)\rangle$ を与えるように決めているが，それ以外のグリーン関数に対しては，今の場合，τ の順序を入れ替える必要がなく，$\langle \hat{c}_{\boldsymbol{k}',\uparrow}(\tau)\hat{c}_{-\boldsymbol{k}',\downarrow}(\tau)\rangle = -\mathscr{G}_{\uparrow\downarrow}(\boldsymbol{k}', \tau, \tau_-)$ や $\langle \hat{c}^+_{-\boldsymbol{k}',\downarrow}(\tau)\hat{c}^+_{\boldsymbol{k}',\uparrow}(\tau)\rangle = -\mathscr{G}_{\downarrow\uparrow}(\boldsymbol{k}', \tau, \tau_-)$ が出てくるようになっている．これは，(10.31) 式の $\hat{c}^\dagger_{-\boldsymbol{k}'-\boldsymbol{q},\downarrow}\hat{c}^\dagger_{\boldsymbol{k}+\boldsymbol{q},\uparrow}V_{\uparrow\downarrow}(\boldsymbol{q})\hat{c}_{\boldsymbol{k},\uparrow}\hat{c}_{-\boldsymbol{k}',\downarrow}$ の中の演算子の順番が，$\mathscr{G}_{\uparrow\downarrow}$ や $\mathscr{G}_{\downarrow\uparrow}$ と同じだからである．また $\mathscr{G}_{\downarrow\downarrow}$ の定義がこれまでと違っているために，$V_{\uparrow\downarrow}(\boldsymbol{q})$ の関与するファインマンルールの符号に注意しなければならない．これは，行列で書いた場合に相互作用項が $\hat{\Psi}^\dagger_{\boldsymbol{k}+\boldsymbol{q}}\sigma_z\hat{\Psi}_{\boldsymbol{k}} \cdot \hat{\Psi}^\dagger_{\boldsymbol{k}'-\boldsymbol{q}}\sigma_z\hat{\Psi}_{\boldsymbol{k}'}$ と書かれるからである（演習問題 10.3 参照）．

m と $\boldsymbol{k}'$ の和で書ける部分をまとめて

$$\Sigma_H = \frac{k_B T}{V} \sum_{m, \mathbf{k}'} \{V_\parallel(\mathbf{0}) e^{+i\omega_m \eta} \mathscr{G}_{\uparrow\uparrow}(\mathbf{k}', i\omega_m) - V_{\uparrow\downarrow}(\mathbf{0}) e^{-i\omega_m \eta} \mathscr{G}_{\downarrow\downarrow}(\mathbf{k}', i\omega_m)\}$$

$$= \frac{1}{V} \sum_{\mathbf{k}'} \{V_\parallel(\mathbf{0}) \langle \hat{c}^\dagger_{\mathbf{k}',\uparrow} \hat{c}_{\mathbf{k}',\uparrow} \rangle + V_{\uparrow\downarrow}(\mathbf{0}) \langle \hat{c}^\dagger_{-\mathbf{k}',\downarrow} \hat{c}_{-\mathbf{k}',\downarrow} \rangle\},$$

$$\Sigma_F(\mathbf{k}) = \frac{k_B T}{V} \sum_{m, \mathbf{k}'} V_\parallel(\mathbf{k} - \mathbf{k}') e^{+i\omega_m \eta} \mathscr{G}_{\uparrow\uparrow}(\mathbf{k}', i\omega_m)$$

$$= \frac{1}{V} \sum_{\mathbf{k}'} V_\parallel(\mathbf{k} - \mathbf{k}') \langle \hat{c}^\dagger_{\mathbf{k}',\uparrow} \hat{c}_{\mathbf{k}',\uparrow} \rangle,$$

$$\Delta^*(\mathbf{k}) = -\frac{k_B T}{V} \sum_{m, \mathbf{k}'} V_{\uparrow\downarrow}(\mathbf{k} - \mathbf{k}') e^{-i\omega_m \eta} \mathscr{G}_{\downarrow\uparrow}(\mathbf{k}', i\omega_m)$$

$$= \frac{1}{V} \sum_{\mathbf{k}'} V_{\uparrow\downarrow}(\mathbf{k} - \mathbf{k}') \langle \hat{c}^\dagger_{-\mathbf{k}',\downarrow} \hat{c}^\dagger_{\mathbf{k}',\uparrow} \rangle,$$

$$\Delta(\mathbf{k}) = -\frac{k_B T}{V} \sum_{m, \mathbf{k}'} V_{\uparrow\downarrow}(\mathbf{k} - \mathbf{k}') e^{-i\omega_m \eta} \mathscr{G}_{\uparrow\downarrow}(\mathbf{k}', i\omega_m)$$

$$= \frac{1}{V} \sum_{\mathbf{k}'} V_{\uparrow\downarrow}(\mathbf{k} - \mathbf{k}') \langle \hat{c}_{\mathbf{k}',\uparrow} \hat{c}_{-\mathbf{k}',\downarrow} \rangle \tag{10.35}$$

と書く[*11]. それぞれハートレー項・フォック項および超伝導の秩序変数に対応する. ここで Σ_H と $\Sigma_F(\mathbf{k})$ は, ゲージ変換 $\hat{c}_{\mathbf{k},\uparrow} \to e^{i\theta_{\mathbf{k}}} \hat{c}_{\mathbf{k},\uparrow}$ ($\theta_{\mathbf{k}}$ は任意の位相) によって不変だが, $\Delta(\mathbf{k})$ はゲージ変換によって変わってしまう. このことは $\Delta(\mathbf{k})$ が直接観測できる物理量ではないことを意味する. 以下で見るように, 観測できる物理量には必ず $|\Delta(\mathbf{k})|^2$ の形で現れ, これはゲージ不変である.

(10.35) 式を用いると, ダイソン方程式は行列できれいにまとめることができて

$$\begin{pmatrix} \mathscr{G}_{\uparrow\uparrow} & \mathscr{G}_{\downarrow\uparrow} \\ \mathscr{G}_{\uparrow\downarrow} & \mathscr{G}_{\downarrow\downarrow} \end{pmatrix} = \begin{pmatrix} \mathscr{G}^{(0)}_{\uparrow\uparrow} & 0 \\ 0 & \mathscr{G}^{(0)}_{\downarrow\downarrow} \end{pmatrix}$$
$$+ \begin{pmatrix} \mathscr{G}^{(0)}_{\uparrow\uparrow}(\Sigma_H - \Sigma_F) & -\mathscr{G}^{(0)}_{\uparrow\uparrow}\Delta^* \\ -\mathscr{G}^{(0)}_{\downarrow\downarrow}\Delta & \mathscr{G}^{(0)}_{\downarrow\downarrow}(-\Sigma'_H + \Sigma'_F) \end{pmatrix} \begin{pmatrix} \mathscr{G}_{\uparrow\uparrow} & \mathscr{G}_{\downarrow\uparrow} \\ \mathscr{G}_{\uparrow\downarrow} & \mathscr{G}_{\downarrow\downarrow} \end{pmatrix} \tag{10.36}$$

(引数の $\mathbf{k}, i\varepsilon_n$ などは省略した), または $\mathscr{G}^{-1}$ などを利用すれば

$$\begin{pmatrix} \mathscr{G}_{\uparrow\uparrow} & \mathscr{G}_{\downarrow\uparrow} \\ \mathscr{G}_{\uparrow\downarrow} & \mathscr{G}_{\downarrow\downarrow} \end{pmatrix}^{-1} = \begin{pmatrix} \mathscr{G}^{(0)-1}_{\uparrow\uparrow} & 0 \\ 0 & \mathscr{G}^{(0)-1}_{\downarrow\downarrow} \end{pmatrix} - \begin{pmatrix} \Sigma_H - \Sigma_F & -\Delta^* \\ -\Delta & -\Sigma'_H + \Sigma'_F \end{pmatrix} \tag{10.37}$$

と書くこともできる. ここで $\mathscr{G}^{(0)}_{\downarrow\downarrow} = 1/(i\varepsilon_n + \varepsilon_{\mathbf{k}} - \mu)$ で, Σ'_H, Σ'_F は (10.35) 式の Σ_H, Σ_F の右辺最後の式で, スピンを逆向きにしたものである.

(10.36) 式は逆行列を用いて解けるが, スピン一重項の超伝導の場合, 上

[*11] $\Delta(\mathbf{k})$ の符号の取り方は教科書によって異なる. ここでは (10.26) 式と両立するように取った.

192 第 10 章 超伝導

向きスピンと下向きスピンの間に対称性があるために，少し簡単になる．最終的に矛盾なく決まるのだが，$\Sigma'_{\mathrm{H}} = \Sigma_{\mathrm{H}}, \Sigma'_{\mathrm{F}} = \Sigma_{\mathrm{F}}$ となる解がある．また $\mathscr{G}^{(0)}_{\downarrow\downarrow}(\boldsymbol{k}, -i\varepsilon_n) = -\mathscr{G}^{(0)}_{\uparrow\uparrow}(\boldsymbol{k}, i\varepsilon_n)$ という関係があるが，最終的なグリーン関数も $\mathscr{G}_{\downarrow\downarrow}(\boldsymbol{k}, -i\varepsilon_n) = -\mathscr{G}_{\uparrow\uparrow}(\boldsymbol{k}, i\varepsilon_n)$ であるとしてよい．これらを用いて整理すると

$$
\begin{aligned}
\mathscr{G}_{\uparrow\uparrow}(\boldsymbol{k}, i\varepsilon_n) &= \frac{i\varepsilon_n + \xi_{\boldsymbol{k}}}{(i\varepsilon_n)^2 - E_{\boldsymbol{k}}^2} = \frac{u_{\boldsymbol{k}}^2}{i\varepsilon_n - E_{\boldsymbol{k}}} + \frac{|v_{\boldsymbol{k}}|^2}{i\varepsilon_n + E_{\boldsymbol{k}}}, \\
\mathscr{G}_{\downarrow\downarrow}(\boldsymbol{k}, i\varepsilon_n) &= \frac{i\varepsilon_n - \xi_{\boldsymbol{k}}}{(i\varepsilon_n)^2 - E_{\boldsymbol{k}}^2} = \frac{|v_{\boldsymbol{k}}|^2}{i\varepsilon_n - E_{\boldsymbol{k}}} + \frac{u_{\boldsymbol{k}}^2}{i\varepsilon_n + E_{\boldsymbol{k}}}, \\
\mathscr{G}_{\uparrow\downarrow}(\boldsymbol{k}, i\varepsilon_n) &= \frac{-\Delta(\boldsymbol{k})}{(i\varepsilon_n)^2 - E_{\boldsymbol{k}}^2} = -\frac{u_{\boldsymbol{k}} v_{\boldsymbol{k}}}{i\varepsilon_n - E_{\boldsymbol{k}}} + \frac{u_{\boldsymbol{k}} v_{\boldsymbol{k}}}{i\varepsilon_n + E_{\boldsymbol{k}}}, \\
\mathscr{G}_{\downarrow\uparrow}(\boldsymbol{k}, i\varepsilon_n) &= \frac{-\Delta(\boldsymbol{k})^*}{(i\varepsilon_n)^2 - E_{\boldsymbol{k}}^2} = -\frac{u_{\boldsymbol{k}} v_{\boldsymbol{k}}^*}{i\varepsilon_n - E_{\boldsymbol{k}}} + \frac{u_{\boldsymbol{k}} v_{\boldsymbol{k}}^*}{i\varepsilon_n + E_{\boldsymbol{k}}}
\end{aligned}
\tag{10.38}
$$

と得られる．ここで分母は行列の行列式からくるものであり，他の変数は

$$
\begin{aligned}
E_{\boldsymbol{k}} &= \sqrt{\xi_{\boldsymbol{k}}^2 + |\Delta_{\boldsymbol{k}}|^2}, \qquad \xi_{\boldsymbol{k}} = \varepsilon_{\boldsymbol{k}} + \Sigma_{\mathrm{H}} - \Sigma_{\mathrm{F}}(\boldsymbol{k}) - \mu, \\
u_{\boldsymbol{k}} &= \sqrt{\frac{1}{2}\left(1 + \frac{\xi_{\boldsymbol{k}}}{E_{\boldsymbol{k}}}\right)}, \qquad v_{\boldsymbol{k}} = \frac{\Delta_{\boldsymbol{k}}}{|\Delta_{\boldsymbol{k}}|}\sqrt{\frac{1}{2}\left(1 - \frac{\xi_{\boldsymbol{k}}}{E_{\boldsymbol{k}}}\right)}
\end{aligned}
\tag{10.39}
$$

と定義したものである（以下 $\Delta(\boldsymbol{k})$ を $\Delta_{\boldsymbol{k}}$ と書く）．4.7 節のときと同様に，ハートレー項 Σ_{H} はエネルギーの原点をずらすだけであり，フォック項 $\Sigma_{\mathrm{F}}(\boldsymbol{k})$ はエネルギー $\varepsilon_{\boldsymbol{k}}$ を変更する働きがある．グリーン関数の分母の極が準粒子のエネルギーを与えるので，今の超伝導の場合は $\pm E_{\boldsymbol{k}}$ が準粒子のエネルギーである．もともと $\xi_{\boldsymbol{k}} = \varepsilon_{\boldsymbol{k}} - \mu$ だったものが，ハートレー・フォック項のために変更を受け，さらに $\Delta_{\boldsymbol{k}}$ のためにエネルギーギャップが開いたと解釈できる．

最後に，途中で定義した $\Delta_{\boldsymbol{k}}$ などについて自己無撞着に決める必要がある．(10.35) 式に，得られたグリーン関数を代入して計算すると

$$
\begin{aligned}
\Delta_{\boldsymbol{k}} &= \frac{k_{\mathrm{B}} T}{V} \sum_{m, \boldsymbol{k}'} V_{\uparrow\downarrow}(\boldsymbol{k} - \boldsymbol{k}') e^{-i\omega_m \eta} \frac{\Delta_{\boldsymbol{k}'}}{(i\omega_m)^2 - E_{\boldsymbol{k}'}^2} \\
&= \frac{1}{V} \sum_{\boldsymbol{k}'} V_{\uparrow\downarrow}(\boldsymbol{k} - \boldsymbol{k}') \int_C \frac{dz}{2\pi i} \tilde{F}(z) e^{-\eta z} \frac{\Delta_{\boldsymbol{k}'}}{z^2 - E_{\boldsymbol{k}'}^2} \\
&= -\frac{1}{V} \sum_{\boldsymbol{k}'} V_{\uparrow\downarrow}(\boldsymbol{k} - \boldsymbol{k}') \{\tilde{F}(E_{\boldsymbol{k}}) - \tilde{F}(-E_{\boldsymbol{k}})\} \frac{\Delta_{\boldsymbol{k}'}}{2 E_{\boldsymbol{k}'}} \\
&= -\frac{1}{V} \sum_{\boldsymbol{k}'} V_{\uparrow\downarrow}(\boldsymbol{k} - \boldsymbol{k}') \frac{\Delta_{\boldsymbol{k}'}}{2 E_{\boldsymbol{k}'}} \tanh \frac{\beta}{2} E_{\boldsymbol{k}'}
\end{aligned}
\tag{10.40}
$$

と計算できる（$\Sigma_{\mathrm{H}}, \Sigma_{\mathrm{F}}(\boldsymbol{k})$ についての方程式は，演習問題 10.4 参照）．ここで $\tilde{F}(z) = 1/(e^{-\beta z} + 1)$ であり，$e^{-\eta z}$ と合わせて $\mathrm{Re}\, z$ が正負の大きいところで被積分関数が十分小さくなるようにするためのものである．(10.40) 式は $\Delta_{\boldsymbol{k}}$ を決める自己無撞着方程式であり，ある温度以下で $\Delta_{\boldsymbol{k}}$ がゼロでない解を持つ．その温度が相転移温度 T_{c} で，T_{c} 以下の状態が超伝導状態となる．

10.3　南部表示とハートレー・フォック近似としての超伝導　**193**

10.4 超伝導転移温度

前節はハートレー・フォック項まで含めた一般的な基本方程式であったが，ここではハートレー・フォック項を無視し，かつ $V_{\uparrow\downarrow}(\boldsymbol{k}) = -g$ という簡単な引力相互作用の場合を調べよう．実空間では $V_{\uparrow\downarrow}(\boldsymbol{r}-\boldsymbol{r}') = -g\delta(\boldsymbol{r}-\boldsymbol{r}')$ というデルタ関数型相互作用の場合に対応する．これは，(10.17) 式の BCS ハミルトニアンに相当し，フォノンによる引力を想定して引力が生じる範囲をフェルミ面近傍の $\pm\hbar\omega_{\mathrm{D}}$ の範囲とする．この場合，$V_{\uparrow\downarrow}(\boldsymbol{k})$ が波数によらないので，(10.40) 式から $\Delta_{\boldsymbol{k}}$ も波数によらないことがわかる（s 波超伝導）．したがって，自己無撞着方程式 [(10.28) 式と同じ] は

$$1 = \frac{g}{V} \sum_{\boldsymbol{k}'}' \frac{1}{2E_{\boldsymbol{k}'}} \tanh\frac{\beta}{2}E_{\boldsymbol{k}'}$$

$$= gD(\varepsilon_{\mathrm{F}}) \int_0^{\hbar\omega_{\mathrm{D}}} \frac{d\xi}{\sqrt{\xi^2 + \Delta(T)^2}} \tanh\frac{\beta}{2}\sqrt{\xi^2 + \Delta(T)^2} \qquad (10.41)$$

となる（Δ の温度依存性を明示した）．まず $T = 0$ 付近で積分を調べると

$$\int_0^{\hbar\omega_{\mathrm{D}}} \frac{d\xi}{\sqrt{\xi^2 + \Delta(T)^2}} \left(1 - 2e^{-\beta\sqrt{\xi^2 + \Delta(T)^2}}\right)$$

$$= \ln\left(\xi + \sqrt{\xi^2 + \Delta(T)^2}\right)\Big|_0^{\hbar\omega_{\mathrm{D}}} - 2e^{-\beta\Delta(T)} \int_0^{\hbar\omega_{\mathrm{D}}} \frac{d\xi}{\sqrt{\xi^2 + \Delta(T)^2}} e^{-\frac{\beta\xi^2}{2\Delta(T)}}$$

$$\sim \ln\frac{2\hbar\omega_{\mathrm{D}}}{\Delta(T)} - \frac{\sqrt{2\pi k_{\mathrm{B}}T\Delta(T)}}{\Delta(T)} e^{-\beta\Delta(T)} \qquad (10.42)$$

となる．$T = 0$ では

$$\Delta(T = 0) = \Delta_0 = 2\hbar\omega_{\mathrm{D}} e^{-1/gD(\varepsilon_{\mathrm{F}})} \qquad (10.43)$$

が得られる．これはクーパーが調べた束縛状態に対応している．引力相互作用 g について真性特異点になっているので，摂動展開では得られない解である．

$T \sim 0$ では $\Delta(T) = \Delta_0 + \delta\Delta$ として (10.42) 式に代入して調べればよい．第 2 項は Δ_0 で評価すればよいので，$-\frac{\delta\Delta_0}{\Delta_0} - \frac{\sqrt{2\pi k_{\mathrm{B}}T\Delta_0}}{\Delta_0} e^{-\beta\Delta_0} = 0$ から

$$\Delta(T) = \Delta_0 - \sqrt{2\pi k_{\mathrm{B}}T\Delta_0}\, e^{-\beta\Delta_0} \qquad (10.44)$$

となる．エネルギーギャップ Δ_0 があるために，補正項は指数関数的に小さい．

次に超伝導転移温度 T_{c} とその付近で調べる．(10.41) 式の積分において $\Delta(T)$ が小さいと

$$\int_0^{\hbar\omega_{\mathrm{D}}} d\xi \left[\frac{1}{\xi}\tanh\frac{\beta}{2}\xi - \frac{\Delta(T)^2}{2\xi^3}\tanh\frac{\beta}{2}\xi + \frac{\Delta(T)^2\beta}{4\xi^2}\cosh^{-2}\frac{\beta}{2}\xi\right]$$

$$= \int_0^{\frac{\hbar\omega_{\mathrm{D}}}{2k_{\mathrm{B}}T}} dz \left[\frac{1}{z}\tanh z - \frac{\Delta(T)^2}{(k_{\mathrm{B}}T)^2}\left(\frac{1}{8z^3}\tanh z - \frac{1}{8z^2}\cosh^{-2}z\right)\right]$$

194　第 10 章　超伝導

$$\sim \ln \frac{\hbar\omega_{\mathrm{D}}}{2k_{\mathrm{B}}T} \tanh \frac{\hbar\omega_{\mathrm{D}}}{2k_{\mathrm{B}}T} - \int_0^\infty dz \left[\frac{\ln z}{\cosh^2 z} - \frac{\Delta(T)^2}{(k_{\mathrm{B}}T)^2} \frac{1}{8z^3}(\tanh z - z) \right]$$

$$\sim \ln \frac{\hbar\omega_{\mathrm{D}}}{2k_{\mathrm{B}}T} + \ln \frac{4e^\gamma}{\pi} + \frac{\Delta(T)^2}{(k_{\mathrm{B}}T)^2} \sum_{n=0}^\infty \frac{2\pi i}{16(\frac{2n+1}{2}\pi i)^3}$$

$$= \ln \frac{2e^\gamma \hbar\omega_{\mathrm{D}}}{\pi k_{\mathrm{B}}T} - \frac{\Delta(T)^2}{(\pi k_{\mathrm{B}}T)^2} \frac{7}{8}\zeta(3) \tag{10.45}$$

と評価できる（γ はオイラー数）．ここで $T \sim T_{\mathrm{c}} \ll \hbar\omega_{\mathrm{D}}$ とし，また $\cosh^{-2} z - 1 = \frac{d}{dz}(\tanh z - z)$ を利用して部分積分した．さらに $\tanh z$ が $z = (2n+1)\pi i/2$ のところに留数 1 の 1 位の極を持つことを使って複素積分を行った．まず $\Delta = 0$ となるギリギリのところが T_{c} であるが，これは $1 = gD(\varepsilon_{\mathrm{F}})\ln(2e^\gamma \hbar\omega_{\mathrm{D}}/\pi k_{\mathrm{c}}T_{\mathrm{c}})$ から

$$k_{\mathrm{B}}T_{\mathrm{c}} = \frac{2e^\gamma}{\pi}\hbar\omega_{\mathrm{D}}e^{-1/gD(\varepsilon_{\mathrm{F}})} = 1.13\hbar\omega_{\mathrm{D}}e^{-1/gD(\varepsilon_{\mathrm{F}})} \tag{10.46}$$

となる．指数関数が共通なので，(10.43) の Δ_0 と $\Delta_0/k_{\mathrm{B}}T_{\mathrm{c}} = \pi e^{-\gamma} = 1.76$ の関係がある．この単純な比例関係が超伝導に普遍的に成立するはずであるというのが BCS 理論の予言である．実際に Δ_0 も $k_{\mathrm{B}}T_{\mathrm{c}}$ も測定できる量であり，この関係式は精度よく検証されている．さらに T_{c} の近傍では，$T = T_{\mathrm{c}} + \delta T$ として (10.45) 式に代入して $\Delta(T)$ と δT の関係を調べればよい．第 2 項は $T = T_{\mathrm{c}}$ で評価すればよいので，

$$\Delta(T) = \pi k_{\mathrm{B}}T_{\mathrm{c}}\sqrt{\frac{8}{7\zeta(3)}}\left(\frac{T_{\mathrm{c}} - T}{T_{\mathrm{c}}}\right)^{1/2} \qquad (T < T_{\mathrm{c}}) \tag{10.47}$$

が得られる．s 波超伝導以外の場合は数値積分が必要である．

10.5 マイスナー効果

マイスナー効果を調べるためには 8.1 節で見たように，電流電流相関を見ればよい．電気伝導度の場合は $q = 0$ 成分で有限の ω の計算をしたが，マイスナー効果の場合は静的な磁場に対する応答を見るので，先に $\omega = 0$ とする違いがある．電流演算子は (8.1) 式で与えられているように，常磁性電流と反磁性電流があり $\hat{\boldsymbol{j}}_{\boldsymbol{q}} = \hat{\boldsymbol{j}}_{\boldsymbol{q}}^{\mathrm{para}} + \hat{\boldsymbol{j}}_{\boldsymbol{q}}^{\mathrm{dia}}$ である．反磁性電流の期待値は $\langle \hat{\boldsymbol{j}}_{\boldsymbol{q}}^{\mathrm{dia}}\rangle = -\frac{ne^2}{m}\boldsymbol{A}_{\boldsymbol{q}}$ [(8.2) 式]．

常磁性電流 $\hat{\boldsymbol{j}}_{\boldsymbol{q}}^{\mathrm{para}}$ の線形応答は，虚時間の応答関数 $\frac{1}{V}\langle T_\tau \left[\hat{j}_{\mathrm{H},\boldsymbol{q}\mu}^{\mathrm{para}}(\tau)\hat{j}_{\mathrm{H},-\boldsymbol{q}\nu}^{\mathrm{para}}(\tau')\right]\rangle$ [(8.6) 式] を計算し，そのフーリエ変換を解析接続して $\Phi_{\mu\nu}(\boldsymbol{q},\omega)$ を求めればよい．結局，反磁性電流と合わせて

$$\langle \hat{j}_\mu\rangle(\boldsymbol{q},\omega) = \sum_{\nu=x,y,z}\left\{\Phi_{\mu\nu}(\boldsymbol{q},\omega) - \frac{ne^2}{m}\delta_{\mu\nu}\right\}A_{\nu,\boldsymbol{q},\omega} \equiv -\sum_\nu K_{\mu\nu}(\boldsymbol{q},\omega)A_{\nu,\boldsymbol{q},\omega} \tag{10.48}$$

となる．$K_{\mu\nu}(\boldsymbol{q},\omega)$ をマイスナーカーネルという（ここでは $\mu,\nu = x,y,z$）．

10.5 マイスナー効果　**195**

(8.1) 式の $\hat{\boldsymbol{j}}_{\boldsymbol{q}}^{\mathrm{para}}$ を用い，ヴァーテックス補正を考えない近似（ゴルコフ近似と同じ）ならば[*12)]，2 つのグリーン関数の積で書けて（8.2 節も参照）

$$
\frac{1}{V} \left\langle T_\tau \left[\hat{j}_{\mathrm{H},\boldsymbol{q}\mu}^{\mathrm{para}}(\tau) \hat{j}_{\mathrm{H},-\boldsymbol{q}\nu}^{\mathrm{para}}(\tau') \right] \right\rangle
$$
$$
= -\frac{1}{V} \sum_{\boldsymbol{k}} \frac{e\hbar k_\mu}{m} \frac{e\hbar k_\nu}{m} \left[\mathscr{G}_{\uparrow\uparrow}\left(\boldsymbol{k}+\frac{\boldsymbol{q}}{2}, \tau-\tau'\right) \mathscr{G}_{\uparrow\uparrow}\left(\boldsymbol{k}-\frac{\boldsymbol{q}}{2}, \tau'-\tau\right) \right.
$$
$$
+ \mathscr{G}_{\downarrow\downarrow}\left(\boldsymbol{k}+\frac{\boldsymbol{q}}{2}, \tau'-\tau\right) \mathscr{G}_{\downarrow\downarrow}\left(\boldsymbol{k}-\frac{\boldsymbol{q}}{2}, \tau-\tau'\right)
$$
$$
+ \mathscr{G}_{\uparrow\downarrow}\left(\boldsymbol{k}+\frac{\boldsymbol{q}}{2}, \tau-\tau'\right) \mathscr{G}_{\downarrow\uparrow}\left(\boldsymbol{k}-\frac{\boldsymbol{q}}{2}, \tau'-\tau\right)
$$
$$
+ \left. \mathscr{G}_{\downarrow\uparrow}\left(\boldsymbol{k}+\frac{\boldsymbol{q}}{2}, \tau-\tau'\right) \mathscr{G}_{\uparrow\downarrow}\left(\boldsymbol{k}-\frac{\boldsymbol{q}}{2}, \tau'-\tau\right) \right] \tag{10.49}
$$

となる．マイナス符号はフェルミ粒子のループによるものであり，$\mathscr{G}_{\downarrow\downarrow}$ の定義や τ,τ' の順番に注意．これをフーリエ変換し (10.38) 式のグリーン関数を用いて

$$
\Phi_{\mu\nu}(\boldsymbol{q}, i\omega_\lambda) = -\frac{k_\mathrm{B} T}{V} \frac{e^2\hbar^2}{m^2} \sum_{n,\boldsymbol{k}} k_\mu k_\nu \left[\mathscr{G}_{\uparrow\uparrow}\left(\boldsymbol{k}_-, i\varepsilon_n - i\omega_\lambda\right) \mathscr{G}_{\uparrow\uparrow}\left(\boldsymbol{k}_+, i\varepsilon_n\right) \right.
$$
$$
+ \mathscr{G}_{\downarrow\downarrow}\left(\boldsymbol{k}_-, i\varepsilon_n\right) \mathscr{G}_{\downarrow\downarrow}\left(\boldsymbol{k}_+, i\varepsilon_n - i\omega_\lambda\right) + \mathscr{G}_{\downarrow\uparrow}\left(\boldsymbol{k}_-, i\varepsilon_n - i\omega_\lambda\right) \mathscr{G}_{\uparrow\downarrow}\left(\boldsymbol{k}_+, i\varepsilon_n\right)
$$
$$
+ \left. \mathscr{G}_{\uparrow\downarrow}\left(\boldsymbol{k}_-, i\varepsilon_n - i\omega_\lambda\right) \mathscr{G}_{\downarrow\uparrow}\left(\boldsymbol{k}_+, i\varepsilon_n\right) \right]
$$
$$
= \frac{1}{V} \frac{e^2\hbar^2}{m^2} \sum_{\boldsymbol{k}} k_\mu k_\nu \left[\left| u_{\boldsymbol{k}_+} u_{\boldsymbol{k}_-} + v_{\boldsymbol{k}_+} v_{\boldsymbol{k}_-}^* \right|^2 (F(E_{\boldsymbol{k}_+}) - F(E_{\boldsymbol{k}_-})) \right.
$$
$$
\times \left(\frac{1}{i\omega_\lambda - E_{\boldsymbol{k}_+} + E_{\boldsymbol{k}_-}} - \frac{1}{i\omega_\lambda + E_{\boldsymbol{k}_+} - E_{\boldsymbol{k}_-}} \right)
$$
$$
+ \left| u_{\boldsymbol{k}_+} v_{\boldsymbol{k}_-} - u_{\boldsymbol{k}_-} v_{\boldsymbol{k}_+} \right|^2 (1 - F(E_{\boldsymbol{k}_+}) - F(E_{\boldsymbol{k}_-}))
$$
$$
\times \left. \left(\frac{1}{i\omega_\lambda + E_{\boldsymbol{k}_+} + E_{\boldsymbol{k}_-}} - \frac{1}{i\omega_\lambda - E_{\boldsymbol{k}_+} - E_{\boldsymbol{k}_-}} \right) \right] \tag{10.50}
$$

となる．ここで $\boldsymbol{k}_\pm = \boldsymbol{k} \pm \frac{\boldsymbol{q}}{2}$ と定義し，$i\varepsilon_n$ に関する和は $\int_C \frac{dz}{2\pi i} F(z) \cdots$ として今までと同じように扱った（$F(z) = 1/(e^{\beta z} + 1)$）．ここで現れる $(u_{\boldsymbol{k}_+} u_{\boldsymbol{k}_-} + v_{\boldsymbol{k}_+} v_{\boldsymbol{k}_-}^*)$ や $(u_{\boldsymbol{k}_+} v_{\boldsymbol{k}_-} - u_{\boldsymbol{k}_-} v_{\boldsymbol{k}_+})$ はコヒーレンス因子と呼ばれるもので，超伝導特有のものである．$\boldsymbol{k}$ の上向きスピンと $-\boldsymbol{k}$ の下向きスピンが必ず対で現れるために，2 種類の行列要素の和や差が必ず含まれることから生じる．つまり，2 つの状態の間の干渉効果の現れといえる．

(10.50) 式で最初に $\boldsymbol{q} = \boldsymbol{0}$ とすると $\Phi_{\mu\nu}(\boldsymbol{0}, i\omega_\lambda) = 0$ となるが，これは自由電子ガスの場合と同じである．また，$i\omega_\lambda$ に関しては偶関数である．マイスナー効果を計算する場合は $i\omega_\lambda \to \hbar\omega + i\delta$ と解析接続した後で $\omega = 0$ と置いて，

$$
\Phi_{\mu\nu}(\boldsymbol{q}, 0)
$$

[*12)] 実はヴァーテックス補正は，ゲージ不変性を保つために必要である．しかしヴァーテックス補正を無視した計算でも正しいマイスナー効果を与える．第 12 章も参照．

196 第 10 章 超伝導

$$
= \frac{2}{V}\frac{e^2\hbar^2}{m^2}\sum_{\boldsymbol{k}} k_\mu k_\nu \left[\frac{1}{2}\left(1 + \frac{\xi_{\boldsymbol{k}_+}\xi_{\boldsymbol{k}_-} + \mathrm{Re}(\Delta_{\boldsymbol{k}_+}\Delta_{\boldsymbol{k}_-}^*)}{E_{\boldsymbol{k}_+}E_{\boldsymbol{k}_-}}\right)\frac{F(E_{\boldsymbol{k}_+}) - F(E_{\boldsymbol{k}_-})}{-E_{\boldsymbol{k}_+} + E_{\boldsymbol{k}_-}}\right.
$$
$$
\left. + \frac{1}{2}\left(1 - \frac{\xi_{\boldsymbol{k}_+}\xi_{\boldsymbol{k}_-} + \mathrm{Re}(\Delta_{\boldsymbol{k}_+}\Delta_{\boldsymbol{k}_-}^*)}{E_{\boldsymbol{k}_+}E_{\boldsymbol{k}_-}}\right)\frac{1 - F(E_{\boldsymbol{k}_+}) - F(E_{\boldsymbol{k}_-})}{E_{\boldsymbol{k}_+} + E_{\boldsymbol{k}_-}}\right]
$$

$$(10.51)$$

となる．さらに $\boldsymbol{q} \to \boldsymbol{0}$ の極限を取ると (10.51) 式の第 1 項のみが残り，

$$
\lim_{\boldsymbol{q}\to\boldsymbol{0}} \Phi_{\mu\nu}(\boldsymbol{q}, 0) = \frac{2}{V}\frac{e^2\hbar^2}{m^2}\sum_{\boldsymbol{k}} k_\mu k_\nu \left(-\frac{\partial F(E_{\boldsymbol{k}})}{\partial E_{\boldsymbol{k}}}\right) \equiv \frac{ne^2}{m}\delta_{\mu\nu}\left(1 - \frac{n_{\mathrm{S}}(T)}{n}\right)
$$

$$(10.52)$$

を得る．ここでコヒーレンス因子は 1 となることに注意．$n_{\mathrm{S}}(T)$ は温度 T における超伝導電子密度を表し，これを用いて (10.48) 式のマイスナーカーネルは

$$
\lim_{\boldsymbol{q}\to\boldsymbol{0}} K_{\mu\nu}(\boldsymbol{q}, 0) = \frac{e^2}{m}n_{\mathrm{S}}(T)\delta_{\mu\nu} = \frac{1}{\lambda_{\mathrm{L}}^2}\frac{n_{\mathrm{S}}(T)}{n}\delta_{\mu\nu}, \qquad \lambda_{\mathrm{L}}^2 = \frac{m}{ne^2} \quad (10.53)
$$

となる．絶対零度ではギャップの存在により $\lim_{\boldsymbol{q}\to\boldsymbol{0}} \Phi_{\mu\nu}(\boldsymbol{q}, 0) = 0$，つまり $n_{\mathrm{S}}(0) = n$ となるので（演習問題 10.7），すべての電子が超伝導状態となる．この場合，(10.48) 式はロンドンの侵入長 λ_{L} を持つロンドン方程式となってマイスナー効果を示す．

一応，常伝導状態の場合をチェックしておくと，(10.51) 式の代わりに

$$
\lim_{\boldsymbol{q}\to\boldsymbol{0}} \Phi_{\mu\nu}(\boldsymbol{q}, 0) = \frac{2}{V}\frac{e^2\hbar^2}{m^2}\sum_{\boldsymbol{k}} k_\mu k_\nu (-f'(\varepsilon_{\boldsymbol{k}})) = -\frac{2}{V}\frac{e^2}{m}\sum_{\boldsymbol{k}} k_\mu \frac{\partial f(\varepsilon_{\boldsymbol{k}})}{\partial k_\nu}
$$
$$
= \frac{2}{V}\frac{e^2}{m}\delta_{\mu\nu}\sum_{\boldsymbol{k}} f(\varepsilon_{\boldsymbol{k}}) = \frac{ne^2}{m}\delta_{\mu\nu}
$$

$$(10.54)$$

となり $\lim_{\boldsymbol{q}\to\boldsymbol{0}} K_{\mu\nu}(\boldsymbol{q}, 0) = 0$ となる．したがってマイスナー効果は出ない[*13)]．

ここでゲージ不変性に言及しておこう．(10.53) 式はゲージ不変ではない．しかしヴァーテックス補正を考慮すると $\delta_{\mu\nu}$ のところが $(\delta_{\mu\nu} - q_\mu q_\nu/q^2)$ の形となり（第 12 章参照）ゲージ不変性が保たれる[*14)]．

10.6 コヒーレンス因子による超伝導状態での種々の物理量

帯磁率は 7.1 節の (7.4) 式で求められるが，超伝導の場合↑と↓を区別して

[*13)] ディラック電子系の場合，超伝導でなくてもマイスナーカーネルが有限に残るという問題がある．N. B. Kopnin and E. B. Sonin, Phys. Rev. Lett. **100**, 246808 (2008), Phys. Rev. B **82**, 014516 (2010). この問題に一応の解決を与えたのが T. Mizoguchi and M. Ogata, J. Phys. Soc. Jpn. **84**, 084704 (2015).

[*14)] J. R. Schrieffer, *Theory of Superconductivity* (Addison-Wesley 1964). 教科書によっては，超伝導転移はゲージ対称性を破る相転移であるという記述があるが，それは間違い．ゲージ対称性は必ず保たれるべきものである．

$$\chi_{zz}(\boldsymbol{q},\omega) = \frac{g^2\mu_{\mathrm{B}}^2}{4}\left(\chi_{\uparrow\uparrow}(\boldsymbol{q},\omega) + \chi_{\downarrow\downarrow}(\boldsymbol{q},\omega) - \chi_{\uparrow\downarrow}(\boldsymbol{q},\omega) - \chi_{\downarrow\uparrow}(\boldsymbol{q},\omega)\right)$$

$$(10.55)$$

を計算すればよい. ここで $\chi_{\alpha\beta}(\boldsymbol{q},\omega)$ は $\Phi_{\alpha\beta}(\boldsymbol{q},\tau,\tau') = \langle T_\tau[\hat{n}_{\mathrm{H},\boldsymbol{q}\alpha}(\tau)\hat{n}_{\mathrm{H},-\boldsymbol{q}\beta}(\tau')]\rangle$ のフーリエ変換から解析接続で得られるものである. この相関関数をグリーン関数を用いて書き直すと, 実はマイスナーカーネルのときの (10.50) 式の $\Phi_{\mu\nu}$ と全く同じで, 係数が $\frac{e^2\hbar^2}{m^2}k_\mu k_\nu$ の代わりに $\frac{g^2\mu_{\mathrm{B}}^2}{4}$ となるだけの違いであることがわかる. この理由は, 電流演算子が $k_\mu(\hat{c}_{\boldsymbol{k},\uparrow}^\dagger\hat{c}_{\boldsymbol{k},\uparrow} - \hat{c}_{-\boldsymbol{k},\downarrow}^\dagger\hat{c}_{-\boldsymbol{k},\downarrow})$ で書かれるのに対し, スピン磁気モーメントの演算子が $-\frac{1}{2}g\mu_{\mathrm{B}}(\hat{c}_{\boldsymbol{k},\uparrow}^\dagger\hat{c}_{\boldsymbol{k},\uparrow} - \hat{c}_{-\boldsymbol{k},\downarrow}^\dagger\hat{c}_{-\boldsymbol{k},\downarrow})$ と書かれるためである. 両者の対称性が同じなのである (時間反転対称操作に対して奇). $\chi_{xx}(\boldsymbol{q},\omega), \chi_{yy}(\boldsymbol{q},\omega)$ も同じ表式で書け, $\chi_{xx}(\boldsymbol{q},\omega) = \chi_{yy}(\boldsymbol{q},\omega) = \chi_{zz}(\boldsymbol{q},\omega)$ がわかる (演習問題 10.8).

上記のことから, $\chi_{zz}(\boldsymbol{q},\omega)$ の性質はマイスナーカーネルの場合と似ていることがわかる. まず $\chi_{zz}(\boldsymbol{0},\omega) = 0$ であるが, これは自由電子ガスの場合と同じである (全磁化が保存量であるため). また, $\omega = 0$ としてから $\boldsymbol{q} \to \boldsymbol{0}$ の極限を取ると ((10.51) 式参照)

$$\lim_{\boldsymbol{q}\to 0}\chi_{zz}(\boldsymbol{q},0) = \frac{2}{V}\frac{g^2\mu_{\mathrm{B}}^2}{4}\sum_{\boldsymbol{k}}\left(-\frac{\partial F(E_{\boldsymbol{k}})}{\partial E_{\boldsymbol{k}}}\right)$$

$$\sim \frac{g^2\mu_{\mathrm{B}}^2}{2}D(\varepsilon_{\mathrm{F}})\int d\varepsilon\left(-\frac{\partial F(E)}{\partial E}\right) \tag{10.56}$$

となることがわかる. s 波超伝導の場合に (10.56) 式を温度の関数として見たものを芳田関数という[15]. 常伝導状態の場合を確認しておくと, $\lim_{\boldsymbol{q}\to 0}\chi_{zz}(\boldsymbol{q},0) = \frac{g^2\mu_{\mathrm{B}}^2}{2}D(\varepsilon_{\mathrm{F}})$ となり, パウリの常磁性帯磁率が得られる.

超伝導体の超音波吸収も初期の BCS 理論から議論されている. これを調べるには, 9.6 節で行ったようにフォノンの自己エネルギーを計算し, その虚部からフォノンの寿命を計算すればよい. 電子格子相互作用として (9.1) 式を用い, 図 9.2 (b) に対応するフォノンの自己エネルギーは (9.33) 式で与えられるので

$$\Pi_{\mathrm{ph}}(\boldsymbol{q},\tau,\tau') = -g_{\boldsymbol{q}}^2\sum_{\alpha\beta}\langle T_\tau[\hat{n}_{\mathrm{H},\boldsymbol{q}\alpha}(\tau)\hat{n}_{\mathrm{H},-\boldsymbol{q}\beta}(\tau')]\rangle \tag{10.57}$$

を計算すればよい. 再び超伝導の場合のグリーン関数を用いて書き直すと

$$\Pi_{\mathrm{ph}}(\boldsymbol{q},\omega) = -\frac{1}{V}g_{\boldsymbol{q}}^2\sum_{\boldsymbol{k}}\left[\frac{1}{2}\left(1 + \frac{\xi_{\boldsymbol{k}_+}\xi_{\boldsymbol{k}_-} - \mathrm{Re}(\Delta_{\boldsymbol{k}_+}\Delta_{\boldsymbol{k}_-}^*)}{E_{\boldsymbol{k}_+}E_{\boldsymbol{k}_-}}\right)\right.$$

$$\times\left(F(E_{\boldsymbol{k}_+}) - F(E_{\boldsymbol{k}_-})\right)\left(\frac{1}{\hbar\omega - E_{\boldsymbol{k}_+} + E_{\boldsymbol{k}_-} + i\delta} - \frac{1}{\hbar\omega + E_{\boldsymbol{k}_+} - E_{\boldsymbol{k}_-} + i\delta}\right)$$

$$+ \frac{1}{2}\left(1 - \frac{\xi_{\boldsymbol{k}_+}\xi_{\boldsymbol{k}_-} - \mathrm{Re}(\Delta_{\boldsymbol{k}_+}\Delta_{\boldsymbol{k}_-}^*)}{E_{\boldsymbol{k}_+}E_{\boldsymbol{k}_-}}\right)\left(1 - F(E_{\boldsymbol{k}_+}) - F(E_{\boldsymbol{k}_-})\right)$$

---

[15] K. Yosida, Phys. Rev. **110**, 769 (1958).

$$\times \left(\frac{1}{\hbar\omega + E_{\boldsymbol{k}_+} + E_{\boldsymbol{k}_-} + i\delta} - \frac{1}{\hbar\omega - E_{\boldsymbol{k}_+} - E_{\boldsymbol{k}_-} + i\delta} \right) \Bigg] \tag{10.58}$$

が得られる．今の場合，密度演算子は $(\hat{c}_{\boldsymbol{k},\uparrow}^\dagger \hat{c}_{\boldsymbol{k},\uparrow} + \hat{c}_{-\boldsymbol{k},\downarrow}^\dagger \hat{c}_{-\boldsymbol{k},\downarrow})$ と書かれるので，コヒーレンス因子がこれまでのと異なり，$(u_{\boldsymbol{k}_+} u_{\boldsymbol{k}_-} - v_{\boldsymbol{k}_+} v_{\boldsymbol{k}_-}^*)$ と $(u_{\boldsymbol{k}_+} v_{\boldsymbol{k}_-} + u_{\boldsymbol{k}_-} v_{\boldsymbol{k}_+})$ が現れる．その結果，分子の $\mathrm{Re}(\Delta_{\boldsymbol{k}_+} \Delta_{\boldsymbol{k}_-}^*)$ が以前の (10.51) と逆符号になる．

(10.58) 式の虚部がフォノンの寿命 $-\hbar/2\tau_{\mathrm{ph}}$ となるが，後半部分は $\hbar\omega = E_{\boldsymbol{k}_+} + E_{\boldsymbol{k}_-}$ という寄与を与えるので，2つの準粒子を励起するプロセスである．フォノンのエネルギーは電子に比べて非常に小さいので，このプロセスは無視できる．これに対し，前半の項は，すでに励起されている $E_{\boldsymbol{k}_-}$ の電子がフォノンを吸収して $E_{\boldsymbol{k}_+}$ となるようなプロセスを表している．したがって寿命は

$$\frac{1}{\tau_{\mathrm{ph}}} = -\frac{2}{\hbar}\mathrm{Im}\,\Pi_{\mathrm{ph}}(\boldsymbol{q},\omega)$$
$$= -\frac{2\pi g_{\boldsymbol{q}}^2}{\hbar V} \sum_{\boldsymbol{k}} \left(1 + \frac{\xi_{\boldsymbol{k}+\boldsymbol{q}}\xi_{\boldsymbol{k}} - \Delta^2}{E_{\boldsymbol{k}+\boldsymbol{q}}E_{\boldsymbol{k}}} \right)$$
$$\times \big(F(E_{\boldsymbol{k}+\boldsymbol{q}}) - F(E_{\boldsymbol{k}}) \big) \delta(\hbar\omega - E_{\boldsymbol{k}+\boldsymbol{q}} + E_{\boldsymbol{k}}) \tag{10.59}$$

と書ける．ここで $\boldsymbol{k} \to -\boldsymbol{k}$ の変数変換等を行い，$\Delta_{\boldsymbol{k}}$ は $\boldsymbol{k}$ によらない s 波超伝導とした．フォノンの $\hbar\omega$ は ε_{F} に比べて非常に小さいので $E_{\boldsymbol{k}+\boldsymbol{q}} \sim E_{\boldsymbol{k}}$ である．またフォノンの波数 $\boldsymbol{q}$ も小さいと考えて $\varepsilon_{\boldsymbol{k}+\boldsymbol{q}} \sim \varepsilon_{\boldsymbol{k}} + \frac{\hbar^2 k_{\mathrm{F}} q \cos\theta}{m}$ と近似する（$\boldsymbol{k}$ 積分の z 軸を $\boldsymbol{q}$ の方向とした）．さらに，$\xi' = \varepsilon_{\boldsymbol{k}+\boldsymbol{q}} - \mu = \varepsilon_{\boldsymbol{k}} + \frac{\hbar^2 k_{\mathrm{F}} q \cos\theta}{m} - \mu$ と置いて θ 積分を ξ' 積分へと変更し（$d\xi' = \frac{\hbar^2 k_{\mathrm{F}} q}{m} \sin\theta d\theta$），$|\boldsymbol{k}|$ 積分も $\xi = \varepsilon_{\boldsymbol{k}} - \mu$ と置いて ξ 積分に変更すると

$$\frac{1}{\tau_{\mathrm{ph}}} = -\frac{m^2 g_{\boldsymbol{q}}^2}{2\pi\hbar^5 q} \iint d\xi d\xi' \left(1 + \frac{\xi\xi' - \Delta^2}{EE'} \right) \big(F(E') - F(E) \big) \delta(\hbar\omega - E' + E) \tag{10.60}$$

を得る．ただし $E = \sqrt{\xi^2 + \Delta^2}$，$E' = \sqrt{\xi'^2 + \Delta^2}$．さらに $\xi\xi'$ の項は ξ について奇関数なので無視し，ξ 積分を $2\int_0^\infty$ と変更してから E 積分に変換すると

$$\frac{1}{\tau_{\mathrm{ph}}} = -\frac{2m^2 g_{\boldsymbol{q}}^2}{\pi\hbar^5 q} \iint_\Delta^\infty \frac{E dE}{\sqrt{E^2 - \Delta^2}} \frac{E' dE'}{\sqrt{E'^2 - \Delta^2}} \left(1 - \frac{\Delta^2}{EE'} \right)$$
$$\times \big(F(E') - F(E) \big) \delta(\hbar\omega - E' + E)$$
$$\sim \frac{2m^2 g_{\boldsymbol{q}}^2}{\pi\hbar^5 q} \int_\Delta^\infty dE \big(F(E + \hbar\omega) - F(E) \big) \sim \frac{2m^2 g_{\boldsymbol{q}}^2}{\pi\hbar^5 q} \int_\Delta^\infty dE \hbar\omega \frac{dF(E)}{dE}$$
$$= \omega \frac{2m^2 g_{\boldsymbol{q}}^2}{\pi\hbar^4 q} F(\Delta) \sim \omega \sqrt{\frac{m}{M}} F(\Delta) = \omega \sqrt{\frac{m}{M}} \frac{1}{e^{\beta\Delta} + 1} \tag{10.61}$$

となる．最後のところで電子格子相互作用 $g_{\boldsymbol{q}}$ の評価式 (9.47) を用いた．温度依存性は超伝導ギャップ Δ を反映した単純な形となっている．

10.6 コヒーレンス因子による超伝導状態での種々の物理量　**199**

類似の物理量に NMR の核磁気緩和 $1/T_1$ がある．これは原子核の磁気モーメントが，電子のスピンと超微細結合を通して相互作用して緩和するものなので，$1/T_1$ は $\chi_{+-}(\boldsymbol{q},\omega)$ の虚部（つまり $\chi_{xx}(\boldsymbol{q},\omega)$ の虚部でよい）に比例する．比例係数は考えないことにして $1/T_1$ を評価すると，$1/\tau_{\mathrm{ph}}$ と同様に近似できて

$$
\begin{aligned}
\frac{1}{T_1} &\propto -\frac{2}{\hbar}\mathrm{Im}\,\chi_{xx}(\boldsymbol{q},\omega) \\
&= -\frac{2\pi}{\hbar V}\sum_{\boldsymbol{k},\boldsymbol{q}}\left(1+\frac{\xi_{\boldsymbol{k}+\boldsymbol{q}}\xi_{\boldsymbol{k}}+\mathrm{Re}(\Delta_{\boldsymbol{k}+\boldsymbol{q}}\Delta_{\boldsymbol{k}}^{*})}{E_{\boldsymbol{k}+\boldsymbol{q}}E_{\boldsymbol{k}}}\right) \\
&\qquad\times\left(F(E_{\boldsymbol{k}+\boldsymbol{q}})-F(E_{\boldsymbol{k}})\right)\delta(\hbar\omega-E_{\boldsymbol{k}+\boldsymbol{q}}+E_{\boldsymbol{k}}) \qquad (10.62)
\end{aligned}
$$

となる．ここでコヒーレンス因子が $1/\tau_{\mathrm{ph}}$ と異なることに注意．さらに原子核の位置での帯磁率が関与するので，波数 $\boldsymbol{q}$ についての和も取る点が異なる．$\boldsymbol{k},\boldsymbol{q}$ 積分を ξ,ξ' 積分とし，さらに E,E' 積分に変換してデルタ関数を考慮すると

$$
\frac{1}{T_1}\propto -\int_{\Delta}^{\infty}dE\,\frac{E(E+\hbar\omega)+\Delta^2}{\sqrt{E^2-\Delta^2}\sqrt{(E+\hbar\omega)^2-\Delta^2}}F'(E) \qquad (10.63)
$$

となる．$1/\tau_{\mathrm{ph}}$ の場合は分母分子が打ち消して $F'(E)$ の係数が 1 となったが，コヒーレンス因子が異なるために $E=\Delta$ で分母が 0 となって積分が大きくなる．温度の関数として見ると T_{c} より少し低い温度で $1/T_1$ が増大する．これは実験で見られており，s 波超伝導の特徴として Hebel–Slichter ピークと呼ばれている[16]．物理的には，超伝導になってエネルギーギャップが開くと準粒子の状態密度が $E/\sqrt{E^2-\Delta^2}$ となり，$E=\Delta$ で発散することに起因する現象である．

10.7　引力とクーロン斥力の関係：異方的超伝導

BCS 理論はフォノンによる引力を議論したが，他の揺らぎまたは準粒子を媒介とした引力による超伝導も考えられる．現象論的に (10.31) 式の相互作用ハミルトニアンを

$$
\frac{1}{V}\sum_{\boldsymbol{k},\boldsymbol{q}}\langle\hat{c}_{-\boldsymbol{k}-\boldsymbol{q},\downarrow}^{\dagger}\hat{c}_{\boldsymbol{k}+\boldsymbol{q},\uparrow}^{\dagger}\rangle V_{\uparrow\downarrow}(\boldsymbol{q})\langle\hat{c}_{\boldsymbol{k},\uparrow}\hat{c}_{-\boldsymbol{k},\downarrow}\rangle = \frac{1}{V}\sum_{\boldsymbol{k},\boldsymbol{q}}\Delta_{\boldsymbol{k}+\boldsymbol{q}}^{*}V_{\uparrow\downarrow}(\boldsymbol{q})\Delta_{\boldsymbol{k}}
$$

$$(10.64)$$

と考えてみよう．フォノンによる引力の場合は $V_{\uparrow\downarrow}(\boldsymbol{q})$ が波数 $\boldsymbol{q}$ によらず $-g$ だと仮定すると [(10.17) 式]，$\Delta_{\boldsymbol{k}}$ も波数 $\boldsymbol{k}$ によらない s 波超伝導が実現した．

　一方，斥力ハバードモデルなどのようにクーロン相互作用による斥力があると，フォノンによる引力との競合になる．通常は斥力はくりこまれた小さい値となって，引力が勝つとする．これとは別に，斥力を回避する方法として異方的超伝導を考えることができる．例えば斥力ハバードモデルでは $V_{\uparrow\downarrow}(\boldsymbol{q})=U$

---

[16]　L. C. Hebel and C. P. Slichter, Phys. Rev. **113**, 1504 (1959).

（斥力）となって波数 q によらないが，このとき Δ_k が p 波，d 波などの対称性を持つ秩序変数だとすると，(10.64) 式の k, q 積分は正負が均等に入って 0 となる．つまり異方的超伝導の場合，斥力 U があっても影響を受けないのである．代わりに (2.47) 式のような拡張ハバードモデルで $V < 0$ という引力を仮定すると，異方的超伝導が安定化する．

例えば，2 次元正方格子の場合に $V(\boldsymbol{r} - \boldsymbol{r}')$ をフーリエ変換すると $2V(\cos q_x a + \cos q_y a)$ となる．これを (10.64) 式に代入すると

$$2V \sum_{\boldsymbol{k}, \boldsymbol{q}} \Delta_{\boldsymbol{k}+\boldsymbol{q}}^* (\cos q_x a + \cos q_y a) \Delta_{\boldsymbol{k}} \qquad (10.65)$$

となる．この場合，$\Delta_k = \Delta(\cos k_x a - \cos k_y a)$ という形の秩序変数がエネルギー的に安定になるのだが，このことを (10.65) 式から確かめよう（k が小さいとして展開すると $\Delta_k = -\Delta(k_x^2 - k_y^2)/2$ となるので Δ_k は d 波対称性を持つという）．まず，q が小さいときは $\cos q_x a + \cos q_y a > 0$ であり，かつ Δ_k と Δ_{k+q}^* の符号は同じなので，引力 $V < 0$ を得できる（つまりエネルギーが負である）．一方 $q = (\frac{\pi}{a}, \frac{\pi}{a})$ 付近では $\cos q_x a + \cos q_y a < 0$ であり，そのままではエネルギーが上がってしまう．しかし，$k = (\frac{\pi}{a}, 0)$ 付近にフェルミ面があるとして，ここでの Δ_k を考えると $\Delta_k < 0$．一方相手の Δ_{k+q}^* は $k + q = (0, \frac{\pi}{a})$ に相当するので（ブリルアンゾーンの折り返しを考慮した）$\Delta_{k+q}^* > 0$ と逆符号になる．この場合，(10.65) 式はかけ算の結果負となり，やはりエネルギーを得できる．このように，（フェルミ面の形によるが）異方的な Δ_k を考えることによって，フェルミ面上のどこでもエネルギーを得ることができる．これが実現すれば異方的超伝導体となる．

実際にスピン揺らぎがある場合，スピン間の交換相互作用の類推から，最近接のサイト間で上向きスピンと下向きスピンの間に引力が働くといえる．このことを具体的に計算するためには，7.2 節で考えたような RPA 近似による $\chi_{zz}(\boldsymbol{q}, \omega)$ 〔(7.19) 式〕を考えればよい．7.3 節のようなネスティングがある場合，$(\frac{\pi}{a}, \frac{\pi}{a})$ 付近の帯磁率が増強される．この揺らぎを用いて上記のメカニズムによる d 波超伝導が議論されている．この場合，フォノンの代わりに相互作用として図 10.6 (a) のようなダイアグラムを考えればよい．これは $\chi_{zz}(\boldsymbol{q}, \omega)$ を用いたものだが，同じように $\chi_{xx}(\boldsymbol{q}, \omega), \chi_{yy}(\boldsymbol{q}, \omega)$ の揺らぎも考える必要がある．この場合は図 10.6 (b) のダイアグラムを考慮する．これらを FLEX 近似による超伝導メカニズムという．この手法によると 2 次元正方格子の斥力ハバードモデルなどでも d 波超伝導が安定化することが議論されているが，最近の理論研究によるとくりこまれたフェルミ面から出発した反強磁性状態の方がかなり安定であって，超伝導にはならないと結論されている[17]．FLEX 近似は有

---

[17]　R. Sato and H. Yokoyama, J. Phys. Soc. Jpn. **85**, 074701 (2016) と，その中の参考文献参照．

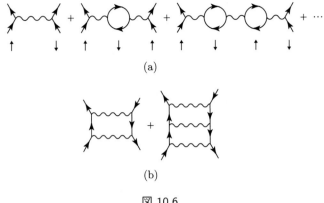

図 10.6

望な手法であるが，このように，モット絶縁体による反強磁性相などの近傍では使えない等の注意が必要である．

演習問題

10.1 (10.26) 式で定義された演算子が，反交換関係 $\{\hat{\alpha}_{\bm{k}}, \hat{\alpha}^\dagger_{\bm{k}'}\} = \{\hat{\beta}_{\bm{k}}, \hat{\beta}^\dagger_{\bm{k}'}\} = \delta_{\bm{k},\bm{k}'}$ を満たすことを示せ．また $\{\hat{\alpha}_{\bm{k}}, \hat{\beta}_{-\bm{k}}\} = 0$ を確かめよ．さらに，(10.15) 式の BCS の波動関数に対して，$\hat{\alpha}_{\bm{k}}|\Psi\rangle_{\mathrm{BCS}} = \hat{\beta}_{-\bm{k}}|\Psi\rangle_{\mathrm{BCS}} = 0$ であることを示せ．このことは $|\Psi\rangle_{\mathrm{BCS}}$ が $\hat{\alpha}_{\bm{k}}$ と $\hat{\beta}_{-\bm{k}}$ で表される準粒子の「真空」であることを意味する．準粒子励起状態は $\hat{\alpha}^\dagger_{\bm{k}}|\Psi\rangle_{\mathrm{BCS}}$ や $\hat{\beta}^\dagger_{-\bm{k}}|\Psi\rangle_{\mathrm{BCS}}$ によって作ることができる．

10.2 (10.31) 式の相互作用を平均場近似し，定数項を除いて平均場ハミルトニアンが

$$\mathscr{H}_{\mathrm{MF}} - \mu\hat{N} = \sum_{\bm{k}} \begin{pmatrix} \hat{c}^\dagger_{\bm{k},\uparrow} \\ \hat{c}_{-\bm{k},\downarrow} \end{pmatrix} \begin{pmatrix} \xi_{\bm{k}} & -\Delta_{\bm{k}} \\ -\Delta^*_{\bm{k}} & -\xi_{\bm{k}} \end{pmatrix} \begin{pmatrix} \hat{c}_{\bm{k},\uparrow} \\ \hat{c}^\dagger_{-\bm{k},\downarrow} \end{pmatrix} \tag{10.66}$$

となることを示せ．ここで (10.35) 式や (10.39) 式の定義を用いている．これを対角化し，固有エネルギーが $\pm E_{\bm{k}}$ となり，$\hat{c}_{\bm{k},\uparrow} = u_{\bm{k}}\hat{\alpha}_{\bm{k}} + v_{\bm{k}}\hat{\beta}^\dagger_{-\bm{k}}$, $\hat{c}^\dagger_{-\bm{k},\downarrow} = -v^*_{\bm{k}}\hat{\alpha}_{\bm{k}} + u_{\bm{k}}\hat{\beta}^\dagger_{-\bm{k}}$ によって $\mathscr{H}_{\mathrm{MF}} - \mu\hat{N} = E_0 + \sum_{\bm{k}} E_{\bm{k}}(\hat{\alpha}^\dagger_{\bm{k}}\hat{\alpha}_{\bm{k}} + \hat{\beta}^\dagger_{\bm{k}}\hat{\beta}_{\bm{k}})$ と対角化されることを示せ．さらに $\hat{\alpha}_{\bm{k}}, \hat{\beta}^\dagger_{-\bm{k}}$ を逆に解くと (10.26) 式となることを示せ．

10.3 (10.33) 式の演算子を用いて，ハミルトニアンを書き直す．(10.31) 式の相互作用で $V_{\parallel}(\bm{q}) = V_{\uparrow\downarrow}(\bm{q}) = V(\bm{q})$ という対称的な場合，ハミルトニアンは定数項を除いて

$$\mathscr{H} - \mu\hat{N} = \sum_{\bm{k}} \hat{\Psi}^\dagger_{\bm{k}}(\varepsilon_{\bm{k}} - \mu)\sigma_z\hat{\Psi}_{\bm{k}} + \frac{1}{2V}\sum_{\bm{k},\bm{k}',\bm{q}} V(\bm{q})\hat{\Psi}^\dagger_{\bm{k}+\bm{q}}\sigma_z\hat{\Psi}_{\bm{k}} \cdot \hat{\Psi}^\dagger_{\bm{k}'-\bm{q}}\sigma_z\hat{\Psi}_{\bm{k}'} \tag{10.67}$$

と書けることを示せ（σ_z はパウリ行列）．この行列表示のハミルトニアンを用いて，図 10.5 に対応するダイソン方程式が，2×2 行列の温度グリーン関数 $\bm{G}(\bm{k}, i\varepsilon_n)$ に対して

$$\bm{G}(\bm{k}, i\varepsilon_n) = \bm{G}^{(0)}(\bm{k}, i\varepsilon_n)$$
$$+ \frac{k_{\mathrm{B}}T}{V}\sum_{m,\bm{k}'} V(\bm{0})e^{i\omega_m\eta}\mathrm{Tr}\left[\sigma_z\bm{G}(\bm{k}', i\omega_m)\right]\bm{G}(\bm{k}, i\varepsilon_n)\sigma_z\bm{G}^{(0)}(\bm{k}, i\varepsilon_n)$$

$$-\frac{k_\mathrm{B}T}{V}\sum_{m,\boldsymbol{k}'}V(\boldsymbol{k}-\boldsymbol{k}')e^{i\omega_m\eta}\boldsymbol{G}(\boldsymbol{k},i\varepsilon_n)\sigma_z\boldsymbol{G}(\boldsymbol{k}',i\omega_m)\sigma_z\boldsymbol{G}^{(0)}(\boldsymbol{k},i\varepsilon_n)$$

$$(10.68)$$

となることを示せ（行列なので順番に注意）．これが (10.34) 式と等価であることを確かめよ．このことから (10.34) 式のマイナス符号は σ_z から来ることがわかる．ただし，$\mathscr{G}_{\downarrow\downarrow}(\boldsymbol{k},\tau,\tau_-)=-\langle\hat{c}^\dagger_{-\boldsymbol{k},\downarrow}\hat{c}_{-\boldsymbol{k},\uparrow}\rangle=-1+\mathscr{G}_{\downarrow\downarrow}(\boldsymbol{k},\tau,\tau_+)$ や $\mathscr{G}_{\uparrow\downarrow}(\boldsymbol{k}',\tau,\tau_-)=-\langle\hat{c}_{\boldsymbol{k},\uparrow}\hat{c}_{-\boldsymbol{k},\downarrow}\rangle=\mathscr{G}_{\uparrow\downarrow}(\boldsymbol{k}',\tau,\tau_+)$ に注意．定数項の分だけずれている．

10.4 (10.38) 式で得られた温度グリーン関数を用いて

$$\frac{k_\mathrm{B}T}{V}\sum_{m,\boldsymbol{k}'}e^{+i\omega_m\eta}\mathscr{G}_{\uparrow\uparrow}(\boldsymbol{k}',i\omega_m)=-\frac{k_\mathrm{B}T}{V}\sum_{m,\boldsymbol{k}'}e^{-i\omega_m\eta}\mathscr{G}_{\downarrow\downarrow}(\boldsymbol{k}',i\omega_m)$$

$$=\frac{1}{V}\sum_{\boldsymbol{k}'}\left(\frac{1}{2}-\frac{\xi_{\boldsymbol{k}'}}{2E_{\boldsymbol{k}'}}\tanh\frac{\beta}{2}E_{\boldsymbol{k}'}\right)\qquad(10.69)$$

を示せ．これは上向きスピンの総数，および下向きスピンの総数という意味を持つ．さらに，これを用いて (10.35) 式の Σ_H, $\Sigma_\mathrm{F}(\boldsymbol{k})$ に対する自己無撞着方程式が

$$\Sigma_\mathrm{H}=\{V_\|(\boldsymbol{0})+V_{\uparrow\downarrow}(\boldsymbol{0})\}\frac{1}{V}\sum_{\boldsymbol{k}'}\left(\frac{1}{2}-\frac{\xi_{\boldsymbol{k}'}}{2E_{\boldsymbol{k}'}}\tanh\frac{\beta}{2}E_{\boldsymbol{k}'}\right),$$

$$\Sigma_\mathrm{F}(\boldsymbol{k})=\frac{1}{V}\sum_{\boldsymbol{k}'}V_\|(\boldsymbol{k}-\boldsymbol{k}')\left(\frac{1}{2}-\frac{\xi_{\boldsymbol{k}'}}{2E_{\boldsymbol{k}'}}\tanh\frac{\beta}{2}E_{\boldsymbol{k}'}\right)$$

$$(10.70)$$

となることを示せ．

10.5 問題 10.2 で得られた $\hat{c}_{\boldsymbol{k},\uparrow}=u_{\boldsymbol{k}}\hat{\alpha}_{\boldsymbol{k}}+v_{\boldsymbol{k}}\hat{\beta}^\dagger_{-\boldsymbol{k}}$, $\hat{c}^\dagger_{-\boldsymbol{k},\downarrow}=-v^*_{\boldsymbol{k}}\hat{\alpha}_{\boldsymbol{k}}+u_{\boldsymbol{k}}\hat{\beta}^\dagger_{-\boldsymbol{k}}$ を用いて

$$\langle\hat{c}^\dagger_{\boldsymbol{k},\uparrow}\hat{c}_{\boldsymbol{k},\uparrow}\rangle=\langle\hat{c}^\dagger_{-\boldsymbol{k},\downarrow}\hat{c}_{-\boldsymbol{k},\downarrow}\rangle=u^2_{\boldsymbol{k}}F(E_{\boldsymbol{k}})+|v_{\boldsymbol{k}}|^2(1-F(E_{\boldsymbol{k}}))$$

$$=\frac{1}{2}-\frac{\xi_{\boldsymbol{k}}}{2E_{\boldsymbol{k}}}\tanh\frac{\beta}{2}E_{\boldsymbol{k}},$$

$$\langle\hat{c}_{\boldsymbol{k},\uparrow}\hat{c}_{-\boldsymbol{k},\downarrow}\rangle=\langle\hat{c}^\dagger_{-\boldsymbol{k},\downarrow}\hat{c}^\dagger_{\boldsymbol{k},\uparrow}\rangle^*=-u_{\boldsymbol{k}}v_{\boldsymbol{k}}(1-2F(E_{\boldsymbol{k}}))$$

$$=-\frac{\Delta_{\boldsymbol{k}}}{2E_{\boldsymbol{k}}}\tanh\frac{\beta}{2}E_{\boldsymbol{k}}\qquad(10.71)$$

を示せ．さらにこれらを (10.35) 式の右辺に代入すると，(10.40) 式と (10.70) 式の自己無撞着方程式が得られることを確かめよ．

10.6 問題 3.11 で示したように，(3.83) 式の 2 粒子グリーン関数を用いれば，温度グリーン関数は (3.84) の方程式を満たす（マイナス符号がフェルミ粒子の場合）．超伝導の場合の南部表示では，下向きスピンのグリーン関数の方程式は変更を受けて

$$\left[-\frac{\partial}{\partial\tau}-\frac{\hbar^2}{2m}\boldsymbol{\nabla}^2+(V(\boldsymbol{r})-\mu)\right]\mathscr{G}_{\downarrow\downarrow}(\boldsymbol{r},\tau;\boldsymbol{r}',\tau')$$

$$-\int d\boldsymbol{r}_2\Big\{V_\|(\boldsymbol{r}-\boldsymbol{r}_2)\mathscr{G}_{\downarrow\downarrow;\downarrow\downarrow}(\boldsymbol{r}',\tau',\boldsymbol{r}_2,\tau;\boldsymbol{r},\tau,\boldsymbol{r}_2,\tau_+)$$

$$+V_{\uparrow\downarrow}(\boldsymbol{r}-\boldsymbol{r}_2)\mathscr{G}_{\downarrow\uparrow;\downarrow\uparrow}(\boldsymbol{r}',\tau',\boldsymbol{r}_2,\tau;\boldsymbol{r},\tau,\boldsymbol{r}_2,\tau_+)\Big\}$$

$$=\delta(\tau-\tau')\delta(\boldsymbol{r}-\boldsymbol{r}')\qquad(10.72)$$

となることを示せ．また，$\mathscr{G}_{\uparrow\downarrow}(\boldsymbol{r},\tau;\boldsymbol{r}',\tau')$ に対する運動方程式を作れ（新しく消滅演

演習問題　**203**

算子を 3 つ，生成演算子を 1 つ持つ「2 粒子」グリーン関数が必要になる）．

さらに，問題 4.8 で行ったように，2 粒子グリーン関数の部分をブロック・ドゥドミニシスの定理を用いて 2 つの 1 粒子グリーン関数の積として近似せよ．その結果

$$
\left[-\frac{\partial}{\partial \tau} + \frac{\hbar^2}{2m} \boldsymbol{\nabla}^2 - (V(\boldsymbol{r}) - \mu) \right] \mathscr{G}_{\uparrow\uparrow}(\boldsymbol{r}, \tau; \boldsymbol{r}', \tau')
$$

$$
- \int d\boldsymbol{r}_2 \Big\{ V_{\parallel}(\boldsymbol{r} - \boldsymbol{r}_2) \mathscr{G}_{\uparrow\uparrow}(\boldsymbol{r}_2, \tau; \boldsymbol{r}_2, \tau+)
$$

$$
- V_{\uparrow\downarrow}(\boldsymbol{r} - \boldsymbol{r}_2) \mathscr{G}_{\downarrow\downarrow}(\boldsymbol{r}_2, \tau; \boldsymbol{r}_2, \tau-) \Big\} \mathscr{G}_{\uparrow\uparrow}(\boldsymbol{r}, \tau; \boldsymbol{r}', \tau')
$$

$$
+ \int d\boldsymbol{r}_2 V_{\parallel}(\boldsymbol{r} - \boldsymbol{r}_2) \mathscr{G}_{\uparrow\uparrow}(\boldsymbol{r}, \tau; \boldsymbol{r}_2, \tau+) \mathscr{G}_{\uparrow\uparrow}(\boldsymbol{r}_2, \tau; \boldsymbol{r}', \tau')
$$

$$
- \int d\boldsymbol{r}_2 V_{\uparrow\downarrow}(\boldsymbol{r} - \boldsymbol{r}_2) \mathscr{G}_{\uparrow\downarrow}(\boldsymbol{r}, \tau; \boldsymbol{r}_2, \tau-) \mathscr{G}_{\downarrow\uparrow}(\boldsymbol{r}_2, \tau; \boldsymbol{r}', \tau')
$$

$$
= \delta(\tau - \tau') \delta(\boldsymbol{r} - \boldsymbol{r}'), \tag{10.73}
$$

$$
\left[-\frac{\partial}{\partial \tau} + \frac{\hbar^2}{2m} \boldsymbol{\nabla}^2 - (V(\boldsymbol{r}) - \mu) \right] \mathscr{G}_{\uparrow\downarrow}(\boldsymbol{r}, \tau; \boldsymbol{r}', \tau')
$$

$$
- \int d\boldsymbol{r}_2 \Big\{ V_{\parallel}(\boldsymbol{r} - \boldsymbol{r}_2) \mathscr{G}_{\uparrow\uparrow}(\boldsymbol{r}_2, \tau; \boldsymbol{r}_2, \tau+)
$$

$$
- V_{\uparrow\downarrow}(\boldsymbol{r} - \boldsymbol{r}_2) \mathscr{G}_{\downarrow\downarrow}(\boldsymbol{r}_2, \tau; \boldsymbol{r}_2, \tau-) \Big\} \mathscr{G}_{\uparrow\downarrow}(\boldsymbol{r}, \tau; \boldsymbol{r}', \tau')
$$

$$
+ \int d\boldsymbol{r}_2 V_{\parallel}(\boldsymbol{r} - \boldsymbol{r}_2) \mathscr{G}_{\uparrow\uparrow}(\boldsymbol{r}, \tau; \boldsymbol{r}_2, \tau+) \mathscr{G}_{\uparrow\downarrow}(\boldsymbol{r}_2, \tau; \boldsymbol{r}', \tau')
$$

$$
- \int d\boldsymbol{r}_2 V_{\uparrow\downarrow}(\boldsymbol{r} - \boldsymbol{r}_2) \mathscr{G}_{\uparrow\downarrow}(\boldsymbol{r}, \tau; \boldsymbol{r}_2, \tau-) \mathscr{G}_{\downarrow\downarrow}(\boldsymbol{r}_2, \tau; \boldsymbol{r}', \tau')
$$

$$
= 0 \tag{10.74}
$$

などとなることを示せ．これらをゴルコフ方程式と呼ぶ．後半の 3 つの項は，それぞれハートレー項，フォック項，および超伝導による新しい項となっている．これから出発して Δ を摂動的に扱うことによって，ギンツブルグ・ランダウ (Ginzburg–Landau) 方程式が得られる．

さらに，系が一様な場合は (10.74) 式をフーリエ変換を用いて解くことができて，(10.34) 式と等価な方程式が得られることを示せ．

10.7 (10.42) 式と同様の方法で，(10.52) 式の $n_{\rm S}(T)$ の $T \sim 0$ での振舞いが

$$
\frac{n_{\rm S}(T)}{n} = 1 - \frac{2\hbar^2}{nmV} \sum_{\boldsymbol{k}} \frac{k^2}{3} \delta_{\mu\nu} \frac{F(E_{\rm k})(1 - F(E_{\rm k}))}{k_{\rm B}T} \sim 1 - \sqrt{\frac{2\pi\Delta_0}{k_{\rm B}T}} e^{-\beta\Delta_0} \tag{10.75}
$$

となることを示せ．

10.8 $\chi_{xx}(\boldsymbol{q}, \omega)$ と $\chi_{yy}(\boldsymbol{q}, \omega)$ は (7.6) 式で与えられるが，これは (7.7) 式の虚時間相関関数から計算できる．これらを超伝導の場合のグリーン関数を用いて書き直すことにより，$\chi_{xx}(\boldsymbol{q}, \omega) = \chi_{yy}(\boldsymbol{q}, \omega) = \chi_{zz}(\boldsymbol{q}, \omega)$ となることを示せ．

10.9 超伝導体での光吸収は，10.6 節の超音波吸収と同様に計算できる．光はベクトルポテンシャル $\boldsymbol{A}$ を量子化してフォトンとして扱うが，電子との相互作用は $-\int \boldsymbol{j} \cdot \boldsymbol{A} d\boldsymbol{r}$ なので，超音波吸収のときの密度演算子を電流演算子に置き換えればよい．つまり電気伝導度 $\sigma(\boldsymbol{q}, \omega)$ の有限の ω のところを調べればよい（光学伝導度）．ただしフォノ

204 第 10 章 超伝導

ンと異なり，フォトンはエネルギーが高く電子のエネルギーと同程度の値を持ち得るので，$\hbar\omega = E_{\boldsymbol{k}_+} + E_{\boldsymbol{k}_-}$ というプロセスが可能になる．これは $T = 0$ でも可能である．$|\boldsymbol{q}| \ll k_\mathrm{F}$ とし，(10.50) 式や (10.58), (10.59) 式の超音波吸収のときを参考に，コヒーレンス因子が違うことを考慮すれば，s 波超伝導の絶対零度で

$$
\begin{aligned}
\mathrm{Re}\,\sigma(\boldsymbol{q},\omega) &= \frac{1}{\omega}\mathrm{Im}\,\Phi_{\mu\mu}(\boldsymbol{q},\omega) \\
&= \frac{\pi e^2 \hbar^2}{\omega m^2 V}\sum_{\boldsymbol{k}} k_\mu^2 \left(1 - \frac{\xi_{\boldsymbol{k}+\boldsymbol{q}}\xi_{\boldsymbol{k}} + \Delta^2}{E_{\boldsymbol{k}+\boldsymbol{q}}E_{\boldsymbol{k}}}\right)\delta(\hbar\omega - E_{\boldsymbol{k}+\boldsymbol{q}} - E_{\boldsymbol{k}}) \quad (10.76)
\end{aligned}
$$

となることを示せ．さらに (10.60) を導いたのと同様の変形を行って

$$
\mathrm{Re}\,\sigma(\boldsymbol{q},\omega) = \frac{e^2}{12\pi\hbar^2\omega q}\int_\Delta^{\hbar\omega-\Delta} dE \frac{E(\hbar\omega - E) - \Delta^2}{\sqrt{E^2 - \Delta^2}\,\sqrt{(\hbar\omega - E)^2 - \Delta^2}} \quad (10.77)
$$

を示せ ($\hbar\omega > 2\Delta$).

10.10 (10.40) 式の自己無撞着方程式で，相互作用のところが $V_{\uparrow\downarrow}(\boldsymbol{k} - \boldsymbol{k}') = \lambda w(\boldsymbol{k})w(\boldsymbol{k}')$ と書ける場合を separable という．この場合に自己無撞着方程式を解いて $\Delta_{\boldsymbol{k}}$ を求めよ．

演習問題 **205**

第 11 章

熱電応答

これまでは電場・磁場等に対する電子の応答を考えてきたが，温度勾配に対する応答や，熱流も重要な概念である．とくに熱を伴う現象は非平衡により近いものであり，難しい問題であるとともに面白い問題が残されている．

11.1 熱現象に対する線形応答

そもそもの問題は，理論的に温度勾配を外場として考えることが難しいからである．温度は統計力学によって導入される物理量なので，温度勾配を電場や磁場のような明らかな外場ハミルトニアンとして系に導入することができないという問題がある．そこで，まずは基本に戻って熱力学を通して線形応答を考えてみる．

一般に，いくつかの「流れ」J_i は「一般化された力」X_j によって誘起される．これを

$$J_i = \sum_j Z_{ij} X_j \tag{11.1}$$

と書く．これが線形応答の一般化である[*1)]．オンサーガーはさらに相反定理 $Z_{ij} = Z_{ji}$ が成り立つことを議論した．しかし，簡単な例で調べればすぐにわかるように，J_i や X_j の定義を変えると相反定理が成り立たなくなってしまう．つまり，相反定理が成り立つためには「正しい」J_i と X_j の組を選ぶ必要がある．この問題に対し，de Groot[*2)] は不可逆過程によってエントロピーが生成される率を

$$\frac{\partial S_{\mathrm{irr}}}{\partial t} = \sum_i J_i X_i \tag{11.2}$$

[*1)]　L. Onsager, Phys. Rev. **37**, 405 (1931), ibid **38**, 2265 (1931).

[*2)]　S. R. de Groot, *Thermodynamics of Irreversible Processes* (North Holland, 1951).
　　R. D. Barnard, *Thermoelectricity in Metals and Alloys* (Taylor & Francis, 1972).
　　G. D. Mahan, *Many-Particle Physics* (Plenum Press 1990).

と書いたとき, J_i が流れ, X_i が「一般化された力」となり, かつオンサーガー
の相反定理が成り立つことを示した. 以下この定式化を調べよう.

熱力学でエントロピーは $dU = TdS - pdV + \mu dN$ であるが, 今の場合 $-pdV$
の項は無視して

$$\frac{\partial S}{\partial t} = \frac{1}{T}\frac{\partial U}{\partial t} - \frac{\mu}{T}\frac{\partial N}{\partial t} \tag{11.3}$$

と書く. ここで $\frac{\partial U}{\partial t}$ として, 局所的なエネルギー保存則からくる

$$\frac{\partial U_1}{\partial t} = -\mathrm{div}\boldsymbol{j}_E = -\mathrm{div}(\boldsymbol{j}_Q + \mu\boldsymbol{j}_n) \tag{11.4}$$

($\boldsymbol{j}_E, \boldsymbol{j}_Q, \boldsymbol{j}_n$ は, それぞれエネルギー流, 熱流, 粒子流である) と, ジュール熱
の項

$$\frac{\partial U_2}{\partial t} = -\boldsymbol{j}\cdot\boldsymbol{\nabla}V = -e\boldsymbol{j}_n\cdot\boldsymbol{\nabla}V \tag{11.5}$$

の 2 つを考慮する. これらを (11.3) 式に代入して整理すると

$$\begin{aligned}
\frac{\partial S}{\partial t} &= -\frac{1}{T}\mathrm{div}(\boldsymbol{j}_Q + \mu\boldsymbol{j}_n) - \frac{1}{T}e\boldsymbol{j}_n\cdot\boldsymbol{\nabla}V + \frac{\mu}{T}\mathrm{div}\boldsymbol{j}_n \\
&= -\mathrm{div}\left(\frac{\boldsymbol{j}_Q}{T}\right) + \boldsymbol{j}_Q\cdot\boldsymbol{\nabla}\left(\frac{1}{T}\right) - \boldsymbol{j}_n\cdot\frac{1}{T}\boldsymbol{\nabla}(\mu + eV)
\end{aligned} \tag{11.6}$$

を得る. 最後の式の $-\mathrm{div}(\boldsymbol{j}_Q/T)$ は, 熱平衡状態でのエントロピー保存則から
くる項なので[*3)], (11.2) 式の不可逆過程によるエントロピー生成率 $\frac{\partial S_{\mathrm{irr}}}{\partial t}$ では除
外する. 結局 $\frac{\partial S_{\mathrm{irr}}}{\partial t}$ は (11.2) 式の形をしていることになり, 正しい流れは $\boldsymbol{j}_Q$ と
$\boldsymbol{j}_n$, これらに対する一般化された力は $\boldsymbol{\nabla}\left(\frac{1}{T}\right)$ と $-\frac{1}{T}\boldsymbol{\nabla}(\mu+eV) = \frac{1}{T}(e\boldsymbol{E} - \boldsymbol{\nabla}\mu)$
と取ればよいことがわかる ($\boldsymbol{E} = -\boldsymbol{\nabla}V$ を用いた. 熱流演算子は上の定義から
$\boldsymbol{j}_Q = \boldsymbol{j}_E - \mu\boldsymbol{j}_n$). したがって (11.1) 式の線形応答は

$$\begin{aligned}
\boldsymbol{j}_n &= \tilde{L}_{11}\frac{1}{T}(e\boldsymbol{E} - \boldsymbol{\nabla}\mu) + \tilde{L}_{12}\boldsymbol{\nabla}\left(\frac{1}{T}\right), \\
\boldsymbol{j}_Q &= \tilde{L}_{21}\frac{1}{T}(e\boldsymbol{E} - \boldsymbol{\nabla}\mu) + \tilde{L}_{22}\boldsymbol{\nabla}\left(\frac{1}{T}\right)
\end{aligned} \tag{11.7}$$

となる. これが現在よく使われる熱流を含めた線形応答の式に近いものである.

ただし「正しい」組合せは 1 通りではない. (11.6) を少し変形すると

$$\begin{aligned}
\frac{\partial S}{\partial t} = &-\mathrm{div}\left(\frac{\boldsymbol{j}_Q}{T}\right) + (\boldsymbol{j}_Q + \mu\boldsymbol{j}_n)\cdot\boldsymbol{\nabla}\left(\frac{1}{T}\right) \\
&- \boldsymbol{j}_n\cdot\left(\frac{e\boldsymbol{\nabla}V}{T} + \boldsymbol{\nabla}\left(\frac{\mu}{T}\right)\right)
\end{aligned} \tag{11.8}$$

と書くこともできる. この場合, 線形応答の式は, $\boldsymbol{j}_E = \boldsymbol{j}_Q + \mu\boldsymbol{j}_n$ を用いて

$$\begin{aligned}
\boldsymbol{j}_n &= M_{11}\left(\frac{e\boldsymbol{E}}{T} - \boldsymbol{\nabla}\left(\frac{\mu}{T}\right)\right) + M_{12}\boldsymbol{\nabla}\left(\frac{1}{T}\right), \\
\boldsymbol{j}_E &= M_{21}\left(\frac{e\boldsymbol{E}}{T} - \boldsymbol{\nabla}\left(\frac{\mu}{T}\right)\right) + M_{22}\boldsymbol{\nabla}\left(\frac{1}{T}\right)
\end{aligned} \tag{11.9}$$

[*3)] 熱平衡では $dQ = TdS$ が成立するので, エントロピー流は $\boldsymbol{j}_Q/T$ であることがわか
る. これから $\partial S_{\mathrm{rev}}/\partial t = -\mathrm{div}(\boldsymbol{j}_Q/T)$.

11.1 熱現象に対する線形応答　207

となる．次の節で見るように，ラッティンジャーの理論ではこちらの線形応答を用いている．大分配関数には $\frac{1}{T}$ と $\frac{\mu}{T}$ がパラメータとして入っているので，統計力学の形式的理論上はこちらの方が便利なようである．

(11.7) 式を，通常使われる形に書き換えると，電流 $\bm{j} = e\bm{j}_n$ を用いて

$$\bm{j} = L_{11}\bm{E} + L_{12}\left(-\frac{\bm{\nabla} T}{T}\right),$$
$$\bm{j}_Q = L_{21}\bm{E} + L_{22}\left(-\frac{\bm{\nabla} T}{T}\right) \tag{11.10}$$

と書く（$\bm{\nabla}\mu$ は電場 $\bm{E}$ の中にくりこんだ）．対応は $L_{11} = e^2 \tilde{L}_{11}/T$, $L_{12} = e\tilde{L}_{21}/T$, $L_{21} = e\tilde{L}_{21}/T$, $L_{22} = \tilde{L}_{22}/T$ である．L_{ij} に対してもオンサーガーの相反定理 $L_{12} = L_{21}$ が成り立つ．また L_{11} は通常の電気伝導度 σ である．L_{12} と L_{21} は正式名称が付いていないが，それぞれ熱電伝導度（thermoelectric conductivity）と電熱伝導度（electrothermal conductivity）と呼んではどうだろうか．ゼーベック（Seebeck）係数は，$\bm{j} = 0$ の条件下で，電位差と温度差の比で定義するので，

$$S = -\frac{V_1 - V_2}{T_1 - T_2} = \frac{L_{12}}{TL_{11}} = \frac{L_{12}}{T\sigma} \tag{11.11}$$

である．熱伝導度 κ（thermal conductivity）も，$\bm{j} = 0$ の条件下において $\bm{j}_Q$ と $-\bm{\nabla}T$ の比として定義されるので，$\kappa = (L_{22} - L_{12}L_{21}/L_{11})/T$ で与えられる．

11.2　ラッティンジャーの対応原理

前節で温度勾配に対する線形応答の式ができたが，応答係数 L_{ij} を微視的に求める必要がある．通常の電気伝導度 L_{11} は電流・電流相関から得られるが，L_{12} などはどうなるだろうか．実は (11.10) 式の中の L_{21} は，外場が電場 $\bm{E}$ で，測定量が（通常の電流ではなく）熱流になったものである．したがって，これまでの電気伝導度 σ の式［第 8 章参照：例えば (8.11) 式］を参考に

$$L_{21,\mu\nu}(\bm{q},\tau,\tau') = \frac{1}{V}\left\langle T_\tau \left[\hat{j}_{Q\bm{q}\mu}(\tau)\hat{j}_{-\bm{q}\nu}(\tau')\right]\right\rangle \tag{11.12}$$

から求められることがわかる．ダイアグラムでは図 11.1 となる．L_{21} が求まればオンサーガーの相反定理から L_{12} も等しい．最後に，対称性から考えて L_{22} は熱流・熱流相関から計算できると期待されるが，この議論は厳密ではない．

そもそも L_{12} や L_{22} に対しては，温度勾配をどのような外場として考えれば

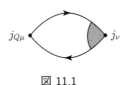

図 11.1

よいのかわかっていないので，これまでの外場のハミルトニアンを使った久保公式が使えないのである．この問題に一定の解答を与えたのがラッティンジャーの理論である[*4)]．ここでは前節の結果を受けて，元論文とは少し違った形で説明する．

　線形応答理論では，電場は静電ポテンシャル ϕ を用いて $e\boldsymbol{E} = -\boldsymbol{\nabla}\phi$ と表され，外場のハミルトニアンは $\int \hat{\rho}(\boldsymbol{r})\phi(\boldsymbol{r})d\boldsymbol{r}$ となる．ラッティンジャーのアイデアは，$\phi(\boldsymbol{r})$ と対称的になるように，外場のハミルトニアンが $\int \hat{h}(\boldsymbol{r})\psi(\boldsymbol{r})d\boldsymbol{r}$ となるようなポテンシャル $\psi(\boldsymbol{r})$ を導入するというものである．いわば仮想重力ポテンシャル $\psi(\boldsymbol{r})$ を導入したことになる．こうすると $\phi \leftrightarrow \psi, \hat{\rho} \leftrightarrow \hat{h}, \boldsymbol{j}_n \leftrightarrow \boldsymbol{j}_E$ という対応関係が付けられる．ここで $\boldsymbol{j}_E$ は前節でも使ったエネルギー流である．こうしておけば，L_{12} は電流・エネルギー流の相関関数から計算されるだろう．これはボルツマン方程式から期待される結果と一致する．

　このことを式の上で確かめるために，(11.9) 式を拡張して

$$
\begin{aligned}
\boldsymbol{j}_n &= M_{11}\left(-\boldsymbol{\nabla}\left(\frac{\mu}{T}\right)\right) + \tilde{M}_{11}\left(-\frac{\boldsymbol{\nabla}\phi}{T}\right) + M_{12}\boldsymbol{\nabla}\left(\frac{1}{T}\right) + \tilde{M}_{12}\left(-\frac{\boldsymbol{\nabla}\psi}{T}\right), \\
\boldsymbol{j}_E &= M_{21}\left(-\boldsymbol{\nabla}\left(\frac{\mu}{T}\right)\right) + \tilde{M}_{21}\left(-\frac{\boldsymbol{\nabla}\phi}{T}\right) + M_{22}\boldsymbol{\nabla}\left(\frac{1}{T}\right) + \tilde{M}_{22}\left(-\frac{\boldsymbol{\nabla}\psi}{T}\right)
\end{aligned}
\tag{11.13}
$$

であるとする．(11.9) 式で $M_{11} = \tilde{M}_{11}, M_{21} = \tilde{M}_{21}$ であることは知っているのだが，式が対称的になるように始めは異なっていてもよいとする．フーリエ変換すれば

$$
\begin{aligned}
j_{n,\mu} &= -iq_\mu\left[M_{11}\left(\frac{\mu}{T}\right)_{\boldsymbol{q}} + \tilde{M}_{11}\frac{\phi_{\boldsymbol{q}}}{T} - M_{12}\left(\frac{1}{T}\right)_{\boldsymbol{q}} + \tilde{M}_{12}\frac{\psi_{\boldsymbol{q}}}{T}\right], \\
j_{E,\mu} &= -iq_\mu\left[M_{21}\left(\frac{\mu}{T}\right)_{\boldsymbol{q}} + \tilde{M}_{21}\frac{\phi_{\boldsymbol{q}}}{T} - M_{22}\left(\frac{1}{T}\right)_{\boldsymbol{q}} + \tilde{M}_{22}\frac{\psi_{\boldsymbol{q}}}{T}\right]
\end{aligned}
\tag{11.14}
$$

となる．

　この線形応答で，まず "slow case" を考える．これは最初に $\omega = 0$ としてから $\boldsymbol{q} \to \boldsymbol{0}$ とする極限と同じで，6.2 節で考えた $\boldsymbol{q}$-limit に対応する．この場合，静的な外場がかかった問題になるので，(11.14) 式の左辺の「流れ」は 0 である．一方，右辺の物理量は静的な線形応答で計算できる．これを実行しよう．まず，$\boldsymbol{q} \to \boldsymbol{0}$ の極限では $\hat{\rho}_{\boldsymbol{q}}$ と $\hat{h}_{\boldsymbol{q}}$ が保存量となりハミルトニアンと可換である．この場合，$\phi_{\boldsymbol{q}}$ と $\psi_{\boldsymbol{q}}$ を外場とする線形応答理論によって

$$
\begin{aligned}
\langle\hat{\rho}_{\boldsymbol{q}}\rangle &= -\frac{\beta}{V}\left(\langle\hat{\rho}_{-\boldsymbol{q}}\hat{\rho}_{\boldsymbol{q}}\rangle\phi_{\boldsymbol{q}} + \langle\hat{h}_{-\boldsymbol{q}}\hat{\rho}_{\boldsymbol{q}}\rangle\psi_{\boldsymbol{q}}\right), \\
\langle\hat{h}_{\boldsymbol{q}}\rangle &= -\frac{\beta}{V}\left(\langle\hat{\rho}_{-\boldsymbol{q}}\hat{h}_{\boldsymbol{q}}\rangle\phi_{\boldsymbol{q}} + \langle\hat{h}_{-\boldsymbol{q}}\hat{h}_{\boldsymbol{q}}\rangle\psi_{\boldsymbol{q}}\right)
\end{aligned}
\tag{11.15}
$$

となることがわかる（演習問題 11.1 参照．外場のハミルトニアンの符号のた

[*4)]　J. M. Luttinger, Phys. Rev. **135**, A1505 (1964).

め，$\hat{A} = -\hat{\rho}_{-\boldsymbol{q}}$ または $\hat{A} = -\hat{h}_{-\boldsymbol{q}}$ であることに注意）．これは静的な帯磁率が $\chi = \frac{\beta}{V}(\langle \hat{M}^2 \rangle - \langle \hat{M} \rangle^2)$ と書けることの拡張である．次に，$\boldsymbol{q} \to \boldsymbol{0}$ の極限で $\hat{\rho}_{\boldsymbol{q}}$ は全粒子数 $\hat{\mathscr{N}}$，$\hat{h}_{\boldsymbol{q}}$ は全エネルギー $\hat{\mathscr{H}}$ となるので

$$\lim_{\boldsymbol{q} \to 0} \langle \hat{\rho}_{-\boldsymbol{q}} \hat{\rho}_{\boldsymbol{q}} \rangle = \langle \hat{\mathscr{N}}^2 \rangle - \langle \hat{\mathscr{N}} \rangle^2 = -\frac{\partial^2 (\beta \Omega)}{\partial \alpha^2} = \frac{\partial N(\alpha, \beta)}{\partial \alpha},$$

$$\lim_{\boldsymbol{q} \to 0} \langle \hat{h}_{-\boldsymbol{q}} \hat{\rho}_{\boldsymbol{q}} \rangle = \langle \hat{\mathscr{H}} \hat{\mathscr{N}} \rangle - \langle \hat{\mathscr{H}} \rangle \langle \hat{\mathscr{N}} \rangle$$

$$= \frac{\partial^2 (\beta \Omega)}{\partial \alpha \partial \beta} = -\frac{\partial N(\alpha, \beta)}{\partial \beta} = \frac{\partial E(\alpha, \beta)}{\partial \alpha},$$

$$\lim_{\boldsymbol{q} \to 0} \langle \hat{\rho}_{-\boldsymbol{q}} \hat{h}_{\boldsymbol{q}} \rangle = \lim_{\boldsymbol{q} \to 0} \langle \hat{h}_{-\boldsymbol{q}} \hat{\rho}_{\boldsymbol{q}} \rangle,$$

$$\lim_{\boldsymbol{q} \to 0} \langle \hat{h}_{-\boldsymbol{q}} \hat{h}_{\boldsymbol{q}} \rangle = \langle \hat{\mathscr{H}}^2 \rangle - \langle \hat{\mathscr{H}} \rangle^2 = -\frac{\partial^2 (\beta \Omega)}{\partial \beta^2} = -\frac{\partial E(\alpha, \beta)}{\partial \beta} \qquad (11.16)$$

が示される．ここで β はいつもの $1/k_{\mathrm{B}}T$ であるが，α は特別に

$$\alpha = \frac{\mu}{k_{\mathrm{B}}T} \qquad (11.17)$$

と定義されたものである．また Ω は大分配関数 $\beta \Omega(\alpha, \beta) = -\ln \mathrm{Tr}\,[e^{-\beta \hat{\mathscr{H}} + \alpha \hat{\mathscr{N}}}]$ である．この定義によれば $\langle \hat{\mathscr{H}} \rangle = E(\alpha, \beta) = \frac{\partial(\beta \Omega)}{\partial \beta}$，$\langle \hat{\mathscr{N}} \rangle = N(\alpha, \beta) = -\frac{\partial(\beta \Omega)}{\partial \alpha}$ であり，$\beta \Omega$ の 2 階偏微分が (11.16) 式のように揺らぎを表すことがわかる．こうして得られた (11.16) 式を (11.15) 式に代入すると

$$\langle \hat{\rho}_{\boldsymbol{q}} \rangle = -\frac{\beta}{V} \left(\frac{\partial N(\alpha, \beta)}{\partial \alpha} \phi_{\boldsymbol{q}} - \frac{\partial N(\alpha, \beta)}{\partial \beta} \psi_{\boldsymbol{q}} \right),$$

$$\langle \hat{h}_{\boldsymbol{q}} \rangle = -\frac{\beta}{V} \left(\frac{\partial E(\alpha, \beta)}{\partial \alpha} \phi_{\boldsymbol{q}} - \frac{\partial E(\alpha, \beta)}{\partial \beta} \psi_{\boldsymbol{q}} \right) \qquad (11.18)$$

が得られる．これが外場 $\phi_{\boldsymbol{q}}, \psi_{\boldsymbol{q}}$ がかかった結果得られる $\langle \hat{\rho}_{\boldsymbol{q}} \rangle, \langle \hat{h}_{\boldsymbol{q}} \rangle$ である．一方，この $\langle \hat{\rho}_{\boldsymbol{q}} \rangle, \langle \hat{h}_{\boldsymbol{q}} \rangle$ という波数 $\boldsymbol{q}$ を持つ変調の結果として，α, β も波数 $\boldsymbol{q}$ を持って変調する．したがって（$\boldsymbol{q}$ が小さいことを考慮して）

$$\alpha_{\boldsymbol{q}} = \left(\frac{\mu}{k_{\mathrm{B}}T} \right)_{\boldsymbol{q}} = V \frac{\partial \alpha(N, E)}{\partial N} \langle \hat{\rho}_{\boldsymbol{q}} \rangle + V \frac{\partial \alpha(N, E)}{\partial E} \langle \hat{h}_{\boldsymbol{q}} \rangle,$$

$$\beta_{\boldsymbol{q}} = \left(\frac{1}{k_{\mathrm{B}}T} \right)_{\boldsymbol{q}} = V \frac{\partial \beta(N, E)}{\partial N} \langle \hat{\rho}_{\boldsymbol{q}} \rangle + V \frac{\partial \beta(N, E)}{\partial E} \langle \hat{h}_{\boldsymbol{q}} \rangle \qquad (11.19)$$

が成立すると考えられる[5]．(11.19) 式に (11.18) 式を代入して整理すると

$$\alpha_{\boldsymbol{q}} = \left(\frac{\mu}{k_{\mathrm{B}}T} \right)_{\boldsymbol{q}} = -\beta \phi_{\boldsymbol{q}},$$

$$\beta_{\boldsymbol{q}} = \left(\frac{1}{k_{\mathrm{B}}T} \right)_{\boldsymbol{q}} = \beta \psi_{\boldsymbol{q}} \qquad (11.20)$$

が得られる！ この式を (11.14) 式に代入し，左辺の「流れ」が 0 であることを

---

[5] $\alpha_{\boldsymbol{q}} = \int d\boldsymbol{r}\, e^{-i\boldsymbol{q}\boldsymbol{r}} \alpha(\boldsymbol{r})$ と定義されているので，空間一様な α のときは $\lim_{\boldsymbol{q} \to 0} \alpha_{\boldsymbol{q}} = \alpha V$ の関係があることに注意．

210 第 11 章 熱電応答

考えると $M_{ij} = \tilde{M}_{ij}$ であることが示される. 結局, 求めたい M_{12} などの代わりに, $\tilde{M}_{12}$ が計算できればよいということがわかった.

次に, 逆の極限 "rapid case" を考える. これは ω を有限に保ったまま $\boldsymbol{q} \to \boldsymbol{0}$ の極限を考えるものである. この場合, 系はほぼ一様なので $\langle \hat{\rho}_{\boldsymbol{q}} \rangle = O(q^2/\omega), \langle \hat{h}_{\boldsymbol{q}} \rangle = O(q^2/\omega)$ のオーダーで小さいと考えられる. その結果 $\left(\frac{1}{T}\right)_{\boldsymbol{q}}$ なども小さく, 結局 (11.14) 式は $j_{n,\mu} = -iq_\mu (\tilde{M}_{11}\phi_{\boldsymbol{q}} + \tilde{M}_{12}\psi_{\boldsymbol{q}})/T$ という通常の外場ハミルトニアンによる線形応答の式になる. $\tilde{M}_{11}$ は通常の電気伝導度と同じで, 電流・電流相関から計算できるので, それと同様に $\tilde{M}_{12}$ は電流・エネルギー流相関から計算できる. 【証明終わり】

実は上記の証明 ($M_{ij} = \tilde{M}_{ij}$) は, アインシュタイン関係式と密接に関連している. M_{11} と等しい $\tilde{M}_{11}$ は, 電気伝導度と $\tilde{M}_{11} = T\sigma/e^2$ の関係で結び付いている. これを用いて, 温度勾配がない場合に (11.13) 式の上の式の第 1 項を考えると

$$\boldsymbol{j}_n = M_{11}\left(-\boldsymbol{\nabla}\left(\frac{\mu}{T}\right)\right) = -\frac{\sigma}{e^2}\left(\frac{\partial\mu}{\partial n}\right)_T \boldsymbol{\nabla}\rho(\boldsymbol{r}) \tag{11.21}$$

となっていることがわかる (n と ρ は今の定義では同じものである). この式の右辺は密度勾配による拡散流と考えることができるので, 拡散係数 D を用いて $-D\boldsymbol{\nabla}\rho(\boldsymbol{r})$ と書けばアインシュタイン関係式 $\sigma = e^2 D/\left(\frac{\partial\mu}{\partial n}\right)_T$ が得られる.

以上がラッティンジャーの理論である. このようにまとめてみると, 以下のような見方もできることがわかる. 11.1 節の不可逆過程におけるエントロピー生成として, "重力" ポテンシャルによるジュール熱的な "熱" の発生を新たに仮定し,

$$\frac{\partial U_3}{\partial t} = -\boldsymbol{j}_E \cdot \boldsymbol{\nabla}\psi = \boldsymbol{j}_E \cdot \boldsymbol{F} \qquad (\boldsymbol{F} \text{ は } \psi \text{ による "力"}) \tag{11.22}$$

という項を (11.6) 式に付け加えてみる. こう考えれば, 11.1 節の議論によって

$$\begin{aligned}
\boldsymbol{j}_n &= M_{11}\left(-\boldsymbol{\nabla}\left(\frac{\mu}{T}\right) - \frac{\boldsymbol{\nabla}\phi}{T}\right) + M_{12}\boldsymbol{\nabla}\left(\frac{1}{T} - \frac{\boldsymbol{\nabla}\psi}{T}\right), \\
\boldsymbol{j}_E &= M_{21}\left(-\boldsymbol{\nabla}\left(\frac{\mu}{T}\right) - \frac{\boldsymbol{\nabla}\phi}{T}\right) + M_{22}\boldsymbol{\nabla}\left(\frac{1}{T} - \frac{\boldsymbol{\nabla}\psi}{T}\right)
\end{aligned} \tag{11.23}$$

が直ちに得られる. これは $M_{ij} = \tilde{M}_{ij}$ であるべきことを意味している. さらに, 外場のハミルトニアンは $\int \hat{\rho}(\boldsymbol{r})\phi(\boldsymbol{r})d\boldsymbol{r} + \int \hat{h}(\boldsymbol{r})\psi(\boldsymbol{r})d\boldsymbol{r}$ なので, この期待値の時間微分を取ると

$$\begin{aligned}
\frac{dE_{\text{ext}}}{dt} &= \int \hat{\dot{\rho}}(\boldsymbol{r})\phi(\boldsymbol{r})d\boldsymbol{r} + \int \hat{\dot{h}}(\boldsymbol{r})\psi(\boldsymbol{r})d\boldsymbol{r} \\
&= -\int \text{div}\hat{\boldsymbol{j}}_n(\boldsymbol{r})\phi(\boldsymbol{r})d\boldsymbol{r} - \int \text{div}\hat{\boldsymbol{j}}_E(\boldsymbol{r})\psi(\boldsymbol{r})d\boldsymbol{r} \\
&= \int \hat{\boldsymbol{j}}_n(\boldsymbol{r}) \cdot \boldsymbol{\nabla}\phi(\boldsymbol{r})d\boldsymbol{r} - \int \hat{\boldsymbol{j}}_E(\boldsymbol{r}) \cdot \boldsymbol{\nabla}\psi(\boldsymbol{r})d\boldsymbol{r}
\end{aligned} \tag{11.24}$$

11.2 ラッティンジャーの対応原理 **211**

となることがわかる．最後の式は局所的なジュール熱発生の (11.5) 式と (11.22) の合計の積分なので，始めに仮定したエントロピー生成と矛盾しない．

11.3　熱流演算子の定義

前節のラッティンジャーの理論では M_{ij} を用いたが，具体的な計算では (11.10) 式の L_{ij} が使われることが多い．L_{ij} を用いた定式化では，熱流の演算子を $\hat{\boldsymbol{j}}_Q = \hat{\boldsymbol{j}}_E - \mu\hat{\boldsymbol{j}}_n$ とし，(11.12) 式のような $L_{21,\mu\nu}(\boldsymbol{q}, i\omega_\lambda)$ 等を求めて $i\omega_\lambda \to \hbar\omega + i\delta$ といった解析接続を行えばよい．M_{ij} と L_{ij} の間には単純な関係がある（演習問題 11.2 参照）．

熱流 $\hat{\boldsymbol{j}}_Q$ の定義の中で現れるエネルギー流演算子 $\hat{\boldsymbol{j}}_E$ は，電流の場合の (1.65) 式と同様に，局所的なエネルギー保存則から要請される連続の方程式

$$\dot{\hat{h}}(\boldsymbol{r}) + \mathrm{div}\,\hat{\boldsymbol{j}}_E(\boldsymbol{r}) = -\frac{i}{\hbar}[\hat{h}(\boldsymbol{r}), \mathscr{H}] + \mathrm{div}\,\hat{\boldsymbol{j}}_E(\boldsymbol{r}) = 0 \qquad (11.25)$$

から決めることにしよう[6]．ここで $\hat{h}(\boldsymbol{r})$ は局所的なエネルギー密度，$\dot{\hat{h}}$ はその時間微分の演算子である．$\hat{h}(\boldsymbol{r})$ は第 1,2 章で与えた様々なハミルトニアンによって決まるので，それぞれの場合に求める必要がある[7]．

まず，自由電子ガスの場合は (1.24) 式の運動エネルギーの密度 $\hat{h}_{\mathrm{kin}}(\boldsymbol{r}) = \frac{\hbar^2}{2m}\sum_\alpha \boldsymbol{\nabla}\hat{\psi}_\alpha^\dagger(\boldsymbol{r}) \cdot \boldsymbol{\nabla}\hat{\psi}_\alpha(\boldsymbol{r})$ を用いればよい．全エネルギーも運動エネルギーだけである自由電子ガスの場合，交換関係（例えば演習問題 1.3）を用いて

$$
\begin{aligned}
[\hat{h}_{\mathrm{kin}}(\boldsymbol{r}), \mathscr{H}_{\mathrm{kin}}] &= [\hat{h}_{\mathrm{kin}}(\boldsymbol{r}), \int d\boldsymbol{r}'\hat{h}_{\mathrm{kin}}(\boldsymbol{r}')] \\
&= \frac{\hbar^4}{4m^2}\sum_\alpha \Big[-\boldsymbol{\nabla}\hat{\psi}_\alpha^\dagger \int d\boldsymbol{r}'\boldsymbol{\nabla}_{\boldsymbol{r}}\delta(\boldsymbol{r}-\boldsymbol{r}')\boldsymbol{\nabla}_{\boldsymbol{r}'}^2\hat{\psi}_\alpha(\boldsymbol{r}') \\
&\qquad\quad + \int d\boldsymbol{r}'\boldsymbol{\nabla}_{\boldsymbol{r}'}^2\hat{\psi}_\alpha^\dagger\boldsymbol{\nabla}_{\boldsymbol{r}}\delta(\boldsymbol{r}-\boldsymbol{r}')\boldsymbol{\nabla}_{\boldsymbol{r}}\hat{\psi}_\alpha(\boldsymbol{r})\Big] \\
&= \frac{\hbar^4}{4m^2}\sum_\alpha \left(-\boldsymbol{\nabla}\hat{\psi}_\alpha^\dagger \cdot \boldsymbol{\nabla}_{\boldsymbol{r}}\boldsymbol{\nabla}_{\boldsymbol{r}}^2\hat{\psi}_\alpha + \boldsymbol{\nabla}_{\boldsymbol{r}}\boldsymbol{\nabla}_{\boldsymbol{r}}^2\hat{\psi}_\alpha^\dagger \cdot \boldsymbol{\nabla}\hat{\psi}_\alpha\right) \\
&= \frac{\hbar^4}{4m^2}\sum_\alpha \boldsymbol{\nabla}\left(-\boldsymbol{\nabla}\hat{\psi}_\alpha^\dagger \cdot \boldsymbol{\nabla}^2\hat{\psi}_\alpha + \boldsymbol{\nabla}^2\hat{\psi}_\alpha^\dagger \cdot \boldsymbol{\nabla}\hat{\psi}_\alpha\right) \qquad (11.26)
\end{aligned}
$$

と計算できる[8]．この結果と (11.25) 式を比べて，運動エネルギーに付随するエネルギー流として，$\hat{\boldsymbol{j}}_E^{\mathrm{kin}}(\boldsymbol{r}) = \frac{i\hbar^3}{4m^2}\sum_\alpha \left(-\boldsymbol{\nabla}\hat{\psi}_\alpha^\dagger \cdot \boldsymbol{\nabla}^2\hat{\psi}_\alpha + \boldsymbol{\nabla}^2\hat{\psi}_\alpha^\dagger \cdot \boldsymbol{\nabla}\hat{\psi}_\alpha\right)$ が

---

[6]　ただしこの方法だと $\hat{\boldsymbol{j}}_E(\boldsymbol{r})$ に $\mathrm{div}\,\boldsymbol{X} = 0$ を満たす $\boldsymbol{X}$ が付加される不定性が残る．

[7]　G. D. Mahan の前掲の教科書（脚注 2）．初期にこの点を指摘したのは，Y. Ono, Prog. Theor. Phys. **46**, 757 (1971)（κ の計算に用いられた）で，その後，再発見された．S. K. Lyo, Phys. Rev. Lett. **39**, 363 (1977), A. Vilenkin and P. L. Taylor, Phys. Rev. B **18**, 5280 (1978), *ibid*, **20**, 576 (1979), M. Jonson and G. D. Mahan, Phys. Rev. B **21**, 4223 (1980).（これらはゼーベックの計算.）

[8]　$\int d\boldsymbol{r}'$ の中では適宜部分積分を用いている．

得られる．さらに系に並進対称性がある場合は，フーリエ変換して

$$\hat{\boldsymbol{j}}_{E\boldsymbol{q}=0}^{\mathrm{kin}} = \int d\boldsymbol{r}\,\hat{\boldsymbol{j}}_E^{\mathrm{kin}}(\boldsymbol{r}) = \sum_{\boldsymbol{k},\alpha} \frac{\hbar\boldsymbol{k}}{m}\cdot\frac{\hbar^2 k^2}{2m}\hat{c}_{\boldsymbol{k},\alpha}^{\dagger}\hat{c}_{\boldsymbol{k},\alpha} \tag{11.27}$$

となる．ちょうど，波数 $\boldsymbol{k}$ の電子が持つ運動エネルギー $\frac{\hbar^2 k^2}{2m}$ と速度 $\frac{\hbar\boldsymbol{k}}{m}$ の積が係数に付いていることがわかる．

次に，ハミルトニアンにポテンシャルエネルギー $\hat{h}_{\mathrm{pot}}(\boldsymbol{r}) = \sum_{\alpha} V(\boldsymbol{r})\hat{\psi}_{\alpha}^{\dagger}(\boldsymbol{r})\hat{\psi}_{\alpha}(\boldsymbol{r})$ がある場合を考える．まず，密度演算子 $\hat{\psi}_{\alpha}^{\dagger}(\boldsymbol{r})\hat{\psi}_{\alpha}(\boldsymbol{r})$ 同士は可換なので，$[\hat{h}_{\mathrm{pot}}(\boldsymbol{r}), \int d\boldsymbol{r}'\hat{h}_{\mathrm{pot}}(\boldsymbol{r}')] = 0$ であることが直ちにわかる．しかし，運動エネルギーとの cross-term $[\hat{h}_{\mathrm{pot}}(\boldsymbol{r}), \int d\boldsymbol{r}'\hat{h}_{\mathrm{kin}}(\boldsymbol{r}')]$ と $[\hat{h}_{\mathrm{kin}}(\boldsymbol{r}), \int d\boldsymbol{r}'\hat{h}_{\mathrm{pot}}(\boldsymbol{r}')]$ は 0 ではなく，これらの項からエネルギー流が得られる（演習問題 11.3）．結果は

$$\hat{\boldsymbol{j}}_E^{\mathrm{pot}}(\boldsymbol{r}) = -\frac{i\hbar}{2m}V(\boldsymbol{r})\sum_{\alpha}\left(\hat{\psi}_{\alpha}^{\dagger}\cdot\boldsymbol{\nabla}\hat{\psi}_{\alpha} - \boldsymbol{\nabla}\hat{\psi}_{\alpha}^{\dagger}\cdot\hat{\psi}_{\alpha}\right) \tag{11.28}$$

である．2.3 節の不純物ハミルトニアン (2.18) 式も，2.5 節の電子格子相互作用 (2.32) 式の場合も，電子の演算子に関して同じ形をしているので，同様に

$$\hat{\boldsymbol{j}}_E^{\mathrm{imp}}(\boldsymbol{r}) = -\frac{i\hbar}{2m}\sum_i\sum_{\alpha} V_{\mathrm{imp}}(\boldsymbol{r}-\boldsymbol{R}_i)\left(\hat{\psi}_{\alpha}^{\dagger}\cdot\boldsymbol{\nabla}\hat{\psi}_{\alpha} - \boldsymbol{\nabla}\hat{\psi}_{\alpha}^{\dagger}\cdot\hat{\psi}_{\alpha}\right),$$

$$\hat{\boldsymbol{j}}_E^{\mathrm{el-ph}}(\boldsymbol{r}) = \frac{i\hbar}{2m}\sum_j\sum_{\alpha} \hat{\boldsymbol{u}}_j\cdot\boldsymbol{\nabla}V(\boldsymbol{r}-\boldsymbol{R}_j^0)\left(\hat{\psi}_{\alpha}^{\dagger}\cdot\boldsymbol{\nabla}\hat{\psi}_{\alpha} - \boldsymbol{\nabla}\hat{\psi}_{\alpha}^{\dagger}\cdot\hat{\psi}_{\alpha}\right) \tag{11.29}$$

と得られる．フーリエ変換は第 2 章で定義した $\rho_{\mathrm{imp}}(\boldsymbol{q})v_{\mathrm{imp}}(\boldsymbol{q})$ や $g_{\boldsymbol{q}}$ を使って

$$\hat{\boldsymbol{j}}_{E\boldsymbol{q}=0}^{\mathrm{imp}} = \frac{1}{V}\sum_{\boldsymbol{k},\boldsymbol{q},\alpha} \frac{\hbar\boldsymbol{k}}{m}\rho_{\mathrm{imp}}(\boldsymbol{q})v_{\mathrm{imp}}(\boldsymbol{q})\hat{c}_{\boldsymbol{k}+\frac{\boldsymbol{q}}{2},\alpha}^{\dagger}\hat{c}_{\boldsymbol{k}-\frac{\boldsymbol{q}}{2},\alpha},$$

$$\hat{\boldsymbol{j}}_{E\boldsymbol{q}=0}^{\mathrm{el-ph}} = \frac{1}{\sqrt{V}}\sum_{\boldsymbol{k},\boldsymbol{q},\alpha} g_{\boldsymbol{q}}\frac{\hbar\boldsymbol{k}}{m}\hat{c}_{\boldsymbol{k}+\frac{\boldsymbol{q}}{2},\alpha}^{\dagger}\hat{c}_{\boldsymbol{k}-\frac{\boldsymbol{q}}{2},\alpha}(\hat{a}_{\boldsymbol{q}}+\hat{a}_{-\boldsymbol{q}}^{\dagger}) \tag{11.30}$$

と書ける．

電子間相互作用ハミルトニアンの場合，まずエネルギー密度として

$$\hat{h}_{\mathrm{Hub}}(\boldsymbol{r}) = \frac{U}{2}\sum_{\alpha\neq\beta}\hat{\psi}_{\alpha}^{\dagger}(\boldsymbol{r})\hat{\psi}_{\beta}^{\dagger}(\boldsymbol{r})\hat{\psi}_{\beta}(\boldsymbol{r})\hat{\psi}_{\alpha}(\boldsymbol{r}) \tag{11.31}$$

を考えよう．これは同じ場所での相互作用なので，2.7 節のハバードモデルの連続空間版であるといえる．この場合も密度演算子の場合とほぼ同様の計算で

$$\hat{\boldsymbol{j}}_E^{\mathrm{el-el}}(\boldsymbol{r}) = -\frac{i\hbar U}{2m}\sum_{\alpha\neq\beta}\left(\hat{\psi}_{\alpha}^{\dagger}\cdot\boldsymbol{\nabla}\hat{\psi}_{\alpha} - \boldsymbol{\nabla}\hat{\psi}_{\alpha}^{\dagger}\cdot\hat{\psi}_{\alpha}\right)\hat{\psi}_{\beta}^{\dagger}\hat{\psi}_{\beta},$$

$$\hat{\boldsymbol{j}}_{E\boldsymbol{q}=0}^{\mathrm{el-el}} = \frac{U}{V}\sum_{\boldsymbol{k},\boldsymbol{k}',\boldsymbol{q},\alpha\neq\beta}\frac{i\hbar\boldsymbol{k}}{m}\hat{c}_{\boldsymbol{k}+\frac{\boldsymbol{q}}{2},\alpha}^{\dagger}\hat{c}_{\boldsymbol{k}'-\frac{\boldsymbol{q}}{2},\beta}^{\dagger}\hat{c}_{\boldsymbol{k}'+\frac{\boldsymbol{q}}{2},\beta}\hat{c}_{\boldsymbol{k}-\frac{\boldsymbol{q}}{2},\alpha} \tag{11.32}$$

が得られる[9]．

---

[9]　G. D. Mahan の前掲の教科書（脚注 2），p.78. H. Kontani, Phys. Rev. B **67**, 014408 (2003).

2.7 節の拡張ハバードモデルや（遮蔽された）クーロン相互作用の場合には，(11.32) 式を拡張したエネルギー流演算子以外にもう少し複雑な付加的なエネルギー流演算子が得られる[*10]．これを $\hat{\boldsymbol{j}}_{E\boldsymbol{q}=0}^{\mathrm{el-el}(2)}$ と書いておくことにする（導出と具体的な形は原論文参照）．

2.4 節で議論したフォノンは，もともと離散的な自由度 $\hat{u}_j$ のものだが，$\boldsymbol{q}$ の小さいところでは連続体近似がよいとして，(2.26) 式のハミルトニアンを

$$\hat{\mathscr{H}}_{\mathrm{ph}} = \int d\boldsymbol{r} \left(\frac{\hat{P}^2(\boldsymbol{r})}{2M} + \frac{Mc^2}{2} \boldsymbol{\nabla}\hat{u}(\boldsymbol{r}) \cdot \boldsymbol{\nabla}\hat{u}(\boldsymbol{r}) \right) \tag{11.33}$$

とする．ここで音響フォノン $\omega_{\boldsymbol{q}} = c|\boldsymbol{q}|$ を仮定した（c は音速）．交換関係は $[\hat{u}(\boldsymbol{r}), \hat{P}(\boldsymbol{r}')] = i\hbar\delta(\boldsymbol{r} - \boldsymbol{r}')$ である．したがって，フォノンのエネルギー密度を $\hat{h}_{\mathrm{ph}}(\boldsymbol{r}) = \frac{\hat{P}^2(\boldsymbol{r})}{2M} + \frac{Mc^2}{2}\boldsymbol{\nabla}\hat{u}(\boldsymbol{r}) \cdot \boldsymbol{\nabla}\hat{u}(\boldsymbol{r})$ として，交換関係を計算すると

$$\left[\hat{h}_{\mathrm{ph}}(\boldsymbol{r}), \int d\boldsymbol{r}' \hat{h}_{\mathrm{ph}}(\boldsymbol{r}') \right]$$
$$= \frac{i\hbar c^2}{4}\boldsymbol{\nabla}\left[-\boldsymbol{\nabla}\hat{P}(\boldsymbol{r}) \cdot \hat{u}(\boldsymbol{r}) + \hat{P}(\boldsymbol{r}) \cdot \boldsymbol{\nabla}\hat{u}(\boldsymbol{r}) + \boldsymbol{\nabla}\hat{u}(\boldsymbol{r}) \cdot \hat{P}(\boldsymbol{r}) - \hat{u}(\boldsymbol{r}) \cdot \boldsymbol{\nabla}\hat{P}(\boldsymbol{r}) \right] \tag{11.34}$$

であることがわかる．したがってフォノンの運ぶエネルギー流は $\hat{\boldsymbol{j}}_E^{\mathrm{ph}}(\boldsymbol{r}) = \frac{c^2}{4}(\boldsymbol{\nabla}\hat{P} \cdot \hat{u} - \hat{P} \cdot \boldsymbol{\nabla}\hat{u} - \boldsymbol{\nabla}\hat{u} \cdot \hat{P} + \hat{u} \cdot \boldsymbol{\nabla}\hat{P})$．フーリエ変換して $\boldsymbol{q} = \boldsymbol{0}$ の成分を取り出し，(2.28) 式で定義されたフォノンの生成消滅演算子で書き換えれば

$$\hat{\boldsymbol{j}}_{E\boldsymbol{q}=0}^{\mathrm{ph}} = -\frac{ic^2}{2}\sum_{\boldsymbol{q}}\boldsymbol{q}(\hat{P}_{\boldsymbol{q}}\hat{u}_{\boldsymbol{q}} + \hat{u}_{\boldsymbol{q}}\hat{P}_{\boldsymbol{q}}) = \sum_{\boldsymbol{q}}c^2\boldsymbol{q}\hat{a}_{\boldsymbol{q}}^\dagger\hat{a}_{\boldsymbol{q}} \tag{11.35}$$

となる．係数はエネルギー $\omega_{\boldsymbol{q}} = c|\boldsymbol{q}|$ に速度 $c\boldsymbol{q}/|\boldsymbol{q}|$ をかけたものである．一般の $\omega_{\boldsymbol{q}}$ の場合には $\hat{\boldsymbol{j}}_E^{\mathrm{ph}} = \sum_{\boldsymbol{q}}\frac{\partial\omega_{\boldsymbol{q}}^2}{\partial\boldsymbol{q}}\hat{a}_{\boldsymbol{q}}^\dagger\hat{a}_{\boldsymbol{q}}$ であることがわかる（演習問題 11.4）．

最後に $\hat{h}_{\mathrm{ph}}(\boldsymbol{r})$ と $\int d\boldsymbol{r}'\hat{h}_{\mathrm{el-ph}}(\boldsymbol{r}')$，および $\hat{h}_{\mathrm{el-ph}}(\boldsymbol{r})$ と $\int d\boldsymbol{r}'\hat{h}_{\mathrm{ph}}(\boldsymbol{r}')$ との間の交換関係が残る可能性がある．連続体近似して電子格子相互作用を

$$\hat{\mathscr{H}}_{\mathrm{el-ph}} = -g\sum_{\alpha}\int d\boldsymbol{r}\,\hat{\psi}_\alpha^\dagger(\boldsymbol{r})\hat{\psi}_\alpha(\boldsymbol{r})\mathrm{div}\,\hat{\boldsymbol{u}}(\boldsymbol{r}) \tag{11.36}$$

とすれば（$g_{\boldsymbol{q}} = \frac{g}{c}\sqrt{\frac{\hbar\omega_{\boldsymbol{q}}}{2M}}$ に対応する），エネルギー流演算子として $\hat{\boldsymbol{j}}_E^{\mathrm{el-ph}(2)}(\boldsymbol{r}) = \frac{g}{M}\sum_{\alpha}\hat{\psi}_\alpha^\dagger(\boldsymbol{r})\hat{\psi}_\alpha(\boldsymbol{r})\hat{\boldsymbol{P}}(\boldsymbol{r})$ が得られる．フーリエ変換では (2.28) 式の $\hat{\boldsymbol{P}}_{\boldsymbol{q}}$ を使って

$$\hat{\boldsymbol{j}}_{E\boldsymbol{q}=0}^{\mathrm{el-ph}(2)} = \frac{g}{M\sqrt{V}}\sum_{\boldsymbol{q}}\hat{\rho}_{-\boldsymbol{q}}\boldsymbol{P}_{-\boldsymbol{q}}$$
$$= \frac{i}{\sqrt{V}}\sum_{\boldsymbol{k},\boldsymbol{q},\alpha}g_{\boldsymbol{q}}\frac{c\boldsymbol{q}}{|\boldsymbol{q}|}\hat{c}_{\boldsymbol{k}+\frac{\boldsymbol{q}}{2},\alpha}^\dagger\hat{c}_{\boldsymbol{k}-\frac{\boldsymbol{q}}{2},\alpha}(-\hat{a}_{\boldsymbol{q}} + \hat{a}_{-\boldsymbol{q}}^\dagger) \tag{11.37}$$

[*10] M. Ogata and H. Fukuyama, J. Phys. Soc. Jpn. **88**, 074703 (2019).

であることがわかる[*11]. 結局, 全エネルギー流は

$$\hat{\boldsymbol{j}}_E = \hat{\boldsymbol{j}}_E^{\mathrm{kin}} + \hat{\boldsymbol{j}}_E^{\mathrm{pot}} + \hat{\boldsymbol{j}}_E^{\mathrm{imp}} + \hat{\boldsymbol{j}}_E^{\mathrm{el\text{-}ph}} + \hat{\boldsymbol{j}}_E^{\mathrm{el\text{-}el}} + \hat{\boldsymbol{j}}_E^{\mathrm{el\text{-}el(2)}} + \hat{\boldsymbol{j}}_E^{\mathrm{ph}} + \hat{\boldsymbol{j}}_E^{\mathrm{el\text{-}ph(2)}} \qquad (11.38)$$

と書けることがわかった（ここで添字の $\boldsymbol{q}=\boldsymbol{0}$ は省略した）[*12].

11.4 ゼーベック係数

半古典的な輸送方程式であるボルツマン方程式とボーア・ゾンマーフェルト展開を組み合わせると, セーベック係数 S が, $k_{\mathrm{B}}T/\varepsilon_{\mathrm{F}} \ll 1$ の低温の極限で

$$S = \frac{\pi^2}{3}\frac{k_{\mathrm{B}}^2 T}{e}\left(\frac{d\ln\sigma(\varepsilon,T)}{d\varepsilon}\right)_{\varepsilon=\mu} \qquad (11.39)$$

という関係式で電気伝導度 σ と結び付くことが示される. ここで $\sigma(\varepsilon,T)$ は

$$\sigma = \int_{-\infty}^{\infty} d\varepsilon \left(-\frac{df(\varepsilon)}{d\varepsilon}\right)\sigma(\varepsilon,T) \qquad (11.40)$$

と書いて定義されるものである. 絶対零度で (11.40) 式を評価すると $\sigma|_{T=0} = \sigma(\mu, T=0)$ となるので, もし $\sigma(\varepsilon, T)$ の T 依存性が無視できる場合には, 絶対零度での電気伝導度 $\sigma|_{T=0}$ を化学ポテンシャル μ の関数として求め, その μ を ε に置き換えたものが $\sigma(\varepsilon)$ であるといえる.

(11.39) 式は強力な式であるが, グリーン関数を用いた量子論的な計算によっても, 同じ式が成り立つかどうか[*13], または成り立たない場合はどのような場合か, などが調べられている. ゼーベック係数が大きい物質を探すのならば, (11.39) 式が成立しないような物質を探索した方がいいかもしれない.

Jonson–Mahan[*14] は, かなり広範囲に (11.39) 式が成立することを示した. 以下, 彼らの方法を少し改良した定式化を行う[*12]. まずハミルトニアンは前節の運動エネルギー, 不純物ポテンシャル, 電子格子相互作用, 電子間相互作用とフォノンハミルトニアンとする. さらに

$$F_{\mu\nu}(\tau,\tau') = \frac{1}{V}\sum_{\boldsymbol{k},\alpha}\frac{\hbar k_\mu}{m}\left\langle T_\tau\left[\hat{c}_{\boldsymbol{k},\alpha}^{+}(\tau)\hat{c}_{\boldsymbol{k},\alpha}(\tau')\hat{j}_{\boldsymbol{q}=\boldsymbol{0}\nu}(0)\right]\right\rangle \qquad (11.41)$$

を考える. $\tau' = \tau$ の場合は, 電気伝導度を計算するときの電流・電流相関である. 次に $\hat{c}_{\boldsymbol{k},\alpha}(\tau)$ の運動方程式を調べると, 今のハミルトニアンだと

$$\frac{\partial}{\partial\tau}\hat{c}_{\boldsymbol{k},\alpha}^{+}(\tau) = [\mathscr{H} - \mu\mathscr{N}, \hat{c}_{\boldsymbol{k},\alpha}^{+}(\tau)]$$

[*11] 最初にこの項を導いたのは, Y. Ono, Prog. Theor. Phys. **46**, 757 (1971)（前掲；脚注 7）. 後に A. Vilenkin and P. L. Taylor, Phys. Rev. B **18**, 5280 (1978) で再発見された.

[*12] 文献では各項がバラバラに用いられているが, 完全な形のエネルギー流・熱流演算子については, 新しい導出方法とともに M. Ogata and H. Fukuyama, 前掲書（脚注 10）.

[*13] 脚注 7 のゼーベックの計算の論文は, この点を議論している.

[*14] M. Jonson and G. D. Mahan, Phys. Rev. B **42**, 9350 (1990).

$$= \left(\frac{\hbar^2 k^2}{2m} - \mu \right) \hat{c}^+_{\boldsymbol{k},\alpha}(\tau) + \frac{1}{V} \sum_{\boldsymbol{q}} \rho_{\mathrm{imp}}(\boldsymbol{q}) v_{\mathrm{imp}}(\boldsymbol{q}) \hat{c}^+_{\boldsymbol{k}+\boldsymbol{q},\alpha}(\tau)$$

$$+ \frac{1}{\sqrt{V}} \sum_{\boldsymbol{q}} g_{\boldsymbol{q}} \hat{c}^+_{\boldsymbol{k}+\boldsymbol{q},\alpha}(\tau) (\hat{a}_{\boldsymbol{q}}(\tau) + \hat{a}^\dagger_{-\boldsymbol{q}}(\tau))$$

$$+ \frac{U}{V} \sum_{\boldsymbol{k}',\boldsymbol{q},\beta \neq \alpha} \hat{c}^+_{\boldsymbol{k}'-\boldsymbol{q},\beta}(\tau) \hat{c}^+_{\boldsymbol{k}',\beta}(\tau) \hat{c}^+_{\boldsymbol{k}+\boldsymbol{q},\alpha}(\tau) \qquad (11.42)$$

となることがわかる．同様に $\hat{c}_{\boldsymbol{k},\alpha}(\tau')$ に対する方程式を使うと，簡単な計算で

$$\lim_{\tau' \to \tau} \frac{1}{2} \left(\frac{\partial}{\partial \tau} - \frac{\partial}{\partial \tau'} \right) F_{\mu\nu}(\tau,\tau')$$

$$= \frac{1}{V} \left\langle T_\tau \left[(\hat{\boldsymbol{j}}^{\mathrm{kin}}_E - \mu \hat{\boldsymbol{j}}_n + \hat{\boldsymbol{j}}^{\mathrm{imp}}_E + \hat{\boldsymbol{j}}^{\mathrm{el-ph}}_E + \hat{\boldsymbol{j}}^{\mathrm{el-el}}_E)_\mu(\tau) \hat{j}_{\boldsymbol{q}=\boldsymbol{0}\nu}(0) \right] \right\rangle$$

$$(11.43)$$

が得られる（ここで τ 積 T_τ に微分がかかる部分からは，$\hat{c}^+_{\boldsymbol{k},\alpha}(\tau)$ と $\hat{c}_{\boldsymbol{k},\alpha}(\tau)$ の反交換関係が生じるが，結局 $\langle \hat{j}_{\boldsymbol{q}=\boldsymbol{0}\nu}(0) \rangle$ という期待値となって 0 になっている）．得られた (11.43) 式の右辺には熱流の演算子の多くが現れているので，(11.12) 式の熱流・電流相関関数に (11.38) 式とともに (11.43) を用いると

$$L_{21,\mu\nu}(\boldsymbol{q} = \boldsymbol{0}, \tau, 0)$$

$$= \lim_{\tau' \to \tau} \frac{1}{2} \left(\frac{\partial}{\partial \tau} - \frac{\partial}{\partial \tau'} \right) F_{\mu\nu}(\tau,\tau')$$

$$+ \frac{1}{V} \left\langle T_\tau \left[(\hat{j}^{\mathrm{ph}}_{Q\mu}(\tau) + \hat{j}^{\mathrm{el-ph}(2)}_{Q\mu}(\tau) + \hat{j}^{\mathrm{el-el}(2)}_{Q\mu}(\tau)) \hat{j}_{\boldsymbol{q}=\boldsymbol{0}\nu}(0) \right] \right\rangle \quad (11.44)$$

となることがわかる（ここでは周期ポテンシャル $V(\boldsymbol{r})$ による $\hat{\boldsymbol{j}}^{\mathrm{pot}}_E$ は考えていない）．右辺第 1 項からは以下示すように (11.39) 式が得られる．

右辺第 1 項のフーリエ変換を，今までのダイアグラムの方法で扱うと

$$\int_0^\beta d\tau e^{i\omega_\lambda \tau} \lim_{\tau' \to \tau} \frac{1}{2} \left(\frac{\partial}{\partial \tau} - \frac{\partial}{\partial \tau'} \right) F_{\mu\nu}(\tau,\tau')$$

$$= 2 \sum_{\boldsymbol{k}} \int_0^\beta d\tau e^{i\omega_\lambda \tau} \lim_{\tau' \to \tau} \frac{1}{2} \left(\frac{\partial}{\partial \tau} - \frac{\partial}{\partial \tau'} \right) \frac{\hbar k_\mu}{m} \mathscr{G}(\boldsymbol{k}, \tau' - \tau_1)$$

$$\times \Gamma_\nu(\boldsymbol{k}, \tau_1, \tau_2) \mathscr{G}(\boldsymbol{k}, \tau_2 - \tau)$$

$$= 2k_{\mathrm{B}}T \sum_{n\boldsymbol{k}} \left(i\varepsilon_n - \frac{i\omega_\lambda}{2} \right) \frac{\hbar k_\mu}{m} \mathscr{G}(\boldsymbol{k}, i\varepsilon_n) \Gamma_\nu(\boldsymbol{k}, i\varepsilon_n, i\varepsilon_n - i\omega_\lambda) \mathscr{G}(\boldsymbol{k}, i\varepsilon_n - i\omega_\lambda)$$

$$(11.45)$$

となる．一方，電気伝導度に対する $\Phi_{\mu\nu}(\boldsymbol{q} = \boldsymbol{0}, i\omega_\lambda)$ は，8.1 節や 8.5 節を参考にすると，(11.45) 式の $\left(i\varepsilon_n - \frac{i\omega_\lambda}{2} \right)$ を 1 に置き換え，さらに e 倍したものになる．それ以降は 8.6 節と同じように計算でき，結局 σ として (11.40) 式の形が得られる．この σ の計算と完全に並行して (11.45) 式から L_{21} が計算できるので，

$$L_{21} = \frac{1}{e} \int_{-\infty}^{\infty} (\varepsilon - \mu) d\varepsilon \left(-\frac{df(\varepsilon)}{d\varepsilon} \right) \sigma(\varepsilon, T) \tag{11.46}$$

となることが示される[*15]. (11.46) 式はよく使う式なので名前が付いていないと不便である. 我々は "ゾンマーフェルト・ベーテ関係式" と呼んでいる. 最後に低温の極限で $\frac{df(\varepsilon)}{d\varepsilon}$ に対してゾンマーフェルト展開を用い, $S = L_{12}/T\sigma = L_{21}/T\sigma$ の関係から (11.39) 式が得られる.

こうして (11.44) 式の第 1 項は, ボルツマン方程式からも得られる (11.46) 式になることが示された. (11.46) 式から逸脱する項は, (11.44) 式の後半の 3 つの項である. これらの項は (11.46) 式では表されない新しい振舞いをする可能性がある. ただし, Jonson–Mahan によって $\hat{j}_{Q\mu}^{\mathrm{el-ph}(2)}(\tau)$ を含む項は通常の金属では寄与が小さいことが議論されている.

その中の $\hat{j}_{Q\mu}^{\mathrm{ph}}(\tau)$ を含む項は, フォノンドラッグの寄与と呼ばれる. L_{21} の場合, 物理的には電場によって電子が駆動され, それが電子格子相互作用を通じてフォノンの運ぶ熱流に変換される効果である. 逆に, L_{12} を考える場合は, 温度勾配によってフォノンの流れが誘起され, それが電子の流れを引き起こして電流となる効果である. これらフォノンドラッグの効果は以前からの問題であり, 現在も研究が続けられている. FeSb$_2$ という物質は低温で大きなゼーベック係数を持つが, これに関してファインマン図形を用いた微視的な理論計算によって実験結果が理解されている[*16].

上の導出からもわかるように, $\mu = x, \nu = y$ 等の非対角成分に対しても同じ議論が可能である. この場合は, ホール伝導度 σ_{xy} とネルンスト係数の間に (11.46) 式のような関係が成立する部分がある.

演習問題

11.1 (5.72) 式を使うと, $\omega = 0$ の静的な線形応答として

$$\phi_{BA}(\boldsymbol{q}, \omega = 0) = \int_0^{\infty} \phi_{BA}(t) e^{-\delta t} dt = \int_0^{\infty} e^{-\delta t} dt \int_0^{\beta} \langle \hat{A}_{\mathrm{H},-\boldsymbol{q}}(-i\hbar\lambda) \dot{\hat{B}}_{\mathrm{H},\boldsymbol{q}}(t) \rangle d\lambda$$

$$= -\int_0^{\infty} e^{-\delta t} dt \int_0^{\beta} \langle \dot{\hat{A}}_{\mathrm{H},-\boldsymbol{q}}(-i\hbar\lambda) \hat{B}_{\mathrm{H},\boldsymbol{q}}(t) \rangle d\lambda = \int_0^{\beta} \langle \hat{A}_{\mathrm{H},-\boldsymbol{q}}(-i\hbar\lambda) \hat{B}_{\mathrm{H},\boldsymbol{q}}(0) \rangle d\lambda \tag{11.47}$$

となることを確かめよ (δ が正の微小量であることを用いた). さらに $\boldsymbol{q} = \boldsymbol{0}$ の

[*15] この関係式は, ボルツマン輸送方程式から得られるが, A. Sommerfeld and H. Bethe, *Elektronentheorie der Metalle*, Handbuch der Physik **24**/2 (1933) (Springer Verlag) (ドイツ語の百科事典の 1 分冊) に近い形の式が現れ, その後, Mott–Jones と Wilson の教科書 (ともに 1936 年) に記されている.

[*16] 実験は A. Bentien *et al.*, Europhys. Lett. **80**, 17008 (2007), H. Takahashi *et al.*, Nat. Commun. **7**, 12732 (2016). フォノンドラッグによる理論は H. Matsuura *et al.*, J. Phys. Soc. Jpn. **88**, 074601 (2019). フォノンのかわりに磁性体のスピン波を用いたマグノンドラッグも同様の方法で調べることができる. H. Matsuura *et al.*, Phys. Rev. B **104**, 214421 (2021).

ときに $\hat{A}_{-q}$ や $\hat{B}_q$ が保存量でハミルトニアンと可換な場合，$\phi_{BA}(\boldsymbol{q}, \omega = 0) = \beta\langle\hat{A}_{-q}\hat{B}_q\rangle[1 + O(q)]$ であることを確かめよ．

11.2 (11.7), (11.9), (11.10) 式で定義された熱電に関する線形応答の係数の間の関係式が $L_{11} = e^2\tilde{L}_{11}/T = e^2 M_{11}/T$, $L_{12} = e\tilde{L}_{12}/T = e(M_{12} - \mu M_{11})/T$, $L_{21} = e\tilde{L}_{21}/T = e(M_{21} - \mu M_{11})/T$, $L_{22} = \tilde{L}_{22}/T = (M_{22} - \mu M_{12} - \mu M_{21} + \mu^2 M_{11})/T$ であることを確かめよ．

11.3

$$\left[\hat{h}_{\mathrm{pot}}(\boldsymbol{r}), \int d\boldsymbol{r}' \hat{h}_{\mathrm{kin}}(\boldsymbol{r}')\right] = \frac{\hbar^2}{2m}\sum_\alpha \left(-V\hat{\psi}_\alpha^\dagger \cdot \boldsymbol{\nabla}^2 \hat{\psi}_\alpha + \boldsymbol{\nabla}^2 \hat{\psi}_\alpha^\dagger \cdot V\hat{\psi}_\alpha\right)$$

と

$$\left[\hat{h}_{\mathrm{kin}}(\boldsymbol{r}), \int d\boldsymbol{r}' \hat{h}_{\mathrm{pot}}(\boldsymbol{r}')\right] = \frac{\hbar^2}{2m}\sum_\alpha \left(\boldsymbol{\nabla}\hat{\psi}_\alpha^\dagger \cdot \boldsymbol{\nabla}(V\hat{\psi}_\alpha) - \boldsymbol{\nabla}(V\hat{\psi}_\alpha^\dagger) \cdot \boldsymbol{\nabla}\hat{\psi}_\alpha\right)$$

を用いて，(11.28) 式が得られることを示せ．

11.4 一般的にフォノンの分散関係が $\omega_q = \sum_{n=0}^{\infty} C_n|\boldsymbol{q}|^{2n}$ であるとする．このとき

$$\hat{h}_{\mathrm{ph}}(\boldsymbol{r}) = \frac{\hat{P}^2(\boldsymbol{r})}{2M} + \frac{Mc^2}{2}\sum_{n=0}^{\infty} C_n\hat{u}(\boldsymbol{r}) \cdot (-\boldsymbol{\nabla}^2)^n\hat{u}(\boldsymbol{r}) \tag{11.48}$$

がフォノンのエネルギー密度である．この場合

$$\left[\hat{h}_{\mathrm{ph}}(\boldsymbol{r}), \int d\boldsymbol{r}' \hat{h}_{\mathrm{ph}}(\boldsymbol{r}')\right]$$
$$= \frac{i\hbar}{4}\sum_{n=0}^{\infty}(-1)^n C_n$$
$$\times \left[(\boldsymbol{\nabla}^2)^n\hat{P}(\boldsymbol{r}) \cdot \hat{u}(\boldsymbol{r}) - \hat{P}(\boldsymbol{r}) \cdot (\boldsymbol{\nabla}^2)^n\hat{u}(\boldsymbol{r}) - (\boldsymbol{\nabla}^2)^n\hat{u}(\boldsymbol{r}) \cdot \hat{P}(\boldsymbol{r}) + \hat{u}(\boldsymbol{r}) \cdot (\boldsymbol{\nabla}^2)^n\hat{P}(\boldsymbol{r})\right] \tag{11.49}$$

となることを示せ．またこれからフォノンの運ぶエネルギー流が

$$\hat{j}_E^{\mathrm{ph}}(\boldsymbol{r}) = -\frac{1}{4}\sum_{n=0}^{\infty}(-1)^n C_n \sum_{j=1}^{n}\left[(\boldsymbol{\nabla}^2)^{n-j}\boldsymbol{\nabla}\hat{P}(\boldsymbol{r}) \cdot (\boldsymbol{\nabla}^2)^{j-1}\hat{u}(\boldsymbol{r})\right.$$
$$- (\boldsymbol{\nabla}^2)^{n-j}\hat{P}(\boldsymbol{r}) \cdot (\boldsymbol{\nabla}^2)^{j-1}\boldsymbol{\nabla}\hat{u}(\boldsymbol{r})$$
$$- (\boldsymbol{\nabla}^2)^{n-j}\boldsymbol{\nabla}\hat{u}(\boldsymbol{r}) \cdot (\boldsymbol{\nabla}^2)^{j-1}\hat{P}(\boldsymbol{r})$$
$$\left.+ (\boldsymbol{\nabla}^2)^{n-j}\hat{u}(\boldsymbol{r}) \cdot (\boldsymbol{\nabla}^2)^{j-1}\boldsymbol{\nabla}\hat{P}(\boldsymbol{r})\right] \tag{11.50}$$

であり，そのフーリエ変換が $\hat{j}_{E,\mu}^{\mathrm{ph}} = -\frac{i}{2}\sum_q \frac{\partial\omega_q^2}{\partial q_\mu}(\hat{P}_q\hat{u}_q + \hat{u}_q\hat{P}_q)$ となることを示せ．

第 12 章
固体中の電磁気学

　すでに第 8 章の電気伝導度とくに 8.9 節のホール伝導度，および第 10 章の超伝導とくに 10.5 節のマイスナー効果のところでゲージ不変性について言及したが，ここでゲージ不変性と関連する問題についてまとめる.

12.1　ゲージ不変性

　電場・磁場を扱うのにベクトルポテンシャルを用いるのが便利である. ただし電磁気学でよく知られているように，ベクトルポテンシャルを扱う場合ゲージ変換の自由度があり，物理現象はゲージの取り方に依存しない. このことは，理論の結論がゲージ不変な形でなければならないことを意味する. 真空中の電磁気学ではゲージ不変性は明らかであるが，固体中では電子との相互作用があるために自明な問題ではなくなる. 超伝導の BCS 理論のところで見たように，近似によってはゲージ不変性を破ってしまう結果が得られることがある. しかしたとえ相転移が起こってもゲージ不変性 (またはゲージ対称性) は破れることはないので注意が必要である. 破ってはいけないものはいくつかあって，ゲージ不変性，保存則，熱力学の第 2 法則 etc. である.

　ゲージ不変性は, 任意の関数 $\Lambda(\boldsymbol{r}, t)$ を用いて, $\boldsymbol{A} \to \boldsymbol{A} + \nabla \Lambda$, $\phi \to \phi - \partial \Lambda / \partial t$ とゲージ変換したとき, 方程式が不変であることからくる. 実際, 電場 $\boldsymbol{E} = -\nabla \phi - \partial \boldsymbol{A} / \partial t$ と磁場 $\boldsymbol{B} = \operatorname{rot} \boldsymbol{A}$ はこのゲージ変換によって不変である. また, 第一量子化のシュレーディンガー方程式では, $\boldsymbol{A}, \phi$ と共に波動関数が

$$\psi(\boldsymbol{r}, t) \to e^{\frac{ie}{\hbar} \Lambda(\boldsymbol{r}, t)} \psi(\boldsymbol{r}, t) \tag{12.1}$$

と変換されることによって不変である (電子に対して $e < 0$ としている). フーリエ成分では, ゲージ変換は $\boldsymbol{A}_{\boldsymbol{q}, \omega} \to \boldsymbol{A}_{\boldsymbol{q}, \omega} + i\boldsymbol{q} \Lambda_{\boldsymbol{q}, \omega}$, $\phi_{\boldsymbol{q}, \omega} \to \phi_{\boldsymbol{q}, \omega} + i\omega \Lambda_{\boldsymbol{q}, \omega}$ と書ける. 8.9 節のホール伝導度の計算では $q_\mu A_\nu - q_\nu A_\mu$ $(\mu, \nu = x, y, z)$ という形の結果を得たが, この形は確かにゲージ変換によって不変である.

10.5 節のマイスナー効果では，(10.48) 式のように $\langle \hat{j}_\mu \rangle = -\sum_\nu K_{\mu\nu} A_{\nu,\boldsymbol{q},\omega}$ と定義して $\omega = 0$ の場合を計算したが，ここでは ω も含めてゲージ不変性を議論しよう．4 元ベクトル（$\nu = 0,1,2,3$ とする）を $A_{\nu,\boldsymbol{q},\omega} = (-\phi_{\boldsymbol{q},\omega}, A_{x,\boldsymbol{q},\omega}, A_{y,\boldsymbol{q},\omega}, A_{z,\boldsymbol{q},\omega})$，$q_\nu = (-\omega, q_x, q_y, q_z)$ とすると，ゲージ変換は $A_{\nu,\boldsymbol{q},\omega} \to A_{\nu,\boldsymbol{q},\omega} + iq_\nu \Lambda_{\boldsymbol{q},\omega}$ と書けるので，任意の関数 $\Lambda_{\boldsymbol{q},\omega}$ に対してマイスナー効果の式がゲージ不変であるためには

$$\sum_{\nu=0}^{3} K_{\mu\nu} q_\nu = 0 \tag{12.2}$$

でなければならない（$\nu = 0$ の成分が $-\omega$ と $-\phi_{\boldsymbol{q},\omega}$ であることに注意）[*1]．10.5 節で述べたように，$K_{\mu\nu} \propto (\delta_{\mu\nu} - q_\mu q_\nu / q^2)$ の形であれば，(12.2) 式を満たす．

一方 μ に関しては，電荷の保存則から得られる関係式が成り立つ．電荷の保存則は 2.10 節でも説明したように $e\frac{\partial}{\partial t}\hat{\rho}(\boldsymbol{r},t) + \mathrm{div}\hat{\boldsymbol{j}}(\boldsymbol{r},t) = 0$ である．電荷密度および電流からなる 4 元ベクトルを $\hat{\boldsymbol{J}} = (e\hat{\rho}, \hat{j}_x, \hat{j}_y, \hat{j}_z)$ と定義すれば，この式は $\sum_{\mu=0}^{3} q_\mu \hat{J}_\mu = 0$ と書けるので（$q_0 = -\omega$ に注意），マイスナーカーネル $K_{\mu\nu}$ は

$$\sum_{\mu=0}^{3} q_\mu K_{\mu\nu} = 0 \tag{12.3}$$

を満たすことがわかる．

ここで (12.2) 式と (12.3) 式は等価であることを示そう．$K_{\mu\nu}$ をスペクトル表示して調べると $K_{\mu\nu}(-\boldsymbol{q}, -\omega) = K_{\nu\mu}^*(\boldsymbol{q},\omega)$ であることがわかる（演習問題 12.1 も参照）．したがって，(12.2) 式で $q_\nu \to -q_\nu$ とすれば $-\sum_{\nu=0}^{3} K_{\nu\mu}^* q_\nu = 0$ が示される．この両辺の複素共役を取って変数を変えれば (12.3) 式が得られる．逆も同様である．つまり，(12.2) 式で表されるゲージ不変性と，(12.3) 式で表される電荷の保存則からの要請は密接な関係がある．このことについて 12.4 節でワード恒等式との関連で再び議論する．

12.2　誘電率・透磁率と電気伝導度

これまで電気伝導度や誘電率などを個別に扱ってきたが，固体中の電磁気学によって統一的に議論しよう．これによって誘電率・透磁率（帯磁率）等と電気伝導度の間の関係がわかる[*2]．

まずフーリエ成分では電場 $\boldsymbol{E}$ と磁束密度 $\boldsymbol{B}$ とベクトルポテンシャルの関係は

$$\begin{aligned} \boldsymbol{E}_{\boldsymbol{q},\omega} &= -i\boldsymbol{q}\phi_{\boldsymbol{q},\omega} + i\omega \boldsymbol{A}_{\boldsymbol{q},\omega}, \\ \boldsymbol{B}_{\boldsymbol{q},\omega} &= i\boldsymbol{q} \times \boldsymbol{A}_{\boldsymbol{q},\omega} \end{aligned} \tag{12.4}$$

[*1]　本書では，この章しか関係しないので，相対論的 metric はあえて使わなかった．

[*2]　H. Maebashi, M. Ogata and H. Fukuyama, J. Phys. Soc. Jpn. **86**, 083702 (2017).

と書ける．一方，固体中の電荷密度と電流は

$$
e\rho(\boldsymbol{r},t) = -\mathrm{div}\ \boldsymbol{P}(\boldsymbol{r},t),
$$
$$
\boldsymbol{j}(\boldsymbol{r},t) = \frac{\partial}{\partial t}\boldsymbol{P}(\boldsymbol{r},t) + \mathrm{rot}\ \boldsymbol{M}(\boldsymbol{r},t) \tag{12.5}
$$

という関係で，分極 $\boldsymbol{P}$ と軌道磁化 $\boldsymbol{M}$ と結び付いている（ここでは期待値の意味で $\boldsymbol{j}$ 等と書いている）．$\boldsymbol{M}$ は第 7 章で扱った電子スピンによる磁化ではなく，電子の軌道運動による磁化である．(12.5) の上式を時間で微分して，下式と連立させれば電荷の保存則 $e\dot\rho + \mathrm{div}\ \boldsymbol{j} = 0$ を満たしていることが確かめられる（$\mathrm{div}\ \mathrm{rot}\ \boldsymbol{M} = 0$）．(12.5) 式をフーリエ成分で書くと $e\rho_{\boldsymbol{q},\omega} = -i\boldsymbol{q}\cdot\boldsymbol{P}_{\boldsymbol{q},\omega}$ と $\boldsymbol{j}_{\boldsymbol{q},\omega} = -i\omega\boldsymbol{P}_{\boldsymbol{q},\omega} + i\boldsymbol{q}\times\boldsymbol{M}_{\boldsymbol{q},\omega}$ である．

次に，固体中の電荷感受率（permitivity）χ_e と磁気感受率（permeability）χ_m を

$$
\boldsymbol{P} = \varepsilon_0\chi_e\boldsymbol{E}, \qquad \boldsymbol{M} = \frac{1}{\mu_0}\chi_m\boldsymbol{B} \tag{12.6}
$$

として定義する．ここで ε_0 と μ_0 は真空の誘電率と透磁率である．(6.29) 式の電束密度の定義式 $\boldsymbol{D} = \varepsilon_0\boldsymbol{E} + \boldsymbol{P} = \varepsilon_0\varepsilon_r\boldsymbol{E}$ と比べると，比誘電率が $\varepsilon_r = 1 + \chi_e$ であることがわかる．また比透磁率 μ_r を

$$
\boldsymbol{B} = \mu_0(\boldsymbol{H} + \boldsymbol{M}) = \mu_0\mu_r\boldsymbol{H} \tag{12.7}
$$

によって定義すると，$\mu_r = 1/(1 - \chi_m)$ であることが示される．

(12.6) 式から得られるフーリエ成分の関係式 $\boldsymbol{P}_{\boldsymbol{q},\omega} = \varepsilon_0\chi_e(\boldsymbol{q},\omega)\boldsymbol{E}_{\boldsymbol{q},\omega}$ と $\boldsymbol{M}_{\boldsymbol{q},\omega} = \frac{1}{\mu_0}\chi_m(\boldsymbol{q},\omega)\boldsymbol{B}_{\boldsymbol{q},\omega}$ と，(12.4), (12.5) 式を組み合わせると

$$
\rho_{\boldsymbol{q},\omega} = -i\boldsymbol{q}\varepsilon_0\chi_e(\boldsymbol{q},\omega)\boldsymbol{E}_{\boldsymbol{q},\omega}
$$
$$
= -\varepsilon_0\chi_e(\boldsymbol{q},\omega)[q^2\phi_{\boldsymbol{q},\omega} - \omega\boldsymbol{q}\cdot\boldsymbol{A}_{\boldsymbol{q},\omega}],
$$
$$
\boldsymbol{j}_{\boldsymbol{q},\omega} = -i\omega\varepsilon_0\chi_e(\boldsymbol{q},\omega)\boldsymbol{E}_{\boldsymbol{q},\omega} + \frac{i}{\mu_0}\chi_m(\boldsymbol{q},\omega)\boldsymbol{q}\times\boldsymbol{B}_{\boldsymbol{q},\omega}
$$
$$
= -\varepsilon_0\chi_e(\boldsymbol{q},\omega)[\omega\boldsymbol{q}\phi_{\boldsymbol{q},\omega} - \omega^2\boldsymbol{A}_{\boldsymbol{q},\omega}]
$$
$$
+ \frac{1}{\mu_0}\chi_m(\boldsymbol{q},\omega)[q^2\boldsymbol{A}_{\boldsymbol{q},\omega} - \boldsymbol{q}\{\boldsymbol{q}\cdot\boldsymbol{A}_{\boldsymbol{q},\omega}\}] \tag{12.8}
$$

という関係が得られる．一方，前節のように J_μ と A_ν の間には線形応答理論から得られる $J_{\mu,\boldsymbol{q},\omega} = -\sum_\nu K_{\mu\nu}A_{\nu,\boldsymbol{q},\omega}$ という関係があるので，(12.8) 式と比べることによって，$K_{\mu\nu}$ と χ_e と χ_m との関係がわかる．結果は

$$
K_{00} = -\varepsilon_0\chi_e q^2, \quad K_{0j} = K_{j0} = -\varepsilon_0\chi_e\omega q_j,
$$
$$
K_{ij} = -\varepsilon_0\chi_e\omega^2\delta_{ij} - \frac{1}{\mu_0}\chi_m(q^2\delta_{ij} - q_iq_j) \tag{12.9}
$$

である．ここで得られた $K_{\mu\nu}$ は，ゲージ不変性 (12.2) 式と電荷の保存則 (12.3) 式を満たすことが簡単に示される．

12.2 誘電率・透磁率と電気伝導度 **221**

(12.9) の最初の式から

$$\chi_e(\boldsymbol{q},\omega) = -\frac{1}{\varepsilon_0 q^2} K_{00}(\boldsymbol{q},\omega) = -V(\boldsymbol{q}) \frac{K_{00(\boldsymbol{q},\omega)}}{e^2} \tag{12.10}$$

であることがわかる．ここで $V(\boldsymbol{q})$ は遮蔽されていないクーロン相互作用のフーリエ変換である．$K_{00}(\boldsymbol{q},\omega)/e^2$ は $\hat{J}_0 = e\hat{\rho}$ の定義から，密度・密度相関から得られる応答関数である．第6章で行った RPA 近似ではリンドハード関数 $\chi_0(\boldsymbol{q},\omega)$ を用いて $K_{00}^{\mathrm{RPA}}(\boldsymbol{q},\omega)/e^2 = -2\chi_0(\boldsymbol{q},\omega)$ （係数の2はスピンの和）となるので，$\chi_e^{\mathrm{RPA}} = 2V(\boldsymbol{q})\chi_0(\boldsymbol{q},\omega)$ が得られる．これは (6.29) 式の比誘電率と同じ結果である．

また，(12.9) の最後の式で $i = j$ として j についての和を取ると，$\sum_{j=1}^{3} K_{jj} = -3\varepsilon_0\chi_e\omega^2 - \frac{2}{\mu_0}\chi_m q^2$ となるので，χ_m は

$$\chi_m(\boldsymbol{q},\omega) = \frac{\mu_0}{2q^2}\left[-\sum_{j=1}^{3} K_{jj}(\boldsymbol{q},\omega) + \frac{3\omega^2}{q^2} K_{00}(\boldsymbol{q},\omega) \right] \tag{12.11}$$

として計算できることがわかる．

次に K_{ij} を調べよう．超伝導の場合は 10.5 節で行ったように，$\omega = 0$ として q が小さい場合を考える．この場合もし $\lim_{q\to 0}\chi_m(q,0) = -\frac{\mu_0 A(T)}{q^2}$ という関数形であれば，(12.9) 式の K_{ij} は

$$\lim_{\boldsymbol{q}\to\boldsymbol{0}} K_{ij}(\boldsymbol{q},0) = A(T)\left(\delta_{ij} - \frac{q_i q_j}{q^2} \right) \tag{12.12}$$

となる．(10.53) 式と比べると，$A(T) = \frac{e^2}{m} n_S(T)$ という関係があることがわかるので，$\chi_m(q,0)$ の $\boldsymbol{q}\to\boldsymbol{0}$ での発散の係数 $A(T)$ は，超伝導電子密度に比例したものである．

これに対して常伝導状態の場合は，$\lim_{q\to 0}\chi_m(q,0)$ は $1/q^2$ で発散することなく，有限の値になると考えられる．この場合は電気伝導度が

$$\sigma_{ij}(\boldsymbol{q},\omega) = -\frac{K_{ij}(\boldsymbol{q},\omega)}{i\omega} = -i\omega\varepsilon_0\chi_e\delta_{ij} + \frac{1}{i\omega\mu_0}\chi_m(q^2\delta_{ij} - q_i q_j) \tag{12.13}$$

で与えられる．右辺第1項は分極電流，第2項は磁化電流に対応する．実際，第2項に対しては $\sum_i q_i\sigma_{ij}(第2項) = 0$ となるので，第2項による電流の湧き出し (div) は0であり，渦電流の形をしているといえる．

σ_{ij} を longitudinal（縦波）成分と transverse（横波）成分に分けて

$$\sigma_{ij}(\boldsymbol{q},\omega) = \sigma_{\mathrm{T}}(\boldsymbol{q},\omega)\left(\delta_{ij} - \frac{q_i q_j}{q^2} \right) + \sigma_{\mathrm{L}}(\boldsymbol{q},\omega)\frac{q_i q_j}{q^2} \tag{12.14}$$

とすれば，各成分は

$$\sigma_{\mathrm{T}}(\boldsymbol{q},\omega) = -i\omega\varepsilon_0\chi_e + \frac{q^2}{i\omega\mu_0}\chi_m, \qquad \sigma_{\mathrm{L}}(\boldsymbol{q},\omega) = -i\omega\varepsilon_0\chi_e \tag{12.15}$$

と書ける．$\sigma_{\mathrm{T}}(\boldsymbol{q},\omega)$ は NMR の緩和率などの計算に用いられるが，分極電流

と磁化電流両方の寄与がある.

光学伝導度は $q = 0$ の場合なので, (12.13) 式から $\sigma_{ij}(\mathbf{0}, \omega) = -i\omega\varepsilon_0\chi_e\delta_{ij}$ となる. この場合 $\sigma_{\mathrm{T}}(\mathbf{0}, \omega) = \sigma_{\mathrm{L}}(\mathbf{0}, \omega) = -i\omega\varepsilon_0\chi_e = -i\omega\varepsilon_0(\varepsilon_r - 1)$ なので

$$\varepsilon_0\varepsilon_r(\omega) = \varepsilon_0 + \frac{i\sigma(\mathbf{0}, \omega)}{\omega} \tag{12.16}$$

という電気伝導度と比誘電率との関係式が得られる. 両辺の虚部を取れば $\mathrm{Im}\,\varepsilon_0\varepsilon_r = \mathrm{Re}\,\sigma/\omega$ という関係が成り立つ.

12.3 軌道帯磁率

前節の一般論で得た (12.11) 式の χ_m は, 軌道磁化 $\mathbf{M}$ による磁気感受率であるといえる. これを軌道帯磁率という. 前節の議論と一部重なるが, ここでは軌道帯磁率という観点からまとめておこう. 帯磁率の場合は静的な磁場をかけるので $\omega = 0$ と置く. そうすると (12.11) 式から

$$\frac{1}{\mu_0}\chi_m(\mathbf{q}, 0) = -\frac{1}{2q^2}\sum_{j=1}^{3}K_{jj}(\mathbf{q}, 0) \tag{12.17}$$

となる. $\omega = 0$ と置いているのでマイスナー効果の計算と同じである. 前節で説明したように超伝導状態では $\mathbf{q} \to \mathbf{0}$ で K_{jj} が有限の値をもち $\chi_m(q, 0)$ が発散する. この場合, (12.7) 式の定義から超伝導体内部で $\mu_r = 0$, $\mathbf{B} = \mathbf{0}$, かつ $\mathbf{M} = \frac{1}{\mu_0}\chi_m\mathbf{B} = \chi_m\mu_r\mathbf{H} = \frac{\chi_m}{1-\chi_m}\mathbf{H} \to -\mathbf{H}$ ということを意味する. これは完全反磁性を表している.

常伝導状態では $\chi_m(q, 0)$ は発散しないはずなので, $\mathbf{q} \to \mathbf{0}$ で $K_{jj}(\mathbf{q}, 0) \propto q^2$ と考えられる. したがって, $K_{jj}(\mathbf{q}, 0)$ の q が小さいところのテイラー展開を計算し, $\mathbf{q} \to \mathbf{0}$ の極限を取ることによって軌道帯磁率 χ_m/μ_0 が得られる.

軌道帯磁率を自由電子ガスの場合に求めてみよう. $K_{jj}(\mathbf{q}, 0)$ は電流・電流相関関数から計算できるので, (8.16) 式や (10.54) 式を参考にして, q が小さいところのテイラー展開を行うと

$$\sum_{j=1}^{3}K_{jj}^{(0)}(\mathbf{q}, 0) = \frac{2}{V}\frac{e^2\hbar^2}{m^2}\sum_{\mathbf{k}}k^2\frac{f(\varepsilon_{\mathbf{k}-\frac{\mathbf{q}}{2}}) - f(\varepsilon_{\mathbf{k}+\frac{\mathbf{q}}{2}})}{\varepsilon_{\mathbf{k}-\frac{\mathbf{q}}{2}} - \varepsilon_{\mathbf{k}+\frac{\mathbf{q}}{2}}} + \frac{ne^2}{m}$$

$$= \frac{2}{V}\frac{e^2\hbar^2}{m^2}\sum_{\mathbf{k}}k^2\left[\frac{(\varepsilon_{\mathbf{k}_+} - \varepsilon_{\mathbf{k}})^2 - (\varepsilon_{\mathbf{k}_-} - \varepsilon_{\mathbf{k}})^2}{2(\varepsilon_{\mathbf{k}_+} - \varepsilon_{\mathbf{k}_-})}f''(\varepsilon_{\mathbf{k}})\right.$$

$$\left. + \frac{(\varepsilon_{\mathbf{k}_+} - \varepsilon_{\mathbf{k}})^3 - (\varepsilon_{\mathbf{k}_-} - \varepsilon_{\mathbf{k}})^3}{6(\varepsilon_{\mathbf{k}_+} - \varepsilon_{\mathbf{k}_-})}f'''(\varepsilon_{\mathbf{k}})\right] + O(q^3)$$

$$= \frac{2}{V}\frac{e^2\hbar^2}{m^2}\sum_{\mathbf{k}}k^2\left[\frac{\hbar^2q^2}{8m}f''(\varepsilon_{\mathbf{k}}) + \frac{\hbar^4}{24m^2}(\mathbf{k}\cdot\mathbf{q})^2f'''(\varepsilon_{\mathbf{k}})\right] + O(q^3)$$

$$= \frac{e^2\hbar^2}{\pi^2m^2}\int_0^{\infty}k^4dk\left[\frac{\hbar^2q^2}{8m}f''(\varepsilon_{\mathbf{k}}) + \frac{\hbar^4q^2k^2}{72m^2}f'''(\varepsilon_{\mathbf{k}})\right] + O(q^3) \tag{12.18}$$

12.3 軌道帯磁率　**223**

を得る（$k_\pm = k \pm \frac{q}{2}$ と置いた）．さらに $\frac{d\varepsilon_k}{dk} = \frac{\hbar^2 k}{m}$ を使って部分積分すると

$$\sum_{j=1}^{3} K_{jj}^{(0)}(q, 0) = \frac{e^2 \hbar^2}{\pi^2 m^2} \int_0^\infty k^4 dk \left[\frac{\hbar^2 q^2}{8m} f''(\varepsilon_k) - \frac{5\hbar^2 q^2}{72m} f''(\varepsilon_k) \right]$$

$$= -\frac{e^2 \hbar^2 q^2}{6\pi^2 m^2} \int_0^\infty k^2 dk f'(\varepsilon_k) = -\frac{e^2 \hbar^2 q^2}{3m^2} \sum_k f'(\varepsilon_k) = \frac{e^2 \hbar^2 q^2}{3m^2} D(\varepsilon_{\mathrm{F}})$$

(12.19)

となる．これを用いると自由電子ガスの軌道帯磁率として

$$\frac{1}{\mu_0} \chi_m = -\frac{e^2 \hbar^2}{6m^2} D(\varepsilon_{\mathrm{F}}) = -\frac{g^2 \mu_{\mathrm{B}}^2}{6} D(\varepsilon_{\mathrm{F}})$$

(12.20)

を得る．ここで g 因子（$g = 2$）とボーア磁子 $\mu_{\mathrm{B}} = |e|\hbar/2m$ を用いた．(12.20) 式はちょうどパウリ常磁性帯磁率の $-1/3$ である．これをランダウの軌道反磁性帯磁率という[3]．

このように電流・電流相関関数の波数 q の 2 次の部分には軌道反磁性の情報が含まれている[4]．ランダウの反磁性は自由電子に対するものであったが，単一バンドの場合にパイエルス（Peierls）によって拡張され[5]

$$\chi_{\mathrm{LP}} = \frac{e^2}{6\hbar^2} \sum_{\ell, k} f'(\varepsilon_\ell) \left\{ \frac{\partial^2 \varepsilon_\ell}{\partial k_x^2} \frac{\partial^2 \varepsilon_\ell}{\partial k_y^2} - \left(\frac{\partial^2 \varepsilon_\ell}{\partial k_x \partial k_y} \right)^2 \right\}$$

(12.21)

という結果が得られている．これをランダウ・パイエルスの軌道帯磁率という．

単一バンドの場合には問題が比較的単純だが，多バンドの場合にはバンド間効果が非常に重要になり，問題はかなり複雑になる[6]．具体的には 2.6 節の一般のブロッホ電子による多バンドのモデルを考え，電流として (2.68) 式を使わなければならない．Luttinger–Kohn による直交関数系（LK 表示）[7] や後で述べるワード恒等式を非常にうまく用いることによって，すべてのバンド間効果を厳密に取り込んだ軌道帯磁率の公式（福山公式と呼ばれる）が得られている[8]．

8.10 節では，いわゆる "ベリー" 曲率を用いて異常ホール効果を議論したが，帯磁率に対してもベリー曲率の寄与が議論されている[9]．これは，空間反転対称性や，時間反転対称性が破れている場合である．このような場合についても，

---

[3]　L. D. Landau, Z. Phys. **64**, 629 (1930).

[4]　芳田奎「磁性」（岩波書店）．

[5]　R. Peierls, Z. Phys. **80**, 763 (1933)（ドイツ語である）．

[6]　バンド間効果の重要性についてかなり初期から指摘しているのは，例えば R. Kubo and H. Fukuyama, *Proc. 10th Int. Conf. the Physics of Semiconductors*, 1970, p.551.

[7]　J. M. Luttinger and W. Kohn, Phys. Rev. **97**, 869 (1955).

[8]　H. Fukuyama, Prog. Theor. Phys. **45**, 704 (1971)．これは多バンドのグリーン関数で書かれているが，最近，福山公式とランダウ・パイエルス帯磁率との関係などが，ブロッホ波動関数の具体形を用いて帯磁率を書き直すことによって明らかになった．M. Ogata and H. Fukuyama, J. Phys. Soc. Jpn. **84**, 124708 (2015).

[9]　J. Shi, G. Vignale, D. Xiao, and Q. Niu, Phys. Rev. Lett. **99**, 197202 (2007).

最近帯磁率のコンパクトで厳密な表式が得られ，ゼーマン効果，スピン軌道相互作用，空間・時間反転対称性の破れ（ベリー曲率の寄与）などの寄与がすべて明らかになった[*10)]．この結果，(2.48) 式のパイエルス位相だけでは捉えきれない磁場効果[*11)]なども明らかになっている．ブロッホ波動関数を用いた定式化にもとづけば，原子極限から出発して，原子軌道間の重なり積分を摂動として系統的に扱うことができ，ブロッホ電子の遍歴性を系統的に厳密に調べることができる．

8.9 節ではグリーン関数を用いたコンパクトなホール伝導度 σ_{xy} に対する表式に言及した（8 章，脚注 16）．これも福山公式と呼ばれる．一方，軌道帯磁率に対してもグリーン関数を用いたコンパクトな福山公式がある（脚注 8）．2 つの公式の表式は非常に似ているが，両者の関係は明らかではなかった．しかし最近 "軌道帯磁率を化学ポテンシャル μ で偏微分したものが，ホール伝導度の熱力学的寄与と呼ばれる部分の定数倍である" という関係が明らかになった[*12)]．

12.4 ワード恒等式

超伝導のマイスナー効果のところ（10.5 節）で言及したが，ゲージ不変性を保つためにはヴァーテックス補正が必要である．これについてワード恒等式と関連して詳しく述べよう．

12.1 節で見たように，ゲージ不変であるためにはマイスナーカーネルが $\sum_{\nu=0}^{3} K_{\mu\nu} q_\nu = 0$ を満たさなければならない．また，ゲージ不変性は電荷の保存則と密接な関係があるので，電荷保存則から要請されるグリーン関数とヴァーテックス関数との間の関係であるワード恒等式をまず導出し，それを用いてゲージ不変性を示す．以下，超伝導の場合に応用できるように，南部表示による 2×2 行列の形でワード恒等式を証明する[*13)]（超伝導ではない場合は，以下の太字の $\boldsymbol{G}$ と行列を通常のグリーン関数と考えればよい）．図 12.1 のようなダイアグラ

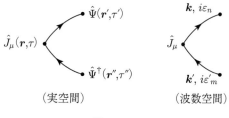

図 12.1

[*10)] M. Ogata, J. Phys. Soc. Jpn. **86**, 044713 (2017). 解説記事として，小形正男・松浦弘泰，固体物理 vol. 52, No. 10, 521 (2017).「固体中電子の磁性再考：大統一理論」．
[*11)] H. Matsuura and M. Ogata, J. Phys. Soc. Jpn. **85**, 074709 (2016).
[*12)] M. Ogata, J. Phys. Soc. Jpn. **93**, 013703 (2024).
[*13)] Y. Takahashi, Nuovo Cimento **6**, 371 (1957), Y. Nambu, Phys. Rev. **117**, 648 (1960). J. R. Schrieffer, *Theory of Superconductivity* (Addison-Wesley 1964).

ムに対応する量

$$
\begin{aligned}
&\boldsymbol{\Lambda}_\mu(\boldsymbol{r}, \tau; \boldsymbol{r}', \tau'; \boldsymbol{r}'', \tau'') \\
&\quad = \langle T_\tau \hat{\Psi}(\boldsymbol{r}', \tau') \hat{\boldsymbol{J}}_\mu(\boldsymbol{r}, \tau) \hat{\Psi}^+(\boldsymbol{r}'', \tau'') \rangle
\end{aligned}
\tag{12.22}
$$

を考える．ここで $\hat{\boldsymbol{J}}_\mu = (e\hat{\rho}, \hat{j}_x, \hat{j}_y, \hat{j}_z)$，$e < 0$ は電子の電荷，$\hat{\rho}$ は電子密度である（南部表示では $\hat{\boldsymbol{J}}_\mu$ は対角項のみの 2×2 行列，$\hat{\Psi}$，$\hat{\Psi}^\dagger$ も 2×2 行列である）．図 12.1 の右端の 2 つのグリーン関数をつなげればマイスナーカーネルになる．

ヴァーテックス補正を与えるヴァーテックス関数 $\boldsymbol{\Gamma}$ は，図 12.1 から

$$
\begin{aligned}
\boldsymbol{\Lambda}_\mu(\boldsymbol{r}, \tau; \boldsymbol{r}', \tau'; \boldsymbol{r}'', \tau'') &= \iint \boldsymbol{G}(\boldsymbol{r}' - \boldsymbol{r}_1, \tau' - \tau_1) \boldsymbol{\Gamma}_\mu(\boldsymbol{r}, \tau, \boldsymbol{r}_1, \tau_1, \boldsymbol{r}_2, \tau_2) \\
&\quad \times \boldsymbol{G}(\boldsymbol{r}_2 - \boldsymbol{r}'', \tau_2 - \tau'') d\boldsymbol{r}_1 d\boldsymbol{r}_2 d\tau_1 d\tau_2
\end{aligned}
\tag{12.23}
$$

という形で $\boldsymbol{\Lambda}$ と結び付いていることがわかる．一方，電荷の保存則 $\mathrm{div}\hat{\boldsymbol{j}} = -e\dot{\hat{\rho}} = \frac{ie}{\hbar}[\hat{\rho}, \mathscr{H}]$ は虚時間のハイゼンベルグ表示で

$$
\begin{aligned}
\mathrm{div}\hat{\boldsymbol{j}}(\boldsymbol{r}, \tau) &= e^{(\mathscr{H} - \mu\mathscr{N})\tau} \frac{ie}{\hbar}[\hat{\rho}(\boldsymbol{r}), \mathscr{H}] e^{-(\mathscr{H} - \mu\mathscr{N})\tau} \\
&= -\frac{ie}{\hbar} \frac{\partial}{\partial \tau} \hat{\rho}(\boldsymbol{r}, \tau)
\end{aligned}
\tag{12.24}
$$

と書けることがわかる．そこで，(12.22) 式の $\boldsymbol{\Lambda}_\mu$ の中に含まれる $\hat{\boldsymbol{J}}_\mu$ ($\mu = 0, 1, 2, 3$) に対して保存則 (12.24) 式を適用すると，以下のようにしてワード恒等式が得られる．まず

$$
\begin{aligned}
&\sum_{j=1}^{3} \frac{\partial}{\partial x_j} \boldsymbol{\Lambda}_j + \frac{ie}{\hbar} \frac{\partial}{\partial \tau} \boldsymbol{\Lambda}_0 \\
&= \left\langle T_\tau \hat{\Psi}(\boldsymbol{r}', \tau') \left\{ \mathrm{div}\hat{\boldsymbol{j}}(\boldsymbol{r}, \tau) + \frac{ie}{\hbar} \frac{\partial}{\partial \tau} \hat{\rho}(\boldsymbol{r}, \tau) \right\} \hat{\Psi}^+(\boldsymbol{r}'', \tau'') \right\rangle \\
&\quad + \frac{ie}{\hbar} \delta(\tau - \tau') \langle T_\tau [\hat{\rho}(\boldsymbol{r}, \tau), \hat{\Psi}(\boldsymbol{r}', \tau)] \cdot \hat{\Psi}^+(\boldsymbol{r}'', \tau'') \rangle \\
&\quad + \frac{ie}{\hbar} \delta(\tau - \tau'') \langle T_\tau \hat{\Psi}(\boldsymbol{r}', \tau') \cdot [\hat{\rho}(\boldsymbol{r}, \tau), \hat{\Psi}^+(\boldsymbol{r}'', \tau)] \rangle \\
&= -\frac{ie}{\hbar} \delta(\tau - \tau') \delta(\boldsymbol{r} - \boldsymbol{r}') \sigma_z \langle T_\tau \hat{\Psi}(\boldsymbol{r}, \tau) \hat{\Psi}^+(\boldsymbol{r}'', \tau'') \rangle \\
&\quad + \frac{ie}{\hbar} \delta(\tau - \tau'') \delta(\boldsymbol{r} - \boldsymbol{r}'') \langle T_\tau \hat{\Psi}(\boldsymbol{r}', \tau') \hat{\Psi}^+(\boldsymbol{r}, \tau) \rangle \sigma_z
\end{aligned}
\tag{12.25}
$$

が得られる．後半の 2 項は，$\boldsymbol{\Lambda}_0$ の中の τ 積 T_τ に τ 微分が演算されたものである．また $\hat{\rho}$ と $\hat{\Psi}$ の交換関係を具体的に計算した右辺最後の式はそれぞれグリーン関数そのものであるから，(12.25) 式左辺の $\boldsymbol{\Lambda}$ に (12.23) 式を代入すれば

$$
\iint \boldsymbol{G}(\boldsymbol{r}' - \boldsymbol{r}_1, \tau' - \tau_1) \left\{ \sum_{j=1}^{3} \frac{\partial}{\partial x_j} \boldsymbol{\Gamma}_j(\boldsymbol{r}, \tau, \boldsymbol{r}_1, \tau_1, \boldsymbol{r}_2, \tau_2) \right.
$$

$$
+ \frac{ie}{\hbar} \frac{\partial}{\partial \tau} \boldsymbol{\Gamma}_0(\boldsymbol{r},\tau,\boldsymbol{r}_1,\tau_1,\boldsymbol{r}_2,\tau_2) \Bigg\} \boldsymbol{G}(\boldsymbol{r}_2 - \boldsymbol{r}'',\tau_2 - \tau'') d\boldsymbol{r}_1 d\boldsymbol{r}_2 d\tau_1 d\tau_2
$$

$$
= \frac{ie}{\hbar} \big[\delta(\tau - \tau') \delta(\boldsymbol{r} - \boldsymbol{r}') \sigma_z \boldsymbol{G}(\boldsymbol{r},\tau;\boldsymbol{r}'',\tau'')
$$

$$
- \delta(\tau - \tau'') \delta(\boldsymbol{r} - \boldsymbol{r}'') \boldsymbol{G}(\boldsymbol{r}',\tau';\boldsymbol{r},\tau) \sigma_z \big] \tag{12.26}
$$

が得られる．系に並進対称性がある場合は，フーリエ変換

$$
\boldsymbol{\Gamma}_\mu(\boldsymbol{r},\tau,\boldsymbol{r}_1,\tau_1,\boldsymbol{r}_2,\tau_2)
$$

$$
= \frac{(k_{\rm B}T)^2}{V^2} \sum_{n,m,\boldsymbol{k},\boldsymbol{k}'} e^{i\boldsymbol{k}\cdot(\boldsymbol{r}_1-\boldsymbol{r})-i\varepsilon_n(\tau_1-\tau)} e^{i\boldsymbol{k}'\cdot(\boldsymbol{r}-\boldsymbol{r}_2)-i\varepsilon_m'(\tau-\tau_2)} \boldsymbol{\Gamma}_\mu(\boldsymbol{k},\boldsymbol{k}',i\varepsilon_n,i\varepsilon_m')
$$

$$
\tag{12.27}
$$

を用いて

$$
\boldsymbol{G}(\boldsymbol{k},i\varepsilon_n) \Bigg\{ \sum_{j=1}^3 i(k_j' - k_j) \boldsymbol{\Gamma}_j(\boldsymbol{k},\boldsymbol{k}',i\varepsilon_n,i\varepsilon_m') + \frac{e}{\hbar}(\varepsilon_m' - \varepsilon_n) \boldsymbol{\Gamma}_0(\boldsymbol{k},\boldsymbol{k}',i\varepsilon_n,i\varepsilon_m') \Bigg\}
$$

$$
\times \boldsymbol{G}(\boldsymbol{k}',i\varepsilon_m')
$$

$$
= \frac{ie}{\hbar} \{ \sigma_z \boldsymbol{G}(\boldsymbol{k}',i\varepsilon_m') - \boldsymbol{G}(\boldsymbol{k},i\varepsilon_n) \sigma_z \} \tag{12.28}
$$

と書けることがわかる．$\boldsymbol{G}$ の逆行列を用い，少し変数変換すれば，

$$
\sum_{j=1}^3 \hbar q_j \boldsymbol{\Gamma}_j(\boldsymbol{k}_+,\boldsymbol{k}_-,i\varepsilon_n,i\varepsilon_{n-}) - ie\omega_\lambda \boldsymbol{\Gamma}_0(\boldsymbol{k}_+,\boldsymbol{k}_-,i\varepsilon_n,i\varepsilon_{n-})
$$

$$
= e \left\{ \sigma_z \boldsymbol{G}^{-1}(\boldsymbol{k}_-,i\varepsilon_{n-}) - \boldsymbol{G}^{-1}(\boldsymbol{k}_+,i\varepsilon_n) \sigma_z \right\} \tag{12.29}
$$

を得る．ここで $\boldsymbol{k}_\pm = \boldsymbol{k} \pm \frac{\boldsymbol{q}}{2}, i\varepsilon_{n-} = i\varepsilon_n - i\omega_\lambda$ とした．(12.29) 式を一般化されたワード恒等式と呼ぶ．

　自由電子ガスの場合に，2×2 の行列表示でワード恒等式が成り立つかどうか確認しておこう．$\boldsymbol{\Gamma}_\mu^{(0)}(\boldsymbol{k}) = (\sigma_z, \frac{e\hbar}{m}k_x, \frac{e\hbar}{m}k_x, \frac{e\hbar}{m}k_x)$ なので，(12.29) 式の左辺は $\frac{e\hbar^2}{m}\boldsymbol{q}\cdot\boldsymbol{k} - ie\omega_\lambda\sigma_z$ である．一方右辺は $e\{\sigma_z(i\varepsilon_n - i\omega_\lambda - \varepsilon_{\boldsymbol{k}_-}\sigma_z) - (i\varepsilon_n - \varepsilon_{\boldsymbol{k}_+}\sigma_z)\sigma_z\}$ となるので両辺は一致する[*14)]．

　さて，このワード恒等式を使って 10.5 節のマイスナーカーネルがゲージ不変であることを示そう．(10.50) 式は，ヴァーテックス補正を考慮すると [(8.38) 式も参照]，

$$
\Phi_{\mu\nu}(\boldsymbol{q},i\omega_\lambda)
$$

---

*14)　また，超伝導ではなく $\omega_\lambda = 0$ で相互作用がないとき，$\Gamma_j = e\hbar k_j/m$ なので，(12.28) 式の $\boldsymbol{q}$ の最低次は $\frac{ie\hbar q_j k_j}{m}\mathscr{G}^2 = \frac{ieq_j}{\hbar}\frac{\partial}{\partial k_j}\mathscr{G}$ となる．これは 8.9 節のホール伝導度の (8.74) 式のところで使った式である．

12.4　ワード恒等式　**227**

$$= -\frac{k_\mathrm{B}T}{V}\sum_{n,\bm{k}} \mathrm{Tr}\ \bm{\Gamma}_\mu^{(0)}(\bm{k})\bm{G}(\bm{k}_+, i\varepsilon_n)\bm{\Gamma}_\nu(\bm{k}_+, \bm{k}_-, i\varepsilon, i\varepsilon_{n-})\bm{G}(\bm{k}_-, i\varepsilon_{n-}) \tag{12.30}$$

となる．この式に (12.29) 式のワード恒等式を適用すれば

$$\sum_{j=1}^{3} \hbar q_j \Phi_{\mu,j}(\bm{q}, i\omega_\lambda) - ie\omega_\lambda \Phi_{\mu,0}(\bm{q}, i\omega_\lambda)$$
$$= -\frac{ek_\mathrm{B}T}{V}\sum_{n,\bm{k}} \mathrm{Tr}\ \bm{\Gamma}_\mu^{(0)}(\bm{k})\bm{G}(\bm{k}_+, i\varepsilon_n)\left\{\sigma_z \bm{G}^{-1}(\bm{k}_-, i\varepsilon_{n-}) - \bm{G}^{-1}(\bm{k}_+, i\varepsilon_n)\sigma_z\right\}$$
$$\times \bm{G}(\bm{k}_-, i\varepsilon_{n-})$$
$$= -\frac{ek_\mathrm{B}T}{V}\sum_{n,\bm{k}} \mathrm{Tr}\ \bm{\Gamma}_\mu^{(0)}(\bm{k})\left\{\bm{G}(\bm{k}_+, i\varepsilon_n)\sigma_z - \sigma_z \bm{G}(\bm{k}_-, i\varepsilon_{n-})\right\} \tag{12.31}$$

が得られる．さらに $\bm{\Gamma}_\mu^{(0)}$ の具体的な形が $\bm{\Gamma}_\mu^{(0)}(\bm{k}) = (\sigma_z, \frac{e\hbar}{m}k_x, \frac{e\hbar}{m}k_x, \frac{e\hbar}{m}k_x)$ であり，σ_z と可換であることを用いれば，

$$\sum_{j=1}^{3} \hbar q_j \Phi_{\mu,j}(\bm{q}, i\omega_\lambda) - ie\omega_\lambda \Phi_{\mu,0}(\bm{q}, i\omega_\lambda)$$
$$= -\frac{ek_\mathrm{B}T}{V}\sum_{n,\bm{k}} \mathrm{Tr}\ \bm{\Gamma}_\mu^{(0)}(\bm{k})\sigma_z\left\{\bm{G}(\bm{k}_+, i\varepsilon_n) - \bm{G}(\bm{k}_-, i\varepsilon_{n-})\right\}$$
$$= -\frac{ek_\mathrm{B}T}{V}\sum_{n,\bm{k}} \mathrm{Tr}\ \left\{\bm{\Gamma}_\mu^{(0)}(\bm{k}_-) - \bm{\Gamma}_\mu^{(0)}(\bm{k}_+)\right\}\sigma_z \bm{G}(\bm{k}, i\varepsilon_n)$$
$$= \frac{e^2\hbar k_\mathrm{B}T}{mV}q_\mu \sum_{n,\bm{k}} \mathrm{Tr}\ \sigma_z \bm{G}(\bm{k}, i\varepsilon_n) = \frac{ne^2\hbar}{m}q_\mu \quad (\mu = x, y, z) \tag{12.32}$$

となる．この式で $i\omega_\lambda = 0$ と置き (10.48) 式のマイスナーカーネルの定義を使って

$$\sum_{j=1}^{3} \lim_{\bm{q}\to 0} K_{\mu j}(\bm{q}, 0)q_j = \sum_{j=1}^{3} \lim_{\bm{q}\to 0}\left\{-\Phi_{\mu j}(\bm{q}, 0)q_j + \frac{ne^2}{m}q_\mu\right\} = 0 \tag{12.33}$$

を示すことができる．これはとりもなおさずゲージ不変性である．

以上は，ワード恒等式を使って一般論としてゲージ不変性が成り立つことを示したものだが，10.5 節で計算した具体的な BCS の計算結果と，どのような関係になっているかを考えよう．10.5 節の計算は，グリーン関数の自己エネルギーとして図 12.2 のようなダイアグラムを取り入れていることになる．ワード

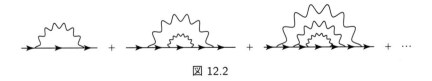

図 12.2

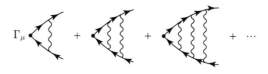

図 12.3

恒等式を満たすためには，これらのダイアグラムに対応して図 12.3 のような梯子型のヴァーテックス補正を考えればよいことがわかっている[*15)]．[実は図 12.2 のダイアグラムの中のすべての $\mathscr{G}^{(0)}$ に対応する線のところを，それぞれ $\Gamma_\mu^{(0)}$ に置き換えたものが図 12.3 である（演習問題 12.4）]．その結果，上記の一般論から，ヴァーテックス補正を含めた最終的な結果では，$\lim_{q\to 0} K_{\mu\nu}(q,0)$ が $(\delta_{\mu\nu} - q_\mu q_\nu/q^2)$ に比例してゲージ不変な結果となるはずである．

このことは，物理的には以下のように解釈されている．まずゲージ場 $\boldsymbol{A}$ を外場として考えるときに，longitudinal（縦波）成分 $\boldsymbol{A}_\mathrm{L} = \frac{\boldsymbol{q}}{q^2}(\boldsymbol{q}\cdot\boldsymbol{A})$ と，transverse（横波）成分 $\boldsymbol{A}_\mathrm{T} = \boldsymbol{A} - \frac{\boldsymbol{q}}{q^2}(\boldsymbol{q}\cdot\boldsymbol{A})$ に分けておく．成分で書くと

$$A_{\mathrm{L},\mu} = \sum_\nu \frac{q_\mu q_\nu}{q^2} A_\nu, \qquad A_{\mathrm{T},\mu} = \sum_\nu \left(\delta_{\mu\nu} - \frac{q_\mu q_\nu}{q^2}\right) A_\nu \qquad (12.34)$$

である．それぞれ $\boldsymbol{q}\times\boldsymbol{A}_\mathrm{L} = 0$, $\boldsymbol{q}\cdot\boldsymbol{A}_\mathrm{T} = 0$ が成立する．ゲージ変換で $\boldsymbol{A}_\mathrm{L}$ は変換を受けるが，$\boldsymbol{A}_\mathrm{T}$ はゲージ不変である（理論をロンドンゲージ $\boldsymbol{q}\cdot\boldsymbol{A} = 0$ で計算する場合は，$\boldsymbol{A}_\mathrm{L} = 0$ と仮定して計算していることになる）．

$\boldsymbol{A}$ の transverse な成分 $\boldsymbol{A}_\mathrm{T}$ は，(12.34) 式の形からわかるように $(\delta_{\mu\nu} - q_\mu q_\nu/q^2)$ に比例するマイスナーカーネルを与える．したがって結果はゲージ不変である．この場合，電流 $\boldsymbol{j}$ の常磁性成分 $\boldsymbol{j}^\mathrm{para}$ からの寄与が超伝導ギャップのために 0 となり，反磁性成分 $\boldsymbol{j}^\mathrm{dia}$ のみが残ることが本質的である．

一方，$\boldsymbol{A}$ の longitudinal な成分 $\boldsymbol{A}_\mathrm{L}$ による線形応答の結果は，ゲージ依存になってしまう．したがって，マイスナーカーネルの計算の結果に寄与しないはずである．具体的には $\boldsymbol{j}^\mathrm{para}$ からの寄与と $\boldsymbol{j}^\mathrm{dia}$ からの寄与が厳密にキャンセルして 0 となるはずである．実は，$\boldsymbol{A}_\mathrm{L}$ の成分は，低エネルギーの電荷の集団励起モードと結合することができ[*16)]，この励起によって，$\boldsymbol{j}^\mathrm{dia}$ とちょうどキャンセルするだけの $\boldsymbol{j}^\mathrm{para}$ からの寄与が出現すると考えられている．これはヴァーテックス補正の中に含まれているはずである．

10.5 節の BCS 理論で得た (10.53) 式のマイスナーカーネルの結果は $\delta_{\mu\nu}$ に比例しているが，これを $(\delta_{\mu\nu} - q_\mu q_\nu/q^2) + q_\mu q_\nu/q^2$ と分けると，前者が $\boldsymbol{A}_\mathrm{T}$ からの寄与で後者が $\boldsymbol{A}_\mathrm{L}$ からの寄与ということになる．上記のように考えると，後

[*15)] Y. Nambu, 前掲書（脚注 13）および Z. Koba, Prog. Theor. Phys. **6**, 322 (1951). 演習問題 12.5 も参照.

[*16)] J. Bardeen, Nuovo Cimento **5**, 1766 (1957), P. W. Anderson, Phys. Rev. **110**, 87 (1958), ibid **112**, 1900 (1958), and G. Rickayzen, Phys. Rev. **115**, 795 (1959).

者はヴァーテックス補正でキャンセルされる項で，前者だけが残る．したがって 10.5 節の BCS 理論によるマイスナーカーネルに対する結論は，ゲージ不変な形ではなかったが，結局正しかったといえる．

演習問題

12.1 電子ガスの場合の (8.16) 式や超伝導の場合の (10.55) 式から得られる $K_{\mu\nu}$ において，$K_{\mu\nu}(-\boldsymbol{q}, -\omega) = K^*_{\nu\mu}(\boldsymbol{q}, \omega)$ が成り立つことを確かめよ．

12.2 (12.18) 式を $\boldsymbol{q}$ が小さいとして展開せず，$T = 0$ で $|\boldsymbol{q}|$ の関数として求めよ．

12.3 (12.18) 式を参考に，電子ガスの場合の $K^{(0)}_{ij}(\boldsymbol{q}, 0)$ を求め，結果が $q^2 \delta_{ij} - q_i q_j$ に比例することを確かめよ．波数 $\boldsymbol{k}$ に関して等方的な場合，

$$\frac{1}{4\pi} \int_0^\pi \sin\theta d\theta \int_{-\pi}^\pi d\varphi k_\mu k_\nu k_\sigma k_\tau = \frac{k^4}{15}(\delta_{\mu\nu}\delta_{\sigma\tau} + \delta_{\mu\sigma}\delta_{\nu\tau} + \delta_{\mu\tau}\delta_{\nu\sigma}) \quad (12.35)$$

が成立することを使うとよい．

12.4 具体的に図 12.2 のファインマンダイアグラムの中のすべての $\mathscr{G}^{(0)}$ に対応する線のところを，それぞれ $\Gamma^{(0)}_\mu$ に置き換えたものが図 12.3 のダイアグラムの中のどのような図形に対応するか調べよ．

12.5 (10.68) 式の場合に，ハートレー項を無視すれば南部表示での自己エネルギーが

$$\boldsymbol{\Sigma}(\boldsymbol{k}, i\varepsilon_n) = -\frac{k_{\mathrm{B}}T}{V} \sum_{m,\boldsymbol{k}'} V(\boldsymbol{k} - \boldsymbol{k}') e^{i\varepsilon_m \eta} \sigma_z \boldsymbol{G}(\boldsymbol{k}', i\varepsilon_m) \sigma_z \quad (12.36)$$

という行列表示で表されることを示せ．また図 12.2 のヴァーテックス補正に対するダイソン方程式が

$$\boldsymbol{\Gamma}_\mu(\boldsymbol{k}_+, \boldsymbol{k}_-, i\varepsilon, i\varepsilon_{n-}) = \boldsymbol{\Gamma}^{(0)}_\mu(\boldsymbol{k})$$
$$- \frac{k_{\mathrm{B}}T}{V} \sum_{m,\boldsymbol{k}'} V(\boldsymbol{k} - \boldsymbol{k}') \sigma_z \boldsymbol{G}\left(\boldsymbol{k}'_+, i\varepsilon_m\right) \boldsymbol{\Gamma}_\mu(\boldsymbol{k}'_+, \boldsymbol{k}'_-, i\varepsilon_m, i\varepsilon_{m-}) \boldsymbol{G}\left(\boldsymbol{k}'_-, i\varepsilon_{m-}\right) \sigma_z$$

$$(12.37)$$

と書けることを示せ．さらに右辺第 2 項の $\boldsymbol{\Gamma}_\mu$ が (12.29) 式のワード恒等式を満たすと仮定し，さらに $\boldsymbol{\Gamma}^{(0)}(\boldsymbol{k})$ の具体形を用いて変形すると

$$\sum_{j=1}^3 \hbar q_j \boldsymbol{\Gamma}_j(\boldsymbol{k}_+, \boldsymbol{k}_-, i\varepsilon_n, i\varepsilon_{n-}) - ie\omega_\lambda \boldsymbol{\Gamma}_0(\boldsymbol{k}_+, \boldsymbol{k}_-, i\varepsilon_n, i\varepsilon_{n-})$$
$$= \sum_{j=1}^3 \hbar q_j \boldsymbol{\Gamma}^{(0)}_j(\boldsymbol{k}) - ie\omega_\lambda \boldsymbol{\Gamma}^{(0)}_0(\boldsymbol{k})$$
$$- \frac{ek_{\mathrm{B}}T}{V} \sum_{m,\boldsymbol{k}'} V(\boldsymbol{k} - \boldsymbol{k}') \left\{ \sigma_z \boldsymbol{G}\left(\boldsymbol{k}'_+, i\varepsilon_m\right) - \boldsymbol{G}\left(\boldsymbol{k}'_-, i\varepsilon_{m-}\right) \sigma_z \right\}$$
$$= \frac{e\hbar^2}{m} \boldsymbol{q} \cdot \boldsymbol{k} - ie\omega_\lambda \sigma_z + e\boldsymbol{\Sigma}(\boldsymbol{k}_+, i\varepsilon_n)\sigma_z - e\sigma_z \boldsymbol{\Sigma}(\boldsymbol{k}_-, i\varepsilon_{n-}) \quad (12.38)$$

となることを示せ．最後に右辺が $e\left\{ \sigma_z \boldsymbol{G}^{-1}(\boldsymbol{k}_-, i\varepsilon_{n-}) - \boldsymbol{G}^{-1}(\boldsymbol{k}_+, i\varepsilon_n)\sigma_z \right\}$ と等しいことを示せ．この結果，図 12.2 のヴァーテックス補正は，(12.29) 式のワード恒等式を満たすことが示された．

12.6 問題 10.10 の separable な場合に，ヴァーテックス関数を求めよ．

230 第 12 章 固体中の電磁気学

索　引

ア

アインシュタイン関係式　88, 211

異常ホール効果　157
位相コヒーレンス長　149
一般化された力　206
井戸型ポテンシャル　183
異方的超伝導　201
因果的　43
引力ハバードモデル　30

ヴァーテックス関数　142, 167, 225
ヴァーテックス補正　142, 168, 176, 197, 230
ウィック (Wick) の定理　43, 61
運動方程式　55, 84
運動量分布関数　55

エニオン　2
演算子の指数関数　14

応答関数　86

カ

外因的（extrinsic）異常ホール効果　162
解析接続　49, 77, 85, 93, 115
外線　66
ガウス分布　64
拡散係数　151
核磁気緩和　200
拡張ハバードモデル　28, 29, 31
角度分解型光電子分光　38, 79
干渉効果　148, 196
完全反磁性　223

軌道運動　120
軌道磁化　221
軌道帯磁率　223
鏡映対称性　29
極　54, 75
局所的なエネルギー保存則　212

虚時間発展演算子　57
ギンツブルグ・ランダウ方程式　204

クーパーチャンネル　150, 189
クーパー対　30–32, 179, 186
クーパー問題　180
クーロン相互作用　19
空間反転対称性　29, 134, 160, 164
久保理論　85, 88
グラフェン　54, 164
クラマース・クローニッヒの関係式　52, 96
グランドカノニカル分布　37, 42, 43, 60, 88
グランドカノニカル平均　56, 61

ゲージ不変　154, 156
ゲージ変換　192
結節点 (vertex)　67, 70

格子変位ベクトル　25
後方散乱　148, 174
ゴールドストーン・モード　24
コヒーレンス因子　196, 199
コヒーレンス長　184
個別励起　82, 111
ゴルコフ近似　196
ゴルコフ方程式　204

サ

磁化電流　223
時間順序積　38
時間反転対称性　158, 160, 164
時間反転対称操作　198
磁気感受率　221
磁気モーメント演算子　19
自己エネルギー　77
自己無撞着　76, 127, 188, 193
磁性不純物　22
遮蔽　79, 81
遮蔽長　109
周期境界条件　12, 17

集団励起　　82, 111, 229
自由電子ガス　　13, 17, 41, 44, 46, 53, 54, 57
寿命　　75-77, 79, 140, 174
シュレーディンガー描像　　14
準粒子　　79, 193
準粒子のくりこみ因子　　79
準粒子ピーク　　129
常磁性成分　　229
常磁性電流　　34, 132, 195
ジョルダンの補題　　72, 78
真性特異点　　183, 194

スケーリング　　153
スピン一重項　　184, 192
スピン軌道相互作用　　26, 35, 36, 158, 160, 225
スピン三重項　　184
スピン密度演算子　　33
スピン密度波　　126
スピン流演算子　　32
スペクトルウェイト　　79
スペクトル関数　　49, 52, 53, 79, 141
スレーター (Slater) 行列式　　3

静電ポテンシャル　　19, 27, 33
ゼーベック係数　　208, 215
ゼーマンエネルギー　　19, 33, 89
ゼーマン項　　120
ゼーマン効果　　225
全運動量演算子　　50, 54
先進グリーン関数　　48
全電子数演算子　　35
全粒子数演算子　　16, 18

相互作用描像　　15, 56, 60, 83, 87
相転移　　124
相反定理　　88, 206, 208
総和則　　97

タ

第一量子化　　8
帯磁率　　85, 121, 197
ダイソン方程式　　73, 76, 79, 122, 129, 138, 190, 202
縦振動フォノン　　23, 25
弾性散乱　　137

遅延グリーン関数　　48, 53, 77, 88
遅延相関関数　　91
置換　　2, 38, 62
逐次代入法　　58
超音波吸収　　198
超伝導　　26, 29, 151, 178
超伝導電子密度　　197, 222

デバイエネルギー　　181, 183
デバイ温度　　170
デバイ周波数　　179
デバイ振動数　　24, 30, 35, 168, 174
デバイ波数　　24, 35
デバイ波長　　171
デバイ・ヒュッケル波数　　110
デバイモデル　　24
デルタ関数　　5, 39
電荷感受率　　100, 123, 221
電荷の保存則　　15, 220, 225
電気伝導度　　25
電子ガスモデル　　33, 81
電子間相互作用　　215
電子格子相互作用　　24, 213
電流ヴァーテックス　　142, 152
電流演算子　　15, 32

ドゥルーデ　　148, 157
ドゥルーデモデル　　136
トーマス・フェルミ遮蔽　　111, 172
トーマス・フェルミ波数　　109

##

内因的 (intrinsic) 異常ホール効果　　158
南部表示　　189, 203, 225

ネスティング　　126, 201
熱伝導度　　208
熱力学的な寄与　　146
ネルンスト係数　　217

ハ

ハートレー近似　　30, 31
ハートレー項　　75
ハートレー・フォック近似　　76, 84, 113, 168, 190
パイエルス位相　　29, 225

パイエルス転移　176
ハイゼンベルグ描像　14, 37, 41, 44, 56
パウリの常磁性帯磁率　198
パウリの排他律　12, 75
梯子ダイアグラム　128, 142
ハバードモデル　27, 30, 35, 116, 119, 124, 125, 200
反強磁性　29
反磁性成分　229
反磁性電流　34, 132, 195

光吸収　204
非弾性散乱　149
比透磁率　221
比誘電率　81, 108, 221

ファインマン図形　64
ファインマンダイアグラム　64, 65
ファインマンルール　64, 67, 70
不安定性　184
フェルミ球　13, 17, 186
フェルミの golden rule　116, 140, 163, 169
フェルミ分布関数　42, 72
フォック空間　4
フォック項　31, 75, 84
フォノン　22
フォノンドラッグ　217
フォノンの寿命　199
複素アドミッタンス　89
福山公式　155, 224
不純物ハミルトニアン　213
不純物ポテンシャル　21
プラズマ振動　111
フリーデル (Friedel) 振動　109
ブロック・ドゥドミニシスの定理　61, 92, 134
ブロッホ (Bloch) の定理　26
ブロッホ電子　26, 34, 54
ブロッホバンド　157
分岐線 (branch cut)　53, 106, 130, 141, 145
分極　221
分極関数　101, 108, 135
分極電流　222
分散関係　75, 78
分数量子ホール効果　8

平均場近似　30, 127
並進対称性　50, 67, 69, 73
ベーテ仮説　8
ベリー曲率　159, 164, 224
ベリー接続　35, 159

ボーア磁子　19
ボーア・ゾンマーフェルト展開　215
ホール　116, 170
ホール伝導度　153, 217
ボゴリウボフ準粒子の演算子　188
保存量　95
ボルツマン分布　105, 109
ボルツマン方程式　148, 157, 215, 217

マ

マイスナーカーネル　195, 227, 229
マイスナー効果　134, 195, 220, 223
松原振動数　46, 70

ミグダル近似　176
ミグダル (Migdal) の定理　168
密度演算子　11, 33

モット絶縁体　202

ヤ

有効質量　172
誘電率　85
湯川型ポテンシャル　35, 109
輸送現象への寄与　146
揺らぎ交換近似　117, 129

揺動散逸定理　88, 97
横振動フォノン　24, 25
芳田関数　198

ラ

乱雑位相近似　82
ランダウアー公式　164
ランダウ減衰　113
ランダウの軌道反磁性帯磁率　224
ランダウ・パイエルスの軌道帯磁率　224

リング・ダイアグラム　82
リンドハード関数　105, 129, 174, 222

レーマン表示　48, 92, 99, 163
連続の方程式　15, 32

ローレンツ型　79
ローレンツ力　19
ロンドンゲージ　229
ロンドン方程式　197

ワ

ワード恒等式　142, 220, 224

欧字

1 位の極　43, 71, 78
2 粒子グリーン関数　203

Bastin 公式　147
BCS 波動関数　185
BCS 理論　29, 168
bipartite　35

chain rule　59
connected ダイアグラム　66
current vertex　135

dephasing　149
double counting　73, 80

exchange hole　75

FLEX 近似　117, 129, 201

half-filling　126
Hebel–Slichter ピーク　200

hopping integral　27, 29

ladder diagrams　142
LK 表示　224
longitudinal　23

nesting　201
NMR　200

ω-limit　104

proper な自己エネルギー　73
proper な分極関数　80

q-limit　104, 110, 130, 209

RPA 近似　82, 113, 124, 201, 222
RPA ダイアグラム　122

self-consistency　76
separable　205, 230
single band モデル　27
Streda 公式　147
SU(2) 対称性　128

t-matrix 近似　139, 148, 163
tadpole　69, 82, 166
τ（タウ）積　44, 58
tight-binding モデル　27, 29, 31, 54
total の分極関数　80
transfer integral　27
transverse　24
T 積　38

著者略歴

小形 正男
おがた まさお

1986 年	東京大学大学院理学系研究科博士課程中退
1987 年	東京大学・理学博士
1986 年～	東京大学物性研究所助手,
	チューリヒ・スイス連邦工科大学ポスドク,
	アメリカ・プリンストン大学ポスドク,
	東京大学大学院総合文化研究科准教授,
	同理学系研究科准教授を経て,
2008 年	東京大学大学院理学系研究科教授
	1991 年 Seymour Cray Wettbewerb 賞（スイス）,
	1999 年 西宮湯川記念賞,
	2005 年 日本 IBM 賞受賞.

専 門 物性理論

主要著書

『キーポイント多変数の微分積分』（理工系数学のキーポイント）
（岩波書店, 1996）
『振動・波動』（裳華房テキストシリーズ）
（裳華房, 1999）
『量子力学』（裳華房テキストシリーズ）（裳華房, 2007）
『高温超伝導研究最前線』
（現代物理最前線 4（共立出版, 2001）に所収）
『物理数学 I』（福山秀敏と共著）（基礎物理学シリーズ）
（朝倉書店, 2003）
『物理の世界』（生井澤寛, 波田野彰と共著）
（放送大学, 2007）
『量子物理』（生井澤寛と共著）（放送大学, 2009）

SGC ライブラリ-193

物性物理のための
場の理論・グリーン関数 [第 2 版]
量子多体系をどう解くか？

2018 年 6 月 25 日 ©		初版第 1 刷発行
2024 年 9 月 25 日 ©		第 2 版第 1 刷発行

著 者	小形 正男	発行者	森平 敏孝
		印刷者	山岡 影光

発行所　　**株式会社　サイエンス社**

〒151-0051　東京都渋谷区千駄ヶ谷 1 丁目 3 番 25 号
営業 ☎ (03) 5474-8500（代）　振替 00170-7-2387
編集 ☎ (03) 5474-8600（代）
FAX ☎ (03) 5474-8900　　　　表紙デザイン：長谷部貴志

印刷・製本　三美印刷 (株)

《検印省略》

本書の内容を無断で複写複製することは，著作者および
出版者の権利を侵害することがありますので，その場合
にはあらかじめ小社あて許諾をお求め下さい.

ISBN978-4-7819-1613-2

PRINTED IN JAPAN

サイエンス社のホームページのご案内
https://www.saiensu.co.jp
ご意見・ご要望は
sk@saiensu.co.jp　まで.

SGC ライブラリ- 184：for Senior & Graduate Courses

物性物理と トポロジー

非可換幾何学の視点から

窪田　陽介　著

定価 2750 円

本書は，物性物理学における物質のトポロジカル相（topological phase）の理論の一部について，特に数学的な立場からまとめたものである．とりわけ，トポロジカル相の分類，バルク・境界対応の数学的証明の 2 つを軸として，分野の全体像をなるべく俯瞰することを目指した．

第1章　導入

第2章　関数解析からの準備

第3章　フレドホルム作用素の指数理論

第4章　作用素環の K 理論

第5章　複素トポロジカル絶縁体

第6章　ランダム作用素の非可換幾何学

第7章　粗幾何学とトポロジカル相

第8章　トポロジカル絶縁体と実 K 理論

第9章　スペクトル局在子

第10章　捩れ同変 K 理論

第11章　トポロジカル結晶絶縁体

第12章　関連する話題

付録A　補遺

サイエンス社

SGC ライブラリ-186：for Senior & Graduate Courses

電磁気学
探求ノート
"重箱の隅" を掘り下げて見えてくる本質

和田　純夫　著

定価 2915 円

見過されがちな論点を色々な状況設定のもとで再度考察すること
を通して電磁気学の神髄に迫っていく．一度学んだことを反芻し
て理解を深めたい読者には格好の書．

第 1 章　クーロン則とビオ–サバール則

第 2 章　ジェフィメンコの式と
　　　　　ヘルムホルツ流マクスウェル方程式

第 3 章　電場と磁場の変換則

第 4 章　相対論での変換則

第 5 章　点電荷による電磁場

第 6 章　電磁誘導

第 7 章　非慣性系での電磁気学

第 8 章　直流回路と運動量

第 9 章　一般の特異項と多重極

第10章　電磁場のエネルギーと運動量

第11章　作用反作用のずれ：マクスウェルの応力

サイエンス社

SGCライブラリ-171：for Senior & Graduate Courses

気体液体相転移の古典論と量子論

國府　俊一郎　著

定価 2420 円

量子効果の支配する気体液体相転移の統計物理を明らかにしたいという著者の動機のもと，その概要が，必要な予備知識や理論的背景なども含めてまとめられている．

第1章　古典気体の気体液体相転移

第2章　古典系から量子系へ

第3章　理想ボース気体の統計力学

第4章　ボース液体の出現

第5章　引力相互作用するフェルミ気体の統計力学

第6章　フェルミ気体の液体への相転移の可能性

サイエンス社

SGC ライブラリ- 166 : for Senior & Graduate Courses

ニュートリノの物理学

素粒子像の変革に向けて

林　青司　著

定価 2640 円

素粒子物理学の発展の歴史で本質的に重要な役割を果たしてきた
素粒子，ニュートリノは，今日成功を収めている「標準模型」の
確立に大きく貢献し，現在では「ニュートリノ振動」と呼ばれる
現象が，標準模型を超える理論を構築する際の足掛かりになるも
のとして注目されている．本書ではニュートリノとそれに関連す
る素粒子物理学について解説，議論する．

第1章　理解の助けとなる基本的事項

第2章　ニュートリノ仮説と素粒子物理学の発展

第3章　ニュートリノのタイプと
　　　　小さなニュートリノ質量のモデル

第4章　ニュートリノ振動

第5章　3世代模型におけるニュートリノ振動

第6章　大気ニュートリノ異常，太陽ニュートリノ問題と
　　　　長基線ニュートリノ振動実験

第7章　フレーバー混合以外のニュートリノ振動のシナリオ

第8章　宇宙からのニュートリノ

付録A　素粒子の標準模型

サイエンス社

SGC ライブラリ-165 : for Senior & Graduate Courses

弦理論と可積分性
ゲージ-重力対応のより深い理解に向けて

佐藤 勇二 著

定価 2750 円

ゲージ–重力対応（AdS/CFT 対応）における可積分性の発見により，対応の定量的な解析が一般・有限結合の場合に可能となり，ゲージ–重力対応，そして，対応に現れるゲージ理論/重力・弦理論の理解が大きく進んだ．さらに，弦理論・可積分性に基づく研究に触発され，ゲージ理論側の研究も大きく進展した．本書では，可積分性に基づくゲージ–重力対応の研究の一端を紹介する．

第1章　ゲージ-重力対応

第2章　古典可積分系

第3章　反 de Sitter 時空中の弦の古典解

第4章　量子スピン系

第5章　S 行列理論

第6章　熱力学的 Bethe 仮説

第7章　極大超対称ゲージ理論/$AdS_5 \times S_5$ 中の
　　　　超弦理論のスペクトル

第8章　極大超対称ゲージ理論の強結合散乱振幅

サイエンス社